Hans-Joachim Gerhardt (Hrsg.)

Fachplanung Entrauchung

Grundlagen – Methoden – Anwendungskonzepte

Einleitung

Dirk Engels, Heinz-Jörg Engels, Hans-Joachim Gerhardt,
Reinhard Grundmann, Peter Hilgers, Bernd Konrath,
Rolf-Dieter Lieb, Wilfried Mertens, Thomas Sieprath

Fachplanung Entrauchung

Grundlagen – Methoden – Anwendungskonzepte

Fraunhofer IRB Verlag

Bibliografische Information der Deutschen Nationalbibliothek

Die Deutsche Nationalbibliothek verzeichnet diese Publikation in der Deutschen Nationalbibliografie; detaillierte bibliografische Daten sind im Internet über http://dnb.d-nb.de abrufbar.
ISBN: 978-3-8167-8476-0

Layout: Dietmar Zimmermann
Herstellung: Dietmar Zimmermann
Satz: Mediendesign Späth, Birenbach
Umschlaggestaltung: Martin Kjer
Druck: BoD - Books on Demand, Norderstedt

Für den Druck des Buches wurde chlor- und säurefreies Papier verwendet.

Fraunhofer-Informationszentrum Raum und Bau IRB
Postfach 80 04 69, 70504 Stuttgart
Telefon (07 11) 9 70-25 00
Telefax (07 11) 9 70-25 08
E-Mail: irb@irb.fraunhofer.de
http://www.baufachinformation.de

Vorwort des Herausgebers

Die immer noch wachsende Bedeutung des vorbeugenden Brandschutzes im Bauwesen ist unbestritten. Sie zeigt sich u. a. in neuen Lehrbüchern und in neuen Studiengängen und Vertiefungsrichtungen an einigen Universitäten und Fachhochschulen. Erstaunlich ist, dass es zu einem wichtigen Teilaspekt des vorbeugenden Brandschutzes, nämlich der Entrauchung, um z. B. die Nutzung von Flucht- und Rettungswegen zu sichern, bisher keine eigenständigen Bücher gibt. Auch in den Musterbaurichtlinien wird der Begriff »Rauch« kaum erwähnt, in der Musterbauordnung (MBO) nur in 5 Kapiteln und insgesamt nur achtmal, in der Musterindustriebaurichtlinie (MIndBauRL) nur in einem Kapitel und nur fünfmal. Diese Geringschätzung der Entrauchung in den Richtlinien steht in striktem Gegensatz zur Tatsache, dass der überwiegende Anteil von Brandopfern (Tote und Verletzte) durch Rauch bedingt ist.

Das vorliegende Buch ist ausschließlich dem Thema »Entrauchung« gewidmet. Es soll insbesondere den im Brandschutzwesen Tätigen ermöglichen, Entrauchungsmaßnahmen auszulegen und zu bewerten. Daher wird versucht, das Thema »Entrauchung« möglichst umfassend zu behandeln. Neben den zum Verständnis von Entrauchungsvorgängen wichtigen physikalischen Grundlagen der Strömungsmechanik und Wärmelehre werden die Toxizität von Rauchgasen, rechtliche Aspekte sowie Angriffstaktiken der Feuerwehr behandelt. Ein Schwerpunkt des Buches ist die praktische Anwendung des Grundlagenwissens und die Umsetzung bei der Auslegung von Entrauchungsmaßnahmen.

Als Mitautoren konnte ich Kollegen gewinnen, die seit vielen Jahren in der einen oder anderen Form mit Entrauchungsvorgängen befasst sind. Ihnen gilt mein besonderer Dank, da ohne ihre Mitarbeit das vorliegende Buch nicht geschrieben worden wäre.

Aachen, Juni 2011 — Hans Joachim Gerhardt

Inhaltsverzeichnis

Teil I: EINLEITUNG

1. Warum ein Fachbuch zur Entrauchung?

Vorbeugender Brandschutz war noch vor ca. zwei Jahrzehnten nur ein kleiner Teilbereich der universitären Ausbildung in den Fakultäten/Fachbereichen des Bauingenieurwesens. Mittlerweile bieten mehrere deutsche Hochschulen Studienrichtungen oder Vertiefungen zu diesem Thema an. Dies verdeutlicht den erhöhten Stellenwert des vorbeugenden Brandschutzes im Bauwesen und im allgemeinen Bauverständnis. Allerdings wird der vorbeugende Brandschutz wesentlich als baulicher Brandschutz aufgefasst. Nicht Gegenstand der brandschutztechnischen Ausbildung an deutschen Hochschulen ist daher im Allgemeinen das Thema Entrauchung, obwohl bei Brandgeschehen der überwiegende Teil von gesundheitlichen Schäden - und auch Toten - rauchbedingt ist. Dass die Entrauchungsproblematik bei der universitären Ausbildung im vorbeugenden Brandschutz kaum, falls überhaupt, behandelt wird, hat Gründe, die im Curriculum der Fakultäten/Fachbereiche des Bauingenieurwesens zu suchen sind:

- Die gesicherte Entrauchung eines Gebäudes im Brandfall ist ein strömungstechnisches Problem. Das Fachgebiet der Strömungstechnik ist entweder gar nicht oder nur marginal im Curriculum des Bauingenieurwesens enthalten.
- Die Strömungsmechanik als eigenständiges Fachgebiet wird in den Fakultäten/ Fachbereichen des Maschinenbaus und der Luftfahrttechnik behandelt. Eigenständiges Fachgebiet ist die Strömungsmechanik erst seit ca. 60 Jahren; vorher war sie Teilgebiet der Mechanik.
- Im baulichen Brandschutz wird im Wesentlichen der Einfluss großer Energiefreisetzungen eines Brandes auf z. B. die Umfassungswände des Brandraumes betrachtet. Die für die Rauchausbreitung erforderliche Teilenergie des Brandgeschehens ist demgegenüber verschwindend gering! Allerdings erfolgt mit der Rauchableitung infolge der hohen Rauchgastemperaturen auch eine sehr große Wärmeableitung. Durch eine günstige Auslegung der Entrauchungsmaßnahmen wird also auch die Temperaturbelastung der betroffenen Baukörper bzw. Bauteile deutlich reduziert.
- Die anerkannten Methoden zur Bestimmung von Strömungen sind experimentelle Modelluntersuchungen unter Beachtung der relevanten Kriterien der dynamischen Ähnlichkeitsmechanik oder numerische Berechnungen (Computational Fluid Dynamics = CFD) unter Beachtung einer realistischen Turbulenzmodellierung. Diese Verfahren sind bisher gar nicht oder nicht in der notwendigen Tiefe in die Curricula des Bauingenieurwesens eingebracht worden.

Auch bei der Ausbildung zum öffentlich bestellten und vereidigten oder zum staatlich anerkannten Brandschutzsachverständigen fehlt eine fundierte Unterrichtung in den Grundlagen der Entrauchung vollständig. Entrauchungsmaßnahmen werden dort ausschließlich nach Normen und Regelwerken behandelt, welche die physikalischen Vorgänge stark vereinfachen und nur für einfache Baukörpergeometrien geeignet sind. Hier soll die Weiterbildung »Fachplanung Entrauchung« Abhilfe schaffen.

Bild I 1 zeigt schematisch eine Rauchgasströmung in einer Industriehalle. Sie wird im Folgenden genauer analysiert, um so die Verzahnung, aber auch die Trennlinie zwischen baulichem Brandschutz und Entrauchung zu verdeutlichen.

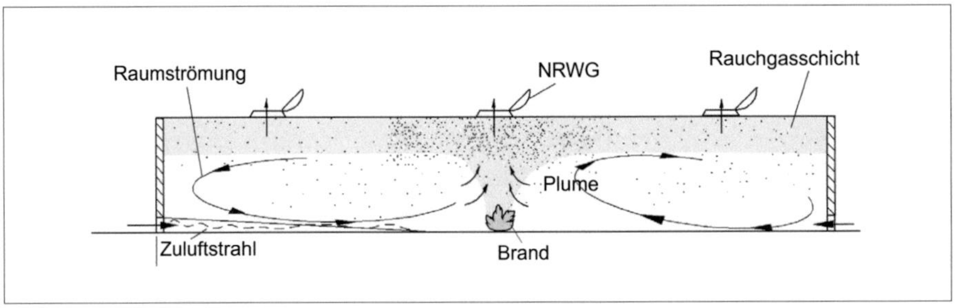

Bild I 1: Schematische Darstellung der brandinduzierten Strömung in einer Industriehalle

Die Entstehung eines Brandes benötigt Brandmaterial, Luft (d. h. Sauerstoff) und eine Zündquelle (siehe Bild I 2).

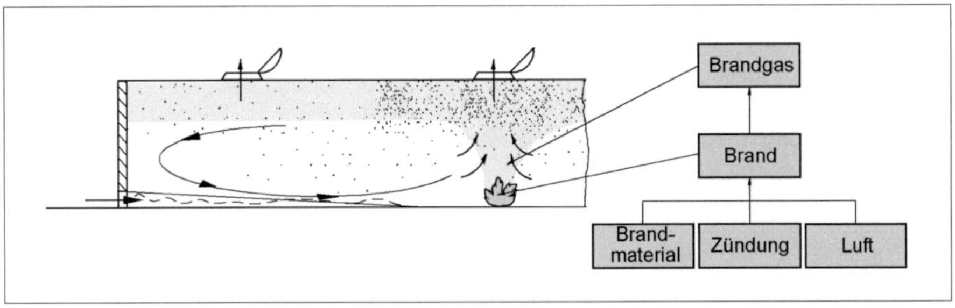

Bild I 2: Schematische Darstellung einer Brandentstehung

Die heißen Brandgase steigen wegen der Thermikwirkung nach oben und vermischen sich dabei mit der Umgebungsluft (siehe Bild I 3). Das Strömungsgebiet oberhalb des Brandes wird im Brandschutzschrifttum als Plume und in der Strömungsmechanik als Auftriebsstrahl bezeichnet. Die Brandgase und die eingemischte Umgebungsluft bilden die Rauchgase.

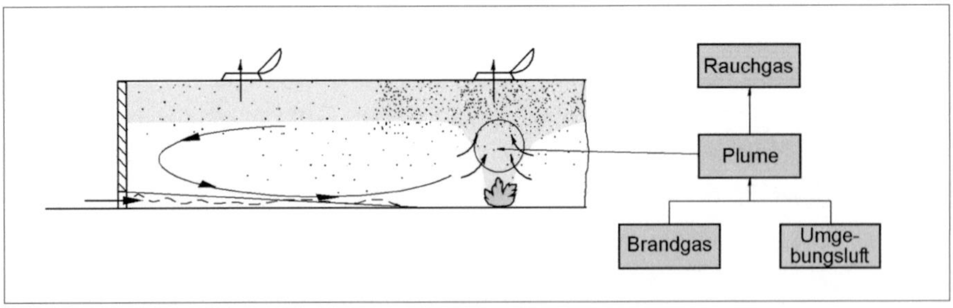

Bild I 3: Plumeströmung oberhalb des Brandes

Die Rauchgase bilden eine Rauchgasschicht im Deckenbereich und werden im dargestellten Fall über Natürliche Rauch- und Wärmeabzugsgeräte (NRWG) ins Freie abgeleitet. Für den stationären Fall, dass die Dicke der Rauchgasschicht konstant bleibt, ist der abgeleitete Rauchgasmassenstrom gleich dem Rauchgasmassenstrom, der durch den Plume der Rauchgasschicht zugeführt wird (siehe Bild I 4).

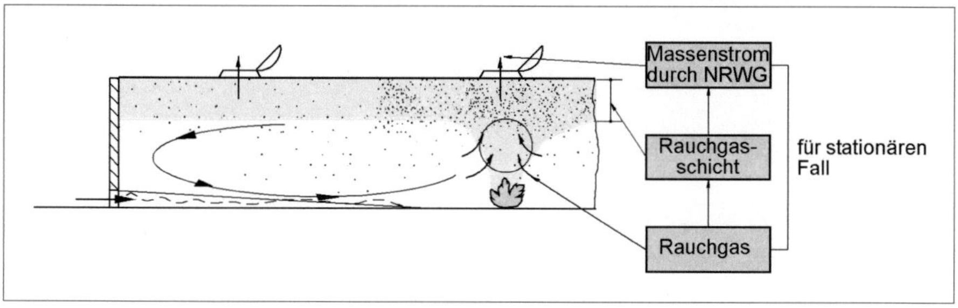

Bild I 4: Plumeströmung und abgeleiteter Rauchgasmassenstrom

Aus Kontinuitätsgründen muss dem Raum im stationären Fall ein Luftmassenstrom entsprechend dem abgeleiteten Rauchgasmassenstrom zugeführt werden. Wenn die Zuluftgeschwindigkeiten groß genug sind, kann sich eine Raumströmung einstellen, die wiederum zu einer Einmischung von Rauchgasen in die Raumluft führt (siehe Bild I 5). Eine intensive Raumströmung kann, trotz Rauchableitung, zu einer vollständigen Verrauchung des gesamten Brandraumes innerhalb weniger Minuten führen und eine gesicherte Evakuierung be- oder sogar verhindern.

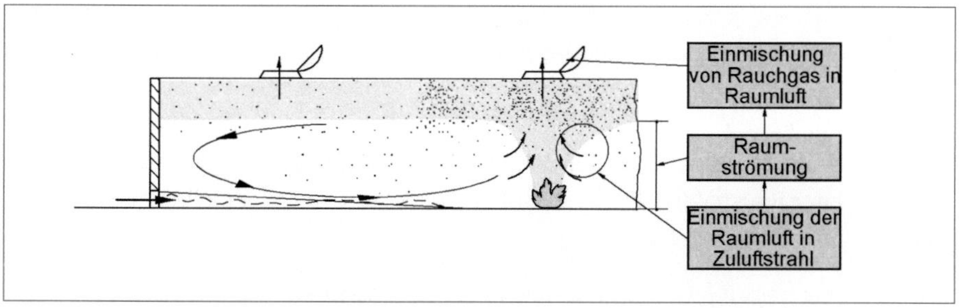

Bild I 5: Rauchtransport in den Bodenbereich infolge einer Raumströmung

Im folgenden Teil II dieses Buches werden die Grundlagen der Rauchableitung behandelt. Rauch und seine Auswirkungen werden dabei ganzheitlich, d. h. aus der Sicht der verschiedenen Disziplinen wie Ingenieurwissenschaften, Medizin und Rechtswissenschaften, betrachtet. Zunächst werden in den Kapiteln 1 (Strömungsmechanik) und 2 (Verbrennungslehre) die Grundlagen zum Verständnis der physikalischen Vorgänge der Rauchentstehung und der Rauchausbreitung gelegt. Für beide Bereiche wird eine Einführung gegeben, die wesentlichen Gesetzmäßigkeiten werden abgeleitet und an praktischen Beispielen vertieft. Die Trennlinie zwischen diesen beiden Gebieten der Ingenieurwissenschaften ist schematisch in Bild I 6 dargestellt.

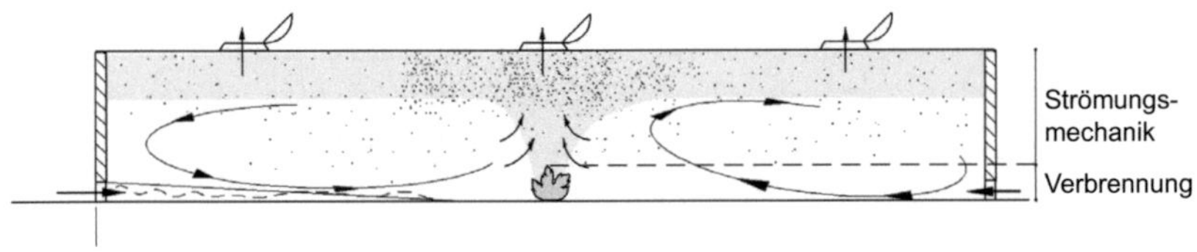

Bild I 6: Schematische Darstellung der Trennlinie zwischen Verbrennungslehre und Strömungsmechanik

Kapitel 3 behandelt rechtliche Fragestellungen, die für den Planer von Entrauchungsmaßnahmen relevant sind.

Um die notwendigen Maßnahmen zur Rauchableitung, mit denen vorgegebene Schutzziele sicher erreicht werden können, zu optimieren, werden insbesondere bei Großbauten, z. B. Einkaufszentren, hohen und/oder ausgedehnten Atrien und Versammlungsstätten, häufig so genannte Ingenieurmethoden angewandt. Kapitel 4 beschreibt die Grundlagen und Randbedingungen der gebräuchlichen Verfahren. Kapitel 4.1 vertieft die Anwendung der Grundgleichungen der Strömungsmechanik und der Thermodynamik auf das Gebiet oberhalb des Brandherdes, den Plumebereich. Es werden gebräuchliche Plumegleichungen vorgestellt und ihre Anwendungsbereiche und -grenzen diskutiert. In Kapitel 4.3 wird die Anwendung von experimentellen Studien auf Entrauchungsvorgänge beschrieben. Diese Modellversuche werden im Brandschutzwesen häufig als physikalische Modelle bezeichnet. Numerische Entrauchungsstudien, so genannte Feldmodelle, werden in Kapitel 4.4 behandelt. In der Strömungstechnik spricht man hier üblicherweise von CFD (Computational Fluid Dynamic)-Studien. Ferner wird auf den Windeinfluss hingewiesen, der insbesondere bei natürlicher Rauchableitung eine ganz wesentliche - aber häufig in der Praxis vernachlässigte - Einflussgröße ist.

Kapitel 5 überträgt die bisher gewonnenen Erkenntnisse auf Erfahrungen, die bei der Schulung von Einsatzkräften vermittelt werden. Kapitel 5.1 schildert die Gefahren, denen Feuerwehren bei der Bekämpfung von Bränden ausgesetzt sind, und beschreibt Möglichkeiten, diese Gefahren in einem speziellen Trainingszentrum zu erproben. Kapitel 5.2 erläutert Angriffstaktiken, die sich aus den vorhergehenden Kapiteln ableiten lassen.

Teil III des Buches vertieft die Anwendung der Grundlagen. Es werden Entrauchungskonzepte aus der Praxis für verschiedene bauliche Anwendungsfälle entwickelt. Sie geben dem angehenden Fachplaner für Entrauchung die Möglichkeit, seine beim Studium des Teils II erarbeiteten Kenntnisse anzuwenden.

Zum Schluss bleibt die Frage, warum wurde und wird der Entrauchungsthematik bei der Ausbildung im vorbeugenden Brandschutz so wenig Beachtung geschenkt? Hierfür sehen wir mehrere Gründe, von denen die zwei wichtigsten kurz angesprochen werden sollen. Die Bewegungsenergie, d.h. die kinetische Energie einer Rauchgasströmung, macht nur einen verschwindend geringen Teil der im Brand freigesetzten Energie aus (siehe Bild I 7). Wesentlich sind die Konvektions- und Strahlungsanteile. Allerdings »transportiert« die Rauchgasströmung den konvektiven Wärmeanteil.

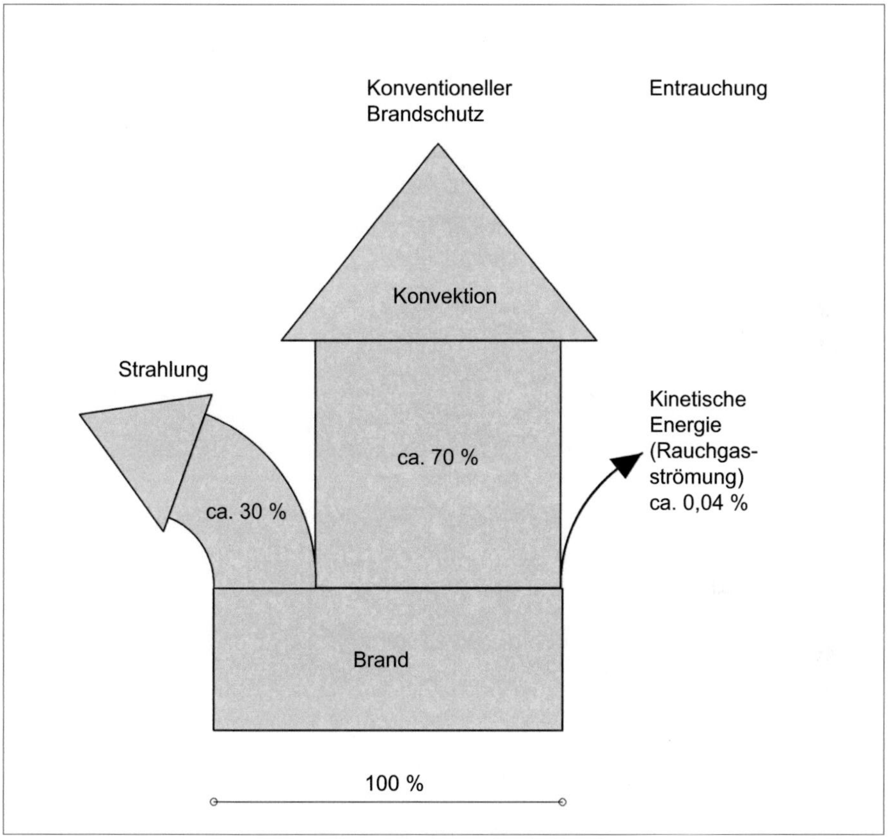

Bild I 7: In einem Brandgeschehen freigesetzte Energieanteile

Zum anderen wird häufig angenommen, dass bei einem Brand während der wichtigen Evakuierungsphase der Rauch die Eigenrettung von Personen auch ohne gesicherte Rauchableitung nicht behindert, d.h. nicht in die Flucht- und Rettungswege eindringt. Dies mag für Standardbauten richtig sein, für Sonderbauten ist dies meist nicht der Fall. Bei typischen Rauchausbreitungsgeschwindigkeiten von einigen Metern pro Sekunde ist ein Raucheintritt – ohne effektive Rauchableitung – in die Flucht- und Rettungswege in nur wenigen Minuten absehbar.

Hauptziel dieses Buches ist es, das Verständnis für Entrauchungsvorgänge zu schaffen oder zu schärfen. Die Autoren dieses Buches hoffen, den Themenbereich Entrauchung verständlich dargestellt und somit eine Möglichkeit gezeigt zu haben, wie die Sicherheit insbesondere für Personen bei Brandgeschehen, erhöht werden kann.

Teil II: GRUNDLAGEN

1 Grundlagen der Strömungsmechanik

1.1 Einführung

Die Strömungslehre oder Strömungsmechanik ist die Lehre der Gesetzmäßigkeiten bewegter Flüssigkeiten und Gase. Die Strömungsmedien (Fluide) bewegen sich unter Wirkung von Kräften, die Volumendeformationen hervorrufen. Solange dabei keine wesentlichen Dichteänderungen auftreten, spricht man von Flüssigkeitsströmungen, die in der Hydrodynamik behandelt werden.

Den inneren Widerstand einer Flüssigkeit gegen Deformationen ohne Dichteänderungen nennt man Zähigkeit. Diese Zähigkeit ist für Luft und Wasser eine von Druck und Temperatur abhängige Stoffgröße.

In Gasen führen die Strömungskräfte zu Dichteänderungen, d. h. Gase sind kompressibel. Man kann die Kompressibilität generell vernachlässigen, solange die maximal auftretenden Strömungsgeschwindigkeiten kleiner als etwa die halbe Schallgeschwindigkeit bleiben. Dies ist der Fall, wenn z. B. für Luft die in der Strömung auftretenden und mit Geschwindigkeitsänderungen verbundenen Druckdifferenzen nicht höher als ca. 10 % des jeweiligen absoluten Druckes sind. In diesem Fall gelten die Gesetze der Hydrodynamik. Im anderen Fall der nicht vernachlässigbaren Kompressibilität spricht man von Gasdynamik, wo neben den Strömungsgesetzen auch noch die Gesetze der Wärmelehre (z. B. Zusammenhang zwischen Druck und Dichte) zu berücksichtigen sind.

Die folgenden Kapitel sind als fundierter »Einstieg« in das weite Gebiet der Strömungsmechanik konzipiert. Schwerpunktmäßig werden Teilbereiche behandelt, die für den »Entrauchungsingenieur« von Bedeutung sind. Das Kapitel »Grundlagen der Strömungsmechanik« kann keinesfalls ein Lehrbuch ersetzen. Ist eine Vertiefung des Stoffes im Selbststudium erwünscht, werden folgende Standardwerke empfohlen:

Strömungsmechanik:

Albring, W.:
Angewandte Strömungslehre, Berlin, Akademie Verlag, 6. Auflage, 1990.

Becker, E.:
Technische Strömungslehre, Stuttgart, Teubner Verlag, 1993.

Becker, E., Piltz, E.:
Übungen zur technischen Strömungslehre, Stuttgart, Teubner Verlag, 1995.

Eck, B.:
Technische Strömungslehre, Band 1, Grundlagen, Berlin, Heidelberg, New York, Springer Verlag, 8. Auflage, 1978.

Eck, B.:
Technische Strömungslehre, Band 2, Anwendungen, Berlin, Heidelberg, New York, Springer Verlag, 8. Auflage, 1981.

Gersten, K.:
Einführung in die Strömungsmechanik, Friedr. Vieweg & Sohn, 6. Auflage, 1991.

Kalide, W.:
Einführung in die technische Strömungslehre, Fachbuchverlag Leipzig, 7. Auflage, 1997.

Karlsson, B. and Quintiere; J.G.:
Enclosure Fire Dynamics, Boca Raton, London, New York, Washington D.C., CRC Press, 2000.

Prandtl, L., Oswatitsch, K., Wieghardt, K.:
Führer durch die Strömungslehre, Braunschweig, Vieweg Verlag, 9. Auflage, 1993.

Recknagel, H., Sprenger, E., Schramek, E.-R.:
Taschenbuch für Heizung und Klimatechnik, 74. Auflage, München, R. Oldenbourg Industrieverlag, 2009.

Regenscheit, B.:
Isotherme Luftstrahlen, Klima- und Kälteingenieur: Extra 12, Karlsruhe, Verlag C.F. Müller, 1981.

Sigloch, H.:
Technische Fluidmechanik, Dordrecht, Heidelberg, London, New York, Springer Verlag, 7. Auflage, 2009.

1.1.1 Ventilatoren:

Bohl, W.:
Ventilatoren, Vogel-Buchverlag, Würzburg, 6. Auflage, 1983.

Bommes, L.:
Anwendung des Ähnlichkeitsgrundsatzes im Ventilatorenbau, HLH, BD 40, Nr. 8, 1989.

Bommes, L., Fricke, J., Grundmann, R.:
Ventilatoren, Vulkan-Verlag, Essen, 2. Auflage, 2002.

Eck, B.:
Ventilatoren, Berlin, Göttingen, Heidelberg, Springer Verlag, 4. Auflage, 1962.

Grundmann, R., Schönholtz, F.:
Ventilatorfibel der Firma Babcock-BSH, Promotor-Verlag, Karlsruhe, 1999.

LTG, Stuttgart, Firmenkatalog.

Petermann, H.:
Einführung in die Strömungsmaschinen, Berlin, Heidelberg, New York, Springer Verlag, 3. Auflage, 1988.

TLT Turbo GmbH, Bad Hersfeld, Firmenkatalog, 2006.

1.2 Stoffeigenschaften

Stoffeigenschaften sind immer mit Einheiten verbunden. Im Folgenden werden die Einheiten des SI-Systems verwendet (siehe hierzu auch das Kapitel II 2.2.1).

1.2.1 Dichte

Dichte ρ = Masse/Volumen; Einheit: kg/m^3

Entrauchungsströmungen erfolgen immer mit – relativ zur Schallgeschwindigkeit (ca. 340 m/s bei atmosphärischen Normalbedingungen) – kleinen Geschwindigkeiten. Die thermikbedingten Druckdifferenzen betragen weniger als 10 % des absoluten Druckes, d. h. die Brandgase können als inkompressibel betrachtet und mit den Gesetzmäßigkeiten der Hydrodynamik behandelt werden.

Es ist lediglich die Dichteänderung mit der Temperatur zu beachten, d. h. die Dichte verhält sich umgekehrt wie die thermodynamische, d. h. absolute Temperatur:

$$\frac{\rho_1}{\rho_2} = \frac{T_2}{T_1} \qquad \text{(II 1.2.1-1)}$$

Beispiel:

Dichte von Brandgasen bei 300 °C

$$\rho_{300\,°C} = \rho_{Umgebung} \left(\frac{273\,°C + 15\,°C}{273\,°C + 300\,°C} \right)$$

mit

$$\rho_{Umgebung} = 1{,}21\,kg/m^3$$

$$\rho_{300\,°C} = 0{,}50 \cdot \rho_{Umgebung} = 0{,}61\,kg/m^3$$

1.2.2 Dynamische Viskosität

Die Viskosität charakterisiert den Widerstand eines Fluids gegen die Umformung eines Volumenelementes. Für eine zweidimensionale – also ebene – Strömung, bei der sich die Geschwindigkeit v senkrecht zur Strömungsrichtung ändert (= Scherströmung), gilt der Newton'sche Ansatz:

$$\tau = \mu \frac{dv}{dy} \qquad \text{(II 1.2.2.-1)}$$

Man nennt μ die dynamische Viskosität.

Beispiel: Scherströmung

$$\mu = \tau \cdot \frac{dy}{dv} = \text{Spannung} \, \frac{\text{Weg}}{\text{Geschwindigkeit}}$$

Einheit: N s/m^2 oder kg/(s · m)

Die dynamische Viskosität nimmt für Gase mit der Temperatur zu und für Flüssigkeiten, z. B. Öl, mit der Temperatur ab. Der Viskositätseffekt bei Gasen entsteht durch den Impulsaustausch bei der Molekularbewegung in benachbarten Schichten. Diese Molekularbewegung nimmt mit steigender Temperatur zu. Daher steigt die Viskosität von Gasen mit zunehmender Temperatur. Bei Flüssigkeiten entsteht die Viskosität durch zwischenmolekulare Kräfte, die eine gegenseitige Verschiebung aneinandergrenzender Flüssigkeitsschichten erschweren. Daher nimmt mit steigender Temperatur die Viskosität von Flüssigkeiten ab, weil die zunehmende Molekularbewegung hilft, die bewegungshemmenden intermolekularen Kräfte zu überwinden.

Für Luft und Brandgase lässt sich die Temperaturabhängigkeit der dynamischen Viskosität näherungsweise mit der Beziehung

$$\frac{\mu_2}{\mu_1} = \left(\frac{T_2}{T_1}\right)^{0,7} \qquad \text{(II 1.2.2-2)}$$

abschätzen.

Beispiel:

dynamische Viskosität von Luft bei 20 °C = 17,98 · 10^{-6} kg/(ms)

$$\text{bei } 500\,°\text{C:} \quad \mu_{500\,°\text{C}} = 17{,}98 \left(\frac{773}{293}\right)^{0,7} \cdot 10^{-6} = 35{,}46 \cdot 10^{-6} \text{ kg/(ms)}$$

Der genaue Wert beträgt 35,50 · 10^{-6} kg/(ms)

1.2.3 Kinematische Viskosität

Den Quotienten

$$\frac{\mu}{\rho} = \nu, \text{ Einheit: m}^2/\text{s}$$

nennt man kinematische Viskosität. (Die Einheit enthält nur die kinematischen Grundgrößen Länge und Zeit.) Für Luft ist bei Raumtemperatur ν = 15 · 10^{-6} m^2/s.

Da die kinematische Viskosität der Quotient von dynamischer Viskosität und Dichte ist, nimmt die kinematische Viskosität mit der Temperatur wesentlich stärker zu als die dynamische Viskosität. Dies ist insbesondere bei Nutzung des Reynolds'schen

Ähnlichkeitsgesetzes für Vergleichssituationen bei stark unterschiedlichen Temperaturen zu beachten (siehe Kapitel 1.7). Näherungsweise gilt für Luft und zweiatomige Gase

$$\frac{\nu_2}{\nu_1} = \left(\frac{T_2}{T_1}\right)^{1,7} \qquad \text{(II 1.2.3-1)}$$

1.2.4 Wärmeleitfähigkeit

Diese Stoffgröße wird durch das Fourier'sche Wärmeleitungsgesetz definiert.

$$\dot{q} = -\lambda \frac{dT}{dy} \qquad \text{(II 1.2.4-1)}$$

$$\lambda = \frac{\dot{q} \cdot dy}{dT} \quad \text{Einheit: W/(mK)}$$

Mit gleicher Begründung wie bei der dynamischen Viskosität nimmt λ mit der Temperatur für Gase zu und für Flüssigkeiten im Allgemeinen ab.

1.3 Grundgleichungen

Die Strömungsmechanik ist ein Teilgebiet der Technischen Mechanik. Folglich werden auch die gleichen Gesetze zur Beschreibung von Strömungsvorgängen herangezogen, wie sie aus der Mechanik bekannt sind. Entrauchungsströmungen können immer als inkompressibel oder volumenbeständig angesehen werden. Darum spielen nur mechanische Energien eine Rolle und die thermodynamischen Energien, welche bei Behandlung von Problemen aus dem Bereich der Gasdynamik - also der kompressiblen Strömung - wichtig sind, können zumeist unberücksichtigt bleiben. Die folgenden einführenden Bemerkungen beschränken sich auf volumenbeständige Strömungsmedien.

1.3.1 Druck in ruhenden Gasen bzw. Flüssigkeiten (Aerostatik bzw. Hydrostatik)

Bei ruhenden Gasen und Flüssigkeiten (im Folgenden Fluide genannt) ist die einzige wirkende Kraft die Schwerkraft. Durch die vertikale Schichtung in der Fluidsäule ergibt sich eine Druckzunahme von oben nach unten. Sie wird aus einer Betrachtung des Kräftegleichgewichtes an einem Fluidelement berechnet.

Die Gleichgewichtsbedingung für ein beliebig gewähltes viereckiges Element eines ruhenden Fluides (siehe Bild II 1.3.1-1), lautet im x/y/z-Koordinatensystem:

$$\sum F_x = 0: p\,\Delta y \Delta z - (p + \frac{\partial p}{\partial x} \cdot \Delta x)\,\Delta y \Delta z = 0 \rightarrow \frac{\partial p}{\partial x} = 0$$

$$\sum F_y = 0: p\,\Delta x \Delta z - (p + \frac{\partial p}{\partial y} \cdot \Delta y)\,\Delta x \Delta z = 0 \rightarrow \frac{\partial p}{\partial y} = 0$$

$$\sum F_z = 0: p\,\Delta x \Delta y - (p + \frac{\partial p}{\partial z} \cdot \Delta z)\,\Delta x \Delta y = \Delta G$$

$$\rightarrow \frac{\partial p}{\partial z} = - \frac{\Delta G}{\Delta x \Delta y \Delta z} = - \frac{\Delta G}{\Delta V} = - \rho g$$

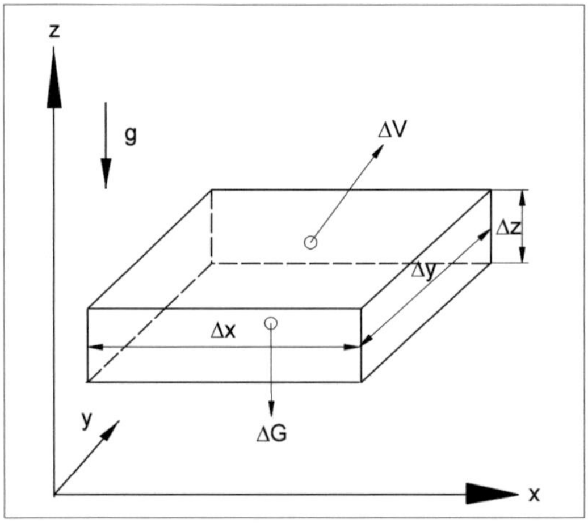

Bild II 1.3.1-1: Volumenelement ΔV in einer ruhenden Flüssigkeit zur Formulierung der Gleichgewichtsbedingung; ΔG = Gewichtskraft

Das Zeichen ∂ kennzeichnet ein partielles Differenzial. $\partial p/\partial x$ heißt, dass der Druck p nur in x-Richtung abgeleitet wird und beim Differenzieren die Abhängigkeit des Druckes p von y, z oder anderen Variablen, wie z. B. der Zeit t, außer Betracht bleibt. Wegen $\partial p/\partial x = 0$ und $\partial p/\partial y = 0$ ist folglich der Druck in einer horizontalen Ebene einer ruhenden Flüssigkeit konstant.

Der Druck in einer ruhenden Flüssigkeit ändert sich nur in Richtung der Erdschwere, hier in Richtung z-Achse, entsprechend der Gleichung

$$\frac{dp}{dz} = -\rho\, g \qquad \text{(II 1.3.1-1)}$$

Für ρ = konst. und g = konst. lässt sich diese Differenzial-Gleichung nach Trennung der Variablen dp und dz einfach integrieren. Man erhält bei konstanter Dichte ρ die hydrostatische Grundgleichung.

$$p_2 - p_1 = \rho\, g\, (z_1 - z_2) \qquad \text{(II 1.3.1-2)}$$

oder

$$p + \rho\, g\, z = \text{konst.} \qquad \text{(II 1.3.1-3)}$$

Hinweis:

In der Atmosphäre ändert sich in Bodennähe der Luftdruck je 1 m Höhenänderung um ca.

$$\Delta p = \rho_{Luft} \cdot g \cdot 1\,m = 1{,}20\,kg/m^3 \cdot 10\,m/s^2 \cdot 1\,m = 12\ N/m^2 = 12\ Pa$$

Für einen 100 m hohen Schornstein beträgt somit die Druckänderung in der Umgebungsluft von unten bis oben 1200 Pa. Bezogen auf den Luftdruck von ca. 1 bar = 10^5 Pa ist dies eine Änderung des absoluten Druckes um ca. 1 %. Die Dichte ändert sich also nur um 1 % und darf als »praktisch konstant« angenommen werden.

Die Anwendung der hydrostatischen Grundgleichung soll an 3 Beispielen behandelt werden:

Beispiel 1: Mengenmessung, Messblende

Zur Mengenmessung bzw. Volumenstrommessung eines Stromes in einem Rohr wird eine Blende in ein Rohr eingesetzt (siehe Bild II 1.3.1-2). Ein U-Rohrmanometer misst den Druckunterschied vor und hinter der Blende

$$\mathbf{p_1 - p_2 = \Delta p_{Blende}}$$

$$\boldsymbol{\rho_S} = \textbf{Dichte der Sperrflüssigkeit}$$

$$\mathbf{p_1 + g\,\rho\,(z_2 - z_1) = p_2 + g\varrho_S\,\Delta h + g\,\rho\,(z_2 - z_1 - \Delta h)}$$

$$\mathbf{p_1 - p_2 = g\,\Delta h\,(\rho_S - \rho)}$$

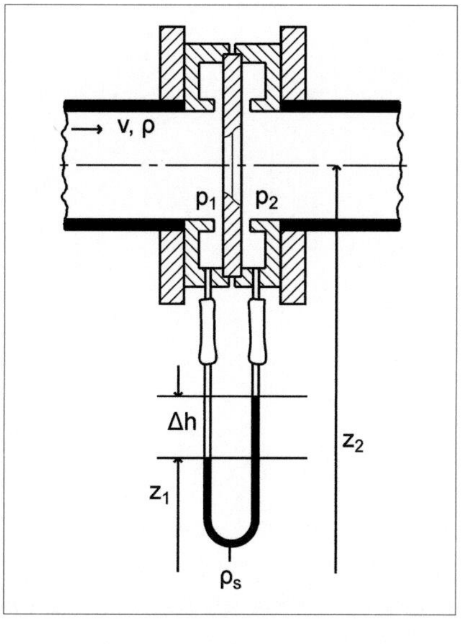

Bild II 1.3.1-2: Durchflussmessung mit einer Messblende

Von der Dichte ρ_S der Sperrflüssigkeit muss die Dichte ρ des Fluids in der Messleitung abgezogen werden. Bei Luft als Fluid (ρ_L = 1,2 kg/m³) und Wasser als Sperrflüssigkeit (ρ_W = 1000 kg/m³) unterbleibt dies üblicherweise, da $\rho_L << \rho_W$.

Beispiel 2: Hydrostatischer Auftrieb

Ein Körper der Dichte ρ_K ist in eine Flüssigkeit der Dichte ρ_{Fl} eingetaucht (siehe Bild II 1.3.1-3).

Der Körper erfährt einen scheinbaren Gewichtsverlust oder einen Auftrieb vom Betrag des Gewichtes des verdrängten Volumens der Flüssigkeit (**Archimedes-Prinzip**).

$$
\begin{aligned}
G + p_2 A - p_1 A - F_A &= 0 \\
-F_A &= (p_1 - p_2) A - G \\
p_1 - p_2 &= \rho_{Fl}\, g\, (z_1 - z_2) \\
G &= m \cdot g = \rho_K \cdot V_K \cdot g = \rho_K\, g\, A\, (z_1 - z_2) \\
-F_A &= \rho_{Fl}\, g\, A\, (z_1 - z_2) - \rho_K\, g\, A\, (z_1 - z_2) \\
-F_A &= g \cdot A\, (z_1 - z_2)\, (\rho_{Fl} - \rho_K) \\
&= (\rho_{Fl} - \rho_K)\, g\, V_K
\end{aligned}
$$

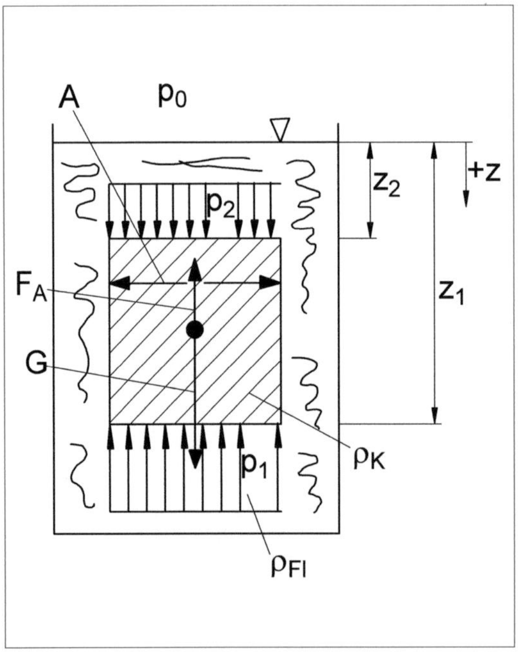

Bild II 1.3.1-3: Auftrieb F_A eines in eine Flüssigkeit getauchten Körpers

Beispiel 3: Druck in einer Rauchgasschicht

Bei einem Brandgeschehen in einem Raum bildet sich zunächst, d. h. vor Auslösen von Entrauchungsmaßnahmen und später bei qualifizierter Entrauchung, eine Rauchschicht der Höhe Δh oberhalb der raucharmen Raumluft (siehe Bild II 1.3.1-4). Die

Druckdifferenz zwischen Rauchschicht und Umgebungsluft, die z. B. die Entrauchungsströmung durch **N**atürliche **R**auch- und **W**ärmeabzugs**g**eräte (NRWG) antreibt, lässt sich folgendermaßen berechnen:

$$p_{RG} + \rho_{RG} \cdot g \cdot \Delta h = p_L + \rho_L \cdot g \cdot \Delta h$$

$$\Delta p_{RG} = p_{RG} - p_L = (\rho_L - \rho_{RG}) \cdot g \cdot \Delta h$$

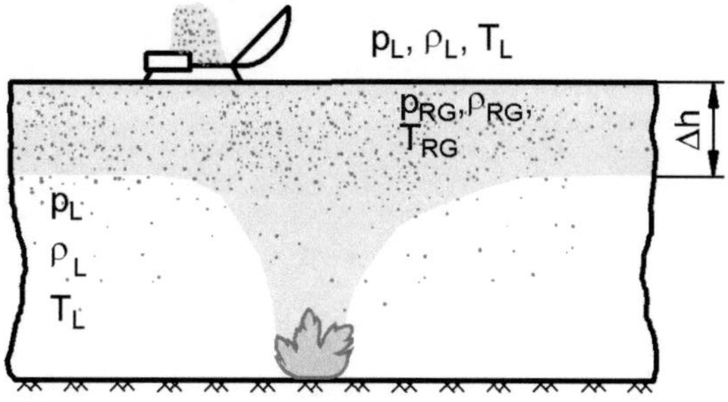

Bild II 1.3.1-4: Rauchschicht in einem Brandraum

Für $\Delta h = 2$ m; $T_L = 293$ K; $T_{RG} = 373$ K:

$$\begin{aligned}\Delta p_{RG} &= \rho_L \cdot \left(1 - \frac{\rho_{RG}}{\rho_L}\right) \cdot g \cdot \Delta h \\ &= \rho_L \cdot \left(1 - \frac{T_L}{T_{RG}}\right) \cdot g \cdot \Delta h \\ &= 1{,}2\ \mathrm{kg/m^2} \cdot \left(1 - \frac{293\ \mathrm{K}}{373\ \mathrm{K}}\right) \cdot 9{,}81\ \mathrm{m/s^2} \cdot 2\ \mathrm{m} \\ &= 4{,}5\ \frac{\mathrm{kg}}{\mathrm{m\,s^2}}\,\frac{\mathrm{N\,s^2}}{\mathrm{kg\,m}} = 4{,}5\ \frac{\mathrm{N}}{\mathrm{m^2}} \\ &= 4{,}5\ \mathrm{Pa}\end{aligned}$$

1.3.2 Fluidbewegung

Zur Beschreibung von Bewegungsabläufen in der Mechanik benutzt man den Massenerhaltungssatz, den Energiesatz und den Impulssatz. Zur Beschreibung von Strömungsvorgängen werden diese Sätze auf Ströme angewendet.

Zunächst sollen nur eindimensionale Strömungen behandelt werden, in denen die Reibung vernachlässigt werden darf. Eindimensional ist die Strömung, wenn die Strömungsgrößen (Geschwindigkeit, Druck, Dichte, Temperatur usw.) nur von einer Dimension, dem Strömungsweg, abhängen. Diese Bedingung ist näherungsweise erfüllt, wenn es möglich ist, für jeden Strömungsquerschnitt repräsentative (Mittel-) Werte der Strömungsgrößen anzugeben.

1.3.3 Kontinuitätsgleichung (Massenerhaltungssatz)

Die Anwendung des Massenerhaltungssatzes auf einen zeitlich unveränderlichen Strömungsvorgang in einer Strömungsführung führt zu der Aussage, dass der Massenstrom $\dot{m}$ entlang dieser Strömungsführung konstant bleibt. Der Massenstrom zwischen den Querschnitten A_1 und A_2 (siehe Bild II 1.3.3-1), ist konstant:

$$\dot{m} = \dot{V} \cdot \rho = \text{konstant} \quad \text{(II 1.3.3-1)}$$

$$\rho_1 v_1 A_1 = \dot{m} = \rho_2 v_2 A_2 \quad \text{(II 1.3.3-2)}$$

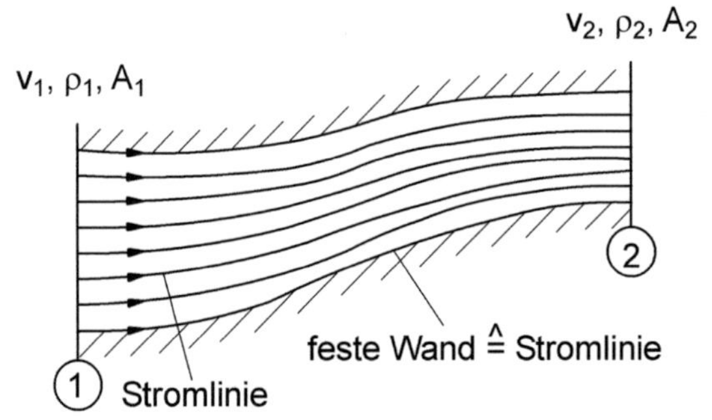

Bild II 1.3.3-1: Stromröhre

In einer pulsierenden, kompressiblen Strömung, in welcher sich sowohl Geschwindigkeits- und Druckschwankungen als auch Dichteänderungen einstellen, würde sich der Massenstrom in Abhängigkeit von der Zeit ändern und bliebe nur im zeitlichen Mittel, bei ausreichend langem Mittelungsintervall, konstant. Solche Schwingungs- oder Fluktuationsvorgänge kommen aber bei brandbedingten Strömungen kaum vor.

Für volumenbeständige Strömung – also konstante Dichte – gilt für jede Stelle der Strömungsführung

$$\dot{V} = A \cdot v = \text{konstant,} \quad \text{(II 1.3.3-3)}$$

wobei A der durchströmte Querschnitt und v die mittlere Geschwindigkeit in diesem Querschnitt ist:

$$v_1 A_1 = \dot{V} = v_2 A_2; \quad \text{(II 1.3.3-4)}$$

in Worten:

Je enger der Querschnitt, umso höher ist die Geschwindigkeit

oder:

Der Stromröhrenquerschnitt und damit der Abstand der Mittellinien der Stromröhren, der so genannten Stromlinien, sind zu der Strömungsgeschwindigkeit umgekehrt proportional.

Die Kontinuitätsgleichung muss in dieser Form (für ρ = konst.) auch gelten, wenn die Geschwindigkeit sich mit der Zeit ändert, die Strömung also nicht stationär ist.

Ist ρ = konstant und vom Druck abhängig, so kann durch nicht stationäre Kompression in einem Strömungsabschnitt (z. B. zwischen 1 und 2) momentan Masse gespeichert werden.

Dann würde gelten:

einströmende Masse = ausströmende Masse + gespeicherte Masse

Für ein hinreichend groß gewähltes Mittelungsintervall muss aber auch in nicht stationärer Strömung (vergleiche Kapitel 1.3.4) der Massenstrom entlang des Strömungsweges konstant sein.

1.3.4 Beschleunigung in der Flüssigkeitsströmung, stationäre und nichtstationäre Strömung

Beschleunigungen in Flüssigkeiten treten dann auf, wenn die Strömungsgeschwindigkeit ihre Größe und/oder ihre Richtung ändert.

Im Gegensatz zur Dynamik des festen Körpers, wo Beschleunigungen immer nur bei nicht stationären Vorgängen auftreten, treten in stationären Flüssigkeitsströmungen auch Beschleunigungen auf, wenn sich die Strömungsgeschwindigkeit nicht am festen Ort mit der Zeit, sondern von Ort zu Ort ändert, dabei aber am festen Ort zeitlich unverändert bleibt.

Mathematische Formulierung:

Im allgemeinen Fall der eindimensionalen Strömung ist die Geschwindigkeit v eine Funktion der beiden Variablen Strömungsweg s und Zeit t

$$v = v\,(s, t).$$

Die Gesamtveränderung von v, das so genannte totale Differenzial dv infolge der Veränderung von s und t erhält man durch Differenziation:

$$dv = \frac{\partial v}{\partial s}\,ds + \frac{\partial v}{\partial t}\,dt \qquad (\partial v/\partial s = (dv/ds)_{t\,=\,\text{konst.}})$$

Daraus ergibt sich für die totale Beschleunigung dv/dt:

$$\frac{dv}{dt} = \frac{\partial v}{\partial s}\frac{ds}{dt} + \frac{\partial v}{\partial t} = \text{konvektive + lokale Beschleunigung} \qquad \text{(II 1.3.4-1)}$$

Da ds/dt = v, wird

$$\frac{dv}{dt} = \frac{\partial v}{\partial s}v + \frac{\partial v}{\partial t}. \qquad \text{(II 1.3.4-2)}$$

In einer stationären Strömung ist die lokale Beschleunigung $\partial v/\partial t = 0$. Hier treten nur Beschleunigungen dadurch auf, dass sich die Geschwindigkeit von Ort zu Ort und dadurch »indirekt« mit der Zeit ändert. Da nur der mit der Strömung mitbewegte Beobachter diese Beschleunigung verspürt, bezeichnet man diese als »konvektive Beschleunigung« (Mitfahrbeschleunigung).

Beispiel für konvektive Beschleunigung in stationärer Strömung:

Für die in Bild II 1.3.4-1 skizzierte Rohrverjüngung ist die mittlere konvektive Beschleunigung abzuschätzen. Dabei soll die Geschwindigkeit im Eintrittsquerschnitt 2 m/s betragen; der Eintrittsdurchmesser ist doppelt so groß wie der Austrittsdurchmesser, also beträgt die Eintrittsfläche das 4-fache der Austrittsfläche.

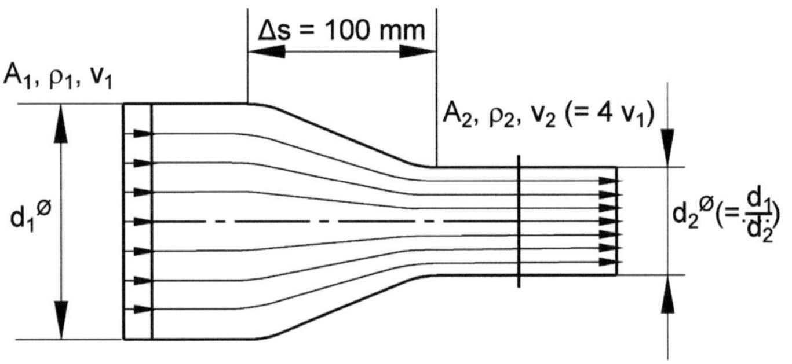

Bild II 1.3.4-1: Beschleunigung in einer Rohrverjüngung

$$A_1 v_1 = A_2 v_2$$
$$v_2 = (A_1/A_2)v_1$$
$$v_2 = 4 \cdot 2 = 8\,m/s$$

Die mittlere Beschleunigung beträgt:

$$\left(\frac{dv}{dt}\right)_m = (v_2 - v_1) \cdot \frac{v_m}{\Delta s} = \frac{6\ m/s}{0{,}1\ m}\ 5\ \frac{m}{s} = 300\ \frac{m}{s^2} = 30\,g!$$

Würde die Strömung in 1 s aus der Ruhe heraus angefahren, so wäre die mittlere lokale Beschleunigung im mittleren Querschnitt des Übergangsstückes:

$$\frac{\partial v}{\partial t} \approx \frac{\Delta v}{\Delta t} \qquad \Delta v = v_m = 5\ m/s, \Delta t = 1\ s$$

$$\frac{\partial v}{\partial t} = \frac{5\ m}{s\ 1\ s} = 0{,}5\ g$$

Die konvektive Beschleunigung überwiegt also auch bei diesem nicht stationären Vorgang bei Weitem. Erst bei Anfahren der Strömung in 1/60 s, also innerhalb von ca. 17 ms, wären konvektive und lokale Beschleunigung gleich groß.

Eine streng genommen nicht stationäre Strömung darf quasistationär (wie eine stationäre Strömung) behandelt werden, wenn die konvektiven Beschleunigungen so groß sind, dass ihnen gegenüber die lokalen Beschleunigungen vernachlässigbar sind. Dadurch vereinfacht sich nicht nur die rechnerische Behandlung - einfachere Differenzialgleichungen - sondern es ist auch eine experimentelle Untersuchung in wesentlich einfacherer Weise in zeitlich unveränderter Strömung möglich.

1.3.5 Gleichung von Euler und von Bernoulli für stationäre Strömung

1.3.5.1 Euler-Gleichung

In ähnlicher Weise wie für ein ruhendes Fluid in der Hydrostatik wird nun für ein differenziell kleines Teilchen in der in Bild II 1.3.5.1-1 skizzierten Stromröhre die Gleichgewichtsbedingung formuliert. Die Strömung sei reibungsfrei, stationär und inkompressibel. Am Teilchen greifen an:

in (+s)-Richtung: Druckkraft p dA

in (-s)-Richtung: Druckkraft $\left(p + \frac{\partial p}{\partial s} \cdot ds\right) dA$

- Gewichtskomponente dG sin α

- Trägheitskraft = - F_T = - Teilchenmasse x Beschleunigung = - ρ dV dv/dt

(Die Trägheitskraft wirkt der Bewegungsänderung entgegen!)

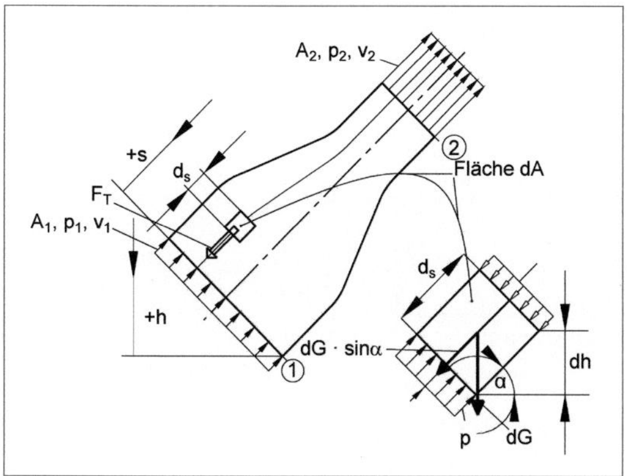

Bild II 1.3.5.1-1: Kräfte an einem Flüssigkeitselement in einer sich in Strömungsrichtung verjüngenden Stromröhre

$\Sigma F_S = 0$ ergibt:

$$p\,dA - \left(p + \frac{\partial p}{\partial s}\,ds\right) dA - \sin\alpha\,dG - \rho\,dV\,dv\,/dt = 0$$

$$\sin\alpha = \frac{dh}{ds}$$

Mit dV = dA ds folgt:

$$\underbrace{(\rho\, dA\, ds)\frac{dv}{dt}}_{\text{Masse x Beschleunigung}} = \underbrace{-\frac{dp}{ds}\, ds\, dA - \rho\, g\, dA\, ds\, \frac{dh}{ds}}_{\text{Kraft}} \qquad \text{(II 1.3.5.1-1)}$$

Diese Anwendung des **Newton**'schen Grundgesetzes auf die Hydrodynamik wurde erstmals von **Euler** durchgeführt und wird als **Euler**-Gleichung bezeichnet.

1.3.5.2 Bernoulli-Gleichung

Nach Kapitel 1.3.4 ist für stationäre Strömung

$$\frac{dv}{dt} = \frac{\partial v}{\partial s} \cdot \frac{ds}{dt} = \frac{dv}{ds} v$$

Eingesetzt in die **Euler**-Gleichung (II 1.3.5.1-1) ergibt sich:

$$\rho \frac{dv}{ds} v = -\frac{dp}{ds} - \rho\, g \frac{dh}{ds}.$$

Es folgt:

$$\mathbf{dp + \rho\, g\, dh + \rho\, v\, dv = 0}$$

Die Gleichung wird für das Stromröhrenstück zwischen den Querschnitten 1 und 2 (siehe Bild II 1.3.5.1-1), integriert.

$$\int_{p_1}^{p_2} dp + \rho\, g \int_{h_1}^{h_2} dh + \rho \int_{v_1}^{v_2} v dv = 0$$

$$p_2 - p_1 + \rho\, g\, (h_2 - h_1) + \rho \left(\frac{v_2^{\,2}}{2} - \frac{v_1^{\,2}}{2} \right) = 0$$

$$\underbrace{p_1 + \rho\, g\, h_1}_{\text{statischer Druck}} + \underbrace{\rho \frac{v_1^2}{2}}_{q\,=\,\text{Staudruck}} = \underbrace{p_2 + \rho\, g\, h_2 + \rho \frac{v_2^2}{2}}_{\text{Gesamtdruck} = p_{ges}} = p_{ges} = \text{konst.} \qquad \text{(II 1.3.5.2-1)}$$

Diese Gleichung wird **Bernoulli**-Gleichung genannt.

Da reibungsfreie Strömung vorausgesetzt wurde und die am Flüssigkeitselement angreifenden Kräfte längs des Integrationsweges (gleichwertige) jeweils ineinander überführbare Arbeit verrichten, kann man die **Bernoulli**-Gleichung auch einfach aus der Bedingung ableiten, dass der Energiestrom durch die Strömungsquerschnitte 1 und 2 gleich sein muss.

(Druck x Volumen pro Sekunde) = Druck-Energiestrom = $p\,\dot{V}$

Strom der potenziellen Energie = $\rho\, g\, \dot{V}\, h$

Strom der kinetischen Energie = $(\rho\,\dot{V})\,v^2/2$

Gesamtenergiestrom = $p_{ges}\,\dot{V}$ = konst.

$$\Rightarrow p_1\,\dot{V} + \rho\,g\,\dot{V}\,\frac{v_1^2}{2} = p_2\,\dot{V} + \rho\,g\,\dot{V} + \rho\,g\,\dot{V}\,h_2 + \rho\,\dot{V}\,\frac{v_2^2}{2}$$

Wegen

$$\left(p\left[\frac{N}{m^2}\right]V\left[m^3\right]\right) : V\left[m^3\right] = p\left[\frac{N}{m^2}\right]$$

entspricht der statische Druck der potenziellen Energie der strömenden Volumeneinheit und der Staudruck oder dynamische Druck der kinetischen Energie der strömenden Volumeneinheit.

Im Folgenden werden einige typische Anwendungsbeispiele behandelt:

a) Strömung durch die Verengung eines Rohres (Düsenströmung, siehe Bild II 1.3.5.2-1)

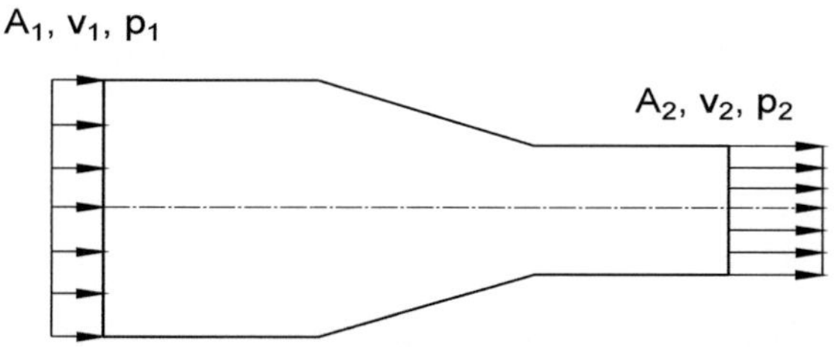

gegeben: A_1, A_2, v_1, p_1

gesucht: v_2, p_2

Bild II 1.3.5.2-1: Strömung durch eine Querschnittsverengung

Für die 2 Unbekannten sind 2 Gleichungen erforderlich:

1. Kontinuitätsgleichung $A_1\,v_1 = A_2\,v_2 \Rightarrow v_2$
2. Bernoulli-Gleichung $p_1 + \rho h_1\,g + \rho\,\frac{v_1^2}{2} = p_2 + \rho\,h_2\,g + \rho\,\frac{v_2^2}{2} \Rightarrow p_2$

b) Manometrische Geschwindigkeitsmessung

Bei der manometrischen Geschwindigkeitsmessung erfolgt die Geschwindigkeitsbestimmung mittelbar. Es wird eine Druckdifferenz im Strömungsfeld gemessen und daraus mithilfe der Bernoulli-Gleichung die Strömungsgeschwindigkeit berechnet.

b1) Pitot-Rohr

Das **Pitot**-Rohr wird zur Messung des Staudruckes oder des Gesamtdruckes benutzt. Verwendet man ein **Pitot**-Rohr in einem Kanal, so dient der an der Kanalwand gemessene statische Druck als Referenzdruck für die Druck(differenz)messung zur Bestimmung des Staudruckes (siehe Bild II 1.3.5.2-2).

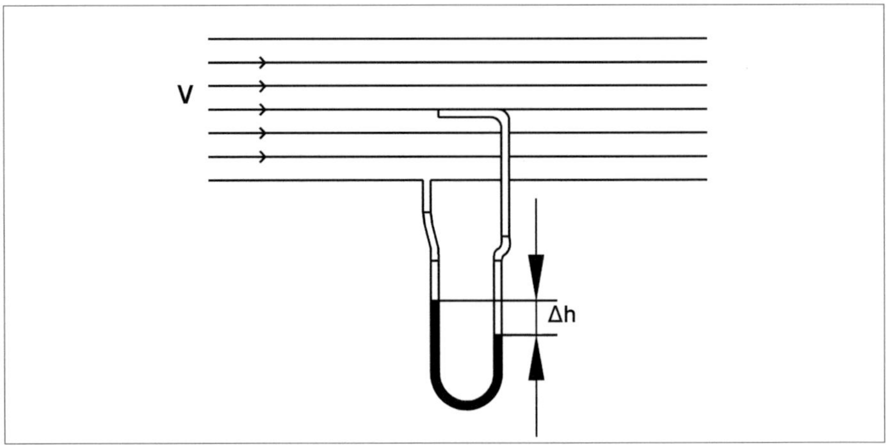

Bild II 1.3.5.2-2: Pitot-Rohr in einem Kanal

Bei einem umströmten Körper erfasst man den statischen Druck der ungestörten Strömung = p_∞ mit Druckbohrungen an der Körperseitenwand (siehe Bild II 1.3.5.2-3).

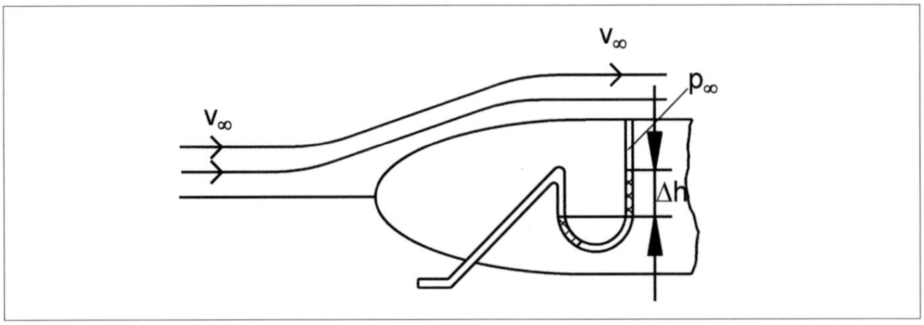

Bild II 1.3.5.2-3: Messung des statischen Druckes an einem umströmten Körper

Bei der Messung mit einem U-Rohr-Manometer, wenn am freien U-Rohr-Schenkel p_∞ anliegt, gilt:

$$p_\infty + \frac{\rho}{2} v_\infty^2 = p_{ges}$$

b2) Prandtl-Staurohr

Das **Prandtl**-Staurohr oder **Prandtl**-Rohr (siehe Bild II 1.3.5-2-4), wird zum Messen des Staudrucks in strömenden Fluiden benutzt.

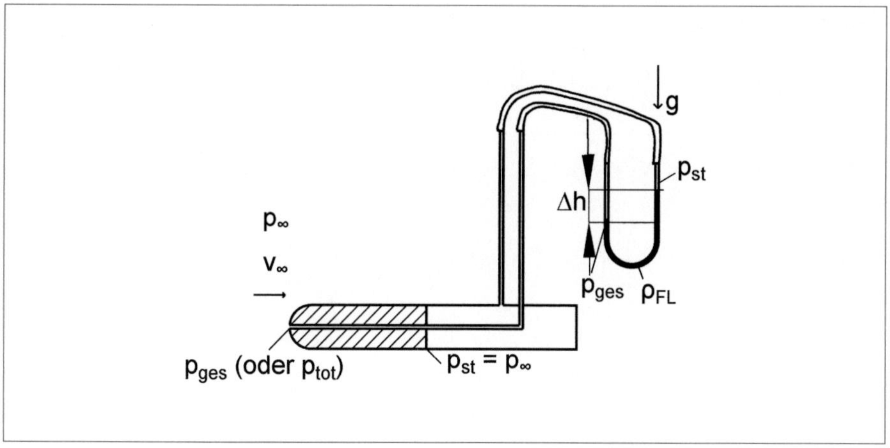

Bild II 1.3.5.2-4: Prandtl-Rohr

$$p_\infty + \frac{\rho}{2} v_\infty^2 = p_{ges}$$

Bernoulli-Gleichung

$$p_{ges} = p_{st} + \frac{\rho}{2} v_\infty^2$$

$$p_{ges} - p_{st} = \Delta p = \frac{\rho}{2} v_\infty^2$$

$$= q = \text{Staudruck}$$

Bei Messung mit einem U-Rohr-Manometer

$p_{ges} = \rho_{FL}\, g\, \Delta h$

pges - $p_{st} = q = \rho_{FL}\, g\, \Delta h$

$$\mathbf{q \sim v^2.}$$

b3) Venturi-Rohr (Venturi-Düse) (siehe Bild II 1.3.5.2-5)

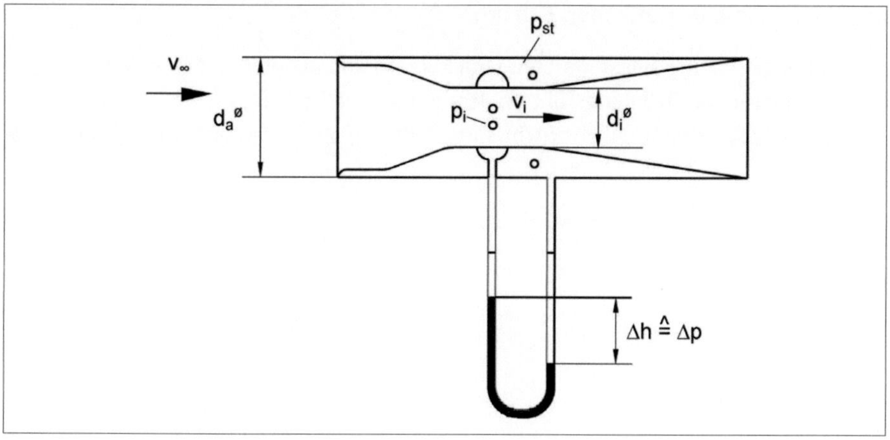

Bild II 1.3.5.2-5: **Venturi**-Rohr

Bernoulli-Gleichung:

$$p_\infty + \frac{\rho}{2} v_\infty^2 = p_i + \frac{\rho}{2} v_i^2$$

$$p_\infty - p_i = \Delta p = \frac{\rho}{2} (v_i^2 - v_\infty^2)$$

$$\Delta p = \frac{\rho}{2} v_\infty^2 \left(\frac{v_i^2}{v_\infty^2} - 1 \right)$$

Kontinuitätsgleichung $v_\infty \, \pi \frac{d_a^2}{4} = v_i \, \pi \frac{d_i^2}{4}$

$$\frac{v_i}{v_\infty} = \frac{d_a^2}{d_i^2}$$

Einsetzen in die Gleichung für Δp:

$$\Delta p = \frac{\rho}{2} v_\infty^2 \left(\frac{d_a^4}{d_i^4} - 1 \right)$$

$$\frac{\Delta p}{\frac{\rho}{2} v_\infty^2} = \text{Düsenbeiwert} = c_{p,\,\text{Düse}} = \left(\frac{d_a}{d_i} \right)^4 - 1$$

Ein üblicher Düsenbeiwert für eine **Venturi**-Düse ist 3,5.

Dieser ergibt sich für $\frac{d_a}{d_i} = \sqrt[4]{4{,}5} = 1{,}46$.

b4) Messung des statischen Druckes

Den statischen Druck misst man mit Druckbohrungen in der Wand eines umströmten Körpers oder einer Strömungsführung (siehe Bild II 1.3.5.2-6). Die Achsen der Druckbohrungen müssen normal zur Strömungsrichtung, also auch normal zur Wand stehen.

$\Delta p = p_{st} - p_{Umgebung}$ $\quad$ $d = 0{,}5 - 1$ mm

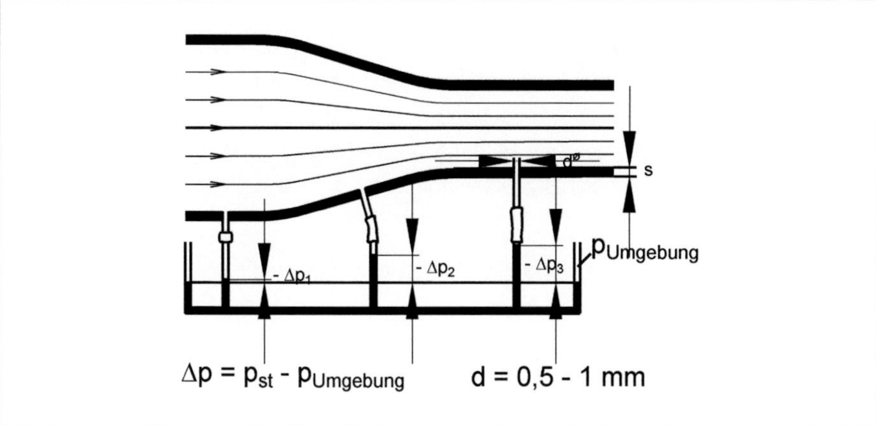

Bild II 1.3.5.2-6: Messung des statischen Druckes p_{st} an einer Kanalwand

Eine Verfälschung der Messungen kann durch unsaubere Ausführung der Bohrungen, z. B. Gratbildung oder schiefen Winkel der Bohrachse, entstehen.

1.3.5.3 Gültigkeitsbereich der Bernoulli-Gleichung

Bei höheren Strömungsgeschwindigkeiten darf die Dichteänderung nicht mehr vernachlässigt werden. Dann gilt der Energiesatz in der Form

$$H_0 = H + \frac{m}{2} v^2 \qquad \text{(II 1.3.5.3-1)}$$

mit:

H_0 = Gesamtenthalpie oder Ruheenthalpie

H = Enthalpie

$\frac{m}{2} v^2$ = kinetische Energie

Nach dem ersten Hauptsatz der Wärmelehre ist

$$H = U + p\,V \qquad \text{(II 1.3.5.3-2)}$$

mit U = innerer Energie.

Eingesetzt:

$$U_0 + p_0\,V = U + p\,V + \frac{m}{2} v^2$$

Division durch V:

$$\frac{U_0}{V} + p_0 = \frac{U}{V} + p + \frac{\rho}{2} v^2$$

Wenn die Geschwindigkeiten so gering sind, dass U_0 genügend genau gleich U ist, erhält man wieder die **Bernoulli**-Gleichung für inkompressible Strömung. Die Annahme $U_0 \cong U$ ist aber für hohe Unterschallgeschwindigkeiten nicht zulässig. Die innere Energie U ist die Summe der kinetischen Energie der Moleküle. Diese bewegen sich im Mittel mit einer Geschwindigkeit nahe der Schallgeschwindigkeit. Daraus folgt, dass für v in der Nähe der Schallgeschwindigkeit a die Ruheenthalpie U_0 nicht gleich der Enthalpie des strömenden Mediums U sein kann.

Für kleine Werte m (M = v/a = **Mach**-Zahl) gilt näherungsweise

$p_\infty + q\,(1 + M^2/4) = \text{konst.}$

$$M = \textbf{Mach}\text{-Zahl} = \frac{\text{Strömungsgeschwindigkeit}}{\text{Schallgeschwindigkeit}} = \frac{v}{a} \qquad \text{(II 1.3.5.3-3)}$$

$$a = \sqrt{\kappa R T} \quad \text{mit } \kappa = c_p/c_v = \text{Isentropenexponent und} \qquad \text{(II 1.3.5.3-4)}$$

c_p bzw. c_v = spezifische Wärmekapazität
für konstanten Druck bzw. konstantes Volumen.

Tabelle II 1.3.5.3-1: Gültigkeitsbereich der Bernoulli-Gleichung

M	0	0,20	0,40	0,60
$1 + 1/4\,M^2$	1	1,01	1,04	1,09

Die **Bernoulli**-Gleichung gilt nur, wenn nirgendwo in der Strömung größere Dichteänderungen auftreten. Lässt man Abweichungen bis ca. 10% zu, so kann die **Bernoulli**-Gleichung bis etwa M = 0,6 angewandt werden (siehe Tabelle II 1.3.5.3-1).

Außerdem wurde - wie bereits erwähnt - bei der Ableitung der **Bernoulli**-Gleichung angenommen, dass keine Strömungsverluste auftreten, also keinerlei mechanische Energie (Druckenergie, kinetische Energie) durch einen verlustbehafteten Vorgang wie Wandreibung und innere Reibung im Fluid in Wärme umgewandelt wird.

Der Gültigkeitsbereich der **Bernoulli**-Gleichung wird durch die nachfolgenden Beispiele erläutert.

a) Diffusor

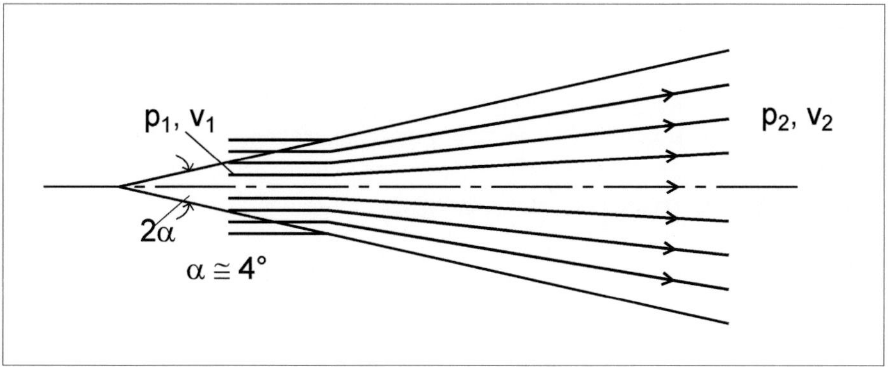

Bild II 1.3.5.3-1: Kegeldiffusor

Die Strömung ist »gut geführt« und füllt überall den ganzen Querschnitt (siehe Bild II 1.3.5.3-1). Der verzögerungsbedingte Druckanstieg von p_1 auf p_2 kann näherungsweise mit der Bernoulli-Gleichung errechnet werden. Je nach Güte des Diffusors liegt der tatsächliche Druck p_2 erheblich unter dem mit der **Bernoulli**-Gleichung berechneten.

$$p_1 + \frac{\rho}{2} v_1^2 = p_2 + \frac{\rho}{2} v_2^2$$

$$p_2 - p_1 = \frac{\rho}{2}\left(v_1^2 - v_2^2\right)$$

b) Unstetige Querschnittserweiterung

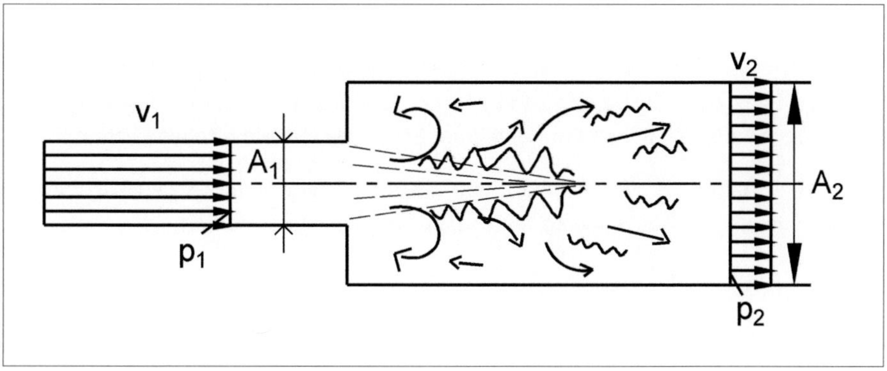

Bild II 1.3.5.3-2: Unstetige Erweiterung

Die Strömungsführung (Wand) macht einen Querschnitts-Sprung, dem die Strömung nicht folgen kann (siehe Bild II 1.3.5.3-2). Durch Wirbelbildung und Mischung geht mechanische Energie »verloren«.

Die **Bernoulli**-Gleichung gilt nicht mehr. Der Druckanstieg ist: $\Delta p = p_2 - p_1$

$$\Delta p < \Delta p_{\text{Bernoulli}} = \frac{\rho}{2}\left(v_1^2 - v_2^2\right)$$

Die **Bernoulli**-Gleichung gilt nur, wenn keine Wirbel- und Mischvorgänge in der Strömung stattfinden. Dies trifft bei Strömungsbeschleunigungen fast immer zu, aber nicht bei Verzögerungen, wenn sich die Strömung von der Strömungsführung ablöst und/oder Kanalquerschnitte nicht voll ausfüllt.

1.3.6 Impuls(strom)satz für stationäre, inkompressible Strömung

Der Impulsstromsatz lässt sich aus dem 1. Axiom der Mechanik ableiten. Dieser behandelt die zeitliche Änderung des Impulses I bei Einwirkung äußerer Kräfte. Er ist als Produkt von Masse und Geschwindigkeit definiert:

$$\vec{I} = m \cdot \vec{v} = \text{Bewegungsgröße}$$

Hinweis:

Im Allgemeinen ist die Geschwindigkeit (und der Impuls) eine vektorielle Größe, gekennzeichnet durch ihren Zahlenwert und die Richtung. Dies wird im deutschen Schrifttum meist durch einen Pfeil über dem Symbol verdeutlicht.

Das 1. Axiom der Mechanik lautet:

Die Summe der äußeren Kräfte, die auf ein materielles Volumen wirken, ist gleich der zeitlichen Änderung des Impulses dieses geschlossenen Systems (= materielles Volumen):

$$\dot{\vec{I}} = \frac{d\vec{I}}{dt} = \sum \vec{F}_a. \qquad \text{(II 1.3.6-1)}$$

Ein materielles Volumen beinhaltet immer dieselben Partikel. Es ist deshalb ein geschlossenes System. Dagegen besteht ein raumfestes Volumen (= »Kontrollvolumen«) immer aus denselben Raumpunkten. Es ist deshalb ein offenes System.

Wird das 1. Axiom der Mechanik auf starre Körper angewandt, wird im Allgemeinen die Beschleunigung des Schwerpunktes (»Punktmasse«) betrachtet:

$$\frac{d}{dt}\left(m\,\vec{v}\right) = m \cdot \frac{d\vec{v}}{dt} = \sum \vec{F}_a.$$

Bei der folgenden Ableitung des Impulsstromsatzes für Fluide wird analog dazu die Beschleunigung der materiellen Fluidmasse (= Dichte · materielles Volumen) betrachtet. Für die Stromröhre in Bild II 1.3.6-1 gilt:

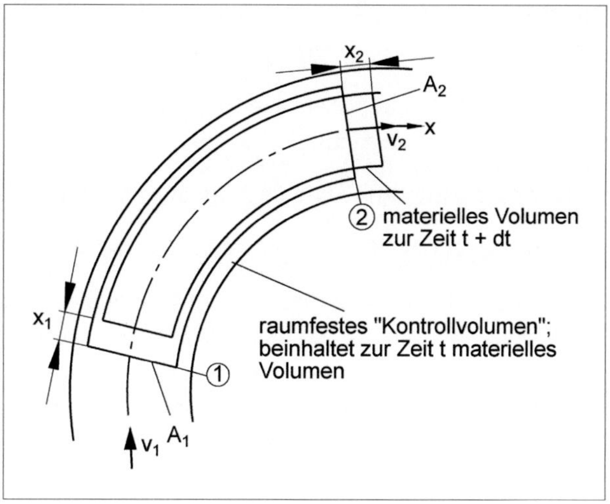

Bild II 1.3.6-1: Stromröhre mit Darstellung des materiellen Volumens und des Kontrollvolumens

Stelle ①: aus der Stromröhre strömt aus in der Zeit dt die Masse

$$dm_1 = \rho\, A_1\, x_1 = \rho\, A_1\, v_1\, dt$$

Stelle②: in die Stromröhre strömt ein in der Zeit dt die Masse

$$dm_2 = \rho\, A_2\, x_2 = \rho\, A_2\, v_2\, dt$$

$$dm = dm_1 = dm_2 \text{ (Kontinuitäts-Gleichung)}$$

Impulsänderung für das materielle Volumen in der Zeit dt:

$$dm_2\, v_2 - dm_1\, v_1 = dm(v_2 - v_1)$$

Impulsänderung für das materielle Volumen in der Zeiteinheit:

$$\frac{dm}{dt}\left(v_2 - v_1\right) = \dot{m}\left(v_2 - v_1\right)$$

mit $\dot{m}\, v$ = Impulsstrom

Somit ergibt sich aus dem 1. Axiom der Mechanik bei Anwendung auf Fluide und unter Beachtung von $\dot{m}\, v$ = Impulsstrom:

$$\dot{m}\left(\vec{v}_2 - \vec{v}_1\right) = \sum \vec{F}_a = \dot{\vec{I}}_{aus} - \dot{\vec{I}}_{ein} \qquad \text{(II 1.3.6-2)}$$

oder in der d'Alembert'schen Schreibweise:

$$\dot{\vec{I}}_{ein} - \dot{\vec{I}}_{aus} + \sum \vec{F}_a = \dot{m}\,\vec{v}_1 - \dot{m}\,\vec{v}_2 + \sum \vec{F}_a = 0. \qquad \text{(II 1.3.6-3)}$$

Die äußeren Kräfte können Endflächenkräfte $\vec{F}_E$, z. B. Druckkräfte, Mantelkräfte F_M, z. B. Reibungskräfte und/oder Gewichtskräfte F_G, sein.

Eine Änderung des Impulsstromes $\vec{\dot{I}}$ ergibt sich - bei $\dot{m}$ = konst. - durch eine Änderung des Geschwindigkeitsvektors, also

- entweder durch eine Änderung des Geschwindigkeitsbetrages
- und/oder durch eine Änderung der Geschwindigkeitsrichtung.

Mit dem Impulssatz steht eine weitere Gleichung zur Beschreibung von Strömungsvorgängen zur Verfügung. Da das durch sie formulierte Kräftegleichgewicht unabhängig davon erfüllt sein muss, ob die Strömung reibungsfrei betrachtet wird oder die Reibungskräfte berücksichtigt werden müssen, lässt sich der Impulssatz universeller anwenden als die Bernoulli-Gleichung. Dies soll an den folgenden Beispielen erläutert werden.

Hinweis:

Es ist sinnvoll, den Impulssatz in den folgenden drei Schritten anzuwenden:

1. Definition der Kontrollfläche bzw. des Kontrollvolumens
2. Eintragung aller von außen auf diese wirkenden Kräfte
3. Formulierung des Kräftegleichgewichtes im gewählten Koordinatensystem

a) Unstetige Erweiterung, Carnot'scher Stoßverlust

Für die in Bild II 1.3.6-2 dargestellte unstetige Erweiterung gilt der Impulssatz (in Strömungsrichtung):

$$\dot{I}_{ein} - \dot{I}_{aus} + \sum F_{außen} = 0$$

$$\dot{m}\, v_1 - \dot{m}\, v_2 + p_1\, A_2 - p_2\, A_2 = 0$$

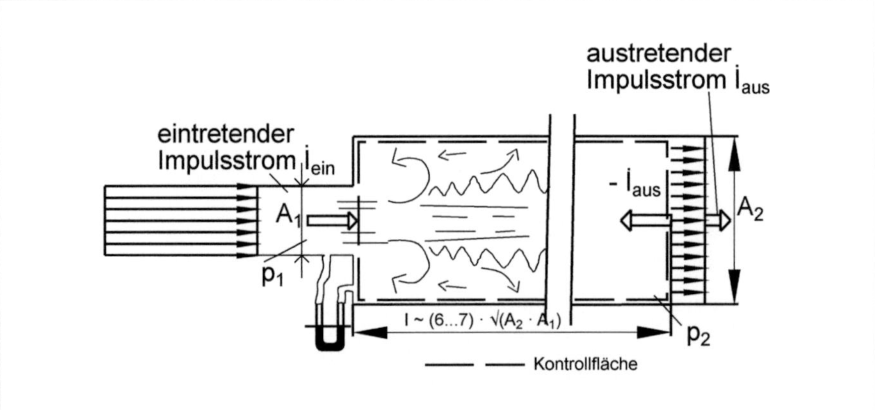

Bild II 1.3.6-2: Anwendung des Impulssatzes auf eine unstetige Erweiterung

Der Druck p_1 prägt sich auf der Eintrittseite der Kontrollfläche dem gesamten Querschnitt, also der Fläche A_2, auf. Der aus dem Zuströmquerschnitt A_1 austretende Fluidstrom bleibt auch hinter der unstetigen Erweiterung, also dem Querschnittssprung von A_1 auf A_2, zunächst noch parallel. Folglich ändert sich quer zu diesem Strom der statische Druck nicht, und es wird auch der Umgebung des in die Erweiterung eintretenden Stromes der statische Druck p_1 aufgeprägt. Abgesehen von vernachlässigbaren Änderungen des statischen Druckes infolge von Rückströmwirbeln herrscht daher auf der Zuströmseite der Kontrollfläche über dem gesamten Querschnitt A_2 der statische Druck p_1. Dies wird in der Skizze durch das U-Rohr-Manometer angedeutet, bei dem die Sperrflüssigkeit in beiden Schenkeln gleich hoch steht.

Da die seitlichen Wände der unstetigen Erweiterung parallel sind oder es sich um ein Rohr mit konstantem Querschnitt handelt, tragen nur die auf die Stirnflächen der Kontrollfläche wirkenden Druckkräfte zum Gleichgewicht bei.

Die Länge des Kontrollbereichs wird derart gewählt, dass der Austrittsquerschnitt A_2 sich in einem Bereich befindet, in welchem die Strömung mit der Geschwindigkeit v_2 wieder den gesamten Querschnitt ausfüllt. Dann kann nämlich die Strömung als eindimensional betrachtet werden. Die Strömung innerhalb des Kontrollbereichs interessiert nicht näher, da das Gleichgewicht für den gesamten von diesem Kontrollbereich umschlossenen Strömungsabschnitt formuliert wurde. Man darf also den Kontrollbereich als »schwarzen Kasten« auffassen, für den nur das Gleichgewicht an seiner Außenfläche interessiert. Darum wählt man die Begrenzung des Kontrollbereiches derart, dass sich die zur Formulierung des Gleichgewichts erforderlichen Größen dort einfach bestimmen lassen, z. B. gleichmäßige Geschwindigkeitsverteilung über dem gesamten Querschnitt, statischer Druck gleich Umgebungsdruck.

Nun kann der Druck p_2 im Erweiterungsquerschnitt A_2 berechnet werden:

Kontinuitätsgleichung: $A_1 v_1 = A_2 v_2$ (für ρ = konstant)

Impulssatz (in Strömungsrichtung): $\dot{I}_{ein} - \dot{I}_{aus} + \sum F_{außen} = 0$

mit $\sum F_{außen} = p_1 A_2 - p_2 A_2$, $\dot{I}_{aus} = \overbrace{A_2 v_2 \rho}^{\dot{m}} v_2$, $\dot{I}_{ein} = A_1 \rho v_1^2$ ergibt sich:

$$\rho v_1^2 A_1 - A_2 \rho v_2^2 + (p_1 - p_2) A_2 = 0$$

auflösen nach $(p_2 - p_1)$:

$$p_2 - p_1 = \frac{A_1}{A_2} \rho v_1^2 - \rho v_2^2$$

aus der Kontinuitätsgleichung: $v_1 = \frac{A_2}{A_1} v_2$

$$p_2 - p_1 = \frac{A_1}{A_2} \rho \frac{A_2^2}{A_1^2} v_2^2 - \rho v_2^2$$

$$p_2 - p_1 = \frac{\rho}{2} v_2^2 \left(2 \frac{A_2}{A_1} - 2 \right)$$

Nach der **Bernoulli**-Gleichung für verlustlose Strömung hätte sich ergeben:

$$p_{2B} - p_1 = \frac{\rho}{2} v_1^2 - \frac{\rho}{2} v_2^2 = \frac{\rho}{2} v_2^2 \left(\frac{v_1^2}{v_2^2} - 1 \right)$$

$$p_{2B} - p_1 = \frac{\rho}{2} v_2^2 \left(\frac{A_2^2}{A_1^2} - 1 \right) = \frac{\rho}{2} v_2^2 \left(\left(\frac{A_2}{A_1} \right)^2 - 1 \right)$$

Die Differenz zwischen dem Druck p_{2B} bei verlustloser Strömung und dem sich real einstellenden Druck p_2

$$p_{2B} - p_2 = \Delta p_V$$

ist der Druckverlust, der sich bei der Durchströmung der unstetigen Erweiterung einstellt:

$$p_{2B} - p_1 - (p_2 - p_1) = \frac{\rho}{2} v_2^2 \left[\left(\left(\frac{A_2}{A_1} \right)^2 - 1 \right) - \left(2 \frac{A_2}{A_1} - 2 \right) \right]$$

$$\Delta p_V = p_{2B} - p_2 = \frac{\rho}{2} v_2^2 \left(\left(\frac{A_2}{A_1} \right)^2 - 2 \frac{A_2}{A_1} + 2 - 1 \right) = \frac{\rho}{2} v_2^2 \left(\frac{A_2}{A_1} - 1 \right)^2$$

Δp_V wird durch Division mit $\frac{\rho}{2} v_2^2$ (= Staudruck der Abströmung) dimensionslos gemacht:

$$\frac{\Delta p_{Verlust}}{\frac{\rho}{2} v_2^2} = \left(\frac{A_2}{A_1} - 1 \right)^2 = \zeta. \qquad \text{(II 1.3.6-4)}$$

Der dimensionslose Druckverlust $\Delta p_V/q$ wird als ζ-Wert (Zeta) bezeichnet. Da dieser ζ-Wert nur vom Flächenverhältnis, also nur von der Geometrie oder der »Form« abhängt, wird er auch als Formwiderstandsbeiwert bezeichnet.

Für $A_2/A_1 = 1$ (keine Erweiterung) ist $\zeta = 0$, für $A_2/A_1 \rightarrow \infty$ geht auch $\zeta \rightarrow \infty$. Das bedeutet aber nicht, dass auch der Druckverlust gegen ∞ geht. Denn der Druckverlust kann maximal nur so groß werden wie der Staudruck der Zuströmung

$$q_1 = \frac{\rho}{2} v_1^2.$$

Mehr als die gesamte kinetische Energie der Zuströmung kann nämlich nicht verloren gehen. Dass $\zeta \to \infty$ geht liegt daran, dass mit $A_2/A_1 \to \infty$ die Bezugsgröße

$$q_2 = \frac{\rho}{2} v_2^2$$

gegen Null geht. Wenn der Druckverlust Δp_v auf den Staudruck der Zuströmung

$$q_1 = \frac{\rho}{2} v_1^2$$

bezogen wird, erhält man

$$\zeta_1 = \frac{\Delta p_v}{\frac{\rho}{2} v_1^2} = \left(1 - \frac{A_1}{A_2}\right)^2.$$

Für $A_1/A_2 = 1$ ist $\zeta_1 = 0$, für $A_1/A_2 \to 0$ geht $\zeta_1 \to 1$.

(Der Index 1 macht deutlich, dass Δp_v auf q_1 bezogen ist. Entsprechend empfiehlt es sich, Δp_v bezogen auf q_2 als ζ_2 zu bezeichnen.)

Eine unstetige Erweiterung des Strömungsquerschnittes kann sich auch einstellen, wenn ein Gitter zur Strömungsumlenkung nicht tangential in Richtung der Umlenkschaufeln, sondern unter einem sogenannten »Stoßwinkel« angeströmt wird. Für diese Situation hat **Sidi Carnot** erstmals den Verlustbeiwert wie hier beschrieben als »Stoßverlust«

$$\Delta p_v = \frac{\rho}{2} (v_1 - v_2)^2 \qquad \text{(II 1.3.6-5)}$$

angegeben. Man bezeichnet daher den Druckverlust an einer unstetigen Erweiterung auch als **Carnot'schen Stoßverlust**.

b) Ausfluss aus einem Behälter durch ein dünnwandiges Rohr mit scharfkantigem Eintritt, Borda-Mündung (siehe Bild II 1.3.6-3)

gesucht: $\mu = \frac{A_S}{A_0}$ (II 1.3.6-6)

μ = Kontraktionszahl

Kontinuitätsgleichung: $A_K v_K = A_S v_S$

$A_K >> A_S \Rightarrow v_K << v_S$;

A_S = Strahlquerschnitt; Außendruck: $p_a = p_S$

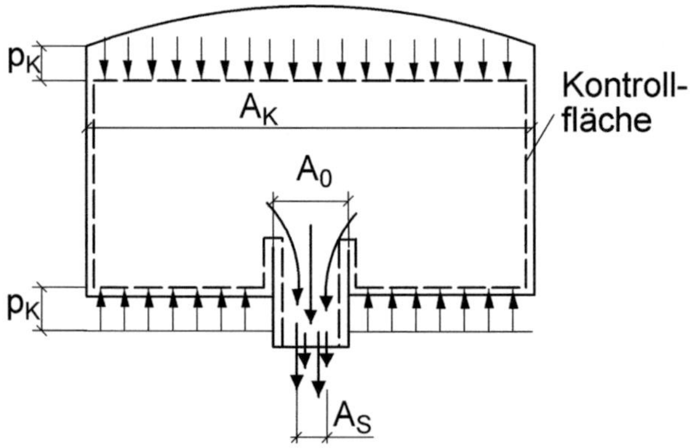

Bild II 1.3.6-3: Borda-Mündung

Bernoulli-Gleichung: $$p_K + \frac{\rho}{2} v_K^2 = p_S + \frac{\rho}{2} v_s^2 \quad (\text{für } g\,h << p_K)$$

$$\frac{\rho}{2} v_S^2 = p_K - p_S = p_K - p_a$$

Impulssatz (in Strömungsrichtung): $$\dot{I}_e - \dot{I}_a + \sum F_{außen} = 0$$

$$\dot{I}_e = \rho\, A_K\, v_K^2 = 0 \quad (\text{da } v_K << v_S)$$

$$-\rho\, A_S\, v_S^2 + p_K\, A_K - (A_K - A_0)\, p_K - A_0\, p_S = 0$$

$$-\rho\, A_S\, v_S^2 + p_K\, A_0 - p_S\, A_0 = 0$$

$$\rho\, A_S\, v_S^2 = A_0\,(p_K - p_S)$$

mit der **Bernoulli**-Gleichung: $$\rho\, v_S^2\, \frac{A_S}{A_0} = \frac{\rho}{2} v_S^2 \qquad \text{(II 1.3.6-7)}$$

$$\frac{A_S}{A_0} = \frac{1}{2} = \mu$$

Das Verhältnis des von der Strömung ausgefüllten Querschnitts (hier A_S) zum geometrisch verfügbaren Querschnitt (hier A_0) bezeichnet man als Kontraktionszahl μ.

Die skizzierte Mündung (die wegen des Fehlens eines Einlaufs und vernachlässigbarer Rohrwandstärke) keinerlei Kräfte auf die Flüssigkeit in Rohrachsrichtung (= Strömungsrichtung) übertragen kann, heißt **Borda**-Mündung.

c) Ausfluss durch eine scharfkantige Öffnung

Bei einer einfachen Bohrung als Ausströmöffnung ist die von unten wirkende Druckkraft um den schraffierten Teil der in Bild II 1.3.6-4 dargestellten Druckkraftfläche kleiner als $(A_K - A_0)\, p_K$.

Aus Gleichgewichtsgründen muss also $\rho\ A_S\ v_S^2$ größer sein als bei der **Borda**-Mündung; v_S ist für gleiches p_K aber gleich.

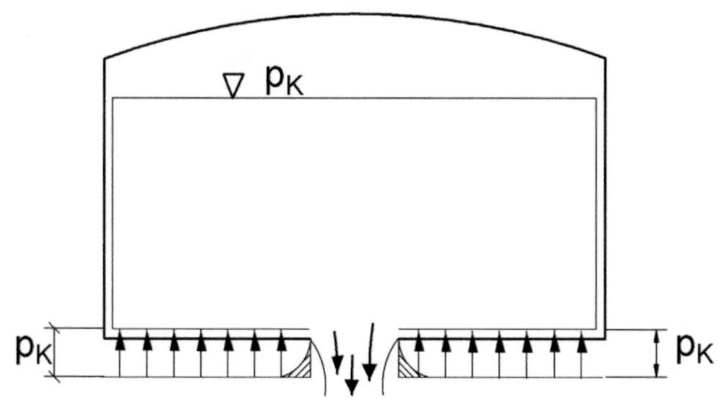

Bild II 1.3.6-4: Ausfluss durch eine scharfkantige Öffnung

Folglich muss A_S und somit die Kontraktionszahl größer sein als bei der **Borda**-Mündung. Für eine scharfkantige Öffnung gilt $\mu \approx 0{,}62 - 0{,}64$. Für eine gut gerundete Mündung nimmt die Kontraktionszahl den Maximalwert $\mu \approx 1$ an.

d) Krümmerströmung

Die Durchströmung eines Krümmers ist ein Beispiel für eine (ideale) Strömung, in der sich die Strömungsrichtung, nicht jedoch die Geschwindigkeit ändert (siehe Bild II 1.3.6-5).

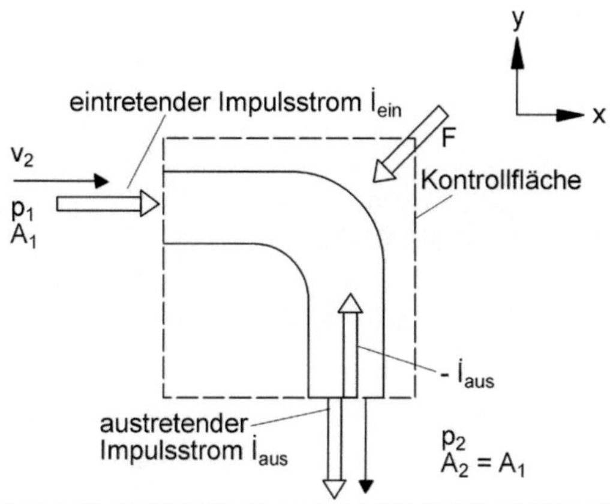

Bild II 1.3.6-5: Anwendung des Impulssatzes auf einen Krümmer

Die Strömungskräfte - Impulskraft und Druckkraft - sind bei konstanter Querschnittsfläche des Krümmers ($A_1 = A_2$) dem Betrag nach gleich. Für die in Bild II 1.3.6-5 eingezeichnete Kontrollfläche lautet der Impulssatz:

x-Richtung: $\dot{I}_{ein,x} - \dot{I}_{aus,x} + p_1 A_1 - F_x = 0$

y-Richtung: $\dot{I}_{ein,y} - \dot{I}_{aus,y} - p_2 A_2 - F_y = 0$

mit $\dot{I}_{ein,x} = \dot{I}_{ein} = \rho \cdot A_1 \cdot v_1^2; \quad \dot{I}_{aus,x} = 0$

$\dot{I}_{ein,y} = 0; \quad \dot{I}_{aus,y} = \dot{I}_{aus} = \rho \cdot A_2 \cdot v_2^2 = \rho A_1 v_1^2$

$p_1 = p_2$ (aus der **Bernoulli**-Gleichung, da $v_1 = v_2$)

folgt: $F_x = \rho A_1 v_1^2 + p_1 A_1$

$F_y = \rho A_1 v_1^2 + p_1 A_1$

1.4 Quellen- und Senkenströmungen

1.4.1 Grundlagen

Quellen- und Senkenströmungen sind wichtige Komponenten einer gesicherten Rauchableitung. Dies soll an der schematischen Darstellung der Rauchausbreitung in und Rauchableitung aus einer Industriehalle in Bild II 1.4.1-1 verdeutlicht werden. Die über dem Brandherd infolge Thermikwirkung aufsteigenden Rauchgase bilden einen Auftriebsstrahl (im Brandschutzschrifttum im Allgemeinen als Plume bezeichnet). Nach Auftreffen der Brandgase auf der Raumdecke bildet sich dort ein Deckenstrahl (ceiling jet), der sich allseitig ausbreitet. Die Rauchableitung erfolgt im dargestellten Fall über NRWG. Die nachströmende Zuluft bildet einen Bodenstrahl. Die Strahlströmungen – Auftriebsstrahl, Deckenstrahl und Bodenstrahl – sind Quellströmungen. Boden- und Deckenstrahlen werden in der Strömungsmechanik als Wandstrahlen bezeichnet. Die Rauchableitung über die NRWG oder MRWG ergibt in strömungstechnischer Hinsicht Senkenströmungen.

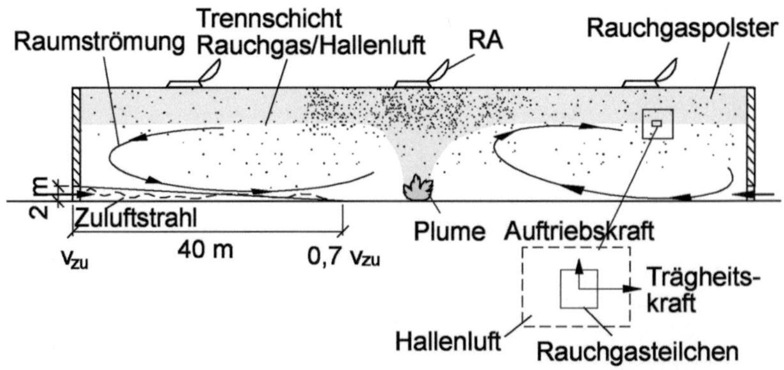

Bild II 1.4.1-1: Schematische Darstellung der Rauchausbreitung in einer Industriehalle

Quellen- und Senkenströmungen weisen erhebliche aerodynamische Unterschiede auf. Dies soll am Beispiel eines Freistrahles und einer punkt- und einer linienförmigen Absaugung verdeutlicht werden.

a) Freistrahl

Für das Brandschutzwesen sind ausschließlich turbulente Strahlen von Bedeutung. Bild II 1.4.1-2 zeigt einen turbulenten Freistrahl, der aus einer düsenförmigen Öffnung austritt. Der Druck in dem Raum, in welchem sich das Strahlströmungsfeld ausbildet, ist konstant. Die Druckkräfte sind jedoch die einzigen äußeren Kräfte, die auf den Strahl einwirken. Da der Druck sich nicht ändert, ist die resultierende äußere Kraft gleich Null. Wendet man den Impulssatz auf die Strahlströmung an, so ergibt sich unmittelbar, dass der Impulsstrom entlang des Strahlweges konstant bleibt. Da aber die Strahlgeschwindigkeit durch die Vermischung des Strahls mit seiner Umgebung abnimmt, muss sich zwangsläufig entsprechend dem Impulssatz ständig mehr Masse mit dem Strahl bewegen. Die Geschwindigkeitsabnahme und die Massenzunahme erfolgen dabei derart, dass der Impulsstrom entlang des Strahles konstant bleibt.

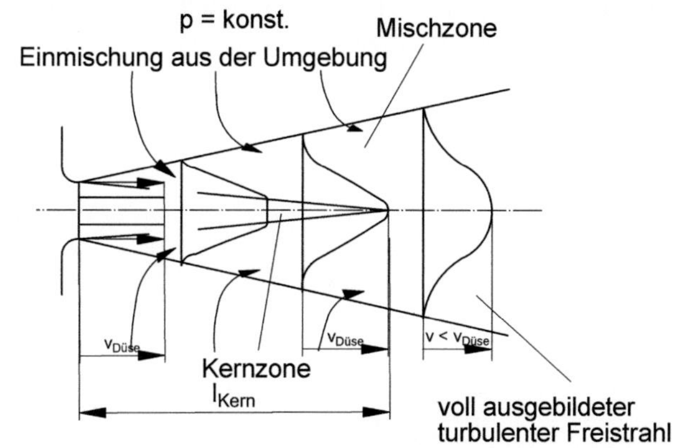

Bild II 1.4.1-2: Turbulenter Freistrahl

Vereinfachend soll die Durchströmung der Austrittsöffnung als reibungsfrei betrachtet werden. Dies ergibt eine konstante Austrittsgeschwindigkeit ($v_{Düse}$ = konstant). In den austretenden Strahl wird seitlich aus der Umgebung Fluid eingemischt. Das Gebiet, in dem die Austrittsgeschwindigkeit erhalten bleibt, wird Kernzone genannt, der Bereich, in welchen Umgebungsfluid eingemischt wird, Mischzone. Die Kernzone reicht in Strömungsrichtung bis zu dem Punkt, auf dem auf der Mittellinie die Düsenaustrittsgeschwindigkeit gerade noch erhalten bleibt.

Umfangreiche Informationen über isotherme Strahlen (runde und eckige Freistrahlen) sowie Wandstrahlen finden sich in B. Regenscheit: Isotherme Luftstrahlen. Wichtig für die Beurteilung von Entrauchungsvorgängen ist die Tatsache, dass die Mittengeschwindigkeit mit zunehmendem Abstand von der Ausströmöffnung nur allmählich abnimmt. Für rechteckige Bodenstrahlen mit großem Längen/Höhen-Verhältnis, wie sie für Zuluftströmungen in Industriehallen typisch sind, wird die maximale Strahlgeschwindigkeit in einer Entfernung von 20 Ausströmhöhen im Vergleich zur Austrittsgeschwindigkeit lediglich um ca. 30 % gemindert (siehe Bild II 1.4.1-1). Strahlen sind also über weite Entfernungen von ihrer Ausströmöffnung deutlich »spürbar«.

b) Senken

Erfassungs- und Ableitsysteme können punkt- oder linienförmig sein. Diese Formen entsprechen in strömungstechnischer Hinsicht Punkt- und Liniensenken. In der Nähe von Senken wird versucht, die Luft mittels Druckkräften aus dem angrenzenden Raum zur Absaugöffnung hin zu bewegen. Dies ist für eine Punktsenke schematisch in Bild II 1.4.1-3 dargestellt. Die Luft durchströmt auf ihrem Weg zur Senke Hüllflächen, welche näherungsweise halbkugelförmig der Absaugöffnung übergestülpt sind (siehe Bild II 1.4.1-4). Die Stromlinien verlaufen senkrecht zu den Hüllflächen. Aus der Kontinuitätsgleichung für inkompressible Fluide

$$\text{Volumenstrom } \dot{V} = \text{Geschwindigkeit} \cdot \text{Fläche} = v \cdot A$$

folgt, dass die Geschwindigkeit proportional zur Hüllfläche, also proportional zum Quadrat ihres Abstandes vom Senkenursprung, abnimmt:

$$v \sim \frac{1}{A} \sim \frac{1}{r^2}.$$

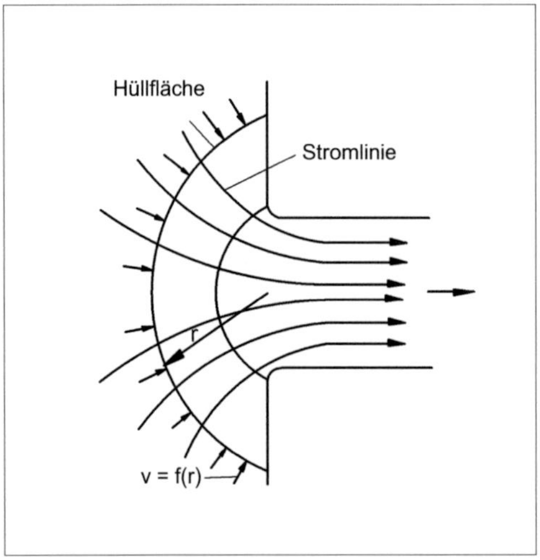

Bild II 1.4.1-3: Strömung im Bereich einer Punktsenke

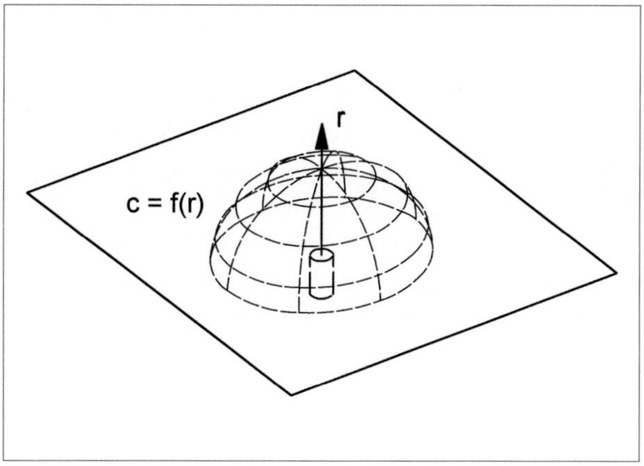

Bild II 1.4.1-4: Hüllfläche der Strömung im Bereich einer Punktsenke

Mittels der **Bernoulli**-Gleichung lässt sich der örtliche Druck p mit der örtlichen Geschwindigkeit v in Zusammenhang bringen. Hieraus folgt näherungsweise, dass bei einer Punktsenke die Druckdifferenz zwischen örtlichem Druck p und Absaugdruck p_R im Bereich des Senkenursprungs proportional zum Quadrat der Geschwindigkeitsabnahme ist. Da die Geschwindigkeit ihrerseits quadratisch mit der Entfernung von der Absaugstelle abnimmt, reduziert sich der Druck mit der 4. Potenz der Entfernung von der Absaugstelle. Bei einer Verdopplung der Entfernung von der Punktsenke nimmt also die Saugwirkung um einen Faktor $2^4 = 16$ ab! Man erkennt, dass punkförmige Absaugungen nur eine äußerst geringe Einwirkentfernung besitzen.

Bei einer linienhaften Senke sind die Hüllflächen Halbzylinder mit $A = 2\,\pi r \cdot l$, l = Erstreckung parallel zur Absauglinie (siehe Bild II 1.4.1-5). Die Geschwindigkeit verringert sich daher mit der Entfernung vom Ursprung der Liniensenke umgekehrt proportional zum Abstand, die Saugwirkung entsprechend einem Faktor $2^2 = 4$. Eine linienhafte Senke besitzt also eine bessere Wirksamkeit als eine Punktsenke; allerdings nimmt hier die Saugwirkung immer noch deutlich mit dem Abstand zur Liniensenke ab.

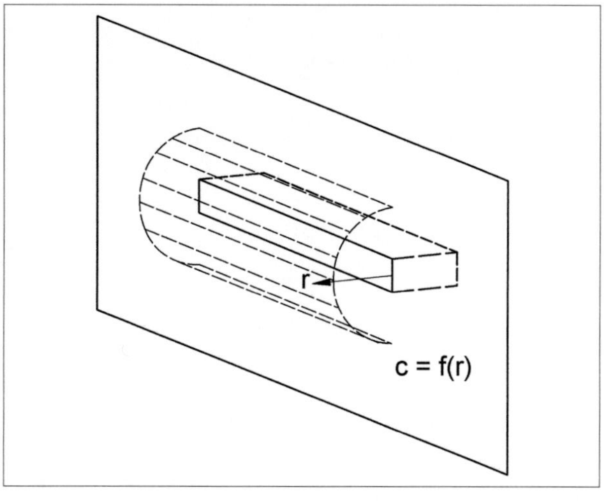

Bild II 1.4.1-5: Hüllfläche der Strömung im Bereich einer Liniensenke

1.4.2 Plumegleichung

Die so genannten Plumegleichungen, mit denen die Eigenschaften, insbesondere der Massenstrom von Auftriebsstrahlen über Brandgeschehen, berechnet werden können, lassen sich analog zu den Freistrahlbetrachtungen aus den Grundgleichungen der Strömungsmechanik ableiten. Dies soll im Folgenden skizziert werden. Bild II 1.4.2-1 zeigt eine schematische Darstellung eines Plumes, dessen Radius r sich mit der Höhe z - wie ein isotroper Freistrahl - vergrößert. Es soll eine »Plumescheibe« der Dicke dz in der Höhe z deutlich oberhalb der Flammen betrachtet werden. Hier kann näherungsweise - außer bei der Betrachtung der thermikbedingten Auftriebskraft - der Dichteunterschied zwischen Plumegas und Umgebungsluft vernachlässigt werden. Es wird angesetzt, dass die Einmischgeschwindigkeit v proportional zur Aufstiegsgeschwindigkeit u ist ($v \sim u$ bzw. $v = \alpha \cdot u$ mit α = Proportionalitätskonstante). In der Höhe z gilt:

Massenstrom: $\dot{m}_P = \pi\, r^2 \cdot \rho\, u$ (II 1.4.2-1)

Auftriebskraft: $dF_{Auftrieb} = \Delta p_{aerostat.} \cdot \pi\, r^2 = g\,(\rho_\infty - \rho)\, dz\, \pi\, r^2$ (II 1.4.2-2)

Impulskraft: $\dot{m}_P \cdot u = \pi\, r^2\, \rho\, u^2$ (II 1.4.2-3)

Energiestrom: $\dot{Q} = \dot{m}\, c_p\, \Delta T = \pi\, r^2\, \rho\, u\, c_p\, \Delta T$

c_p = spez. Wärmekapazität in kJ/kgK (siehe Kapitel 2 Grundlagen der Verbrennungslehre und Wärmeübertragung in Teil II Grundlagen)

mit $\Delta T = \frac{\Delta\rho}{\rho} T_\infty$ folgt

$$\dot{Q} = \pi\, r^2\, \rho\, u\, c_p\, \frac{\Delta\rho}{\rho} T_\infty \quad \text{bzw.}$$

$$\Delta\rho\, r^2 = \frac{\dot{Q}}{\pi\, u\, c_p\, T_\infty} \qquad \text{(II 1.4.2-4)}$$

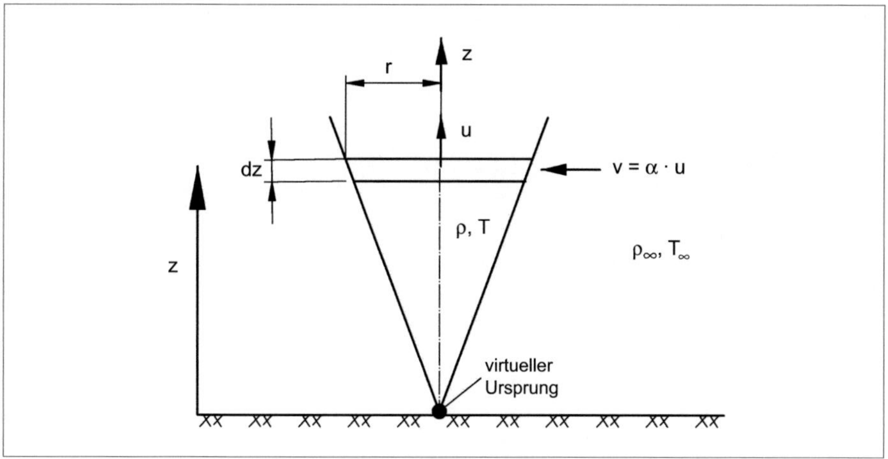

Bild II 1.4.2-1: Schematische Darstellung eines Plumes (= Auftriebsstrahl)

Anwendung des Massenstromerhaltungssatzes (eingemischte Masse = Zuwachs des Massenstromes):

$$\frac{d\,\dot{m}_P}{dz} = \frac{d}{dz}\left(\pi\, r^2\, \rho\, u\right) = \rho_\infty\, d\,A \cdot v = \rho_\infty\, 2\,\pi\, r\, dz \cdot \alpha \cdot u.$$

Da $\rho_\infty \approx \rho$:

$$\frac{d}{dz}\left(r^2\, u\right) = 2\,\alpha\, r\, u\, dz \qquad \text{(II 1.4.2-5)}$$

Anwendung des Impulsstromsatzes unter Beachtung, dass $p = p_\infty$ = konst. (siehe Freistrahlbetrachtung) für die »Scheibe« der Höhe dz:

$$\frac{d\dot{I}}{dz} = \frac{dF_{Auftrieb}}{dz}$$

$$\frac{d}{dz}\left(\dot{m}_P \cdot u\right) = \frac{d}{dz}\left(\pi\, r^2\, \rho\, u^2\right) = g\left(\rho_\infty - \rho\right) dz\ \pi\, r^2 \cdot \frac{1}{dz}$$

Mit $(\rho_\infty - \rho)\, r^2 = \Delta\rho r^2$ folgt unter Beachtung von Gleichung (II 1.4.2-4):

$$\frac{d}{dz}\left(\rho\,\pi\, r^2\, u^2\right) = \pi\ g \cdot \frac{\dot{Q}}{\pi\, u\, c_p\, T_\infty}$$

$$\frac{d}{dz}\left(r^2\, u^2\right) = \frac{\dot{Q} \cdot g}{\pi\, u\, c_p\, T_\infty\, \rho_\infty} \qquad \text{(II 1.4.2-6)}$$

Die beiden Differenzialgleichungen (II 1.4.2-5) und (II 1.4.2-6) werden üblicherweise unter der Annahme, dass sich der Radius r und die Geschwindigkeit u in Form einer Potenzgleichung mit der Höhe ändern

$$r = C_1 \cdot z^m; \; u = C_2 \cdot z^n,$$

gelöst:

$$\dot{m}_P = 0{,}20 \left(\frac{\rho_\infty^{\ 2} \cdot g}{c_p \cdot T_\infty} \right)^{1/3} \cdot \dot{Q}^{\ 1/3} \cdot z^{5/3} \qquad \text{(II 1.4.2-7)}$$

$$\Delta T = 5{,}0 \left(\frac{T_\infty}{g\, c_p^{\ 2}\, \rho_\infty^{\ 2}} \right)^{1/3} \cdot \dot{Q}^{\ 2/3} \cdot z^{-5/3} \qquad \text{(II 1.4.2-8)}$$

Alle gängigen Plumeformeln – Zukoski-Plume, Heskestad-Plume, McCaffrey-Plume – entsprechen weitgehend den Gleichungen (II 1.4.2-7) und (II 1.4.2-8), z. B. unterscheidet sich der Massenstrom des Zukoski-Plumes nur durch die Konstante – 0,21 statt 0,20 – von der Gleichung (II 1.4.2-7). Die Anwendung der Plumeformeln wird in Kapitel 4.2 des Teils II Grundlagen weiter vertieft und durch Anwendungsbeispiele erläutert.

1.5 Strömung mit Reibung

Die Voraussetzung der Reibungsfreiheit wird nun fallen gelassen. Die Reibung in einer Flüssigkeitsströmung ist eine Folge der Zähigkeit des strömenden Fluides. Unter Zähigkeit versteht man die Eigenschaft eines Fluides, Verformungen Widerstand entgegenzusetzen (siehe auch Kapitel 1.2.2 und 1.2.3 in Teil II Grundlagen). Flüssigkeitsschichten, die aneinander vorbeigleiten, üben infolge der Zähigkeit in der Kontaktfläche Scherkräfte aufeinander aus, die der Geschwindigkeit entgegengerichtet sind.

Alle realen Strömungen sind reibungsbehaftet. Das Konzept der Zähigkeit und der durch sie bedingten Reibung ist zum Verständnis realer Strömungen unerlässlich. Für strömungstechnisch interessierte Leser ist das gesamte Kapitel 1.5 »ein Muss«. Häufig können Strömungen realer Fluide jedoch näherungsweise reibungsfrei betrachtet werden. Dies gilt, mit Ausnahme des Plumebereiches, für die Analyse z. B. von Entrauchungsvorgängen. Das Kapitel 1.5 ist daher für die Behandlung von Rauchgasströmungen – bei natürlicher Entrauchung – von untergeordneter Bedeutung. Es wird jedoch dem »Entrauchungsingenieur« empfohlen, zumindest das Kapitel 1.5.5 zu lesen.

1.5.1 Bernoulli-Gleichung mit Reibungsglied, Rohrströmung mit Reibung

Wie in Kapitel 1.3.5 wird für ein differenzielles Teilchen einer Stromröhre, nun unter zusätzlicher Berücksichtigung der (reibungsbedingten) Scherspannung an der Teilchenmantelfläche, die Gleichgewichtsbedingung formuliert (siehe Bild II 1.5.1-1).

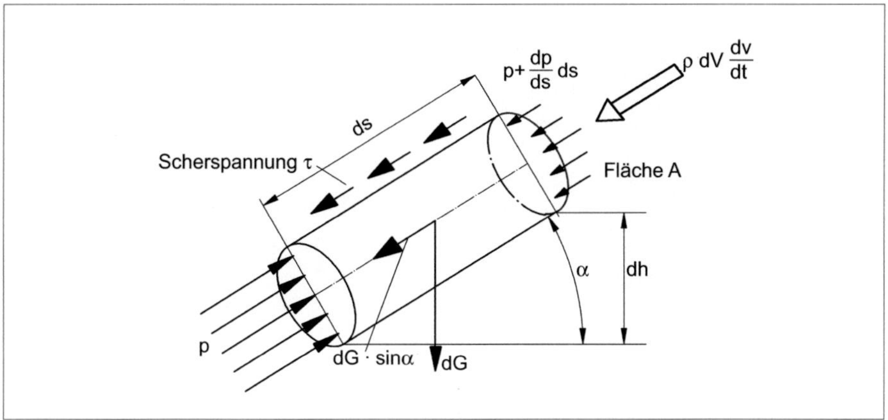

Bild II 1.5.1-1: Kräftegleichgewicht an einem Flüssigkeitselement in reibungsbehafteter Strömung

Man erhält:

$$\underbrace{(\rho\ A\ ds)\frac{dv}{dt}}_{\text{Masse x Beschleunigung}} = \underbrace{-\frac{dp}{ds}ds\ A - dG \cdot \sin\alpha}_{\text{Kraft (= Druckkraft + Schwerkraft)}} \underbrace{-\tau \cdot \overset{\text{Teilchenmantelfläche}}{(Uds)}}_{\text{Reibungskraft}}.$$

Für stationäre Strömung ist $\frac{\partial v}{\partial t} = 0$.

Mit

$$\frac{ds}{dt} = v; \quad dG = \rho\ g\ A\ ds; \quad \sin\alpha = dh/ds$$

wird:

$$\rho\ A\ v\ dv = -\ A\ dp - \rho\ g\ A\ dh - \tau\ U\ ds.$$

Division durch die Fläche A ergibt:

$$\rho\ v\ dv = -\ dp - \rho\ g\ dh - \tau\frac{U}{A}ds.$$

Die Scherspannung hat die Dimension (Kraft/Fläche = N/m^2). Es gilt:

$$\tau \sim q = \frac{\rho}{2}v^2 \quad \text{also} \quad \tau = k\frac{\rho}{2}v^2$$

$$\rho\ v\ dv = -\ dp - \rho\ g\ dh \underbrace{-k\frac{U}{A}ds\frac{\rho}{2}v^2}_{\text{Reibungsglied}}$$

Im Reibungsglied ist der Geometrieparameter (Umfang U/Querschnitt A) enthalten, weil die Reibungskraft am Umfang und die zu ihrer Überwindung erforderliche Druckkraft auf den Querschnitt wirkt.

$$\frac{A}{U} = \frac{\text{Querschnittsfläche}}{\text{Umfang}}$$

$$\text{für Kreisquerschnitt: } \left(\frac{A}{U_0}\right) = \frac{D^2 \pi}{4 \pi D} = \frac{D}{4}.$$

Man bezeichnet: $\frac{4\,A}{U} = D_{Hydr.}$ als hydraulischen Durchmesser.

Für den Kreisquerschnitt gilt:

$$D_{Hydr.} = \frac{4\,A_{\varnothing}}{U_{\varnothing}} = D. \qquad \text{(II 1.5.1-1)}$$

Der hydraulische Durchmesser $D_{Hydr.}$ wird in das Reibungsglied eingeführt:

$$k \frac{U}{A} ds \frac{\rho}{2} v^2 = k \frac{4}{D_{Hydr.}} ds \frac{\rho}{2} v^2 = \underbrace{4\,k}_{\lambda} \frac{ds}{D_{Hydr.}} \frac{\rho}{2} v^2$$

$$\text{Reibungsglied} = \lambda \frac{ds}{D_{Hydr.}} \frac{\rho}{2} v^2$$

λ = Rohrreibungszahl oder Rohrreibungsbeiwert.

Bei gleichem hydraulischem Durchmesser sind Rohre mit unterschiedlichen Querschnittsformen in ihrer Reibungswirkung gleich. Genau genommen gilt diese Aussage nur, wenn, wie in der Ableitung angenommen, die Schubspannung τ entlang des Umfangs konstant ist.

Für ein Rohrstück mit konstantem Querschnitt und der Länge l ergibt die Integration zwischen Anfangsquerschnitt 1 und Endquerschnitt 2

$$p_1 + \rho\, g h_1 + \frac{\rho}{2} v_1^2 = p_2 + \rho\, g h_2 + \frac{\rho}{2} v_1^2 + \lambda \frac{l}{D_{Hydr.}} \cdot \frac{\rho}{2} v_1^2. \qquad \text{(II 1.5.1-2)}$$

Der Druckabfall von 1 nach 2 infolge Reibung ist

$$p_1 - p_2 = \Delta p_{Reibung} = \lambda \frac{l}{D_{Hydr.}} \frac{\rho}{2} v_1^2. \qquad \text{(II 1.5.1-3)}$$

Diese Beziehung ist zugleich eine Messvorschrift für die Rohrreibungszahl λ, die experimentell bestimmt werden kann:

$$\lambda = \frac{D_{Hydr.}}{l} \frac{\Delta p}{q}.$$

Wird λ z. B. in einem Kreisrohr bestimmt, so lässt sich damit auch für Rohre (gleicher Wandbeschaffenheit) mit nichtkreisförmigem Querschnitt der Druckabfall berechnen.

Für die Rohrreibungszahl liegen zahlreiche Versuchsergebnisse vor. Es ist

$$\lambda = f\left(v, \underbrace{\mu}_{\text{Zähigkeit}}, D, \underbrace{K_S}_{\text{Wandrauigkeit}}, \rho \right).$$

Aus den fünf dimensionsbehafteten Einflussgrößen lassen sich zwei dimensionslose Größen bilden (siehe hierzu auch das Kapitel 1.7.1):

$$Re = \frac{v \cdot D \cdot \rho}{\mu} = \text{Reynoldszahl}$$

$$\frac{K_S}{D} = \text{Rauigkeitsparameter}$$

Für die Strömung im Kreisrohr lässt sich die Rohrreibungszahl berechnen, wenn man annimmt, dass sich im Rohr die Strömungsschichten wie Teleskoprohre gegeneinander verschieben. Dieses Bild entspricht der laminaren (d. h. Schichten-Strömung). Zur Formulierung eines solchen Ansatzes muss aber zuvor die Wirkung der Zähigkeit noch näher untersucht werden. Für turbulente Strömungen kann die Rohrreibungszahl nur experimentell bestimmt werden.

1.5.2 Wirkung der Zähigkeit in einem strömenden Fluid

Die Zähigkeit, auch Viskosität genannt, ist für verschiedene Fluide sehr unterschiedlich. Der Unterschied zwischen Asphalt und Luft beträgt z. B. etliche Zehnerpotenzen.

Die Frage »Wie wirkt die Zähigkeit?« lässt sich in zwei Fragen unterteilen.

1. Was geschieht unmittelbar an einer Körperoberfläche?

An einer Körperoberfläche bleiben die Fluidpartikel haften, sodass ihre Relativgeschwindigkeit gegenüber dem Körper 0 ist. Diese erstmals von **Stokes** formulierte Aussage nennt man die **Stokes**'sche Haftbedingung. An der Körperoberfläche (y = 0) ist v = 0 (siehe Bild II 1.5.2-1). Eine Strömung in Schichten nennt man Laminarströmung (lat. lamina = Schicht).

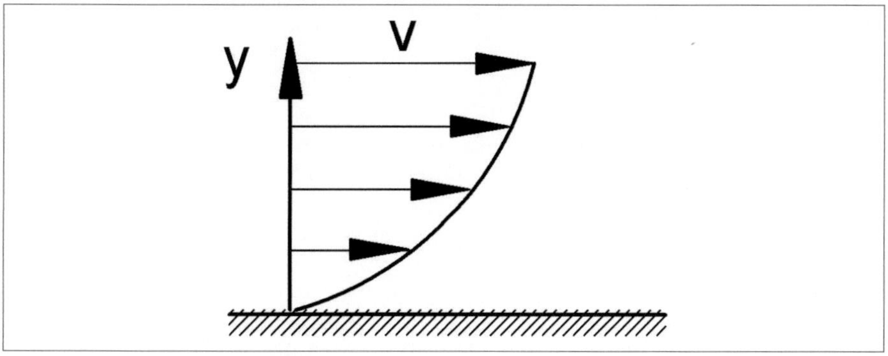

Bild II 1.5.2-1: Typisches Geschwindigkeitsprofil

2. Was geschieht innerhalb eines strömenden Fluides?

Zwischen aneinander vorbeigleitenden Fluidschichten entsteht eine Scherspannung τ, deren Größe zur Steigung des Geschwindigkeitsprofils an dieser Stelle proportional ist (siehe Bild II 1.5.2-2). Dieser Ansatz ist das **Newton**'sche Schergesetz (siehe auch Kapitel 1.2.2):

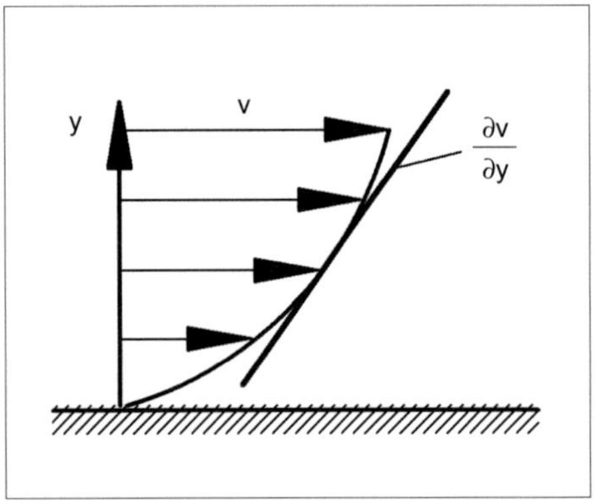

Bild II 1.5.2-2: Erläuterung zum Newton'schen Schergesetz

$$\tau \sim \text{Steigung} = \frac{\partial v}{\partial y}$$

(∂, da hier nur die Abhängigkeit der Geschwindigkeit v von y interessiert)

Der Proportionalitätsfaktor im **Newton**'schen Schergesetz ist die Zähigkeit, die üblicherweise mit μ, in der älteren deutschen Literatur mit η bezeichnet wird.

Mit $\frac{\partial v}{\partial y} = \dot{\gamma}$ wird $\tau = \mu\,\dot{\gamma}$ $\quad \dot{\gamma}$ = Schergeschwindigkeit

$\dot{\gamma}$ ist die Winkelgeschwindigkeit, mit der sich der Winkel eines Fluidelementes infolge Scherung verändert.

Analogie:

Feste Körper: Scherwinkel $\gamma \sim \tau$

Flüssigkeit: Schergeschwindigkeit $\dot{\gamma} \sim \tau$

1.5.3 Laminare Rohrströmung

Es soll der Druckverlust infolge Reibung unter der vereinfachenden Annahme, dass die Strömung zeitlich und von Ort zu Ort unveränderlich sei, es treten also keine Trägheitskräfte auf, berechnet werden. Unter dieser Annahme gilt, dass die Druckkräfte und Reibungskräfte miteinander im Gleichgewicht sind.

Zur Beschreibung der Reibungswirkung wird benutzt:

1. Die **Stokes**'sche Haftbedingung als Aussage über die Reibungswirkung an der Rohrwand.

2. Das **Newton**'sche Schergesetz als Aussage über die Wirkung der Reibung innerhalb der Strömung durch die Formulierung des Zusammenhanges zwischen Reibungswirkung (Scherspannung) und Strömungsgrößen (Steigung des Geschwindigkeitsprofils).

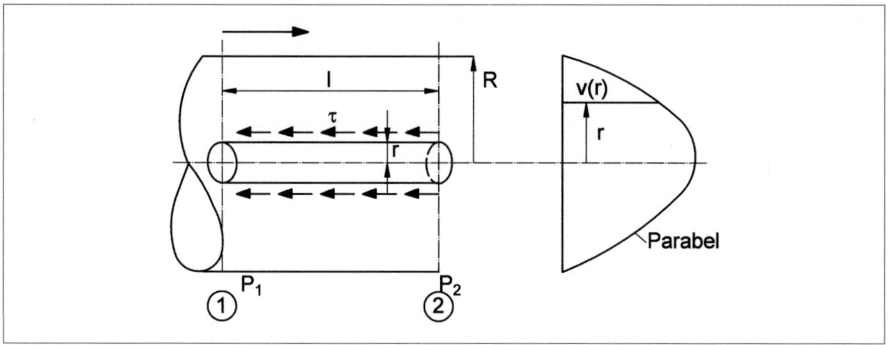

Bild II 1.5.3-1: Zur Erläuterung des Ansatzes für die Berechnung der laminaren Rohrströmung

Für r = 0, also in der Rohrachse, ist die Geschwindigkeit aus Symmetriegründen am größten.

Kräftegleichgewicht in Strömungsrichtung für die Strömungsröhre (siehe Bild II 1.5.3-1):

$$p_1 \pi r2 - p_2 \pi r2 - \tau 2 \pi r l = 0$$

Gemäß **Newton**'schem Schergesetz ist:

$$\tau = \mu \left(-\frac{dv}{dr} \right).$$

Hinweis:

$\left(-\frac{dv}{dr} \right)$, weil v von der Rohrmitte aus (r = 0) mit zunehmendem r abnimmt.

$$p_1 - p_2 = \tau \frac{2l}{r} = -\frac{2l}{r} \cdot \mu \cdot \frac{dv}{dr}$$

$$-\frac{dv}{dr} = \frac{r}{2l\mu}(p_1 - p_2) \rightarrow -dv = \frac{p_1 - p_2}{2l\mu} r\, dr$$

Durch Integration erhält man:

$$\frac{p_1 - p_2}{2l\mu} \frac{r^2}{2} + k = -v$$

Die Integrationskonstante k wird aus der Bedingung gemäß **Stokes**'scher Haftbedingung ($v = 0$ für $r = R$) bestimmt.

$$k = \frac{-(p_1 - p_2)}{4\,l\,\mu} R^2 \qquad v_r = \frac{(p_1 - p_2)}{4\,l\,\mu}\left(R^2 - r^2\right) \qquad \text{(II 1.5.3-1)}$$

Für laminare Rohrströmungen ist das Geschwindigkeitsprofil eine Parabel, vergleiche Bild II 1.5.3-1.

1.5.4 Zusammenhang zwischen Druckabfall und Durchflussmenge (Hagen-Poiseuille'sches Gesetz)

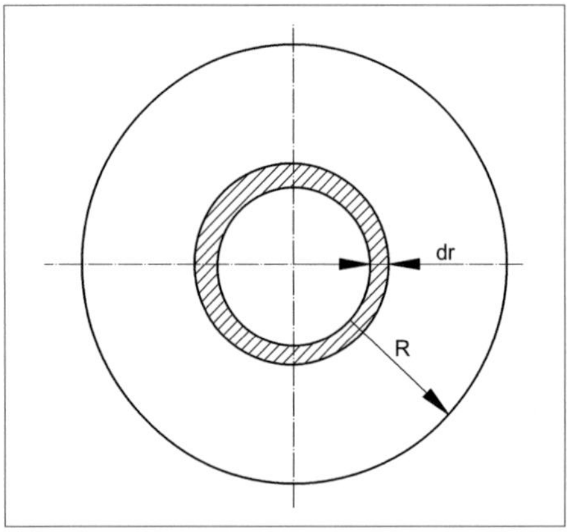

Bild II 1.5.4-1: Zur Berechnung des Volumenstroms für die laminare Rohrströmung

$$\dot{V} = \int_0^R d\dot{V} = \int_0^R 2\,\pi\, r\, dr\, v \quad \text{(siehe Bild II 1.5.4-1).}$$

Mit Gleichung (II 1.5.3-1):

$$\dot{V} = 2\,\pi \frac{p_1 - p_2}{4\,\mu\, l} \int_0^R \left(R^2 - r^2\right) r\, dr$$

$$\dot{V} = \frac{\pi}{2\,\mu\, l} \underbrace{(p_1 - p_2)}_{\Delta p} \left(\frac{R^2 r^2}{2} - \frac{r^4}{4}\right)\Bigg|_0^R = \Delta p \frac{\pi}{2\,\mu\, l} \frac{R^4}{4} \qquad \text{(II 1.5.4-1)}$$

Diese Gleichung ist das **Hagen-Poiseuille**'sche Gesetz. Es ist zugleich eine Messvorschrift für die dynamische Zähigkeit mittels Kapillarviskosimeter.

Mit dem **Hagen-Poiseuille**'schen Gesetz kann der Rohrreibungswert λ für laminare Strömung berechnet werden: Der Druckverlust infolge Reibung in einem Rohrstück der Länge l beträgt (siehe Kapitel 1.5.1):

$$\Delta p_R = \lambda \cdot \frac{l}{D} \cdot \frac{\rho}{2} \bar{v}^2$$

mit $\bar{v}$ = über den Rohrquerschnitt gemittelte Geschwindigkeit.

Aus Gleichung (II 1.5.4-1) folgt:

$$\bar{v} = \frac{\dot{V}}{A} = \frac{\Delta p_R}{8\,\mu\,l} R^2 \quad \rightarrow \quad \frac{\Delta p_R}{l} = \frac{8\,\mu \bar{v}}{R^2} \frac{4\,R^2}{D^2} = \frac{32\,\mu\,\bar{v}}{D^2},$$

$$\text{folglich: } \lambda = \frac{2\,D}{\rho\,\bar{v}^2} \frac{32\,\mu\,\bar{v}}{D^2} = \frac{64}{\dfrac{\bar{v}\,D}{(\mu/\rho)}} = \frac{64}{Re}$$

mit $\dfrac{\bar{v}\,D}{\dfrac{\mu}{\rho}} = \dfrac{\bar{v}\,D}{\nu}$ = Re = **Reynolds-Zahl**,

siehe Kapitel 1.7.1.

1.5.5 Strömungsformen, laminare und turbulente Strömung

1.5.5.1 Laminare Strömung

Wenn ein Fluid in einem Feld mit örtlich veränderlicher Geschwindigkeit strömt, so erfährt dabei jedes Volumenelement eine Verformung. Der Widerstand, welchen das Element dieser Volumenverformung entgegensetzt, wird durch die Zähigkeit des Fluids, genauer die dynamische Zähigkeit μ, bestimmt. Die Definition der dynamischen Zähigkeit geht aus dem **Newton**'schen Ansatz (siehe Kapitel 1.2.2), hervor:

$$\tau_x = \mu \frac{\partial v_x}{\partial y}.$$

Diese Gleichung wurde bereits bei der Herleitung des **Hagen-Poiseuille**'schen Gesetzes benutzt, um die zwischen den sich teleskopartig gegeneinander verschiebenden Fluidschichten entwickelnden Scherspannungen zu beschreiben. τ_x ist die Scherspannung, welche in einer Strömung zwischen aneinander vorbeifließenden Strömungsschichten auftritt, deren Geschwindigkeitsprofil die Steigung $\partial v/\partial y$ hat. Diese Scherspannung (siehe Bild II 1.5.5.1-1), ist (für ein ideales Gas als Fluid) eine Folge des Impulsaustausches aufgrund der Molekularbewegung zwischen den beiden mit unterschiedlicher Geschwindigkeit aneinander vorbeiströmenden Schichten. Diese Scherspannung lässt sich mithilfe des Impulssatzes formulieren:

$$\frac{\text{Scherkraft}}{\text{Fläche}} = \tau_x = \frac{\Delta \dot{I}}{A} = \frac{\dot{m}_y \Delta v_x}{A} = \frac{\rho\,A\,v_y'}{A} \Delta y \frac{\partial v_x}{\partial y} = \rho\,v_y'\,\Delta y \frac{\partial v_x}{\partial_y}$$

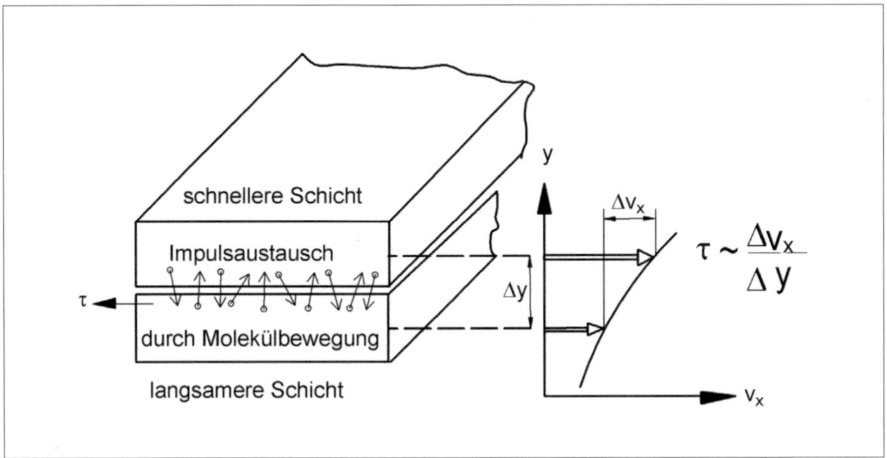

Bild II 1.5.5.1-1: Schematische Darstellung einer laminaren Strömung

Der Ausdruck $\Delta y\ (\partial v_x)/(\partial y)$ ist die Relativgeschwindigkeit zwischen den Schichten; $\rho\ A\ v_y'$ ist der quer zur Strömungsrichtung x infolge der Schwankungsgeschwindigkeit v_y' – im vorliegenden Fall der y-Komponente der Molekularbewegung – senkrecht zu x ausgetauschte Massenstrom. Da aus Kontinuitätsgründen der Massenaustausch in +y-Richtung und in -y-Richtung gleich sein muss, verbleibt als resultierender Impulsstromaustausch zwischen den beiden Schichten dieser Massenstrom multipliziert mit der Relativgeschwindigkeit $\Delta v_x = \Delta y\ (\partial v_x)/(\partial y)$. Für die dynamische Zähigkeit μ wird mit $\mu = \rho\ \nu$ die kinematische Zähigkeit ν mit der Dimension m^2/s eingeführt.

$$\tau_x = \rho \underbrace{\nu}_{\text{Austauschgröße}} \frac{\partial v_x}{\partial y}$$

$$\tau_x = \rho \overbrace{(v_y' \Delta y)} \frac{\partial v_x}{\partial y}$$

ν ist also die den Impulsaustausch infolge Molekularbewegung kennzeichnende Austauschgröße.

Aufgrund der Zähigkeit haftet das Fluid an den Wänden an. Dies bedeutet, dass unmittelbar an der Wand keine Relativgeschwindigkeit zwischen Fluid und festem Körper auftritt. Diese Bedingung, die **Stokes**'sche Haftbedingung, wurde ebenfalls bereits bei der Herleitung des **Hagen-Poiseuille**'schen Gesetzes benutzt. Eine Strömung, die, wie hier beschrieben, in Schichten erfolgt und bei der die Kraftwirkung zwischen den einzelnen Schichten lediglich aufgrund der Zähigkeit entsteht, nennt man (vergleiche Kapitel 1.5.3) eine laminare Strömung (lat. lamina = Schicht).

1.5.5.2 Turbulente Strömung

Wenn in einer Strömung neben den Zähigkeitskräften auch größere Trägheitskräfte auftreten, z. B. aufgrund von Impulsstromänderungen beim Eintritt der Strömung in den Grenzschichtbereich, wird die laminare Strömung instabil. Zwischen den einzelnen Schichten findet dann zusätzlich ein Austausch durch sich wirbelnd bewegende Fluidballen, so genannte Turbulenzballen, statt (siehe Bild II 1.5.5.2-1).

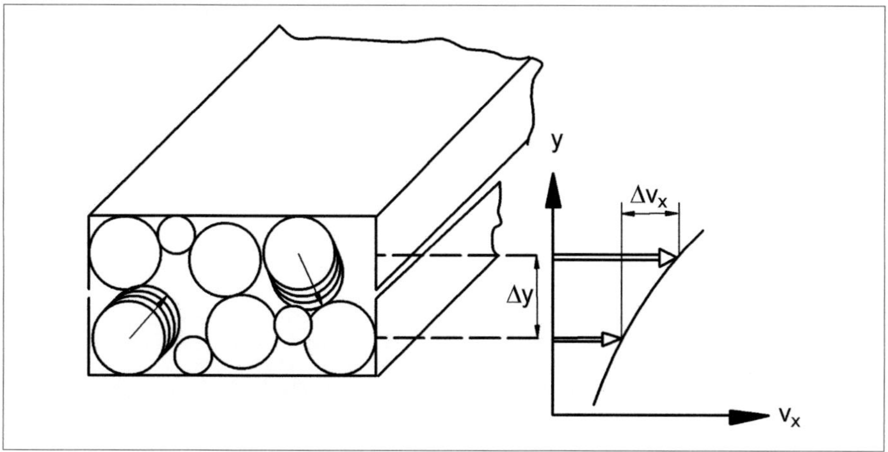

Bild II 1.5.5.2-1: Schematische Darstellung einer turbulenten Strömung

Wieder gilt:

$$\tau_x = \rho \, v_y{}' \, \Delta y \, \frac{\partial v_x}{\partial y}.$$

$v_y{}'$ ist hier die turbulente Schwankungsgeschwindigkeit quer zur Hauptströmungsrichtung x und $v_y{}'\,\Delta y$ die turbulente Austauschgröße. Für diese gilt nach **Prandtl** der Ansatz

$$v_y{}' \, \Delta y = k \left(\Delta y \; \Delta y \, \frac{\partial v_x}{\partial y} \right).$$

Δy ist die Abmessung eines Turbulenzballens. Diese wird nach **Prandtl** durch den so genannten Mischungsweg gekennzeichnet. Dieser Mischungsweg ist die Länge, über die sich die Identität eines Turbulenzballens verfolgen lässt, bevor sich durch Mischung mit benachbarten Turbulenzballen wieder neue Ballen gebildet haben. Da die Geschwindigkeit, mit der die schnelleren Turbulenzballen in die langsamere Schicht eindringen und mit welcher die schnelleren Turbulenzballen von der schnelleren Schicht mitgenommen werden, ebenfalls von der Steigung des Geschwindigkeitsprofils abhängt, setzte **Prandtl** die Geschwindigkeit für den Massenaustausch infolge Turbulenz quer zur Hauptströmungsrichtung proportional zur von der Steigung des Geschwindigkeitsprofils bestimmten Geschwindigkeitsdifferenz über dem Querabstand Δy:

$$v_y' \sim \Delta y \frac{\partial v_x}{\partial y}.$$

Nun lässt sich der Austauschvorgang für laminare Strömung und turbulente Strömung miteinander vergleichen.

$$\tau_x = \rho \, v_y' \, \Delta y \frac{\partial v_x}{\partial y}$$

laminar

$$\tau_{x\,lam} = \rho \underbrace{\nu}_{\text{die Austauschgröße ist die kinematische Zähigkeit}} \frac{\partial v}{\partial y}$$

turbulent

$$\tau_{x\,turb} = \rho \underbrace{\left[k\left(\Delta y^2\right)\frac{\partial v_x}{\partial y}\right]}_{\text{die Austauschgröße ist von der Turbulenzballenabmessung } \Delta y \text{ und vom Geschwindigkeitsprofil } \partial v_x/\partial y \text{ abhänigig}} \frac{\partial v_x}{\partial y}$$

Während also bei der laminaren Strömung der Austausch zwischen den beiden Schichten, welcher als »Impulsverzahnung« infolge der Molekularbewegung beschrieben werden kann, lediglich von der Art der Moleküle, also vom Fluid abhängt und durch eine Stoffgröße, nämlich die Zähigkeit, beschrieben wird, ist der Austausch bei der turbulenten Strömungsbewegung vom Strömungsfeld selbst abhängig und ändert sich folglich auch, wenn sich das Strömungsfeld ändert.

Durch Einsetzen von Zahlen kann man sich leicht davon überzeugen, dass der Impulsaustausch bei turbulenter Strömung, wo ja nicht nur Moleküle, sondern große Wirbelballen ausgetauscht werden, um etliche Zehnerpotenzen größer ist als bei laminarer Strömung.

Mit im Verhältnis zu den Reibungskräften weiter anwachsenden Trägheitskräften steigt die Neigung zur Turbulenz. Bei technischen Strömungsproblemen liegt meist turbulente Strömung vor. Während bei der laminaren Strömung der Austausch von Impuls und Energie zwischen zwei benachbarten Schichten lediglich durch die Molekülbewegung stattfindet, erfolgt – wie besprochen – in der turbulenten Strömung der Quertransport von Energie und Impuls durch große Wirbelballen, den so genannten Turbulenzballen. Daher ist in der turbulenten Strömung die »Impulsverzahnung« benachbarter Strömungsbereiche wesentlich intensiver und auch der Austausch von Energie und in der Strömung mitgeführten Stoffen wesentlich stärker als bei laminarer Strömung. Entsprechend rascher geht auch eine Mischung in einer turbulenten Strömung im Vergleich zu einer laminaren Strömung vonstatten.

1.6 Strömung durch Kanäle und Komponenten

1.6.1 Turbulente Rohrströmung

In Kapitel 1.5.4 wurde gezeigt, dass der Rohrreibungsbeiwert von der Reynolds-Zahl abhängt. Diese Abhängigkeit kann für laminare Rohrströmung analytisch abgeleitet werden, für turbulente Rohrströmungen kann sie nur experimentell bestimmt werden. Dort beeinflusst zusätzlich die Rauigkeit k der Rohrwand den Rohrreibungsbeiwert:

$$\lambda = \lambda \text{ (Re, d/k)}$$

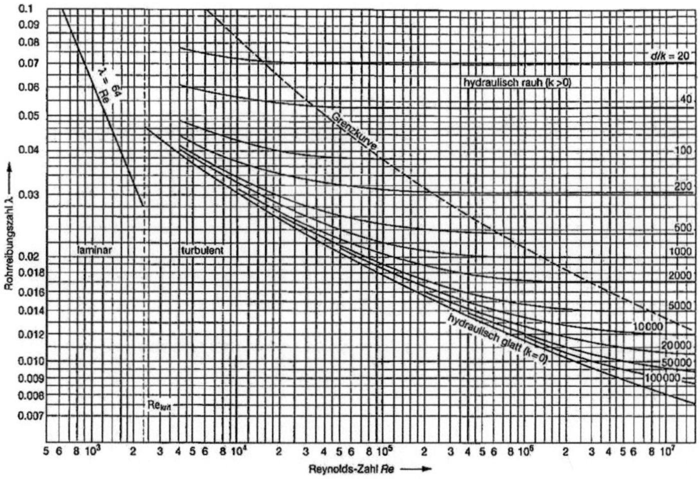

Bild II 1.6.1-1: Rohrreibungsbeiwert λ in Abhängigkeit von der Reynolds-Zahl Re und der relativen Wandrauigkeit d/k

Bild II 1.6.1-1 zeigt diesen Zusammenhang. Für überkritische Reynolds-Zahlen ist der Beiwert für das hydraulisch glatte Rohr (k = 0) und für unterschiedliche Rauigkeiten angegeben. Der Rauigkeitseinfluss macht sich bei abnehmender relativer Rauigkeit erst bei größeren Reynolds-Zahlen bemerkbar. Der Grund hierfür ist, dass die Turbulenzballen dann dichter an die Rohrwand gelangen und die Dicke der die Wandrauigkeiten abdeckenden »laminaren Unterschicht« abnimmt. Wenn Rauigkeitsspitzen aus dieser Unterschicht herausragen, kollidieren die Turbulenzballen mit ihnen. Die Ballen erfahren dabei einen Impulsverlust, der schließlich bestimmend für den Widerstand wird. Dieser ist zum Staudruck proportional. Der Rohrreibungsbeiwert ändert sich dann nicht mehr mit der Reynolds-Zahl. Bis zu der Reynolds-Zahl, bei welcher dies geschieht, spürt die Strömung die Rauigkeit nicht; die raue Wand ist also aerodynamisch glatt. Je höher die Reynolds-Zahl, umso eher lohnt sich der Aufwand für eine glatte Rohrwand.

1.6.2 Strömung durch Krümmer

Bei der Richtungsänderung im Krümmer entstehen Fliehkräfte, zu denen eine Druckdifferenz normal zur Strömungsrichtung das Gleichgewicht halten muss.

Betrachtet wird ein Fluidteilchen mit der Masse $\Delta m = \Delta s \cdot \Delta r \cdot b \cdot \rho$ (siehe Bild II 1.6.2-1).

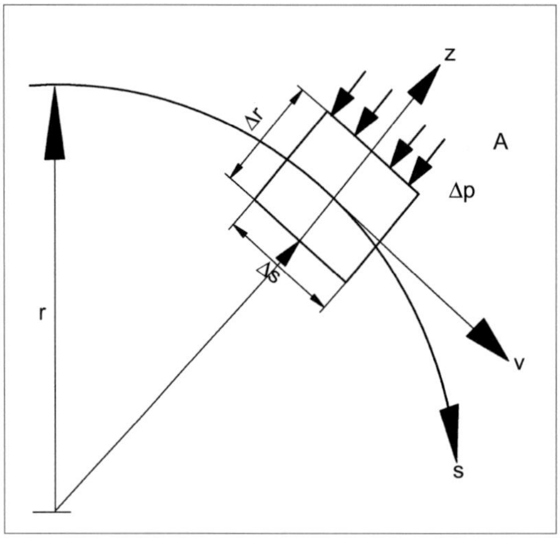

Bild II 1.6.2-1: Gleichgewicht für ein Fluid auf einer gekrümmten Stromlinie

Die Druckdifferenz über die Teilchenerstreckung Δr in radialer Richtung beträgt:

$$\Delta p = \frac{\partial p}{\partial r} \Delta r$$

Am Teilchen wirkt die Zentrifugalkraft:

$$Z = \Delta m \frac{v^2}{r}$$

Die Gleichgewichtsbedingung senkrecht zur Strömungsrichtung, also in radialer Richtung, lautet:

$$\Delta p \cdot A = \frac{\partial p}{\partial r} \cdot \Delta r \cdot \Delta s \cdot b = Z = \rho \cdot \Delta s \cdot \Delta r \cdot b \cdot \frac{v^2}{r}$$

$$\frac{\partial p}{\partial r} = \rho \cdot \frac{v^2}{r} \qquad \left(\text{für } r \to \infty \text{ geht } \frac{\partial p}{\partial r} \to 0 \right)$$

Beispiel:

Ein Krümmer mit Rechteckquerschnitt $r_a = 300\,\text{mm}$, $r_i = 200\,\text{mm}$ werde mit Luft ($v = 15\,\text{m/s}$) durchströmt. Der Druckunterschied zwischen äußerer und innerer Wand ist abzuschätzen:

$$\Delta r = r_a - r_i = 0{,}1\ m;\ r_m = \frac{r_a + r_i}{2} = 0{,}25\ m;\ \rho = 1{,}2\ kg/m^3$$

$$\Delta p = \Delta r \cdot \rho \cdot \frac{v^2}{r} = \frac{0{,}1 \cdot 1{,}2 \cdot 15^2}{0{,}25} = 108\ Pa$$

mit

$$q = \frac{\rho}{2} v^2 = 0{,}5 \cdot 15^2 = 135\ Pa \qquad \rightarrow \frac{\Delta p}{q} = 0{,}8$$

Der Druck ist also an der Außenwand des Krümmers um $\Delta p = 0{,}8\ q$ höher als an der Innenwand. Wegen des außen höheren Druckes ist – gemäß der **Bernoulli**-Gleichung – außen die Strömungsgeschwindigkeit niedriger als innen. Die Theorie für reibungsfreie Strömung ergibt

$$v \sim \frac{1}{r},$$

also eine hyperbolische Geschwindigkeitsverteilung.

Wegen des Druckanstieges außen und der Druckabsenkung innen wird die Strömung beim Eintritt in den Krümmer außen verzögert und innen beschleunigt und beim Austritt, da die Geschwindigkeitsverteilung sich wieder derjenigen in einem Rohr oder Kanal angleichen muss, innen verzögert und außen beschleunigt. Ablösegefahr für die Strömung besteht also beim Eintritt in den Krümmer außen und beim Austritt aus dem Krümmer innen.

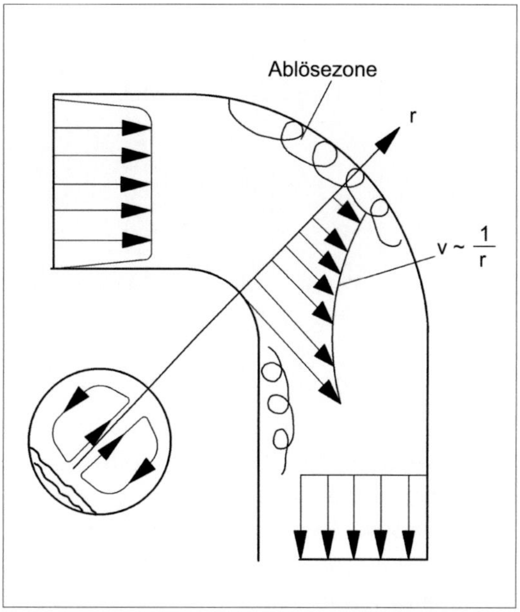

Bild II 1.6.2-2: Strömung in einem Rohrkrümmer

Bild II 1.6.2-2 zeigt schematisch die reale Strömung in einem Rohrkrümmer. Durch den Druckunterschied zwischen Innen- und Außenkrümmung und die ein Geschwindigkeitsprofil bewirkende Reibung an der Rohrwand entsteht die im Querschnitt dargestellte Sekundärströmung, die zu zwei gegenläufig drehenden Wirbeln führt, deren Achsen wie die Krümmermittellinie gebogen sind. In der Querschnittsmitte ist diese Sekundärströmung von innen nach außen gerichtet und fließt entlang der Rohrwand wieder nach innen zurück.

Durch Strömungsablösung und in geringem Maß durch die Sekundärströmung entstehen in Krümmern Strömungsverluste (siehe Bild II 1.6.2-3), die als Druckverlustbeiwert ζ angegeben werden:

$$\zeta = \frac{\Delta p}{\frac{\rho}{2} v^2} \, .$$

Näherungsweise kann der Strömungsverlust als Stoßverlust betrachtet werden. In einer geringen Entfernung stromab des Krümmers ergibt sich der engste Strömungsquerschnitt (siehe Bild II 1.6.2-2). Die Strömung stromab dieses Querschnittes entspricht in guter Näherung derjenigen einer plötzlichen Erweiterung (siehe Beispiel a) in Kapitel 1.3.6.

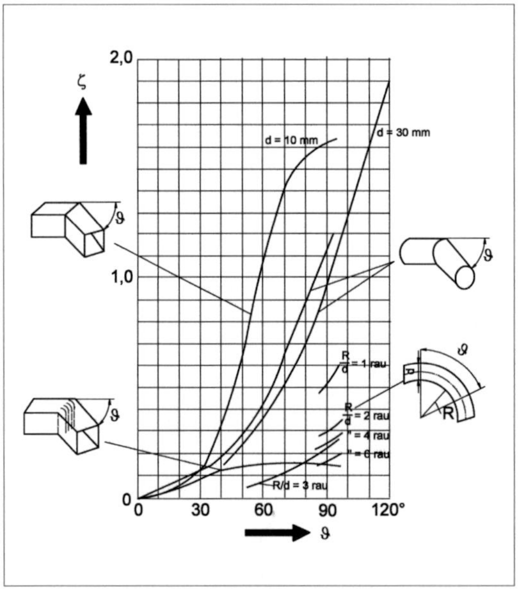

Bild II 1.6.2-3: Widerstandsbeiwert ζ für Krümmer verschiedener Form, abhängig vom Umlenkwinkel ϑ. Die Widerstandsbeiwerte der gekrümmten Rohre bedeuten Zusatzverluste gegenüber geraden Rohren mit gleicher abgewickelter Länge

Die Verluste sind bei scharfkantigen Krümmern am höchsten und nehmen bei Rohrkrümmern mit R/d ab. Erhebliche Verbesserungen bringen Leit- oder Umlenkschaufeln, an denen sich die Strömung bei der Umlenkung »abstützen« kann und die dadurch nur kleine Druckdifferenzen quer zur Strömungsrichtung zulassen. Bild II 1.6.2-4 und Bild II 1.6.2-5 geben Beispiele für die Verbesserungsmöglichkeit von Kniekrümmern durch Umlenkschaufeln.

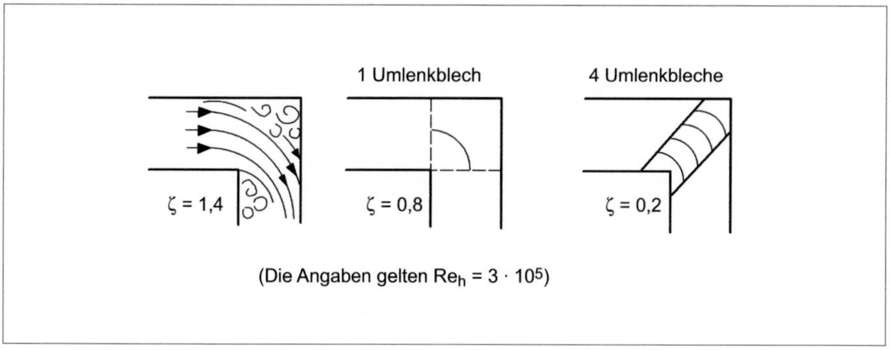

Bild II 1.6.2-4: Kniekrümmer ohne und mit Umlenkschaufeln

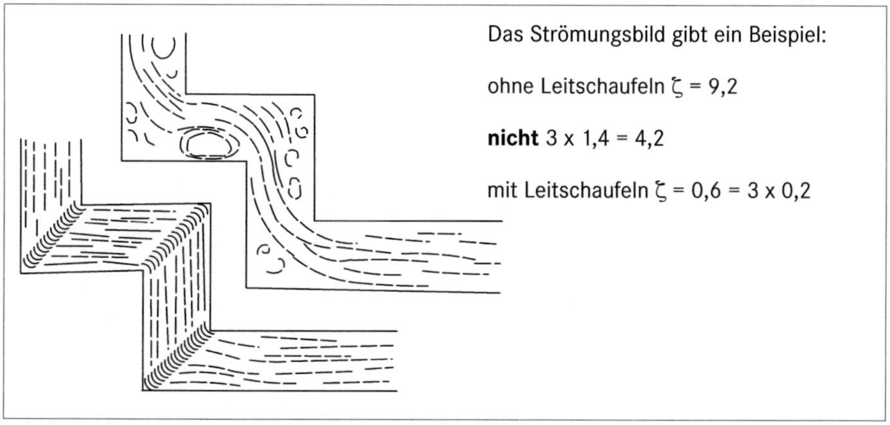

Bild II 1.6.2-5: Strömungsbilder einer Hintereinanderschaltung von Kniekrümmern mit und ohne Leitschaufeln

Die Hintereinanderschaltung der 3 Kniekrümmer in Bild II 1.6.2-5 zeigt, dass ζ-Werte nicht einfach addiert werden dürfen. Statt 3 x (ζ = 1,4) = ζ_{ges} = 4,2 stellt sich ζ_{ges} = 9,2 ein. Der Grund hierfür ist, dass, wie aus dem Strömungsbild zu erkennen, die Strömung schon in den nächsten Krümmer eintritt, bevor die Verluste des davor befindlichen abgeschlossenen sind und die Strömung wieder den gesamten Querschnitt ausfüllt. Es besteht also zwischen den Elementen einer Strömungsführung, z. B. Krümmern, eine Interferenz. Durch eine solche Interferenz wird im Allgemeinen der Gesamtwiderstand höher als die Summe der Einzelwiderstände.

Die Interferenzwirkung lässt sich folglich durch Verkleinern der Verluste verringern. Dies zeigt das Beispiel der Reihenschaltung der Kniekrümmer mit Leitschaufeln und recht verlustarmer Strömung. Die Anströmung ist für alle Krümmer gleich und der Gesamt-ζ-Wert ergibt sich als Summe der Einzel-ζ-Werte.

Bild II 1.6.2-6 gibt eine Zusammenstellung von ζ-Werten unterschiedlicher Krümmer und Abzweigungen.

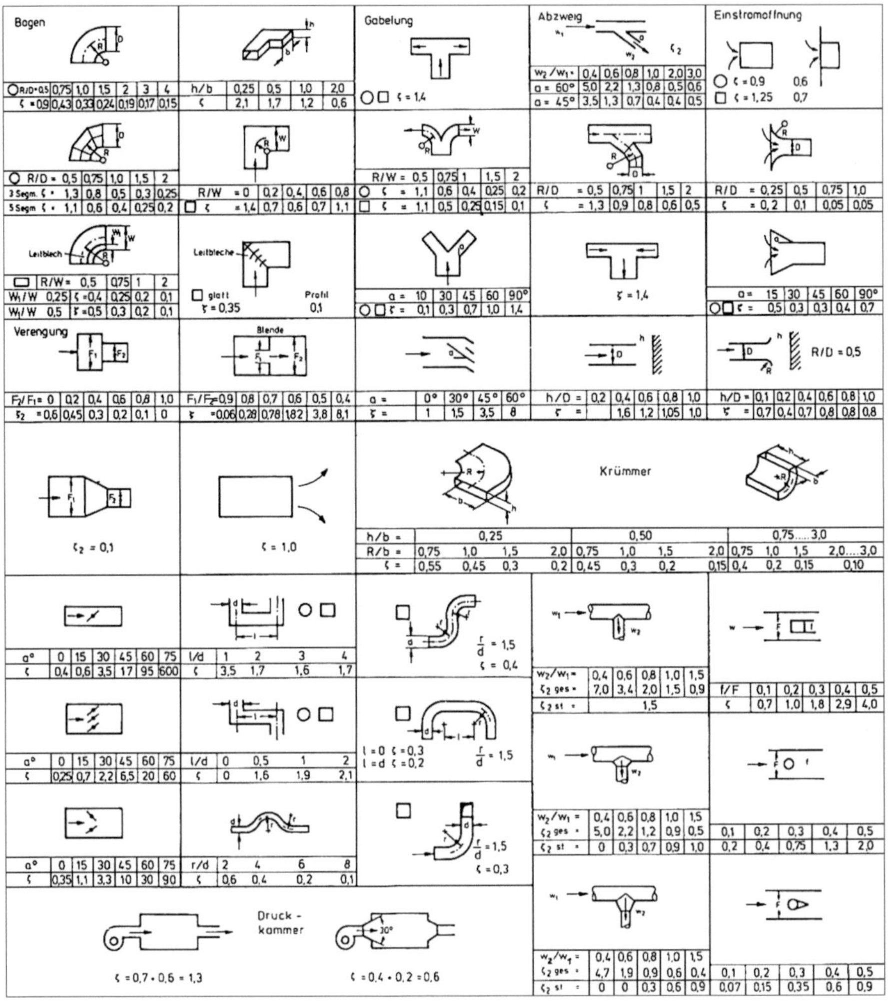

Bild II 1.6.2-6: Zusammenstellung von Druckverlustbeiwerten

1.6.3 Strömung durch Diffusoren

In einem (guten) Diffusor wird die Strömung ablösungsfrei verzögert.

Diffusorwirkungsgrad $$\eta = 1 - \frac{\text{Druckverlust}}{\text{Druckerhöhung nach Bernoulli}}$$

Der übliche Wert für gute Ausführung beträgt η = 0,8–0,9.

Der Wirkungsgrad η ist dann am höchsten, wenn die Strömung »so eben noch nicht ablöst«. Das Ablöseverhalten und damit auch der optimale Erweiterungswinkel α sind für scharfkantigen Übergang vom Rohr bzw. Kanal zum Diffusor abhängig von der Re-Zahl.

Mit wachsender Eintritts-**Reynolds**-Zahl muss $\alpha_{Optimum}$ verkleinert werden.

Tabelle II 1.6.3-1: Optimaler Diffusoröffnungswinkel für unterschiedliche **Reynolds**-Zahlen

$Re_{Eintritt}$	50000	10^5	$1{,}5 \cdot 10^5$	$2{,}0 \cdot 10^5$	$2{,}0 \cdot 10^6$
Öffnungswinkel grd	10,0	8,4	7,6	7,1	4,0

Die Erklärung hierfür vermittelt die Skizze in Bild II 1.6.3-1.

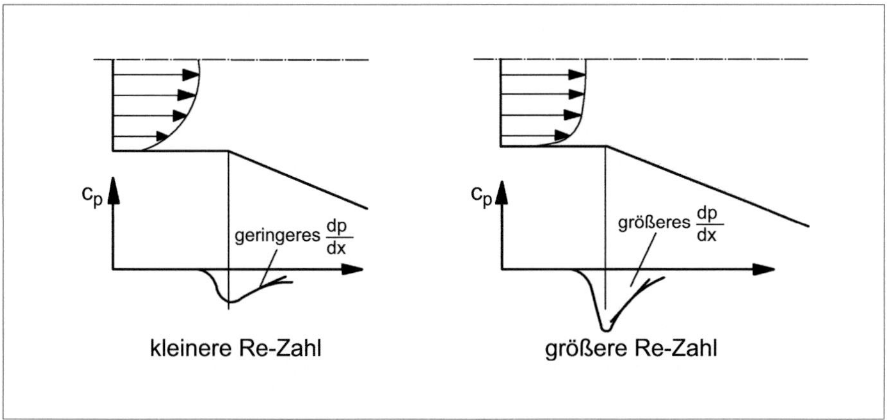

Bild II 1.6.3-1: Entwicklung des Druckanstieges dp/dx am Diffusoreintritt für kleinere und größere (turbulente) **Reynolds**-Zahl

Die Konsequenz aus dieser Darstellung ist, dass die Wirkungsweise eines Diffusors stark von der Zuströmung abhängt. Eine einfache Abhilfemaßnahme ist die Anordnung eines Stoßdiffusors mit geringem Erweiterungsverhältnis vor einem Kegel- oder Schrägdiffusor, weil dann die starke Druckabsenkung im Diffusoreintritt, die der Grund für den anschließenden Druckanstieg ist, vermieden wird.

1.7 Experimentelle Untersuchungen in der Strömungstechnik

1.7.1 Ähnlichkeitsgesetze für Strömungen zäher Fluide

Wegen der komplizierten Zusammenhänge, insbesondere in turbulenten Strömungen, ist es für den in der Praxis tätigen Ingenieur bereits eine große Hilfe, wenn er weiß, von welchen Parametern der betrachtete Strömungsvorgang bestimmt wird und unter welchen Bedingungen dieser Strömungsvorgang mit einem anderen vergleichbar, also dem anderen Strömungsvorgang ähnlich ist. Diese Parameter nennt man Kennzahlen oder Ähnlichkeitszahlen. Sie sind dimensionslos und von den Maßgrößen des betrachteten Strömungsvorganges unabhängig. Mittels der Kennzahlen lässt sich auch ein Strömungsvorgang in einem anderen Maßstab, z. B. an einem verkleinerten Modell, untersuchen und die dabei gewonnenen Ergebnisse auf die Großausführung (Natur) übertragen. Dazu müssen Modellvorgang und Vorgang in der Großausführung ähnlich sein.

Die Bedingungen für diese mechanische Ähnlichkeit von 2 Strömungsvorgängen sind:

1. Geometrische Ähnlichkeit der Strömungsberandungen vom Modell M und der Großausführung G:

   l_M/l_G = konstant

   Das Modell muss also ein maßstäbliches Abbild der Großausführung sein.

2. Kinematische Ähnlichkeit, d. h. die Geschwindigkeiten und Wege müssen beim Modell M und Großausführung G im gleichen Verhältnis zueinander stehen. Anderenfalls erhielte man keine geometrisch ähnlichen Stromlinienbilder. Für zeitlich veränderliche (instationäre) Strömungen ergibt sich aus der Forderung, dass Schwingungszeiten und Zeiten zur Zurücklegung eines bestimmten Weges bei Modell und Großausführung übereinstimmen müssen, die Forderung nach gleicher dimensionsloser Frequenz für Modell und Großausführung:

   $$\frac{l_M}{v_M \cdot t_M} = \frac{l_G}{v_G \cdot t_G} = St = \frac{f \cdot l}{v} .$$

   Die dimensionslose Frequenz ist eine Ähnlichkeitszahl, die Strouhal-Zahl.

3. Dynamische Ähnlichkeit, d. h. gleiche Kräfteverhältnisse im Modellversuch und in der Großausführung

   $F_{1M}/F_{2M} = F_{1G}/F_{2G}$ = konstant

   Da Strömungsvorgänge von unterschiedlichen Kräften beeinflusst werden, gibt es auch verschiedene Kennzahlen, die im Allgemeinen nicht alle gleichzeitig konstant gehalten werden können und auch nicht konstant gehalten werden müssen. Hier kommt es darauf an, zu erkennen, welche Kräfte dominierend den Vorgang beeinflussen. Hält man nur die diese Kräfte beinhaltende Kennzahl im Modellversuch konstant, spricht man von »unvollständiger Ähnlichkeit«.

   Drei wichtige Kennzahlen für Entrauchungsvorgänge lassen sich aus den Verhältnissen von

Trägheitskraft:	$m \cdot a \sim \rho \cdot v^2 \cdot l^2$
Auftriebskraft:	$\rho\, \beta\, \Delta T\, V\, g \sim \rho\, g\, \beta\, \Delta T\, l^3$
Reibungskraft:	$\tau \cdot A \sim \mu\, v \cdot l$
Druckkraft:	$\Delta p \cdot A \sim \Delta p \cdot l^2$

   mit:

a	=	Beschleunigung
l	=	charakteristische Länge
m	=	Masse
v	=	Geschwindigkeit
A	=	Fläche

V = Volumen
ΔT = Temperaturdifferenz
β = thermischer Expansionskoeffizient
μ = dynamische Viskosität des Fluids
ρ = Dichte des Fluids
τ = Schubspannung
Δp = Druckdifferenz

ableiten. Die Verhältnisse dieser Kräfte sind dynamische Ähnlichkeitszahlen:

a) $$\frac{\text{Auftriebskraft}}{\text{Trägheitskraft}} = \frac{\rho\, g\, l^3\, \beta\, \Delta T}{\rho\, v^2\, l^2} \rightarrow Ar = \frac{g\, l\, \beta\, \Delta T}{v^2}$$

Dies ist die Archimedes-Zahl, die z. B. die Strömung in einem Auftriebsstrahl (Plume) über einem Brandgeschehen dominiert.

Hinweis:
Im englischen Schrifttum wird üblicherweise die Froude-Zahl oder die densimetrische Froude-Zahl verwendet. Sie beschreiben das Verhältnis Trägheitskraft/Auftriebskraft, also den Kehrwert der Archimedes-Zahl.

b) $$\frac{\text{Trägheitskraft}}{\text{Reibungskraft}} = \frac{\rho \cdot v \cdot l}{\mu} \rightarrow Re = \frac{\rho \cdot v \cdot l}{\mu} = \frac{v \cdot l}{\nu}$$

mit $\nu = \mu/\rho$ (kinematische Viskosität).

Dies ist die **Reynolds**-Zahl, eine Kennzahl, welche das Verhältnis von Trägheitskräften zu Reibungskräften erfasst. Sie ist für den Übergang von der laminaren Strömungsform in die turbulente Strömungsform maßgeblich (siehe auch Kapitel 1.5.5). Da sich aufgrund des völlig anderen Impulsaustauschmechanismus in laminarer Strömung und in turbulenter Strömung die beiden Strömungsformen nicht miteinander vergleichen lassen, ist unbedingt darauf zu achten, dass beim Vergleich eines Strömungsfeldes, z. B. in einer Modellapparatur mit dem Strömungsfeld in der Großausführung, auch tatsächlich in beiden Fällen turbulente (oder in sehr seltenen Fällen laminare) Strömung vorliegt.

c) $$\frac{\text{Druckkraft}}{\text{Trägheitskraft}} = \frac{\Delta p}{\rho \cdot v^2} \rightarrow Eu = \frac{\Delta p}{\rho \cdot v^2}$$

Dies ist die so genannte Euler-Zahl, eine Kennzahl für Strömungsvorgänge, die überwiegend durch Druck- und Trägheitskräfte beeinflusst werden (reibungsfreie Strömung).

1.7.2 Modellversuche

In vielen Anwendungsbereichen der Strömungstechnik ist es üblich, vor dem Bau eines Prototypen oder der Realisierung z. B. einer Baumaßnahme Modellversuche im verkleinerten Maßstab durchzuführen. Im Bauwesen gilt dies beispielhaft für die Bestimmung von Windlasten, die Untersuchung des bodennahen Windfeldes im Nahfeld geplanter Großbauten und bei natürlicher Lüftung und Entrauchung von Gebäuden. Auch die Luft- und Raumfahrttechnik verzichtet trotz verfügbarer numerischer Strömungssimulationen nicht auf experimentelle Nachweise. Experimentelle Modellstudien, im Brandschutzwesen auch physikalische Modellstudien genannt, sind ein unverzichtbares Mittel, um das Risiko bei komplexen - und daher meist sehr teuren - Anwendungen zu minimieren. Voraussetzung für sinnvolle Modellversuche ist aber, dass die Strömung im Modell mit der Strömung in der Großausführung zumindest in interessierenden Bereichen ausreichend gut übereinstimmt. Bei der **Um**strömung von Körpern, z. B. Umströmung von Flugzeugen und Bauwerken, ist dabei wesentlich, dass die Strömung im Modell an den gleichen Stellen bzw. Linien ablöst wie bei der Großausführung. Bei inneren Strömungen ist von wesentlicher Bedeutung, dass die Strömungen, die in der Natur im Allgemeinen turbulent sind, dies auch im Modell sind. Beispielsweise müssen bei Entrauchungsstudien die simulierten Auftriebsstrahlen (Plume) sowie die Zuluftstrahlen im Modell turbulent sein.

Es genügt häufig, den Modellversuch bei einer kleineren Reynolds-Zahl durchzuführen, bei der aber sichergestellt sein muss, dass die Modellströmung, wie die Strömung der Großausführung, voll turbulent ist. Wie groß die hierzu erforderliche Reynolds-Zahl mindestens sein muss, hängt von der Körperform ab, insbesondere von dem Verhältnis Körperlänge l zu dessen Querabmessung d.

Bild II 1.7.2-1 zeigt schematisch die Umströmung von Körpern mit $d/l = 0; 1; \infty$. Für $d/l = \infty$ wird eine quer angeströmte Scheibe oder Platte betrachtet, bei der die Linien der Strömungsablösung durch die Körpergeometrie vorgegeben werden. Das Verhältnis der Trägheitskräfte zu den Reibungskräften - gegeben durch die Reynolds-Zahl - beeinflusst dabei die Strömung nur unwesentlich. Folglich ist der Widerstandsbeiwert dann Reynolds-Zahl-unempfindlich (siehe unteres Diagramm in Bild II 1.7.2-1). Bei Modelluntersuchungen scharfkantiger Körper kann daher die Reynolds-Zahl einige Zehnerpotenzen kleiner sein als die der Großausführung, ohne die strömungstechnische Ähnlichkeit zu gefährden.

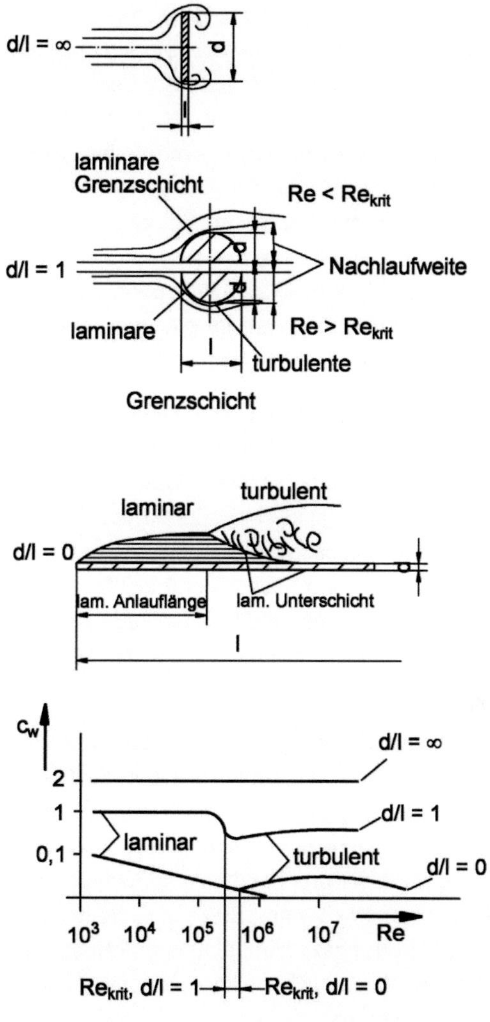

Bild II 1.7.2-1: Umströmung von Körpern

Körper mit d/l = 1 sind z. B. Kugeln und Kreiszylinder. Sie sind charakteristisch für gerundete Körperformen. Bei ihnen hängt die Strömungsablösung vom Wechselspiel zwischen Trägheits- und Reibungskräften, also von der Reynolds-Zahl, ab. Bei so genannten unterkritischen Reynolds-Zahlen bleibt die Grenzschicht an der Körperoberfläche laminar.

Die Fluidpartikel in laminaren Grenzschichten besitzen vergleichsweise geringe kinetische Energien bzw. Trägheitskräfte. Sie können daher dem Druckanstieg bei der Verzögerung der Strömung auf der Leeseite des Körpers nicht widerstehen; die Strömung löst in Äquatornähe, im Allgemeinen kurz vor dem Äquator, ab. Bei höheren, d. h. überkritischen Reynolds-Zahlen, wird die Grenzschicht deutlich stromauf des Äquators turbulent. Durch die turbulente Querbewegung wird von der Außenströmung Energie in die Grenzschicht transportiert. Die Fluidpartikel in der Grenzschicht können nun wegen ihrer größeren Trägheitskräfte dem Druckanstieg auf der Leeseite zunächst folgen. Die Strömungsablösung erfolgt deutlich stromab des Äquators. Hierdurch wird der Widerstand des Körpers vermindert, was auch durch die geringere Nachlaufweite angezeigt wird. Die Strömungsfelder bei unterkritischer Reynolds-Zahl (laminare Grenzschichtablösung) und bei überkritischer Reynolds-Zahl (turbulente Grenzschichtablösung) unterscheiden sich deutlich. Bei Modellversuchen an Reynolds-Zahl-empfindlichen Körpern muss mindestens sichergestellt sein, dass die Strömungen an Großausführung und Modell im gleichen Reynolds-Zahl-Bereich (beide überkritisch oder beide unterkritisch) liegen.

An einer ebenen Platte ($d/l = 0$) entsteht die Widerstandskraft, ähnlich wie bei der Rohrströmung, durch die Schubspannung an der Plattenoberfläche infolge Zähigkeit. Auch die ebene Platte ist Reynolds-Zahl-empfindlich; für den Widerstandsbeiwert gibt es einen unter- und einen überkritischen Reynolds-Zahl-Bereich. Unter der turbulenten Grenzschicht verbleibt jedoch immer eine laminare Unterschicht. Folglich ist an der ebenen Platte der Widerstandsbeiwert **immer** Reynolds-Zahl abhängig. Bei Modellversuchen sollten die Unterschiede der Reynolds-Zahlen zwischen Modell und Großausführung nicht zu groß sein, wenn bei den betrachteten Vorgängen Reibungswiderstände dominieren.

Brandbedingte Strömungen in Innenräumen werden ganz wesentlich durch Auftriebs- und Trägheitskräfte bestimmt. Nur in der Nähe der Umfassungswände – in der sich dort bildenden Grenzschicht – sind auch Reibungskräfte zu berücksichtigen. Vollständige dynamische Ähnlichkeit der Strömungen im Modell und in der Großausführung würde vorliegen, wenn die Archimedes- und Reynolds-Zahlen in Modell und Großausführung übereinstimmen: $Ar_M = Ar_G$; $Re_M = Re_G$. Beim Nachweis z. B. der Raucharmheit in den Flucht- und Rettungswegen bei einem Brandgeschehen in einem Einkaufscenter interessieren im Wesentlichen die Lufträume außerhalb der Strömungsgrenzschichten (an den Wänden und Decken). Dies bedeutet, dass die Archimedes-Ähnlichkeit maßgeblich den Strömungsvorgang bestimmt (und die Reynolds'sche Ähnlichkeit vernachlässigt werden kann). Die Anwendung dieser Ähnlichkeits-»Regel« soll an einem Beispiel erläutert werden.

Die Entrauchungsmaßnahmen für ein großes Einkaufscenter sollen in einem Modellversuch optimiert werden. Es wurden folgende Randbedingungen gewählt:

- Modellmaßstab 1:20 (Maßstabsfaktor $M = 20$)
- Modellrauchdichte ϱ_M = Naturrauchdichte ϱ_G

Damit ergeben sich aus der Archimedes-Zahl folgende Geschwindigkeits- und Zeitmaßstäbe:

$$\left(\frac{l\,\Delta T}{v^2}\right)_M = \left(\frac{l\cdot\Delta T}{v^2}\right)_G$$

$$\frac{\Delta T_M}{{v_M}^2} = \frac{l_G}{l_M}\cdot\frac{\Delta T_G}{{v_G}^2} = M\cdot\frac{\Delta T_G}{{v_G}^2}$$

mit $\Delta T \sim \frac{1}{\Delta\rho}$ folgt

$$\left(\Delta\rho\, v^2\right)_M = \frac{1}{M}\left(\Delta\rho\, v^2\right)_G$$

und mit $\Delta\varrho_M = \Delta\varrho_G$

$$v_M = \sqrt{\frac{1}{M}}\cdot v_G = 0{,}224\cdot v_G$$

Aus der kinematischen Ähnlichkeit ergibt sich bei Berücksichtigung der Zeit t statt der Frequenz f $\left(t \sim \frac{1}{f}\right)$:

$$\left(\frac{v\cdot t}{l}\right)_M = \left(\frac{v\cdot t}{l}\right)_G$$

$$t_M = \frac{l_M}{l_G}\cdot\frac{v_G}{v_M}\cdot t_G = \frac{1}{M}\cdot\sqrt{M}\;t_G = \frac{1}{\sqrt{M}}\cdot t_G = 0{,}224\cdot t_G$$

Die Modellbetrachtung des Strömungsvorganges erfolgt also im Zeitraffer, wobei die Modellzeit ca. 4,5-mal schneller abläuft als die Naturzeit.

1.8 Ventilatoren

Ventilatoren werden zum Strömungsantrieb gasförmiger Fluide, z. B. bei der Rauchableitung, eingesetzt. Kapitel 1.8 soll dem Fachplaner Entrauchung die Grundkenntnisse zur Auslegung einer maschinellen Entrauchungsanlage und/oder einer maschinellen Zuluftanlage vermitteln.

Sowohl bei den dabei verwendeten Zuluftventilatoren als auch bei den Rauchgasventilatoren ist das Absolutdruckverhältnis zwischen Eintritts- und Austrittsstutzen klein mit typischen Werten im Bereich $p_2/p_1 \leq 1{,}05$. Zur Auslegung bzw. Auswahl von Ventilatoren für einen speziellen Entrauchungsfall sind in der Regel der Volumenstrom $\dot{V}$ und die erforderliche Druckdifferenz Δp_t vorgegeben bzw. müssen vom Fachplaner Entrauchung abgeschätzt werden. Die Aufgabe des Fachplaners besteht darin, den geeigneten Typ auszuwählen, Drehzahl und Laufraddurchmesser festzulegen und den Wirkungsgrad bzw. Leistungsbedarf zu bestimmen. Zur Lösung dieser Aufgaben eignen sich besonders die in Kapitel 1.8.10 aufgeführten Kennfelder.

1.8.1 Bauformen

Je nach Hauptdurchströmungsrichtung des Laufrades unterscheidet man verschiedene Bauarten, von denen hier nur die für die Rauchströmungen und Frischluftströmungen wichtigsten genannt werden sollen (siehe Bild II 1.8.1-1):

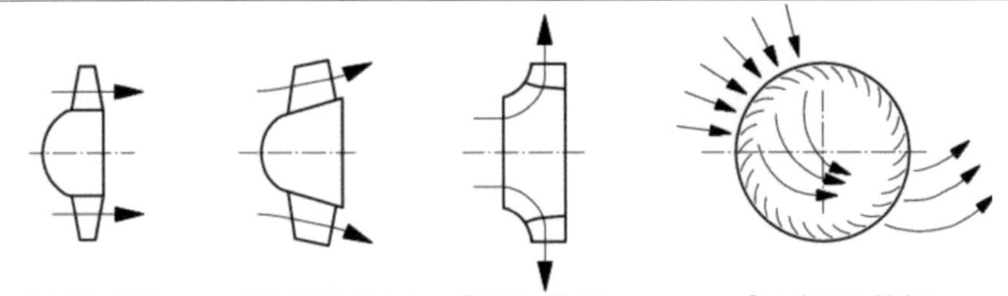

Bild II 1.8.1-1: Laufradtypen

Axialventilator

ohne Leitrad
Die Strömung hinter dem Laufrad ist Drall behaftet. Bei druckseitig angeordneten Widerständen ist diese Bauform ungünstig, da sich größere Verluste ergeben. Der Axialventilator ohne Leitrad bietet als einzige Bauform die Möglichkeit der Strömungsrichtungsumkehr durch Drehrichtungsänderung.

mit Nachleitrad
Die Drallströmung hinter dem Laufrad wird durch das Leitrad in achsparallele Richtung umgelenkt. Dabei wird ein Teil dieser Geschwindigkeitsenergie in Druckenergie umgewandelt, d. h. höherer statischer Druck und besserer Wirkungsgrad.

mit Vorleitrad
Das Leitrad erzeugt gerade solch einen Vordrall, dass hinter dem Laufrad achsparallele, d. h. drallfreie Strömung vorliegt.

Radialventilatoren

Bei den Radialventilatoren sind vier unterschiedliche Laufrad- bzw. Schaufelformen im Einsatz:

a) rückwärtsgekrümmte Schaufeln ($\beta_2 < 90°$)
b) radial endende Schaufeln ($\beta_2 = 90°$)
c) vorwärtsgekrümmte Schaufeln ($\beta_2 > 90°$)
d) Trommelläufer ($\beta_2 > 170°$)

Für die Laufradauswahl sind verschiedene Gesichtspunkte maßgebend, wie z. B. Leistungsbereich, Reaktionsgrad, Festigkeit (Temperatur), Platzbedarf, Geräuschentwicklung, Feststoffpartikel im Fluid.

Die besten Wirkungsgrade werden von den Axialventilatoren mit Nachleitrad und den Radialventilatoren mit rückwärts gekrümmten Schaufeln und sehr breiten Laufrädern erreicht (85 % und mehr). Leider haben die zuletzt genannten Laufräder die geringste Temperaturfestigkeit und ihr Einsatz ist üblicherweise nur im unteren Temperaturbereich möglich, etwa bis 300 °C. Dies ist für viele Anwendungen bei der maschinellen Rauchableitung ausreichend.

Speziell für den Hochtemperaturbereich sind Radialventilatoren mit radialen oder schwach vorwärtsgekrümmten Schaufeln geeignet.

Auch der Trommelläufer mit seinen stark vorwärtsgekrümmten kurzen Schaufeln (Vielschaufelrad), der zwar nur einen Bestwirkungsgrad von ca. 65 % erreicht, besitzt aufgrund seiner Schaufelgeometrie eine gute Festigkeit, d. h. Biegesteifigkeit gegenüber der Fliehkraftbelastung.

Querstromventilatoren

Das Laufrad des Querstromventilators ist ein extrem breites Vielschaufelrad mit vorwärtsgekrümmten Schaufeln. Es ähnelt in seinem Aufbau dem eines Trommelläufers, nur wird es völlig anders durchströmt. Es handelt sich um ein am Umfang partiell beaufschlagtes Gleichdruckrad. Das Förderfluid durchströmt das Laufrad quer, also senkrecht zur Achse, und passiert dabei im Gegensatz zur axialen und radialen Bauart zweimal die Schaufelkanäle (siehe Bild II 1.8.1-2). Dies wird durch ein entsprechend ausgebildetes diffusorartiges Gehäuse erreicht. Ein Vorteil dieser Bauart ist die sehr große Breite des Laufrades. Wichtig für die Funktion des Querstromventilators ist die Ausbildung des Wirbels an der engsten Stelle zwischen Laufrad und Gehäusezunge. Er übernimmt die Trennung zwischen Saug- und Druckseite und sorgt für eine günstige Umlenkung des Förderstroms an der Innenseite. Die Position dieses Wirbels verändert sich in Abhängigkeit vom Drosselzustand. Der Wirkungsgrad des Querstromventilators ist aufgrund des beschriebenen Strömungsverlaufs vergleichsweise niedrig und liegt maximal bei ca. 58 %. Vorteile des Querstromventilators sind die gleichmäßige Beaufschlagung von breiten Flächen ohne Verteil- und Leitvorrichtungen, die geringe Baugröße und die Anpassungsmöglichkeit an eine gewünschte Ausblasbreite. Der Temperatureinsatzbereich reicht bis ca. 500 °C.

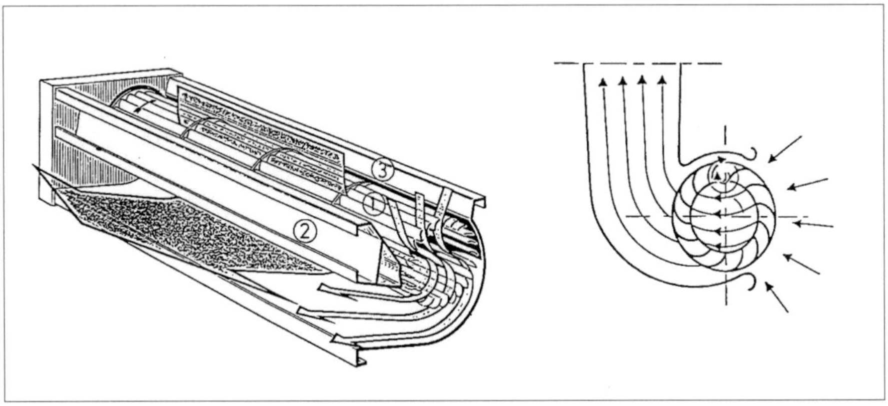

Bild II 1.8.1-2: Querstromventilator (entnommen LTG-Firmenkatalog)

1.8.2 Grundgleichungen

In der Strömungsarbeitsmaschine »Ventilator« wird mechanische Energie, die dem Laufrad über die Welle zugeführt wird, in Strömungsenergie umgewandelt, die über die Laufradschaufeln auf das Fluid übertragen wird.

Geschwindigkeitsdreiecke

Die kinematischen Zusammenhänge an den Laufrädern werden durch die »Geschwindigkeitsdreiecke« am Eintritt und am Austritt des Schaufelkanals dargestellt. Sie basieren auf der vektoriellen Beziehung

$$\vec{c} = \vec{u} + \vec{w},$$

d. h., die Absolutgeschwindigkeit $\vec{c}$ des Förderfluids ist die vektorielle Summe aus der Umfangsgeschwindigkeit $\vec{u}$ des Laufrades und der Relativgeschwindigkeit $\vec{w}$ des Fluids (relativ zum Laufrad).

Bild II 1.8.2-1 zeigt die Geschwindigkeitsdreiecke der unterschiedlichen Schaufelformen beim Radialventilator, wobei ① den Grenzfall der »wirkungslosen« Schaufel und ②, die radial endende Schaufel darstellt. Die rückwärts gekrümmte Schaufel liegt zwischen Fall ① und ②. In Bild II 1.8.2-2 sind die Geschwindigkeitsdreiecke der verschiedenen Bauformen dargestellt.

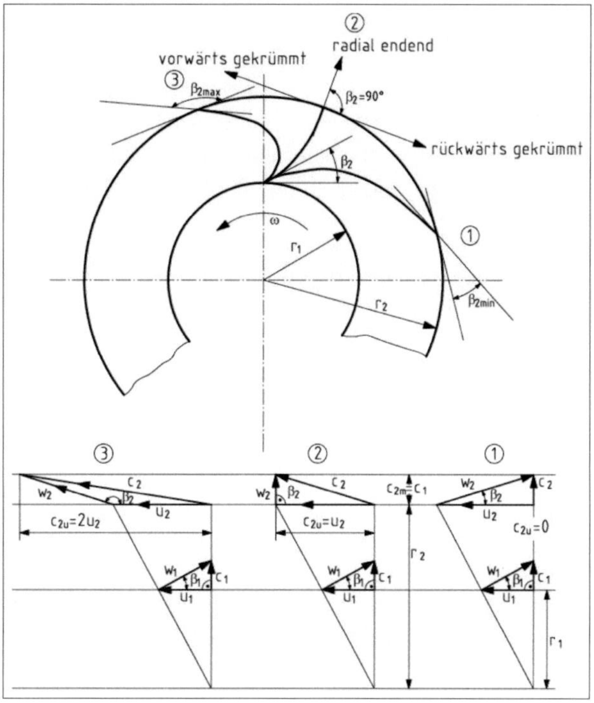

Bild II 1.8.2-1: Schaufelform und zugehörige Geschwindigkeitsdreiecke bei Radialventilatoren

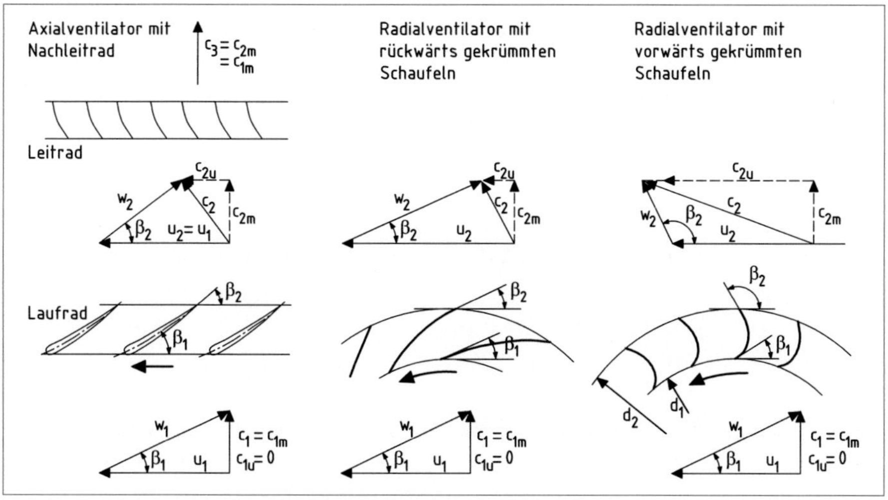

Bild II 1.8.2-2: Geschwindigkeitsdreiecke

Hauptgleichung (Euler'sche Turbinengleichung)

Unter der totalen spezifischen Stutzenarbeit (Strömungsarbeit) Y_t versteht man den spezifischen Energiezuwachs des Fluids, der ihm von der Strömungsmaschine erteilt wird, oder der aus der Umwandlung mechanischer Energie, die dem Laufrad zugeführt wird, resultiert. Bei inkompressiblem Fluid ist

$$Y_t = E_D - E_s = \frac{p_D - p_S}{\rho} + \frac{c_D{}^2 - c_s{}^2}{2} + \underbrace{g \cdot h}_{\sim 0} = \frac{\Delta p_t}{\rho}. \qquad \text{(II 1.8.2-1)}$$

Bei Gasströmungen ist der Höhenterm »g · h« (h = Höhendifferenz zwischen Druck- und Saugstutzen) vernachlässigbar klein. Damit besteht die totale spezifische Stutzenarbeit aus einem statischen und einem kinetischen Druckanteil.

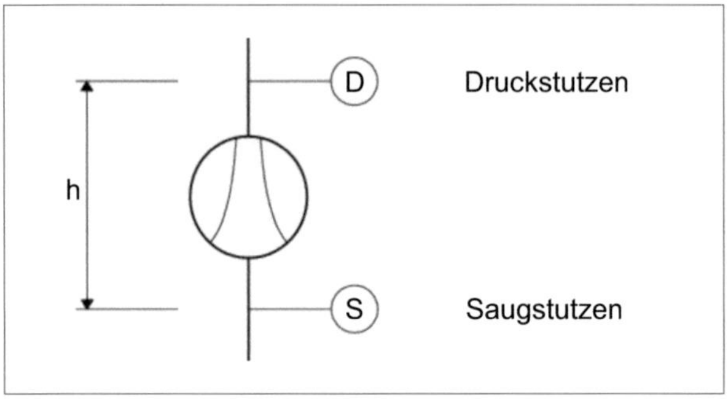

Bild II 1.8.2-3: Schemaskizze

Die Nutzleistung (Strömungsleistung) der Maschine ergibt sich aus dem Produkt von Stutzenarbeit und dem Massenstrom des Fluids

$$P = \dot{m} \cdot Y_t = \rho \, \dot{V} \, Y_t = \rho \, \dot{V} \, \frac{\Delta p_t}{\rho} = \Delta p_t \cdot \dot{V}. \qquad \text{(II 1.8.2-2)}$$

Die Nutzleistung ist also das Produkt von gefördertem Volumenstrom und der Gesamtdruckerhöhung.

Die Antriebsleistung (Wellenleistung) oder innere Leistung ist

$$P_i = P_w = M_d \cdot \omega = M_d \cdot 2 \cdot \pi \cdot n$$

mit M_d = Drehmoment

und der Quotient aus Nutz- und Wellenleistung ist der innere Wirkungsgrad der Maschine

$$\eta_i = \frac{P}{P_w}.$$

Für die theoretische (verlustfreie) spezifische Schaufelarbeit gilt mit Index ① für Eintritt in den und ②, für Austritt aus dem Schaufelkanal bei schaufelkongruenter Strömung (Index ∞)

$$Y_{Sch\infty} = \frac{1}{2}\left(c_2^2 - c_1^2\right) + \frac{1}{2}\left(u_2^2 - u_1^2\right) + \frac{1}{2}\left(w_1^2 - w_2^2\right) \qquad \text{(II 1.8.2-3)}$$

$$= u_2 \cdot c_{2u} - u_1 \cdot c_{1u} = u_2 \cdot c_{2u} = r_2 \cdot \omega \cdot c_{2u} \qquad \text{(II 1.8.2-4)}$$

↑

»drallfreier Eintritt«: $c_{1u} = 0$

Für den Fall des drallfreien Eintritts, der in der Praxis sehr häufig vorkommt, wird die Schaufelarbeit von den drei Größen Laufraddurchmesser, Winkelgeschwindigkeit bzw. Drehzahl und Umfangskomponente der Absolutgeschwindigkeit am Laufradaustritt bestimmt.

Das ist die von L. Euler bereits 1754 angegebene Hauptgleichung der Strömungsmaschinen, die in überraschend einfacher Form angibt, von welchen geometrischen und kinematischen Größen die spezifische Schaufelarbeit abhängt. Die Umfangskomponente der Absolutgeschwindigkeit c_{2u} wird durch die Schaufelform bestimmt, d.h. vom Schaufelaustrittswinkel. Das Bild II 1.8.2-4 zeigt diese Abhängigkeit am Beispiel der Radialventilatoren für den Fall gleicher Durchmesser, gleicher Laufradbreiten und Umfangsgeschwindigkeiten sowie gleicher Meridiankomponente c_{2m}, die zum Volumenstrom proportional ist.

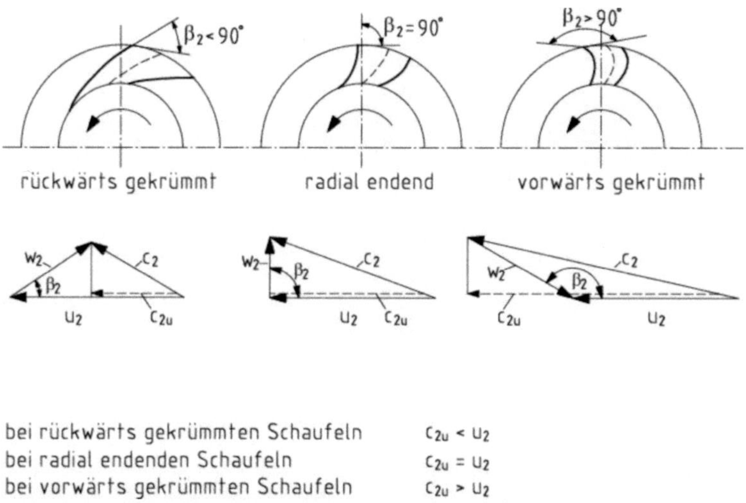

Bild II 1.8.2-4: Geschwindigkeitsdreiecke bei Radialventilatoren

Bei vorwärts gekrümmten Schaufeln wird das Fluid derart stark beschleunigt, dass seine absolute Austrittsgeschwindigkeit größer ist als die Umfangsgeschwindigkeit des Laufrades. Damit besteht die Strömungsenergie im Wesentlichen aus Geschwindigkeitsenergie, was die Bedeutung bzw. Notwendigkeit des Spiralgehäuses mit Diffusorwirkung oder eines Leitapparates zur möglichst verlustarmen Strömungsverzögerung erklärt. Die theoretische Gesamtdruckdifferenz zwischen Laufradaustritt und -eintritt setzt sich nach der Hauptgleichung aus einem dynamischen und einem statischen Druckanteil zusammen:

$$\Delta p_{th} = \underbrace{\frac{\rho}{2}\left(c_2^2 - c_1^2\right)}_{\Delta p_{dyn}} + \underbrace{\frac{\rho}{2}\left(u_2^2 - u_1^2\right) + \frac{\rho}{2}\left(w_1^2 - w_2^2\right)}_{\Delta p_{st}} \qquad \text{(II 1.8.2-5)}$$

Bei Axialventilatoren ist der so genannte Fliehkraftanteil $\rho/2\left(u_2^2 - u_1^2\right)$ wegen $u_1 = u_2$ gleich Null, bei Trommelläufern ist dieser Anteil wegen des Durchmesserverhältnisses $d_1/d_2 \sim 0{,}8$ sehr klein. Bei Hochdruckventilatoren mit kleinem Durchmesserverhältnis liefert der Fliehkraftanteil den größten Beitrag zur Gesamtdruckdifferenz.

Der hydraulische Wirkungsgrad η_h und die Minderleistungszahl μ verknüpfen die theoretische spezifische Schaufelarbeit mit der realen totalen spezifischen Schaufelarbeit:

$$Y_t = Y_{Sch} \cdot \eta_h = Y_{Sch\infty} \cdot \mu \cdot \eta_h.$$

Die reale Strömungsarbeit der gesamten Maschine, d. h. Laufrad und Gehäuse mit Leitapparat (falls vorhanden), ergibt sich mit dem volumetrischen Wirkungsgrad (Spaltverlust zwischen Laufrad und Gehäuse) sowie dem Radreibungsverlust (Reibung an den Außenwänden bzw. an der Nabe des Laufrades):

$$P = \dot{M} \cdot Y_t = \dot{M} \cdot Y_{Sch} \cdot \eta_h = P_i \cdot \eta_i,$$

wobei ηi der innere Wirkungsgrad ist, der summarisch alle Verluste beschreibt:

$$\eta_i = \eta_h \cdot \eta_v \cdot \eta_R.$$

Der Minderleistungsfaktor μ beschreibt global den Effekt der Minderumlenkung der Strömung am Schaufelgitteraustritt infolge der Druckdifferenz am Schaufelende zwischen Druck- und Saugseite. Es handelt sich hierbei um keinen Energieverlust! Der Minderleistungsfaktor hängt von der Laufrad-/Schaufelgeometrie und der Schaufelzahl ab (siehe z. B. Bommes et al. 2002 oder Eck, 1957). Er liegt im Allgemeinen zwischen 0,75 und 0,85.

Tabelle II 1.8.2-1 zeigt eine Übersicht der im Rahmen von Ventilatorbeschreibungen gebräuchlichen Formelzeichen und deren Bedeutung.

Tabelle II 1.8.2-1: Größen und Einheiten

Benennung	**Symbol**	**Einheit**
Fördermenge	$\dot{V}$	m^3/s
Strömungsgeschwindigkeit	c	m/s
Massenstrom	$\dot{M} = \rho \cdot \dot{V}$	kg/s
Gesamtdruckerhöhung	Δp_t	N/m^2 = Pa
Förderhöhe	$H = \Delta p/\rho \cdot g$	M
spezifische Förderarbeit	$Y_t = \Delta p_t/\rho = g \cdot H$	m^2/s^2 = J/kg
Ventilatornutzleistung	P	Nm/s = W
Wellenleistung	P_w	Nm/s = W
innere Leistung	P_i	Nm/s = W
Laufraddurchmesser	D	M

Benennung	Symbol	Einheit
Laufraddrehzahl	n	1/s; 1/min
Umfangsgeschwindigkeit	u	m/s
max. Spannung	$\bar{\sigma}$	N/m^2 = Pa; MPa
Dichte des Fluids	ρ	$kg/m^3 = Ns^2/m^4$
dynamische Zähigkeit	μ	$N/m^2 \cdot s = Pa \cdot s$
kinematische Zähigkeit	$\nu = \mu/\rho$	m^2/s
Dichte des Laufradwerkstoffes	ρ_w	$kg/m^3 = Ns^2/m^4$

Proportionalitätsgesetze

Die für das Kennlinienfeld eines Ventilatortyps gültigen Gesetze, die man auch Proportionalitäts- oder Affinitätsgesetze nennt, lassen sich aus den dimensionslosen, hier nicht näher dargelegten Kennzahlen φ, ψ und λ ableiten. Für zwei **geometrisch ähnliche** Ventilatoren gelten folgende Beziehungen für

die Volumenströme: $\frac{\dot{V}_1}{\dot{V}_2} = \left(\frac{D_1}{D_2}\right)^3 \frac{n_1}{n_2} = \left(\frac{D_1}{D_2}\right)^2 \frac{u_1}{u_2}$

die Gesamtdrücke: $\frac{\Delta p_1}{\Delta p_2} = \frac{\rho_1}{\rho_2}\left(\frac{D_1}{D_2}\right)^2 \cdot \left(\frac{n_1}{n_2}\right)^2 = \frac{\rho_1}{\rho_2}\left(\frac{u_1}{u_2}\right)^2$

die Leistungen: $\frac{P_{w1}}{P_{w2}} = \frac{\rho_1}{\rho_2}\left(\frac{D_1}{D_2}\right)^5 \cdot \left(\frac{n_1}{n_2}\right)^3 = \frac{\rho_1}{\rho_2}\left(\frac{D_1}{D_2}\right)^2 \cdot \left(\frac{u_1}{u_2}\right)^3$

Ändert man in einer Anlage ($D_1 = D_2$) die Temperatur und die Drehzahl, dann ergeben sich folgende Beziehungen zur Umrechnung der Betriebsdaten:

$$\frac{\dot{V}_1}{\dot{V}_2} = \frac{n_1}{n_2}; \qquad \frac{\Delta p_1}{\Delta p_2} = \frac{T_2}{T_1}\left(\frac{n_1}{n_2}\right)^2; \qquad \frac{P_{w1}}{P_{w2}} = \frac{T_2}{T_1}\left(\frac{n_1}{n_2}\right)^3$$

wobei für *T* die Absoluttemperatur einzusetzen ist.

Ändert man bei einem Ventilator bei gleicher Temperatur nur seine Drehzahl, dann vereinfachen sich die Gleichungen zu:

$$\frac{\dot{V}_1}{\dot{V}_2} = \frac{n_1}{n_2}; \qquad \frac{\Delta p_1}{\Delta p_2} = \left(\frac{n_1}{n_2}\right)^2; \qquad \frac{P_{w1}}{P_{w2}} = \left(\frac{n_1}{n_2}\right)^3$$

Die in Herstellerkatalogen angegebenen Kennlinien $\Delta p = f(\dot{V})$ beziehen sich auf eine Luftdichte von $\rho = 1{,}2\,kg/m^3$ (bei 20 °C). Wenn der Ventilator ein anderes Gas fördert oder auf einem anderen Temperaturniveau arbeitet, sind seine Leistungsdaten entsprechend umzurechnen. Der Dichteeinfluss auf die Kennlinie entfällt, wenn die spezifische Strömungsarbeit Y_t anstelle der Druckdifferenz als Kenngröße gewählt wird.

Beispiele:

a) Wie ändert sich der Volumenstrom $\dot{V}_1 = 5{,}6\ m^3/s$ eines Ventilators bei Änderung seiner Drehzahl von $n_1 = 900\ 1/min$ auf $n_2 = 1\,120\ 1/min$?

$$\frac{\dot{V}_1}{\dot{V}_2} = \left(\frac{n_1}{n_2}\right) \rightarrow \dot{V}_2 = \frac{n_2}{n_1} \cdot \dot{V}_1 = \frac{1120}{900} \cdot 5{,}6\ m^3/s = 6{,}97\ m^2/s$$

b) Wie ändert sich die Gesamtdruckdifferenz $\Delta p_{t1} = 1300\ Pa$ des Ventilators bei dieser Drehzahländerung (T = konstant)?

$$\frac{\Delta p_{t1}}{\Delta p_{t2}} = \left(\frac{n_1}{n_2}\right)^2 \rightarrow \Delta p_{t2} = \left(\frac{n_2}{n_1}\right)^2 \Delta p_{t1} = 1{,}55 \cdot 1300\ Pa = 2013\ Pa$$

c) Wie ändert sich der Leistungsbedarf $P_{w1} = 9{,}4\ kW$ des Ventilators bei dieser Drehzahländerung (T = konstant)?

$$\frac{P_{w1}}{P_{w2}} = \left(\frac{n_1}{n_2}\right)^3 \rightarrow P_{w2} = \left(\frac{n_2}{n_1}\right)^3 P_{w1} = (1{,}24)^3 \cdot 9{,}4\ kW = 18{,}1\ kW$$

d) Wie ändert sich der Volumenstrom, wenn das Fördermedium eine andere Dichte bzw. Temperatur besitzt?

$\dot{V}_1 = \dot{V}_2 =$ konstant — der Volumenstrom bleibt gleich, der Massenstrom $\dot{m} = \rho \cdot \dot{V}$ ändert sich.

e) Wie ändern sich die Druckdifferenzen bei Änderung der Dichte bzw. der Temperatur von 20 °C auf 250 °C?

$$\Delta p_{t2} = \frac{\rho_2}{\rho_1} \cdot \Delta p_{t1} = \frac{T_1}{T_2} \cdot \Delta p_{t1}$$ (T in Kelvin)

$T_1 = 20\,°C = 293\ K$

$\Delta p_{t1} = 1300\ Pa$ (Kennlinienwert bei 20 °C)

$T_2 = 250\,°C = 523\ K$ Betriebstemperatur

$$\rightarrow \Delta p_{t2} = \frac{293}{523} \cdot 1300\ Pa = 0{,}56 \cdot 1300\ Pa = 728\ Pa$$ (Betriebsdruckdifferenz)

$$\rho_2 = 1{,}20 \cdot \frac{293}{273 + 250}\ kg/m^3 = 0{,}67\ kg/m^3$$ (Betriebsdichte)

Bei Benutzung der spezifischen Strömungsarbeit $Y_t = \frac{\Delta p_t}{\rho}$ entfällt diese Abhängigkeit und es ist $Y_{t1} = Y_{t2} = 1080$ J/kg

f) Wie ändert sich der Leistungsbedarf bei Änderung der Dichte bzw. Temperatur?

$$P_{w2} = \frac{\rho_2}{\rho_1} \cdot P_{w1} = \frac{T_1}{T_2} \cdot P_{w1}$$

mit $P_{w1} = 9{,}4$ kW

$$\rightarrow P_{w2} = \frac{293}{523} \cdot 9{,}4 \text{ kW} = 0{,}56 \cdot 9{,}4 \text{ kW} = 5{,}27 \text{ kW}$$

1.8.3 Kennlinien

Für die aerodynamische Beschreibung des Ventilators lautet die symbolische Kenngrößenfunktion

$$f(\varphi, \psi, \lambda, \eta) = 0.$$

Es liegen zahlreiche Messungen vor, aus denen sich der gesetzmäßige Zusammenhang zwischen jeweils zwei dieser Kenngrößen ergibt. Es handelt sich dabei um die bauformabhängigen Kennfunktionen

$$\psi = f(\varphi), \lambda = f(\varphi), \eta = f(\varphi),$$

die man als normierte Kennlinien des Ventilators bezeichnet. Diese Kennlinien gelten bei geometrischer Ähnlichkeit für eine ganze Baureihe und für jede Drehzahl. Von den Herstellern werden anstelle dieser »dimensionslosen« Kennlinie meistens der Gesamtdruck, die Wellenleistung und der Wirkungsgrad als Funktion vom Volumenstrom angegeben. Diese Kennlinien beziehen sich dann aber auf eine bestimmte Baugröße, eine bestimmte Fluiddichte bzw. -temperatur und eine bestimmte Drehzahl der Maschine. Anhand dieser Kennfunktionen lässt sich die Auswahl und Dimensionierung des für die vorgegebene Aufgabe geeigneten Ventilatortyps durchführen. Typische Kennlinien für die verschiedenen Bauformen sind in Bild II 1.8.3-1 (siehe Bohl, 1983), auf den Bestpunkt normiert, dargestellt. Typisch für den Axialventilator ist die Abrissgrenze, die relativ dicht am Bestpunkt liegt. Diese Ventilatoren dürfen nicht im Abrissgebiet betrieben werden, im schlimmsten Fall können dabei Schaufelbrüche auftreten. Ein typisches Merkmal der rückwärts gekrümmten Schaufeln ist der Verlauf der Wellenleistung, die etwa im Optimum maximal ist und sowohl im Teillast- als auch im Überlastbereich abnimmt. Ganz anders verhalten sich in diesem Punkt die radial endenden und vorwärtsgekrümmten Schaufeln. Hier steigt der Leistungsbedarf kontinuierlich mit dem Volumenstrom an. Die Kennlinien dieser Typen sind im Vergleich zu den zuvor genannten sehr flach und der Trommelläufer besitzt sogar einen Sattelpunkt.

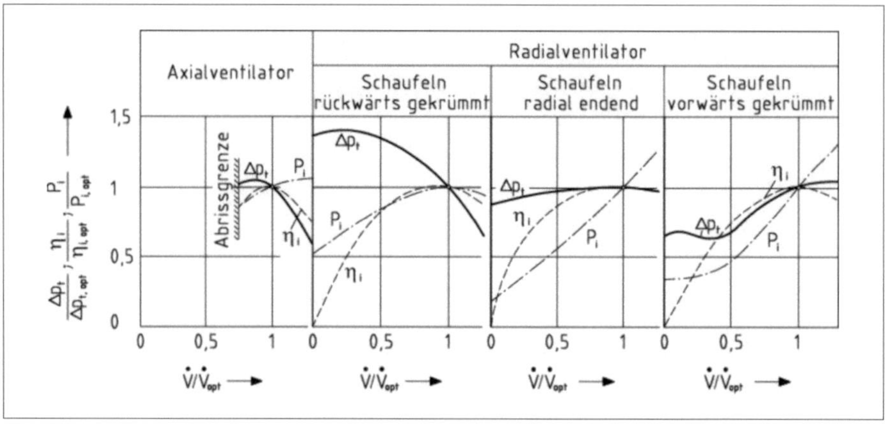

Bild II 1.8.3-1: Typabhängige Kennlinienformen

Betriebspunkt

Der Betriebspunkt des Ventilators stellt sich als Schnittpunkt seiner Druck-Kennlinie mit der Anlagenkennlinie (Widerstandsparabel) ein, d. h. die Strömungsarbeit der Maschine ist gleich der Dissipationsarbeit zur Überwindung der Strömungswiderstände im System.

$$Y_t \overset{!}{=} Y_{v,\,\text{Anlage}} = \frac{\Delta p_v}{\rho}$$

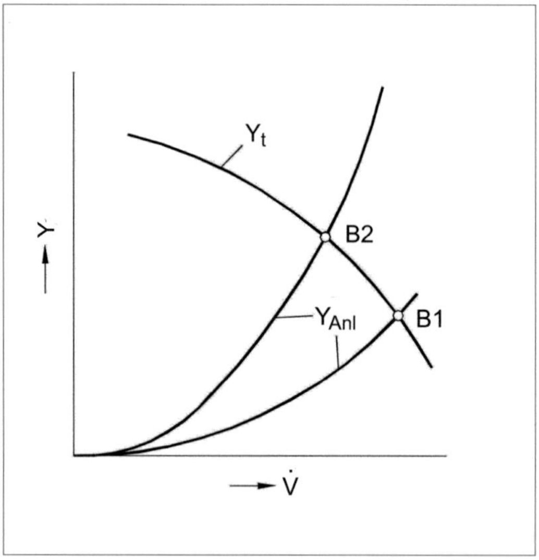

Bild II 1.8.3-2: Betriebspunkt des Ventilators

In Bild II 1.8.3-2 sind zwei unterschiedliche Anlagenkennlinien eingezeichnet, die jeweils zu dem Betriebspunkt B_1 oder B_2 führen. Die Verwendung der Strömungsarbeit anstelle des Druckes hat den Vorteil, dass die Kennlinien unabhängig von der Dichte und damit auch von der Temperatur des Fluids sind.

Die Strömungsarbeitsmaschine fördert das Fluid durch ein Leitungssystem mit strömungstechnischen Widerständen. Auf diesem Weg treten Energieverluste auf, die üblicherweise in Form eines »Druckverlustes« angegeben werden. Dieser setzt sich zusammen aus:

- Reibungsverluste (infolge Schubspannung)
- Formwiderstand (infolge von Einbauten, Querschnittsänderungen, Umlenkungen, Abzweigungen usw.)

Der Druckverlust der Strömungsführung wird mit folgender Gleichung berechnet (siehe auch Kapitel 1.6):

$$\Delta p_v = \left(\underbrace{\lambda \frac{l}{d}}_{\text{Reibungsanteil}} + \underbrace{\Sigma \zeta_i}_{\text{Formwiderstandsanteil}} \right) \frac{\rho}{2} c^2 = \zeta_{ges} \frac{\rho}{2} c^2 = \zeta_{ges} \frac{\rho}{2} \left(\frac{\dot{V}}{A} \right)^2 = k \cdot \dot{V}^2 \quad \text{(II 1.8.3-1)}$$

Das ist die Gleichung der Anlagenkennlinie, auch Widerstandsparabel genannt.

In Bild II 1.8.3-3 sind Anlagenkennlinien in einer Form dargestellt, wie sie zu vielen Ventilatorkennlinien passen, die in Herstellerkatalogen angegeben sind.

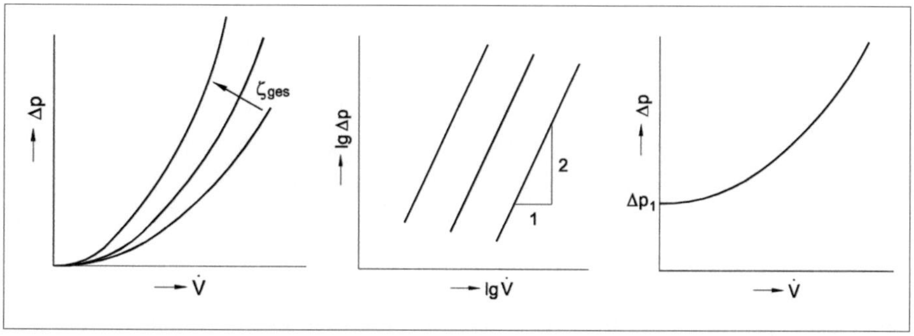

Bild II 1.8.3-3: Darstellung von Anlagenkennlinien

Wenn gegen einen konstanten Vordruck Δp_1 (z. B. in einen Überdruckraum) oder ein Gas durch eine Flüssigkeitssäule ($\Delta p_1 = \rho \cdot g \cdot h$) gefördert wird, dann verschiebt sich der Nullpunkt der Anlagenparabel um Δp_1:

Es gibt auch Sonderfälle, bei denen die Widerstands-Kennlinie eine andere Charakteristik aufweist. Dazu werden im Folgenden 2 Beispiele gegeben:

a) Laminare Rohrströmung oder Laminarströmung durch enge Kanäle, Poren etc. Durchströmung von Filtern oder Haufwerken oder Durchströmung von Rissen und engen Fugen in Bauwerken:

   $\Delta p_v = k \cdot \dot{V}$

   d. h., der Druckverlust ist zur Strömungsgeschwindigkeit linear proportional.

Da mit zunehmender Temperatur die Reynolds-Zahl bei Gasströmungen kleiner wird, kann es auch temperaturabhängig zu einem Übergang von turbulenter zu laminarer Strömung kommen. Der Reibungsanteil am Gesamtwiderstand ist abhängig von der Reynolds-Zahl, die sich mit der Temperatur ändert. Bei 400 °C z. B. ist die kinematische Viskosität von Luft (bei 1 bar) viermal größer als bei Raumtemperatur, d. h. bei gleicher Strömungsgeschwindigkeit ist die Reynolds-Zahl um den Faktor 4 kleiner.

b) Turbulente Strömung durch hydraulisch glatte Rohre:

Reibungsbeiwert: $$\lambda = \frac{0{,}3164}{Re^{0{,}25}}$$

$$\Delta p_V = k \cdot \dot{V}^{1{,}75},$$

d. h. der Geschwindigkeitsexponent beträgt hier 1,75 statt 2.

Zur Berechnung des Gesamtdruckverlustes einer Anlage benötigt man die Reibungsbeiwerte λ sowie die Druckverlustziffer ζ der Formteile und Einbauten im Strömungskreislauf. Der Reibungsbeiwert ist eine Funktion der Reynolds-Zahl und der Wandrauigkeit (siehe Kapitel 1.6, Rohrreibungsdiagramm). Er ist entweder dem so genannten Reibungsdiagramm zu entnehmen oder mit den einschlägigen Formeln zu berechnen. Bei Entrauchungsanlagen kann dieser Verlustanteil bei langen Strömungswegen gleiche Größenordnungen annehmen wie die Formwiderstände, die mit den Druckverlustziffern ζ beschrieben werden. Für Standardelemente findet man diese Werte tabelliert in entsprechenden Handbüchern. Dabei ist zu beachten, dass diese Zahlenwerte bei optimaler Anströmung sowie ausgeglichener Nachlaufströmung (Druckmessung $6 \cdot d$ stromabwärts) gemessen wurden. Diese Randbedingungen sind aber bei unzugänglich aufgebauten Anlagen selten gegeben, sodass es äußerst schwierig sein kann, den Druckverlust sicher zu berechnen. Wenn in derartigen Fällen keine Erfahrungswerte vorliegen, ist der Modellversuch ein sehr bewährtes Mittel zur sicheren Bestimmung des Gesamtdruckverlustes eines derartigen Strömungskreislaufs.

Auslegungsbeispiele mit dimensionsbehafteten Kennlinienfeldern

Die Hersteller von Serien geometrisch ähnlicher Ventilatoren geben im Allgemeinen die dimensionsbehafteten Kennlinienfelder in doppelt logarithmischer Darstellung an. Das hat den Vorteil, dass die Kennlinien für alle Drehzahlen kongruent sind und die Anlagenparabeln oder Kurven gleicher Drosselzahlen als Geraden erscheinen.

Beispiel:

Für folgende Daten soll ein Radialventilator ausgewählt werden:

Volumenstrom	$\dot{V} = 63\,000\ m^3/h$
Gesamtdruckdifferenz	$\Delta p = 1\,600\ Pa$
Dichte	$\rho = 1{,}2\ kg/m^3$
Mindest-Wirkungsgrad	$\eta = 80\,\%$

Gemäß Kennlinienfeld Bild II 1.8.3-4 (siehe TLT-Firmenkatalog) ergibt sich ein Hochleistungsradialventilator mit folgenden technischen Daten:

Drehzahl	n = 1120 1/min
Umfangsgeschwindigkeit	u = 73,3 m/s
Laufraddurchmesser	D = 1120 mm
Schallleistungspegel	L_W = 108 dB

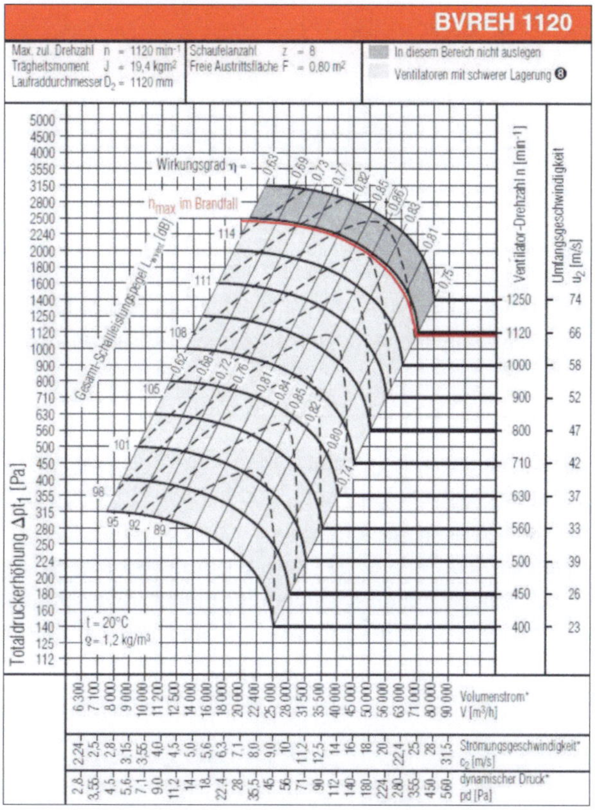

Bild II 1.8.3-4: Kennlinien eines Radialventilators (Quelle: TLT-Firmenkatalog)

1.8.4 Parallel- und Reihenschaltung

Parallelschaltung von Ventilatoren

Zur Ermittlung der resultierenden Kennlinie beider Ventilatoren werden die Volumenströme bei gleichem Druck addiert (siehe Bild II 1.8.4-1). Das heißt aber nicht, dass sich der durch eine Anlage geförderte Volumenstrom bei Hinzuschaltung eines zweiten Ventilators verdoppelt, das hängt von der Steigung der Anlagenkennlinie und der Ventilatorkennlinie ab. Bei Kennlinien mit Sattelpunkt (Trommelläufer) und instabilen Bereichen (Axialventilatoren) ist besondere Vorsicht geboten, da sich hierbei mehrere Betriebspunkte ergeben können und sich dabei kein stabiler Betriebspunkt fahren lässt.

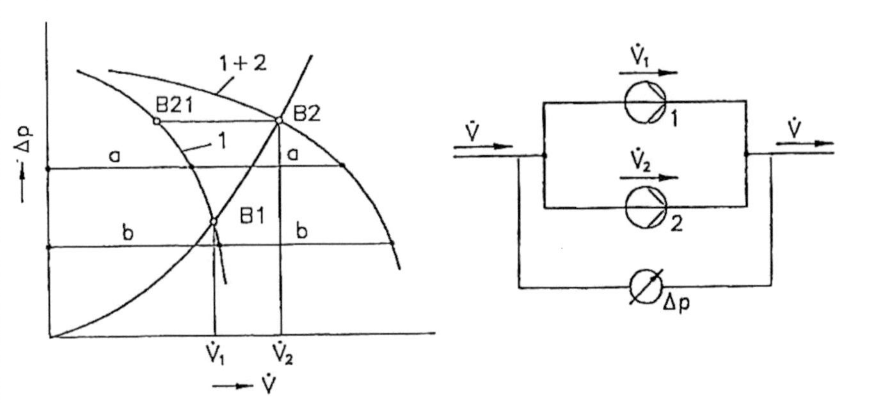

Bild II 1.8.4-1: Parallelschaltung

Eine spezielle Art von Parallelschaltung bei Radialventilatoren stellt die zweiflutige Bauart dar. Dabei werden zwei gleichartige Laufräder auf einer Welle in einem gemeinsamen Spiralgehäuse angeordnet (mit 2 Ansaugöffnungen).

Reihenschaltung von Ventilatoren

Zur Ermittlung der resultierenden Kennlinien werden hier die Drücke bei gleichem Volumenstrom addiert (siehe Bild II 1.8.4-2). Praktisch wird keine 100%-ige Addition der Einzeldrücke erreicht, da Verluste auftreten, die im Wesentlichen durch die nicht optimale Anströmung der zweiten Stufe verursacht werden, was sich insbesondere bei Axialventilatoren bemerkbar macht. Auch bei der Reihenschaltung ist bei der Ermittlung des Betriebspunktes die Steigung der Maschinen- und der Anlagenkennlinie von entscheidender Bedeutung.

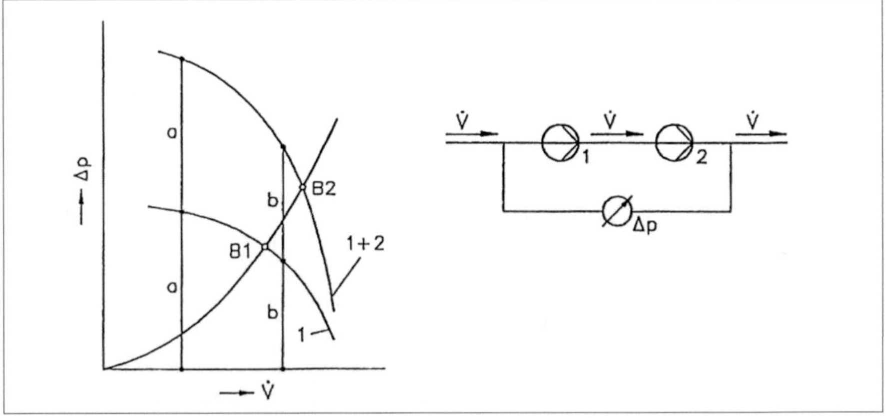

Bild II 1.8.4-2: Reihenschaltung

1.8.5 Regelungsmöglichkeiten

Die Tabelle II 1.8.5-1 zeigt die Möglichkeiten zur Regelung der Leistung eines Ventilators. Grundsätzlich unterscheidet man dabei zwischen Leistungsregelung ohne und mit Beeinflussung der Ventilatorkennlinie:

Tabelle II 1.8.5-1: Möglichkeiten der Leistungsregelung von Ventilatoren

ohne Beeinflussung der Ventilatorcharakteristik
1. Drosselklappe
2. Bypass
3. Drehzahlveränderung elektrisch (stufenlos) • Gleichstrommotor • Asynchronmotor mit Frequenzsteuerung
4. Drehzahlveränderung elektrisch (stufig) • Polumschaltung
5. Drehzahlveränderung mechanisch, stufenlos • Verstellriemenantrieb
6. Drehzahlveränderung hydraulisch, stufenlos • Strömungsgetriebe • Strömungskupplung

mit Beeinflussung der Ventilatorcharakteristik
7. Laufschaufelverstellung • im Stillstand • während des Laufes
8. Drallregler • radiale Bauform • axiale Bauform

In Bild II 1.8.5-1 bis Bild II 1.8.5-5 sind einige der Regelungsmöglichkeiten dargestellt (siehe Grundmann et al., 1978):

Drosselregelung

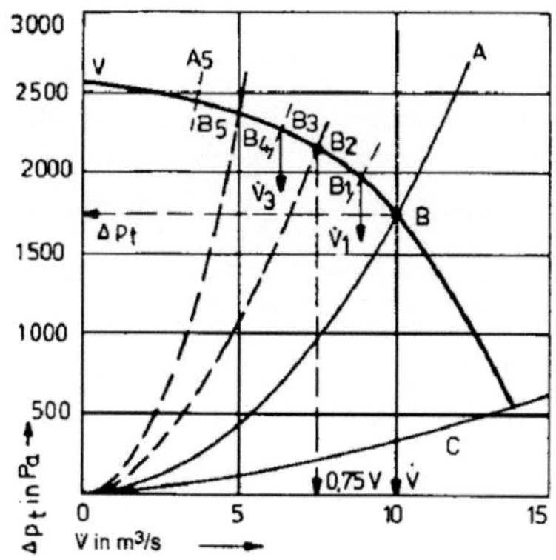

Wirkungsgrade in den Schnittpunkten

B : 83 %	B_1: 84 %	B_2: 82 %
B_3: 77 %	B_4: 70 %	B_5: 63 %

Bild II 1.8.5-1: Drosselregelung

Schaufelverstellung

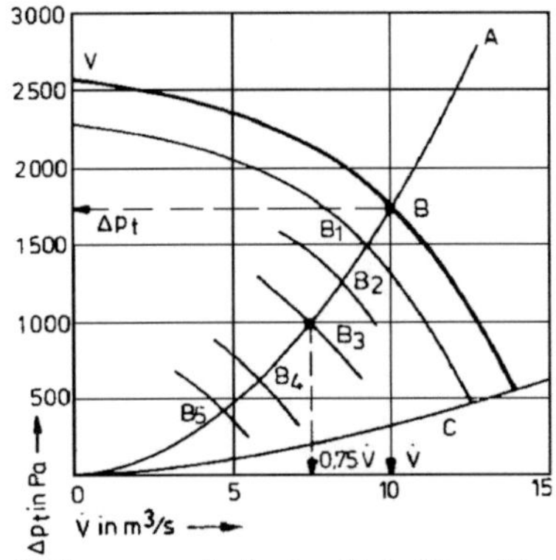

Wirkungsgrade in den Schnittpunkten:

B : 77 % B_0: 78 % B_1: 70 %

B_2: 59 % B_3: 50 % B_4: 40 %

B_5: 30 %

Bild II 1.8.5-2: Schaufelverstellung

Drehzahlregelung

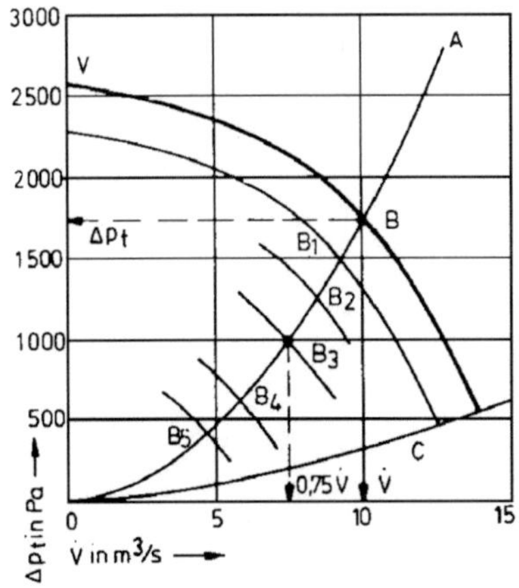

Wirkungsgrad in allen Schnittpunkten 83 %!

Bild II 1.8.5-3: Drehzahlregelung

Drallregler

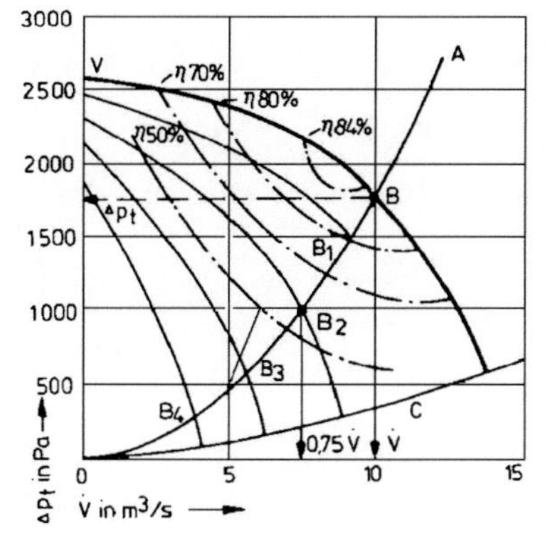

Wirkungsgrade in den Schnittpunkten:

B : 83 % B_1: 80 % B_2: 60 %

B_3: 40 % B_4: 30 %

Bild II 1.8.5-4: Drallregler (Vorleitrad)

Bypassregelung

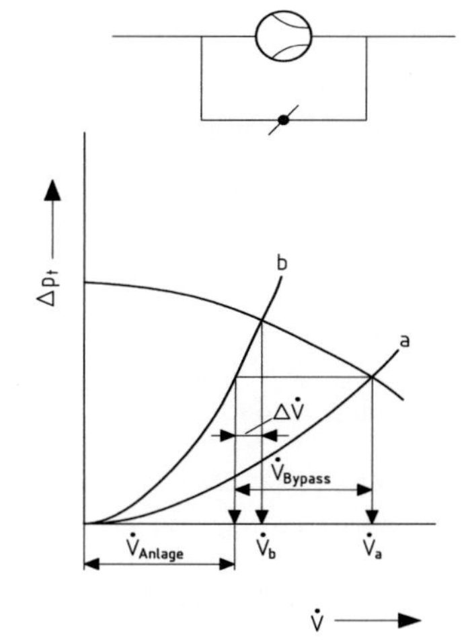

Kurve a Bypass geöffnet
Kurve b Bypass geschlossen

Bild II 1.8.5-5: Bypasssteuerung

Ein Teil des Volumenstromes strömt über die Bypassleitung direkt zur Saugseite zurück, wobei über die Klappe die Aufteilung der Volumenströme reguliert werden kann. Die maximale Änderung des Fördervolumenstromes ist dabei im Wesentlichen abhängig von den Druckverlustverhältnissen der angeschlossenen Anlage und des Bypasses.

Die Vor- und Nachteile der wesentlichen Regelungsmöglichkeiten sind tabellarisch zusammengestellt:

Tabelle II 1.8.5-2: Vor- und Nachteile verschiedener Regelungstechniken

Regelungsart	**Vorteile**	**Nachteile**
Drosselregelung	einfach, preisgünstig	unwirtschaftlich
Drehzahlregelung	optimale Anpassung, Geräuschminderung, wirtschaftlich, einzige sinnvolle Möglichkeit für HT-Ventilatoren	Gleichstrom-Motor mit Steuerung bzw. Drehstrom-Motor mit Frequenzumrichter erforderlich
Schaufelverstellung	gute Anpassungsmöglichkeiten an verschiedene Betriebszustände	im Lauf verstellbare Schaufeln, teurere Ausführung; nicht für höhere Temperatur geeignet
Drallregler	energetisch günstiger als Drosselregelung	Geräuschzunahme, Kosten für Drallregler und Stellmotor
Bypassleitung	einfach	unwirtschaftlich

1.8.6 Einbauhinweise

Axialventilatoren

Axialventilatoren reagieren besonders empfindlich auf ungleichmäßige Zuströmung. Deshalb sollten die in Bild II 1.8.6-1 skizzierten Einbausituationen **vermieden** werden, wenn die vom Hersteller angegebenen Leistungsdaten erreicht werden sollen:

a) unmittelbar hinter einem Krümmer

b) Anschlussdurchmesser zu klein

c) in einer Raumecke

d) ohne Einlaufdüse

e) Einbauten oder Streben saugseitig unmittelbar vor dem Laufrad sollten vermieden werden (→ Geräuschzunahme)

f) bei »frei ausblasendem« Einsatz ist der erhöhte Austrittsverlust infolge der »Ringströmung« zu berücksichtigen, wenn kein Diffusor eingesetzt werden kann. Häufig wird der kinetische Druck auf den vollen Rohrquerschnitt bezogen angegeben

Nabenverhältnis $\nu = \frac{d}{D} = 0{,}56$:

$$c_2 = \frac{1}{1-\nu^2}\, c_1 = 1{,}46\, c_1$$

$$p_{\text{dyn}_2} = 1{,}46^2\, p_{\text{dyn}_1} = 2{,}12\, p_{\text{dyn}_1}$$

d. h., der Austrittsverlust ist doppelt so groß!

g) diese erhöhte Geschwindigkeit ist auch beim Einbau von Bauelementen (z. B. Wärmetauscher, Filter, Schalldämpfer) unmittelbar hinter dem Ventilator zu beachten (→ keine volle Beaufschlagung und höhere Widerstände, Geräuscherzeugung)

h) wenn möglich, ist ein Diffusor zur Reduzierung des Austrittsverlustes vorzusehen.

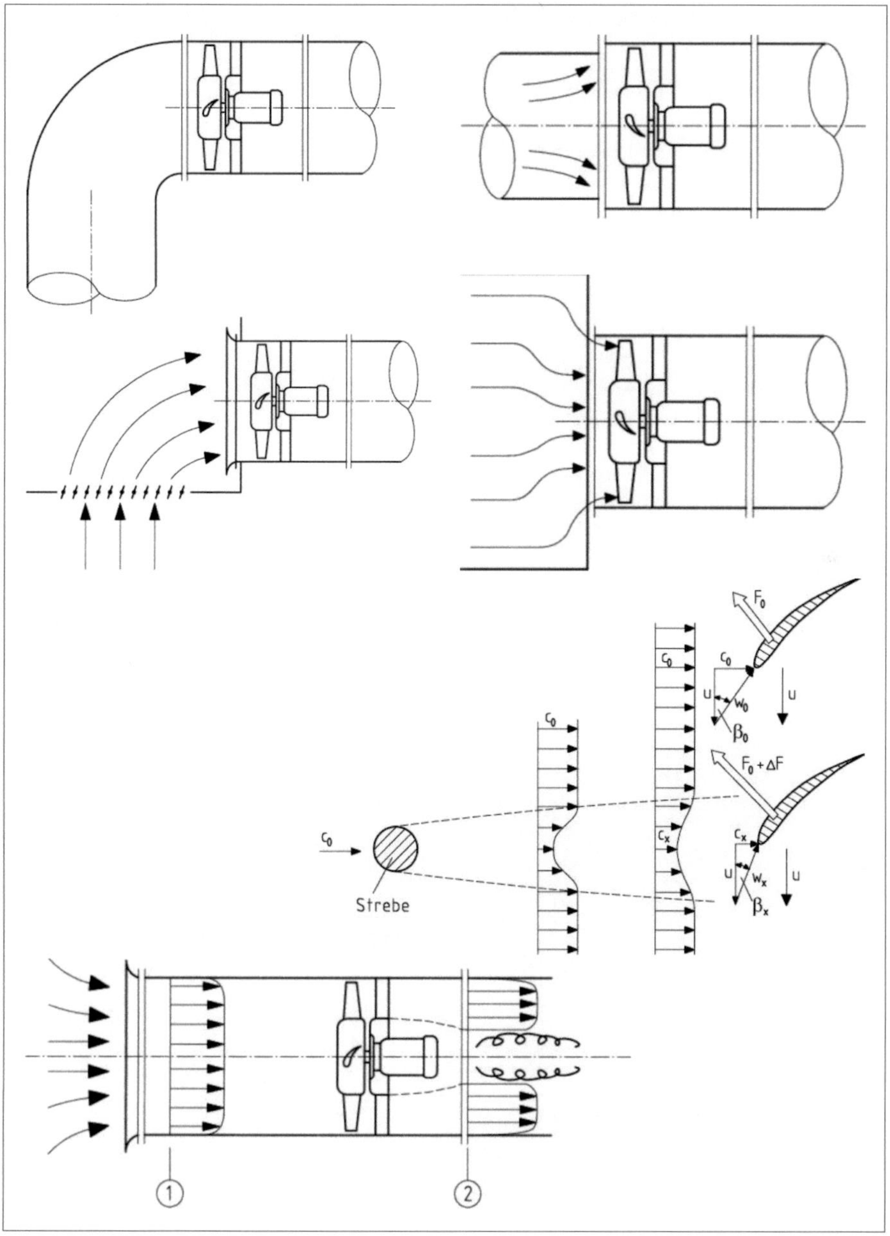

Bild II 1.8.6-1: Ungünstige Einbausituationen

Radialventilatoren

Im Folgenden und in den Bildern II 1.8.6-2 bis II 1.8.6-8 werden ungünstige Einbausituationen für Radialventilatoren beschrieben.

a) Wenn die Zunge in den Ausblasquerschnitt hineinragt (Trommelläufer!), ist wie beim Axialventilator mit der höheren Austrittsgeschwindigkeit zu rechnen, wenn druckseitig keine »Ausgleichsstrecke« vorgesehen werden kann (erforderliche Länge etwa zwei hydraulische Durchmesser) (siehe Bild II 1.8.6-2).

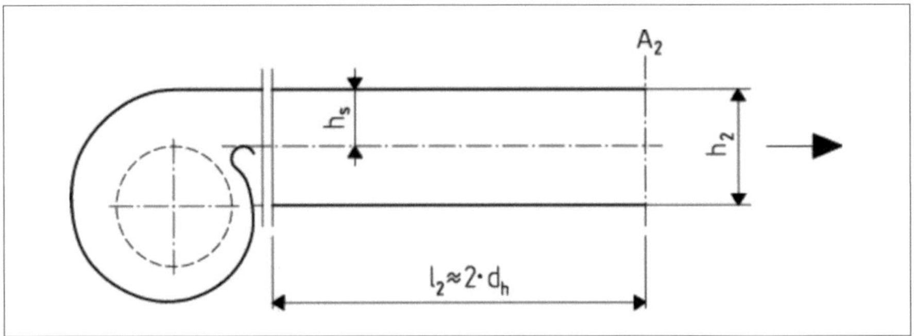

Bild II 1.8.6-2: Druckseitige Ausgleichsstrecke (Stoßdiffusor)

(1) Anschluss mit Ausgleichsstrecke

$$\frac{A_0}{A_1} = 0,725$$

$$\frac{A_1}{A_2} = 0,5$$

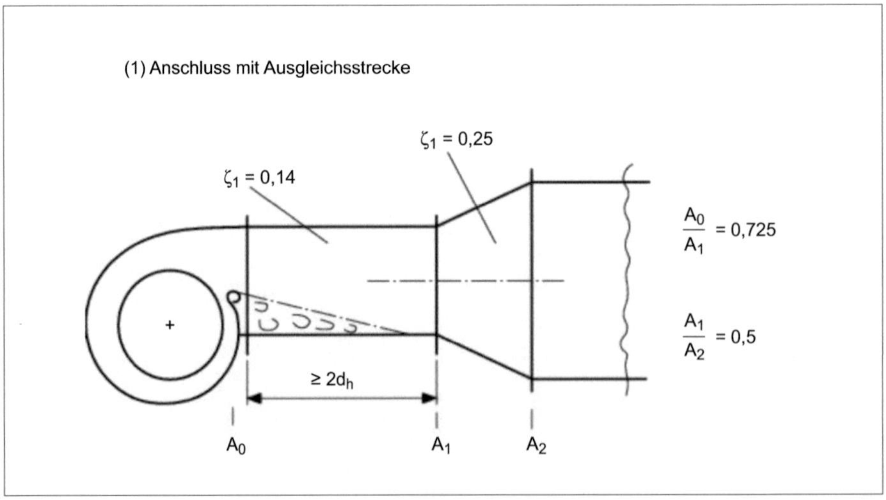

Bild II 1.8.6-3: Einbau mit Ausgleichstrecke

(2) Anschluss ohne Ausgleichsstrecke

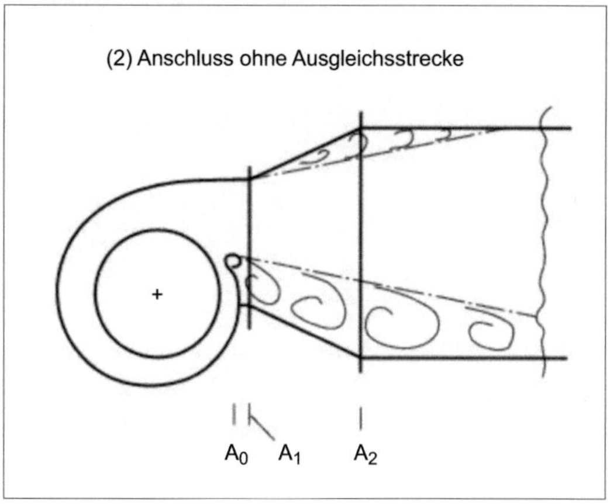

Bild II 1.8.6-4: Einbau ohne Ausgleichsstrecke

$$\zeta_0 = 0,41 \rightarrow \zeta_1 = \left(\frac{A_1}{A_0}\right)^2 \zeta_0 = 0,78$$

$\Delta\zeta 1$ = 0,78 - 0,14 = 0,64 für Kennlinie

Für den Fall (1) ergibt sich der Betriebspunkt A, für den Fall (2) der Punkt B. Wie der Darstellung zu entnehmen ist, können sich erhebliche Minderungen bei Druck- und Volumenstrom ergeben.

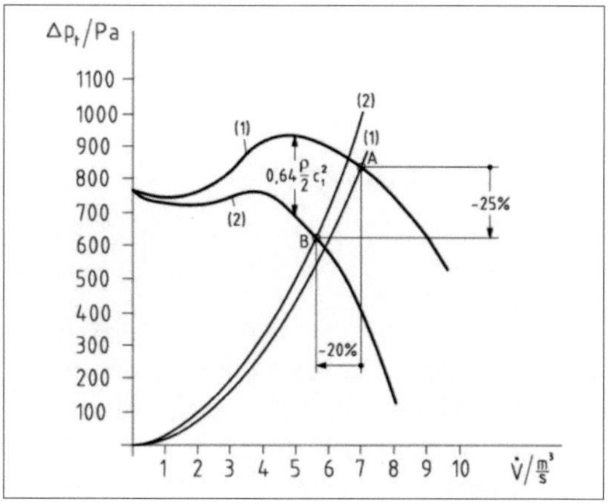

Bild II 1.8.6-5: Betriebspunktveränderung

b) Plötzliche Querschnittserweiterungen vor Bauelementen, bei denen es auf eine gleichmäßige Beaufschlagung ankommt (Bild II 1.8.6-6) sind zu vermeiden. Diffusor/Stoßdiffusor/Leitbleche/Siebe sind vorzusehen.

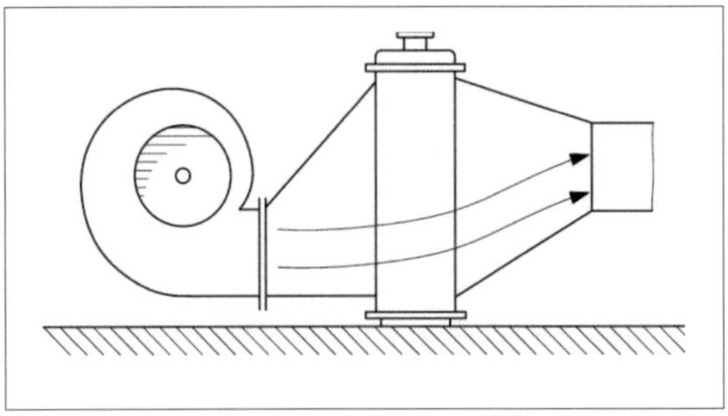

Bild II 1.8.6-6: Querschnitts-erweiterung

c) Bei Kammereinbau ist saugseitig ein gewisser Mindestabstand zur Wand einzuhalten, um keine Drosselwirkung zu erzielen (b/D ≥ 0,3) (siehe Bild II 1.8.6-7). Bei einseitiger Zuströmung (»Saugtasche«) sollte der Eintrittsquerschnitt mindestens doppelt so groß sein wie der Ansaugquerschnitt, wobei der Saugkasten in Strömungsrichtung konisch ausgeführt wird. Weiterhin muss darauf geachtet werden, dass durch den Saugkasten keine drallbehaftete Strömung vor den Einlaufdüsen des Ventilators erzeugt wird.

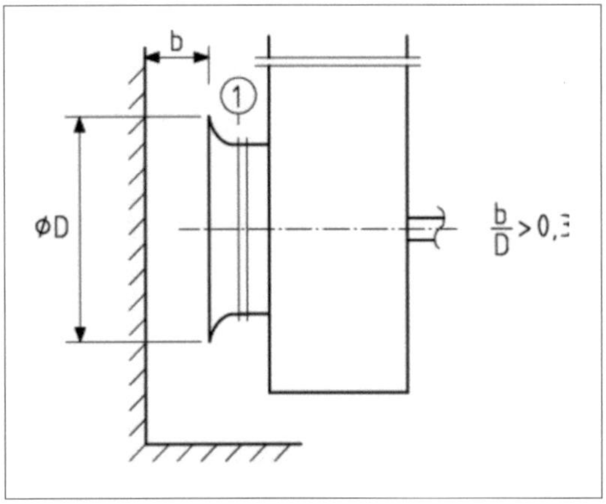

Bild II 1.8.6-7: Saugseitiger Wandabstand

d) Bei Einbauventilatoren ist die richtige Anordnung und Montage der Einlaufdüse zu beachten. Die Spaltströmung wirkt bei Hochleistungsventilatoren als Umlenkhilfe und ermöglicht die volle Beaufschlagung des relativ breiten Laufrades über die gesamte Eintrittsbreite. Die optimale Version ist in Bild II 1.8.6-8 dargestellt. Im oberen Temperaturbereich ist diese Bauart wegen der Wärmedehnungen nicht einsetzbar. Hier benutzt man einfachere Einlaufkonfigurationen, z. B. auch mit axialem Spalt, was mit entsprechenden Leistungseinbußen verbunden ist. Hier zeigt sich auch ein Vorteil des Trommelläufers, der keinen eng tolerierten Einlauf benötigt.

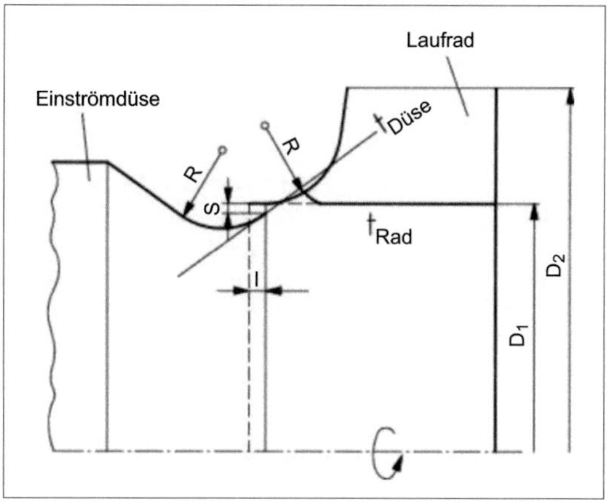

Bild II 1.8.6-8: Optimale Einlaufdüsenanordnung (siehe Bommes et al., 2002)

e) Zum Einsatz ohne Spiralgehäuse sollten nur Laufräder mit hohem Reaktionsgrad (rückwärts gekrümmte Schaufeln) benutzt werden, anderenfalls ist mit erheblichen Verlusten zu rechnen. Ein Trommelläufer z. B. darf überhaupt nicht ohne 360°-Spiralgehäuse betrieben werden.

1.8.7 Ventilatoren für Hochtemperatureinsatz

In Entrauchungsanlagen ist der Einsatz von Ventilatoren in Temperaturbereichen bis zu 600 °C und mehr erforderlich. Dabei werden sowohl Axial- als auch Radialventilatoren eingesetzt. Beim Axialventilator ist vorteilhaft, dass bei relativ kleiner Baugröße hohe Volumenströme gefördert werden. Nachteilig ist, dass der mit Rücksicht auf die Lagerung üblicherweise außenwandnahe Einbau die Zu- bzw. Abströmsituation erschwert und dass ein Axialventilator eine relativ niedrige Druckziffer hat. Daher findet man bei Temperaturen über 600 °C meist Radialventilatoren, die aus Festigkeitsgründen mit radial endenden oder vorwärts gekrümmten Schaufeln ausgestattet sind, da diese Laufräder mit der größten Umfangsgeschwindigkeit betrieben werden können. Diese Bauart hat gegenüber den so genannten Hochleistungsventilatoren mit rückwärts gekrümmter Beschaufelung einen wesentlich niedrigeren Wirkungsgrad, weil die Förderarbeit des Ventilators zunehmend aus der vergleichsweise hohen kinetischen Energie der Abströmung resultiert. Deshalb ist für die statische Druckerzeugung bei diesen Laufrädern das Gehäuse in seiner Funktion als Diffusor zum statischen Druckaufbau von besonderer Bedeutung. Die Konstruktion von Heißgasventilatoren weicht zum Teil erheblich von der üblichen Konstruktion moderner Hochleistungsventilatoren für den Lüftungsbetrieb ab, wobei die Zuverlässigkeit im Rahmen der CE-Kennzeichnung in speziellen Öfen geprüft wird.

1.9 Numerische Berechnung von Strömungsvorgängen

Die numerische Berechnung von Strömungsvorgängen in einem Raum bzw. auf einem räumlich aufgelösten Berechnungsgitter bzw. -netz in zwei oder drei Dimensionen wird meist als Computational Fluid Dynamics – CFD bezeichnet. Im Brandschutzwesen hat sich zudem die Bezeichnung Feldmodell etabliert in Abgrenzung zu so genannten Zonenmodellen (siehe hierzu auch Kapitel 4). Zonenmodelle berechnen nicht die Strömung in einem Raum, sondern nur die Strömung zwischen unterschiedlichen Zonen. Sie können daher gut eingesetzt werden, wenn die Strömung von bekannten Effekten dominiert ist. Ein gängiges Beispiel ist ein freier Brandplume in einer Halle ohne z. B. durch Zuströmung bedingte Raumströmungen. Ein weiteres Beispiel sind Strömungen durch viele miteinander gekoppelte Räume, z. B. in einem Hochhaus, wobei es kaum um die Strömung in jedem einzelnen Raum geht, aber um den Gesamtzusammenhang, etwa der Druckhaltung zur Rauchfreihaltung von Sicherheitstreppenräumen.

Die Berechnung der Strömung in einem Raum mit einem Feldmodell, d. h. mit den Methoden der CFD, ist im Gegensatz dazu numerisch deutlich aufwändiger und erfordert eine genauere Kenntnis der geometrischen Randbedingungen und Antriebe der Strömungen. Im Gegenzug erhält man eine im gesamten Untersuchungsvolumen aufgelöste Information über die verschiedenen Strömungsgrößen und kann z. B. Druckverluste aus dem Verlauf der Strömung berechnen, anstatt sie für jeden Widerstand zwischen unterschiedlichen Zonen (z. B. aus Tabellenwerken) vorgeben zu müssen.

1.9.1 Unbekannte und Grundgleichungen der reibungsfreien Strömung

Um die Unbekannten der Strömungsgrößen in ihrer räumlichen Auflösung bestimmen zu können, benötigt man eine ausreichende Zahl beschreibender Gleichungen zur Lösung der entstehenden mathematischen Gleichungssysteme. Pro Zelle des Rechengitters werden zunächst benötigt:

- Geschwindigkeit des Fluids in drei Komponenten (für 3D-Simulation), daraus erhält man mit der Dichte auch den Massenstrom
- Druck des Fluids
- falls keine konstante Dichte vorausgesetzt wird, eine Beziehung für die variable Dichte. Oft wird diese in CFD-Programmen durch die Boussinesq-Approximation ersetzt. Dieser Ansatz geht bei kleinen Temperatur- und damit Dichteänderungen davon aus, dass die Dichteänderung nur den thermischen Auftrieb, nicht aber die eigentlichen Strömungsgleichungen und damit das Verhältnis Volumenstrom zu Massenstrom beeinflusst
- falls anisotherme Aufgaben gerechnet werden sollen, eine Beziehung für die Bestimmung der Temperatur.

Für die reibungsfreie Strömung können die ersten 4 Variablen aus der Euler-Gleichung und der Massenstromerhaltung leicht abgeleitet werden, die bereits im Grundlagenteil vorgestellt wurden. Für die hier interessierenden anisothermen Aufgabenstellungen tritt die Energiegleichung zur Bestimmung der Temperatur hinzu und erlaubt dann, auch je nach Formulierung der Lösungsalgorithmen, gegebenenfalls auf die Boussinesq-Approximation zu verzichten. Allerdings sind dennoch die meisten Programme nicht für die Berechnung mit voll kompressiblen Strömungen mit Machzahlen $m > 0,3 - 0,5$ geeignet. Hier muss im Zweifel genau die Spezifikation des jeweiligen Programmalgorithmus kontrolliert werden.

1.9.2 Unbekannte und Grundgleichungen der reibungsbehafteten Strömung

Für Strömungen mit erheblichen Reibungseffekten, wie sie z. B. in jeder Grenzschicht und im Allgemeinen auch bei Bränden auftreten, muss reibungsbehaftet gerechnet werden, und die Euler-Gleichung wird durch die Navier-Stokes-Gleichungen (kurz: NS) ersetzt. Damit lauten die Grundgleichungen:

Für den Massenstrom: $\frac{\partial u}{\partial x}+\frac{\partial v}{\partial y}+\frac{\partial w}{\partial z}=0$

und für die Kinetik: $\frac{\partial u}{\partial t}+\frac{\partial v}{\partial t}+\frac{\partial w}{\partial t}+\frac{\partial u\cdot\vec{v}}{\partial x}+\frac{\partial v\cdot\vec{v}}{\partial y}+\frac{\partial w\cdot\vec{v}}{\partial z}+\frac{\partial p}{\partial x}+\frac{\partial p}{\partial y}+\frac{\partial p}{\partial z}=2\nu\frac{S_{ij}}{\partial x\partial y\partial z}+\vec{F}$

wobei $S_{ij}=\frac{1}{2}(\partial x_j u_i+\partial x_i u_j)$

der für die Reibung wichtige, symmetrische Deformationstensor ist. Die Komponenten dieses Tensors stellen aber im Gleichungssystem zusätzliche Unbekannte dar, was die direkte Lösung aufgrund der nur vier nutzbaren Grundgleichungen zunächst verhindert. Dies wird als Schließungsproblem bezeichnet und durch verschiedene Ansätze zur abgeleiteten Beschreibung dieses Tensors nach Möglichkeit umschifft. Allerdings geben diese Ansätze immer nur gute Lösungen für besondere Aufgabenstellungen, sodass die Wahl des Ansatzes wesentlicher Teil der Modellbildung wird. Da dies unmittelbar mit der Beschreibung und Bestimmung der turbulenten Einflüsse in der Strömung zusammenhängt, wird dieses Thema in Kapitel 1.9.6 Turbulenzmodelle weiter behandelt.

1.9.3 Verfahren der Diskretisierung

Die vorgenannten Grundgleichungen sind als Differenzialgleichungen, insbesondere in der reibungsbehafteten Form nach NS, nicht mehr analytisch lösbar. Eine Simulation ist daher nur durch numerische Approximation auf einem räumlich gerasterten Rechennetz bzw. -gitter möglich. Dieser Vorgang wird als Diskretisierung bezeichnet und ist auch von der Art der verwendeten Raumelemente und dem darauf aufbauenden Rechenverfahren abhängig. Grundsätzlich werden unterschieden:

- Diskretisierung mit **strukturierten Netzen** - die Raumelemente sind alle von gleicher Struktur und meist gleichen Abmessungen, die Darstellung der Geometrie folgt dem vorgegebenen Netz der Raumelemente.
- Diskretisierung mit **unstrukturierten Netzen** - die Raumelemente können von unterschiedlicher Struktur und (gegebenenfalls stark) unterschiedlichen Abmessungen sein, das Netz der Raumelemente folgt daher leicht einer vorgegebenen Geometrie.
- Berechnungsverfahren mit **finiten Elementen** - die Berechnung erfolgt auf den Ecken der Raumelemente, jedes 3D-Raumelement weist mindestens 4 Knoten (Tetraederelemente) auf, an denen die Strömungskenngrößen berechnet werden, es werden oft auch leichter zu strukturierende sechs- und achteckige (Würfel) Raumelemente eingesetzt.

- Berechnungsverfahren mit **finiten Volumen** – die Berechnung erfolgt auf dem Mittelpunkt der Raumelemente, jedes 3D-Raumelement weist genau einen Punkt auf, an dem die Strömungskenngrößen berechnet werden – dieses Verfahren ist das am Markt für CFD dominierende
- das Berechnungsverfahren der **finiten Differenzen** ist unabhängig von der Geometrievorgabe der Elemente und wird hier nicht gesondert behandelt.

Die Wahl des Verfahrens ist dabei vielfach an das verwendete Programm gekoppelt. Dabei galten lange Zeit Programme mit unstrukturierten Netzen als überlegen, da damit lokale Effekte in großen Strömungen erfasst werden konnten, die bei strukturierten Netzen zu sehr großen Zellenzahlen geführt hätten. Auf der anderen Seite sind Lösungen auf strukturierten Netzen oft genauer und stabiler, weshalb moderne Gittergeneratoren gezielt nach regelmäßigen Teilgeometrien suchen und diese dann, falls möglich, strukturiert vernetzen, obwohl eine unstrukturierte Vernetzung genauso möglich wäre.

1.9.4 Fehler bei der numerischen Berechnung

Zum besseren Verständnis der Wahl eines Verfahrens und Modells müssen zunächst die Fehler und Unsicherheiten hinsichtlich der Anwendung und Randbedingungen einer Simulationsrechnung betrachtet werden. Der Unterschied zwischen einem Fehler und einer Unsicherheit liegt dabei in der Erkennbarkeit der Abweichung vom Realfall. Der Fehler ist durch Vergleichsberechnungen bestimmbar, die Unsicherheit ist nur schätzbar:

- Modellfehler und -unsicherheiten
  - aus falscher Wahl des Modells durch den Anwender
  - aus falscher Implementierung des Modells im Programm
- Diskretisierungsfehler
  - aus ungünstiger Form der Zellen, bei unstrukturierten Gittern
  - aus ungenauer oder unvollständiger Abbildung der Geometrie, z. B. durch Weglassen von Details
  - aus zu großen Zellen bzw. zu kleiner räumlicher Auflösung in Bereichen wichtiger Strömungsaktivität
- Iterations- und Konvergenzfehler
  - aus nicht ausreichender Länge der Iteration bzw. zu groß oder unpassend gewähltem Abbruchkriterium der Residuen
  - aus zu groß gewählten Zeitschritten bei instationärer Rechnung, z. B. im Prediktor-Korrektor-Verfahren
  - aus Randbedingungen oder Gradienten in der Strömung, die jenseits der Modellansätze liegen
- Rundungsfehler
  - je nach numerischer Genauigkeit und spektraler Kondition der zu lösenden Matrizen

- Anwendungsunsicherheiten und Nutzerfehler
  - aus nicht genau bekannten oder in zu großer Zahl von Varianten vorliegenden Randbedingungen
  - aus Fehlern bei der Eingabe oder unpassender Formulierung der Randbedingungen.

Allgemein anerkannt in der Fachwelt ist, dass die Anwendungsunsicherheiten und Nutzerfehler in der Regel und insbesondere außerhalb wissenschaftlicher Arbeiten ohne Zeitdruck die dominierende Größe für die erreichbare Genauigkeit der Berechnung ist. Hinzu kommt, dass auch Modellfehler oft Folge von Nutzerfehlern sind. In der Regel wird daher eine Vorhersagegenauigkeit von +/-10% bei Einbeziehung aller Fehlerkomponenten und Unsicherheiten bereits ein ingenieurwissenschaftlich akzeptabel gutes Resultat sein. Mit entsprechenden Sicherheiten sind die Ergebnisse daher zu behandeln. Auf der anderen Seite steigt der Aufwand stark an, will man die Vorhersagegenauigkeit deutlich erhöhen. Andererseits kann auch ein Fehler von 25% für eine bestimmte Fragestellung durchaus tolerabel sein, wenn es z.B. nur um die prinzipielle Aussage der Abzugsrichtung einer Rauchschwade und nicht um deren absolute Größe geht. Hier sind daher trotz der vermeintlich genauen Berechenbarkeit der Strömung im Computer mittels CFD-Programmen erheblicher Sachverstand und Kenntnis der Aufgabenstellung gefordert, um zu einem angemessen genauen Ergebnis bei akzeptablem Aufwand zu gelangen.

Um die stets vorhandenen Unsicherheiten nach Möglichkeit in den Erkenntniszustand eines (hoffentlich kompensierbaren) Fehlers zu bringen, werden in der Praxis drei Verfahren angewandt:

1. Verifizierung: Hiermit wird überprüft, ob das Programm die zugrunde liegenden Differenzialgleichungen korrekt löst bzw. die numerische Approximation mit der analytischen Lösung möglichst genau übereinstimmt.

2. Validierung: Hiermit wird überprüft, ob bzw. wie genau das gewählte Modell und die verwendete Beschreibung der Randbedingungen einen bekannten physikalischen Vorgang korrekt berechnet.

3. Kalibrierung: Dies ist der Abgleich von Modellparametern zur Beschreibung einer Problemgruppe im Hinblick auf die korrekte Berechnung von Kennwerten.

Die bei der Validierung durchgeführte Berechnung bekannter Aufgabenstellungen und der anschließende Vergleich der Lösungen ist stets auch eine gute Möglichkeit für den Nutzer, sein Programm und dessen Lösungsalgorithmen genauer kennenzulernen. Kompensiert man Abweichungen der Berechnung durch angepasste Wahl der Parameter des Programms bzw. der vorgegebenen Randbedingungen, begibt man sich in die Kalibrierung.

1.9.5 Numerische Approximation

Die eingangs benannten zahlreichen unbekannten Größen pro Berechnungspunkt (bzw. -zelle bei den finiten Volumen) werden mit den bekannten Kopplungen in eine riesige Matrix gespeichert, die aber meist nur schwach und hauptsächlich entlang der Diagonalen besetzt ist. Jede Matrixspalte steht dabei für eine Unbekannte, jede Zeile für eine Gleichung, die den Zusammenhang zu anderen Zellen und deren Größen herstellt.

Diese Matrizen sind bei gängigen Problemgrößen fast nie direkt lösbar und benötigen eine Iteration, um eine stationäre Lösung zu finden oder ein zeitliches Einschwingen bei der instationären Berechnung. Dabei werden durch die schrittweise Berechnung die Restfehler (mathematisch als Residuen bezeichnet) einzelner Zellgrößen gegenüber den globalen Erhaltungsgleichungen immer kleiner, die Lösung mithin immer genauer. Die absolute oder relative Größe der Residuen wird daher oft auch als Qualitätskriterium gesehen, welches zum Abbruch der Iteration herangezogen wird. Allerdings ist nicht ausgeschlossen, dass aufgrund der vielen Freiheitsgrade in überwiegend freien Strömungen auch ein Strömungsfeld geringe Residuen aufweist, was nicht günstig ist und daher in der Natur nicht auftreten würde. Hier ist ebenfalls der fachlich geschulte Nutzer gefragt, um die physikalische Stichhaltigkeit der mathematisch gefundenen Lösung zu bestätigen.

In speziellen Fällen können zudem Parametervariationen erforderlich sein, die in mehrfachen Berechnungen die Sensitivität der Strömung auf einzelne Einflussgrößen und ihre Veränderung bestimmen helfen und dabei auch die Stabilität dieser Strömungsfeldlösung erhellen. Dies ist insbesondere wichtig, da es auch instabile oder gar chaotische Lösungen von Strömungsproblemen bereits aus physikalischen Gründen gibt, die naturgemäß mathematisch sensibel zu behandeln sind. Allerdings gehören große Brände in großen Räumen selten zu diesen instabilen Aufgabenstellungen.

1.9.6 Turbulenzmodelle

Im Gegensatz zur numerischen Berechnung von Tragstrukturen (meist mit der Methode der finiten Elemente (FEM) durchgeführt), bei der die Anzahl der bestimmenden Gleichungen mit der Anzahl der Unbekannten (Bewegungen bzw. Verformungen in 3 Dimensionen) übereinstimmt, müssen in der Strömungsmechanik zusätzliche Größen bestimmt werden. Die zusätzliche Zustandsgröße Druck kann über die Kontinuitätsgleichung bestimmt werden. Sobald die Strömung aber nicht reibungsfrei ist, fehlen einfache Bestimmungsgleichungen, um die zusätzlichen Ableitungen in der NS-Gleichung zu bestimmen, welche den Tensor S_{ij} (siehe Kapitel 1.8.2), bestimmen.

Dies führt dazu, dass die Effekte der Turbulenz, die aus dem Zusammenwirken von Reibung und Trägheit im Strömungsfeld entstehen, nur näherungsweise behandelt werden können. Hierzu sind verschiedene Ansätze bekannt:

DNS **Di**rekte **N**umerische **S**imulation – Ist das Strömungsfeld ausreichend fein aufgelöst, wird der Diskretisierungsfehler und der Modellfehler aus der unvollständigen Kenntnis von S_{ij} klein und die Berechnung der NS-Gleichung kann ausreichend genau erfolgen. Das heißt, alle Strömungsvorgänge werden diskretisiert und **simuliert**! Selbst mit den Rechnerkapazitäten des Jahres 2010 sind DNS-Rechnungen allerdings nur auf kleine und einfache Probleme sinnvoll anwendbar, wenn die Gitterauflösung fein genug gewählt wird, um den Diskretisierungsfehler nicht zur dominierenden Größe werden zu lassen.

LES **L**arge **E**ddy **S**imulation – Die Simulation großer Wirbel, im Deutschen etwas unglücklich als Grobstruktursimulation bezeichnet, bezieht sich auf eine Aufteilung des Berechnungsansatzes: Große Strukturen (Wirbel etc.) werden von der Diskretisierung auf dem Rechengitter aufgelöst und **simuliert**, für kleine Strukturen (im Englischen: Subgrid) werden die Effekte über einen Turbulenzansatz **modelliert**. Large Eddy Simulationen sind ein alter Ansatz und insbesondere bei großen Skalen wie in der Meteorologie ein viel verwendetes Verfahren. Für industrielle Probleme und druckdominierte Strömungen waren lange die Rechenkapazitäten nicht ausreichend, sind aber mit der Formulierung auf strukturierten Netzen bzw. in der Kombination mit modellierten Ansätzen für Grenzschichten heute von zunehmendem Interesse und erschwinglichem Rechenaufwand.

RANS **R**eynolds **A**veraged **N**avier-**S**tokes – Dies ist ein Ansatz, bei dem durch Aufspaltung der Geschwindigkeiten in einen zeitlich gemittelten und zeitlich variablen Teil die komplexen Glieder der NS-Gleichungen an Bedeutung verlieren, da sie lediglich von den zeitlich variablen Anteilen abhängig sind. Der Reibungsterm wird dann in der Regel durch einen Einheitstensor, multipliziert mit einer skalaren Ersatzgröße für die Zähigkeit (turbulente Viskosität), beschrieben und durch empirische Gleichungen oder Differenzialgleichungen für die Bildung und Dissipation turbulenter Energie (z. B. im weit verbreiteten k-ε-Modell) **modelliert**. Die Turbulenz ist damit allerdings in allen Dimensionen gleich gesetzt (isotrope Turbulenz). RANS-Modelle waren lange Zeit in industriellen Fragestellungen wegen des vergleichsweise günstigen Rechenaufwandes und der Toleranz gegenüber grober Diskretisierung führend. Ein Nachteil besteht in der großen Anzahl entwickelter Ansätze, die für die Anwendung auf verschiedene Strömungsfelder jeweils Optimierungen hinsichtlich Genauigkeit oder Aufwand beinhalten und dadurch oft die allgemeine Anwendbarkeit einschränken bzw. genaue Prüfungen der Modelleignung vorab erfordern.

1.9.7 Räumliche und zeitliche Simulationsalgorithmen

Der einfachste Fall einer numerischen Simulation ist die stationäre Berechnung, in der die Zeitachse nicht betrachtet, sondern ein Gleichgewichtszustand für die Strömung berechnet wird. In diesem Fall müssen die Ansätze der räumlichen Diskretisierung beachtet werden, die als Industriestandard heute mindestens zweiter Ordnung sind, um Deformationen der Strömung zu vermeiden, d. h. die Lösung möglichst unabhängig von der Gitterstruktur und -ausrichtung zu machen. Die Lösung der Gleichungssysteme erfolgt in diesem Fall überwiegend iterativ und damit bei vorzeitigem Abbruch unvollständig. Außerdem erfordert die iterative Lösung eine Eigenwertbestimmung der Matrix der Unbekannten, was bei unterschiedlich großen Steifigkeiten der Matrix leicht zu großen spektralen Breiten der Eigenwerte und damit zu unter Umständen erheblichen Rundungsfehlern führt. Die stationäre Berechnung ist eine Domäne der RANS-Turbulenzmodelle.

Wird ein Strömungsvorgang zeitlich aufgelöst berechnet, so muss sich die zeitliche Diskretisierung an der Strömung selbst orientieren und erfolgt abhängig vom gewählten Simulationsmodell in einer von zwei Varianten:

- Durch Aneinanderhängen mehrerer stationärer Einzelrechnungen mit zeitlich variierten Randbedingungen kann eine quasistationäre Variante der instationären Strömung berechnet werden. Dies erfolgt oft bei instationären RANS-Rechnungen (URANS = unsteady RANS), da so der stationäre Lösungsalgorithmus weiter verwendet werden kann. Die Zeitschrittweite wird damit in Grenzen unabhängig vom Strömungsgeschehen, bleibt aber abhängig von der Veränderung der Strömungsverhältnisse bzw. der Randbedingungen.
- Durch fortschreitende Berechnung des Strömungsfeldes kann oft von einem iterierenden Lösungsalgorithmus auf einen direkt konvergierenden Lösungsalgorithmus, z. B. das Prediktor-Korrektor-Verfahren, gewechselt werden. Um hierbei konvergierende Resultate zu erzielen, muss der maximale Zeitschritt an die Zellengröße bzw. das Strömungsgeschehen angepasst werden. Letzteres geschieht durch Prüfung der Courant-Friedrichs-Lewy-Bedingung:

  $$1 > CFL = v \cdot dt/ds \qquad \text{für jeden Berechnungspunkt}$$

Auch in der zeitlichen Auflösung wird eine Diskretisierung der Gleichungen in zweiter Ordnung heute als Quasistandard durchgeführt, um Modellfehler klein zu halten.

1.9.8 Beschreibung von Randbedingungen

Geometrie

Bauübliche Geometrien sind überwiegend rechtwinklig und daher einer Bearbeitung mit strukturierten Netzen durchaus zugänglich, was den Rechenaufwand und Speicherbedarf der Programme positiv beeinflusst und in größere Feinheit der Diskretisierung umgesetzt werden kann. Treten schräge oder runde Geometrien auf, wird in unstrukturierten Gittern einfach eine Zellseite entlang der Kontur gelegt, in strukturierten Gittern entstehen hingegen Treppenstufen bzw. geschnittene Zellen. Um den Diskretisierungsfehler hieraus gering zu halten, können entweder angeschnittene Zellen berücksichtigt werden (z. B. Programmpaket PHOENIX) oder die Wirkung der gitterbedingten Treppenstufen kann durch Vorgabe aus der Berechnung genommen werden (z. B. im Programmpaket FDS).

Die räumliche Geometrie sollte in der Regel dennoch nach Möglichkeit mit nahezu kubischen und in ihrem Seitenverhältnis nicht zu extrem gestreckten Zellen abgebildet werden, da die Diskretisierung auch zu einer Dämpfung der möglichen Lösungen führt und die Einzelwerte sich auf den Berechnungspunkten, z. B. einer Kurve, ja nur im Sinne von Treppenstufen annähern können. Bei stark unterschiedlichen Ausdehnungen der Zellen in verschiedenen Richtungen wird so die numerische Dämpfung der Lösung asymmetrisch und dadurch oft erst auffällig, weil bestimmte Formen des Strömungsfeldes numerisch wahrscheinlicher werden als andere. Werden in unstrukturierten Gittern Hexaeder- oder Oktaeder-Zellen in sehr spitze oder sehr stumpfe Winkel gezwungen, kann es ebenso zu Fehlern durch die Verformung der Zellen gegenüber den numerischen Ansätzen kommen, was Auswirkungen auf das Ergebnis haben kann.

Zahlreiche Programme sind prinzipiell in der Lage, Geometrien aus CAD- oder Solid-Modeller-Dateien zu übernehmen. Hierbei ist aber stets auf eine Geschlossenheit der Konturen und gefüllte Hindernisse zu achten. Werden Hindernisse nur als Oberfläche importiert, kann die Berechnung einer ruhenden Strömung im Innenraum (da vom Programm als abgeschlossener Teil des Strömungsgebiets interpretiert) zum Abbruch der Berechnung, zur Verlangsamung der Lösung oder auch nur zur Erhöhung des numerischen Fehlers führen. Einige Programme analysieren dies vorab und warnen den Nutzer, dass die Geometrie mehrere nicht zusammenhängende Strömungsfelder enthält.

Oft sind in einer Aufgabenstellung Zu- und Abströmungen vorgegeben. Ein Simulationsprogramm kennt aber im Gegensatz zum realen Bau keine Undichtigkeiten. Daher können nutzer- oder modellbedingte Ungleichgewichte zwischen Zu- und Abströmung zur Kompression oder Dekompression des Strömungsgebiets führen. Oft sind die Wirkungen und der daraus resultierende Energieverlust augenscheinlich und leicht zu identifizieren. Manchmal ist der Fehler aber auch subtil und verfälscht nur die Ergebnisse. Es wird für bauübliche Simulationsaufgaben daher stets empfohlen, eine Druckausgleichsöffnung zur Atmosphäre im Modell einzubauen, um eventuelle Effekte durch fehlende Ausgleichsströmungen zu kompensieren. Durch Kontrolle des Massenstroms in dieser Ausgleichsöffnung kann zudem der Fehler leicht abgeschätzt und nach Bedarf kompensiert oder eliminiert werden.

Erzwungene Konvektion

Als erzwungene Konvektion wird ein Wärmeübergang und -transport beschrieben, der nicht ursächlich die Strömung beeinflusst. Bläst z. B. ein Ventilator eine beheizte Fläche an, kann meist von erzwungener Konvektion ausgegangen werden. Diese Vorgänge sind analytisch leichter zugänglich, da die Strömung meist druckdominiert berechnet werden kann und der lokale Wärmeübergangskoeffizient nur von den Strömungsrandbedingungen abhängig ist.

Für die numerische Simulation sind die normalen Regeln der Strömungsdiskretisierung anzuwenden, der Wärmetransport bestimmt nur die Randbedingung.

Freie Konvektion

Als freie Konvektion wird ein Wärmeübergang und -transport beschrieben, bei dem die Strömung ursächlich durch den Wärmestrom hervorgerufen wird. Beispiele sind die Plumeströmung über einem Brand oder beheizten Körper und die Temperaturgrenzschicht an beheizten Wänden. Für die Entrauchungsströmung ist die freie Konvektion dominierend und sowohl ursächlich als auch entscheidend. Die Schwierigkeit besteht darin, dass Strömung und Konvektion in ihren Wirkungen interagieren und daher bei der Diskretisierung und Validierung oder Kalibrierung besonders beachtet werden müssen.

Dabei ist auch erheblich, dass die freie Konvektion an einer Wand mit konstanter Temperatur zu über der Höhe veränderlichem Wärmeübergang und bei vorgegebenem konstanten Wärmeübergang zu über der Höhe veränderlicher Temperatur und daher zu zwei unterschiedlichen Strömungsformen führt. Sind Temperaturgrenzschichten für die Wärmeübertragung von der Strömung oder an die Strömung wesentlich, muss im Bereich der Temperaturgrenzschicht die Einhaltung der Parameter besonders genau kontrolliert werden, da eine unpassende Diskretisierung auch zu einem Fehler im Wärmeübergang führen kann.

Verbrennung

Die in die Strömungssimulation integrierte Berechnung bzw. Simulation der Verbrennungsvorgänge kann je nach Aufgabenstellung wesentlich oder vernachlässigbar sein. Oft werden auch keine vollständigen chemischen Verbrennungsmodelle berechnet, sondern vereinfachte Ersatzmodelle, z. B. zur Abschätzung der Sauerstoffversorgung, da nur bestimmte Aspekte ausreichend oder sinnvoll in der Simulation abbildbar sind. Hier kann nur auf die jeweilige Dokumentation der Programmpakete verwiesen werden.

Da zusätzliche Verbrennungsmodelle natürlich auch zusätzliche Modellfehler und Modellunsicherheiten sowie numerische Nutzer- und Diskretisierungsfehler hervorrufen können, empfiehlt es sich, im Zweifel zu prüfen, ob die Simulation der Verbrennung für die Aufgabenstellung, insbesondere bei Entrauchungsvorgängen, wesentlich ist. Könnten allerdings Vollbrandbedingungen eintreten, ist ein Verbrennungsmodell unverzichtbar, ebenso wenn der Brand ventilationsgesteuert ist.

2 Grundlagen der Verbrennungslehre und Wärmeübertragung

2.1 Einführung

Im Gegensatz zu technischen Verbrennungen sind Brandereignisse zufälliger Natur; weder der Zeitpunkt ihrer Entstehung noch ihr Ablauf können vorhergesagt werden. Dieser Umstand macht eine exakte Berechnung fast unmöglich. Um dennoch hinreichende Informationen für die brandschutztechnische Auslegung von Bauwerken zu erhalten, muss man sich auf für das Bauvorhaben geeignete Bemessungsbrände stützen und deren Schadenswirkung ermitteln. Grundlage für derartige »Design Fires« ist aber immer auch eine Berechnung des anzunehmenden Verbrennungsablaufes. Dabei stehen folgende Fragen im Mittelpunkt:

1. Welcher Natur sind die Brandlasten? Wie ist deren stoffliche Zusammensetzung?
2. Welche Rauchgasbestandteile entstehen durch die Verbrennung dieser Inhaltsstoffe?
3. Welche Brandausbreitung ist zugrunde zu legen?
4. Welche Brandgasmengen sind zu erwarten?
5. Wie hoch sind Flammentemperatur und Brandleistung?

Um diese Fragen beantworten zu können, sind fundierte Kenntnisse über die rechnerische Behandlung von Verbrennungen notwendig. Aufgabe dieses Kapitels ist die Vermittlung dieses Fachwissens und der dazu notwendigen Grundlagen. Beginnend mit den Grundlagen der Maßsysteme und der verwendeten Einheiten wird im Folgenden die rechnerische Behandlung der Verbrennung und Rauchgasbildung vorgestellt.

2.2 Grundlagen

2.2.1 Maßsysteme und Einheiten

Durch physikalische Beziehungen werden stets Gesetzmäßigkeiten in analytischer Form zum Ausdruck gebracht. So wird zum Beispiel der von einem Fahrzeug in Abhängigkeit der Zeit t zurückgelegter Weg s durch das so genannte **Weg-Zeit-Gesetz** in der Form

$$s(t) = v \cdot t$$

beschrieben, mit v als Geschwindigkeit des Fahrzeugs. Dabei enthalten die Größen s, v und t genau genommen 2 Aussagen, nämlich die Einheit und den Zahlenwert. Betrachtet man beispielsweise die Geschwindigkeit $v = 15\,m/s$, so setzt sich diese aus dem Zahlenwert - der Zahl 15 - und der Einheit oder Einheit m/s zusammen. Das Produkt aus Zahlenwert und Einheit ergibt die physikalische Größe **Geschwindigkeit.**

Allgemein kann daher eine physikalische Größe immer in der Form

$$G = \{G\} \cdot [G]$$

angeschrieben werden. Da es sich um ein Produkt handelt, können die Einheiten wie Zahlen multipliziert oder dividiert werden. Im obigen Beispiel bedeutet das

$$s = 15\ \frac{m}{s} \cdot 200\ s = 3000\ m$$

Die **Sekunden** haben sich heraus gekürzt (s/s = 1) und übrig bleibt die korrekte Einheit für den Weg - das Meter.

Gleichartige Größen sind zu Größenarten zusammengefasst. Die Arbeit und die Wärme fasst man unter der Größenart **Energie** zusammen, obwohl sie jeweils unterschiedliche physikalische Bedeutungen haben. Nur eine begrenzte Anzahl von Größenarten lässt sich unabhängig voneinander definieren, die man deshalb auch als Grundgrößenarten oder Basisgrößen bezeichnet. Die übrigen Größenarten leiten sich aus den Basisgrößen aufgrund ihrer mathematischen Formulierung ab. So setzt sich die Größenart **Geschwindigkeit** aus den Basisgrößen **Länge** und **Zeit** zusammen:

$$\text{Geschwindigkeit} = \frac{\text{Länge}}{\text{Zeit}}$$

International wurden folgende Basisgrößen als SI-System festgelegt.

Tabelle II 2.2.1-1: Basiseinheiten

Basisgröße	Einheit	Einheitenzeichen
Länge	Meter	m
Masse	Kilogramm	kg
Zeit	Sekunde	s
Elektrische Stromstärke	Ampère	A
Thermodynamische Temperatur	Kelvin	K
Stoffmenge	Mol	mol
Lichtstärke	Candela	cd

In der Thermodynamik werden nur die ersten sechs Basisgrößen benötigt.

Wichtige abgeleitete Einheiten sind

- Für die **Kraft** das Newton N, $1\,\text{N} = 1\,\text{kg} \cdot \frac{1\,\text{m}}{\text{s}^2}$
- Für die **Arbeit** das Joule J, $1\,\text{J} = 1\,\text{N} \cdot 1\,\text{m} = 1\,\text{Nm}$
- Für die **Leistung** das Watt, $1\,\text{W} = \frac{1\,\text{J}}{\text{s}} = \frac{1\,\text{Nm}}{\text{s}}$
- Für den **Druck** das Pascal Pa, $1\,\text{Pa} = \frac{1\,\text{N}}{\text{m}^2}$

2.2.2 Systembegriff

Einen physikalischen Vorgang mit den Methoden der Thermodynamik zu untersuchen, bedeutet, seine Wechselwirkungen mit der Umgebung zu betrachten. Dazu hat es sich als zweckmäßig erwiesen, den zu untersuchenden Vorgang als eigenständigen räumlichen Bereich anzusehen und ihn durch eine Systemgrenze von seinem Umfeld abzugrenzen. Systemgrenzen können sowohl reale als auch gedachte Wände sein. Gelegentlich bezeichnet man eine Systemgrenze auch als **Bilanzhülle**, weil Stoff- und Wärmeflüsse an der Grenze bilanziert werden.

Können über die Systemgrenze sowohl stoffgebundene als auch nicht stoffgebundene Energietransporte stattfinden, spricht man von einem **offenen System.** Ist die Systemgrenze lückenlos stoffdicht und können deswegen nur nicht stoffgebundene Energietransporte stattfinden, dann bezeichnet man das System als **geschlossenes System**. Ein System, über dessen Grenzen weder stoffgebundene noch nicht stoffgebundene Energietransporte stattfinden können, wird als **abgeschlossenes System** bezeichnet.

Ein System über dessen Grenzen der Wärmetransport nicht möglich ist, heißt **adiabat**.

Von **arbeitsdichten** Systemen spricht man, wenn keine Arbeit die Systemgrenze passieren kann.

Für brandschutztechnische Betrachtungen wird in der Regel der Brandraum - das ist der Raum, in dem das Brandereignis stattfindet - als System festgelegt und seine Abgrenzungen zu benachbarten Gebäuden/Räumen in Form von Umfassungswänden und Decken als Systemgrenzen betrachtet.

2.2.3 Zustandsgrößen

Die Parameter, die das Verhalten eines Systems beschreiben, heißen Zustandsgrößen.

Man unterscheidet:

Thermische Zustandsgrößen: Volumen, Druck und Temperatur

Kalorische Zustandsgrößen: vor allem innere Energie und Enthalpie

Spezifische Zustandsgrößen: Sie werden mit einem kleinen Buchstaben gekennzeichnet und stellen die auf die Masse bezogene Zustandsgröße dar.

Beispiel:

Ein Raum ist mit einem Gas gefüllt. Das Raumvolumen V beträgt 1 000 m³ und die Masse des Gases m beträgt 150 kg. Dann ist das **spezifische Volumen**

$$v = \frac{V}{m} = \frac{1000\ m^2}{150\ kg} = 6{,}67\ \frac{m^2}{kg}.$$

Findet keine (messbare) zeitliche Änderung der Zustandsgrößen statt, dann befindet sich das System im **thermodynamischen Gleichgewicht**.

Molare Zustandsgrößen: Werden die Zustandsgrößen auf die Stoffmenge n (Molmenge) bezogen, dann spricht man von der stoffmengenbezogenen oder molaren Zustandsgröße. Sie werden durch einen Großbuchstaben mit dem Index m gekennzeichnet.

So beträgt das molare Normvolumen eines idealen Gases

$$V_{mn} = 22{,}4 \frac{m^3}{kmol}.$$

2.2.4 Zustandsgleichungen (Ideales Gas)

Die Zustandsgrößen Volumen, Druck und Temperatur eines homogenen Stoffes sind nicht unabhängig voneinander. Es besteht bei allen Stoffen ein Zusammenhang, der durch die folgende Gleichung ausgedrückt werden kann:

$$F(p,v,t) = 0$$

Diese allgemeine Gleichung wird **Zustandsgleichung eines Stoffes** genannt und kann auch in den folgenden Formen angegeben sein:

$$p = p(v,T), \quad v = v(p,T), \quad T = T(p,v)$$

Liegen demnach zwei thermische Zustandsgrößen fest, so ist die dritte eindeutig bestimmt. Werden also Temperatur und spezifisches Volumen eines Stoffes vorgegeben, so ist der Druck dadurch eindeutig festgelegt.

Für ideale Gase ist diese Zustandsgleichung einfach darstellbar:

$$p \cdot V = m \cdot R_i \cdot T \qquad \text{(II2.2.4-1)}$$

Der Wert R_i hängt von der Gasart ab und wird als Gaskonstante bezeichnet. Die oben genannte Gleichung gilt für reale Gase exakt nur unter der Bedingung $p \rightarrow 0$, denn bei idealen Gasen werden die zwischenmolekularen Prozesse, die mit steigendem Druck ebenfalls zunehmen, vernachlässigt. Unter »normalen« Umgebungsbedingungen treten diese Effekte nicht sehr ausgeprägt in Erscheinung, sodass dann die meisten Gase – und hier insbesondere auch die Rauchgase – als ideal angesehen werden können.

2.2.5 Stoffmengen, Normvolumen, molare Gaskonstante

Zur Beschreibung der Materienmenge kann entweder die Masse oder die Zahl der Moleküle herangezogen werden. Chemische Reaktionsgleichungen, wie sie zur Darstellung von Verbrennungsvorgängen benutzt werden, beschreiben das Verhalten einzelner Moleküle und nicht das von Massen. Deshalb ist es sinnvoll, eine derartige Maßeinheit für die Anzahl von Teilchen einzuführen.

Der Nachteil dieser »Zähleinheit« liegt darin, dass die sehr hohen Zahlenwerte ungewohnt und nicht sehr handlich sind. Man hat deshalb die Einheit **Mol** als neue SI-Basiseinheit eingeführt, die eine ganz bestimmte Molekülzahl bezeichnet. Ein Mol bezeichnet die Teilchenanzahl $6{,}022 \cdot 10^{23}$ Moleküle oder

$$1\,mol = 6{,}022 \cdot 10^{23}$$

$$1\,kmol = 6{,}022 \cdot 10^{26}$$ (Avogadro-Konstante)

In 2 kg Wasserstoff sind genau 6,022 * 10^{26} Moleküle enthalten. Die **molare Masse** von Wasserstoff beträgt somit M_{H_2} = 2 kg/kmol.

Andere Moleküle besitzen andere Massen, sodass die molare Masse der verschiedenen Stoffe nicht konstant sein kann.

6,022 · 10^{26} Moleküle Sauerstoff wiegen 32 kg, die molare Masse von Sauerstoff beträgt also M_O = 32 kg/kmol.

Die molaren Massen der Elemente sind im Periodensystem zu finden. Zur Umrechnung der Masse eines Stoffes in die entsprechende Stoffmenge wird folgende Beziehung verwendet:

$$m = n \cdot M \qquad \text{(II2.2.5-1)}$$

Beispiel:

Die Molmasse von Kohlendioxid CO_2 beträgt 44 kg/kmol, die von Sauerstoff O_2 beträgt 32 kg/kmol. Wie groß ist die Molmasse von Kohlenmonoxid CO?

Lösung:

Kohlendioxid (CO_2) besteht aus einem Molekül Kohlenstoff und 2 Molekülen Sauerstoff, Sauerstoff kommt immer zweiwertig als O_2 vor, die Molmasse von »O« beträgt also

$$\frac{32}{2} = 16 \text{ kg/kmol}.$$

Zieht man von CO_2 ein »O« ab, so erhält man 44 kg/kmol - 16 kg/kmol = **28 kg/kmol** als Molmasse für Kohlenmonoxid.

Nach dem Gesetz von Avogadro besitzen ideale Gase bei gleichen Drücken und Temperaturen in gleichem Volumen dieselbe Anzahl Moleküle. Bezogen auf ein 1 kmol ergibt sich im physikalischen Normzustand daraus das so genannte **molare Normvolumen V_{mn}.**

Bei T = 273 K und p = 101,325 kPa und der Stoffmenge 1 kmol nehmen ideale Gase das Volumen

$$V_{mn} = 22{,}4 \frac{m^3}{kmol}$$

ein.

Das Normvolumen kann aus dem molaren Normvolumen und der Stoffmenge nach der folgenden Beziehung berechnet werden:

$$V_n = n \cdot V_m \qquad \text{(II2.2.5-2)}$$

Für ein beliebiges Volumen gilt die Gleichung

$$V = n \cdot V_m. \qquad \text{(II2.2.5-3)}$$

Beispiel:

Wie groß ist das unter physikalischen Normbedingungen von einem idealen Gas mit der Stoffmenge 3,5 kmol eingenommene Volumen?

Lösung:

$$V_n = 3{,}5\ \text{kmol} \cdot 22{,}4\ \frac{\text{m}^3}{\text{kmol}} = 78{,}4\ \text{m}^3$$

Um das Volumen für einen beliebigen Zustand berechnen zu können, benötigt man zusätzlich die Dichte ρ des entsprechenden Gases:

$$\rho = \frac{m}{V} = \frac{M}{V_m} \tag{II2.2.5-4}$$

Daraus erhält man für das molare Volumen in einem beliebigen physikalischen Zustand

$$V_m = \frac{M}{\rho}. \tag{II2.2.5-5}$$

Beispiel:

Luft (M = 28,9626 kg/kmol) besitzt bei einem vorgegebenen physikalischen Zustand eine Dichte von 1,32 kg/m^3. Welches Volumen und welches molare Volumen werden von dem Gas mit der Masse 0,231 kg eingenommen?

Lösung:

Das molare Volumen beträgt

$$V_m = \frac{28{,}9626\ \text{kg} \cdot \text{m}^3}{1{,}32\ \text{kg} \cdot \text{kmol}} = 21{,}94\ \frac{\text{m}^3}{\text{kmol}}.$$

Daraus kann das Volumen bei vorgegebener Masse berechnet werden:

$$V = \frac{m \cdot V_m}{M} = \frac{0{,}231\ \text{kg} \cdot 21{,}94\ \text{m}^3 \cdot \text{kmol}}{28{,}9626\ \text{kg} \cdot \text{kmol}} = 0{,}18\ \text{m}^3$$

Einfacher kann das Volumen aus folgender Betrachtung bestimmt werden:

$$\frac{1{,}32\ \text{kg}}{1\ \text{m}^3} = \frac{0{,}231\ \text{kg}}{V} \Leftrightarrow V = \frac{0{,}231\ \text{kg} \cdot \text{m}^3}{1{,}32\ \text{kg}} = 0{,}18\ \text{m}^3$$

Die Zustandsgleichung für ideale Gase nimmt, bezogen auf molare Größen, folgende Form an

$$p \cdot V_m = m \cdot R_i \cdot T \tag{II2.2.5-6}$$

und bezogen auf 1 kmol

$$p \cdot V_m = R_m \cdot T, \qquad R_m = \text{const.} = m \cdot R_i.$$

Nach dem Gesetz von Avogadro ist der Quotient

$$\frac{p \cdot V_m}{T} = R_m \qquad \text{(II2.2.5-7)}$$

für alle idealen Gase konstant. R_m wird deshalb als molare Gaskonstante bezeichnet.

Setzt man in Gleichung (II 2.2.5-7) die Werte für den physikalischen Normzustand ein, dann ergibt sich

$$R_m = 8\,314{,}47 \frac{J}{kmol \cdot K}.$$

Für eine beliebige Stoffmenge n gilt

$$p \cdot V = n \cdot R_m \cdot T. \qquad \text{(II2.2.5-8)}$$

2.2.6 Erster Hauptsatz der Thermodynamik und Enthalpie

Energie kann weder vernichtet noch erzeugt werden. Es entspricht der allgemeinen Erfahrung, gewonnen aus einer Vielzahl von Experimenten, dass Energie lediglich von einer Form in die andere umgewandelt werden kann.

Der erste Hauptsatz nun drückt genau diese **Erfahrungstatsache** aus. Er verknüpft durch eine Bilanzgleichung die dem System von außen zugeführten Energien (Wärme, Arbeit, potenzielle und kinetische Energie) mit dem Energiezustand des Systems, der so genannten inneren Energie. Befindet sich das System zusätzlich noch unter dem Einfluss anderer Energiefelder (Magnetfeld, elektrisches Feld usw.) so sind auch deren Energien in die Bilanz mit einzubeziehen.

Die Summe der dem System von außen zugeführten oder vom System an seine Umgebung abgeführten Energien ist gleich der Energieänderung im System selbst. Ausgedrückt wird das durch folgende Gleichung

$$\sum Q + \sum W = \Delta U \qquad \text{(II2.2.6-1)}$$

mit

Q = über die Systemgrenze zu- oder abgeführte Wärme,
W = über die Systemgrenze zu- oder abgeführte Arbeit,
ΔU = Änderung der inneren Energie des Systems.

Die Begriffe Arbeit und Wärme haben nur an der Systemgrenze Bedeutung. Im Inneren des Systems existiert nur innere Energie! Arbeit wird am System verrichtet und Wärme wird übertragen.

Systeme, deren Grenzen keinen Energietransport zulassen, bezeichnet man als abgeschlossene Systeme. Die Energie bleibt dann vollständig im System erhalten, die Änderung der inneren Energie ist gleich 0:

$$\Delta U = 0$$

Kann an der Systemgrenze nur Wärme übertragen, aber keine Arbeit verrichtet werden, spricht man von einem arbeitsdichten System. Die Änderung der inneren Energie wird dann nur durch die zu- bzw. abgeführte Wärme bestimmt:

$$\sum Q = \Delta U$$

Im umgekehrten Fall, wenn nur Arbeit am System verrichtet, aber keine Wärme übertragen werden kann, nennt man das System adiabat. Das System ändert seine innere Energie nur aufgrund der an seiner Systemgrenze verrichteten Arbeit:

$$\sum W = \Delta U$$

Bei offenen Systemen kann Energie die Systemgrenze auf 2 Arten passieren, stoffgebunden oder nicht stoffgebunden. Ein Beispiel für den stoffgebundenen Energietransport ist die Abfuhr heißer Rauchgase aus dem Brandraum. Die Rauchgase besitzen aufgrund ihrer hohen Temperatur eine hohe innere Energie und, da sie das System **Brandraum** verlassen, wird diesem Energie entzogen. Um die Rauchgase zu bewegen, ist ebenfalls Energie notwendig, es muss Ausschubarbeit verrichtet werden. Im umgekehrten Fall, also wenn dem System ein Stoff zugeführt wird, ist entsprechend Einschubarbeit zu leisten. Bei beiden Vorgängen wird innere Energie über die Systemgrenze bewegt.

Eine aus der inneren Energie abgeleitete Zustandsgröße - die Enthalpie - berücksichtigt neben den inneren Energien der Stoffströme auch die jeweils notwendigen Ein- und Ausschubarbeiten, was die mathematische Behandlung derartiger Systeme wesentlich vereinfacht.

2.3 Kalorische Zustandsgleichungen

Im vorigen Kapitel sind die kalorischen Zustandsgrößen **innere Energie** und die **Enthalpie** eingeführt worden. Für ideale Gase sind diese Zustandsgrößen nur Funktionen der Temperatur. Die sie beschreibenden kalorischen Zustandsgleichungen haben folgende Form:

Spezifische Enthalpie

$$h(T) = \int_{T_1}^{T_2} c_p(T) \cdot dT$$

Spezifische innere Energie

$$u(T) = \int_{T_1}^{T_2} c_v(T) \cdot dT$$

Dabei ist c_v die spezifische Wärmekapazität bei konstantem Volumen und c_p die spezifische Wärmekapazität bei konstantem Druck.

Für konstante Werte von c_v und c_p sind die Integrationen einfach durchführbar und man erhält die folgenden Gleichungen (II 2.3-1) bis (II 2.3-4), wobei vor allem die Gleichungen (II 2.3-1) und (II 2.3-2) für die Verbrennungsrechnung eine wichtige Bedeutung haben:

$$h(T) = c_p \cdot (T_2 - T_1) \qquad \text{(II2.3-1)}$$

und für konstanten Massenstrom

$$\dot{H}(T) = \dot{m} \cdot c_p \cdot (T_2 - T_1) \qquad \text{(II2.3-2)}$$

Für die innere Energie gilt analog

$$u(T) = c_v \cdot (T_2 - T_1) \qquad \text{(II2.3-3)}$$

und für eine konstante Systemmasse M

$$U(T) = m \cdot c_v \cdot (T_2 - T_1). \qquad \text{(II2.3-4)}$$

2.4 Verbrennung

2.4.1 Eigenschaften brennbarer Stoffe

Brennbare Stoffe bzw. Brandlasten liegen fest, flüssig oder gasförmig vor und setzen bei ihrer Verbrennung mit Sauerstoff - abhängig vom Heizwert - eine entsprechende Wärme frei. Bei Bränden ist diese Wärmefreisetzung vollkommen unkontrolliert. Das heißt, dass sowohl der Beginn eines Schadenfeuers als auch sein weiterer Verlauf von vielen zufälligen Gegebenheiten abhängen. Stoffe beginnen zu brennen, wenn genügend Sauerstoff zur Verfügung steht und wenn sie auf ein bestimmtes Temperaturniveau aufgeheizt werden.

Zündtemperatur

Wird ein Stoff (Feststoff, Flüssigkeit oder Gas) auf seine Zündtemperatur erhitzt, entzündet er sich von selbst. Die Anwesenheit einer externen Zündquelle, wie z. B. einer Flamme, ist dabei nicht notwendig. Gerade für die Brandausbreitung spielt die Zündtemperatur der Brandlasten eine entscheidende Rolle. Denn durch die Aufheizung des Brandraumes oder den Kontakt mit heißen Rauchgasen geraten auch die Stoffe in Brand, die vom eigentlichen Brandgeschehen weiter entfernt sind und keinen direkten Kontakt zu den Flammen haben (siehe auch Kapitel II 5.2).

Für einzelne Stoffe ist die Zündtemperatur in den Tabellen II 2.4.1-1 und II 2.4.1-2 dargestellt.

Tabelle II 2.4.1-1: Zündtemperaturen für Feststoffe (ohne Gewähr)

Feststoff	Zündtemperatur in °C
Fichtenholz	280
Holz	280 - 340
Kork	300 - 320
Stroh	250 - 300
Torf	230
Heu	260 - 310
Zeitungspapier	175
Schreibpapier	360
Zucker	410
Baumwolle	450
Getreide	250 - 320
Roggenmehl	500
Weizenstaub	270
Holzkohle	300
Kohle	240 - 280
Kunststoffe	200 - 300
Phosphor weiß	60
Schwefel	250
Phosphor rot	300
Zündholzkopf	80

Tabelle II 2.4.1-2: Zündtemperaturen für Flüssigkeiten (ohne Gewähr)

Flüssigkeit	Flammpunkt in °C	Zündtemperatur in °C
Asphalt	205	ca. 400
Teer	90	600
Essigsäure	40	460
Motoröl	80	
Schmieröl	125	500
Petroleum	60	355
Terpentinöl	36	255
Methanol	11	455

Flammpunkt

Der Flammpunkt ist als diejenige Temperatur definiert, bei der sich oberhalb einer Flüssigkeit durch Diffusion in die darüber befindliche Luft ein entzündbares Dampf/Luft-Gemisch bildet. Wird eine Flüssigkeit auf ihren Flammpunkt erwärmt, so gerät sie nur durch die Einwirkung einer fremden Zündquelle in Brand. Der Flammpunkt ist deutlich niedriger als die Zündtemperatur wie die Tabelle II 2.4.1-2 zeigt.

Gase bzw. Gasgemische können so genannte **explosionsfähige Atmosphären** bilden, die nach erfolgter Zündung mit sehr hoher Flammfrontgeschwindigkeit verbrennen. Die beiden Grenzkonzentrationen, bei denen diese selbstständig ablaufende Verbrennung stattfindet, bezeichnet man als obere und untere Explosionsgrenze.

2.4.2 Verbrennungsvorgang

Die Verbrennung stellt eine Oxidation in der Gasphase dar, die mit Flammenerscheinung bei hohen Temperaturen abläuft.

Flüssige und feste Stoffe werden durch die Einwirkung einer Zündquelle aufgeheizt und thermisch zersetzt, dadurch bilden sich an der Oberfläche flüchtige Stoffe, die in die Gasphase übergehen und verbrennen. Den Vorgang der thermischen Zersetzung und Entgasung nennt man **Pyrolyse**.

Die Pyrolyse ist ein sehr komplexer Vorgang und findet stoffabhängig bei unterschiedlichen Temperaturen statt. Es ist zum gegenwärtigen Zeitpunkt noch nicht möglich, den Pyrolysevorgang mathematisch exakt zu beschreiben. Im Rahmen von Simulationsrechnungen beschränkt man sich deshalb auf mehr oder weniger grobe Modelle. Das Gleiche trifft auch für den Übergang der zersetzten Stoffe in die Gasphase zu. Die genaue Zusammensetzung der entstehenden Stoffe ist für eine detaillierte Beschreibung noch zu komplex.

Die Verbrennungsreaktion selbst verläuft als Kettenreaktion über verschiedene Radikale, also über Bruchstücke von Molekülen, die sich durch eine sehr hohe Reaktionsbereitschaft auszeichnen. Die ständige Neubildung von Radikalen während der Verbrennung ist der Grund für die Kettenreaktion.

In einem einfachen Beispiel - der Verbrennung von Wasserstoff - soll die Reaktionskette dargestellt werden.

Zunächst werden durch thermische Aufspaltung (Zündung) 2 H-Radikale gebildet (Kettenstart):

$$H_2 \rightarrow H\cdot + \cdot H$$

Unter der Voraussetzung hoher Temperaturen und niedriger Drücke findet jetzt vorzugsweise eine Reaktion mit Sauerstoffmolekülen statt, wobei wieder neue, andere Radikale gebildet werden:

$$H\cdot + O_2 \rightarrow \cdot OH + \cdot O\cdot$$

Die so stattfindende Anreicherung von Radikalen in der Flamme steigert wiederum die Verbrennungsgeschwindigkeit und somit die Intensität der Reaktion. Die Kettenreaktion kommt erst dann zu einem Ende, wenn entweder kein Wasserstoff mehr vorhanden ist oder aber durch Bildung stabiler Moleküle ein Kettenabbruch erfolgt:

$\cdot H + \cdot OH \rightarrow H_2O$ (Kettenabbruch)

Die bei der Wasserstoffverbrennung auftretenden Radikale spielen auch bei der Kohlenwasserstoffverbrennung eine entscheidende Rolle. Vor allem bei Verbrennungen unter Sauerstoffmangel bilden sich Ringstrukturen (aromatische Kohlenwasserstoffe) und im Weiteren dann Ruß. Die Rußbildung ist also im Wesentlichen eine Folge unvollkommener Verbrennung.

2.4.3 Verbrennungsrechnung

Ziel der Verbrennungsrechnung ist die Bestimmung des Rauchgasmassenstromes und der Flammentemperatur unmittelbar oberhalb des Brandherdes. Der Rauchgasmassenstrom entsteht durch die Reaktion der brennbaren Bestandteile der Brandlast mit (Luft-) Sauerstoff. Diese Reaktion ist exotherm, d.h. die chemischen Bindungsenergien der Stoffe werden freigesetzt, sodass es im Reaktionsraum zu einem entsprechend hohen Anstieg der Temperatur und Flammenbildung kommt.

Die Strömungszustände in den Flammen und auch im Auftriebsstrahl (Plume) sind in Abhängigkeit der Geschwindigkeit entweder laminar oder turbulent. Je nachdem welches Geschwindigkeitsfeld vorliegt, spricht man deshalb von turbulenten oder laminaren Flammen und, da Brandlast und Sauerstoff nicht gezielt zusammengeführt werden, zusätzlich von so genannten **nicht vorgemischten** Flammen. Die exakte mathematische Beschreibung der Flammenbildung ist extrem aufwändig und nur nummerisch möglich, wenn die Beschreibungen der physikalischen und chemischen Probleme überhaupt eine Lösung zulassen. Erwähnt seien hier insbesondere die Schwierigkeiten der Turbulenzmodellierung und die sehr begrenzten Möglichkeiten der Berücksichtigung einer größeren Anzahl chemischer Reaktionen. Die Anwendung entsprechender Software (in der Regel CFD-Codes) setzt zudem ein sehr hohes Maß an Verständnis der theoretischen Zusammenhänge voraus, wie es nur ein entsprechendes Fachstudium bieten kann. Vor einem kritiklosen Übernehmen bzw. Produzieren von **Lösungen** sei an dieser Stelle ausdrücklich gewarnt (siehe hierzu auch die Kapitel II 1.9 und II 4.3).

Für praktische Belange, und nur um die geht es im Folgenden, sind diese komplexen Betrachtungen aber auch gar nicht nötig. In den folgenden Kapiteln wird einem wesentlich einfacheren und zur Beschreibung von Verbrennungsszenarien auch hinreichenden Berechnungsverfahren der Vorzug gegeben.

Abbrandrate

Durch die Verbrennungsreaktion wird die Brandlast in Rauchgas umgewandelt. Die pro Zeiteinheit reagierende Brandlastmasse heißt Abbrandrate und wird mit $\dot{m}_{Abr}$

bezeichnet. Wird sie auf die Brandfläche bezogen, spricht man von der spezifischen Abbrandrate $\dot{m}_{Abs}$.

Abbrandgeschwindigkeit (Flammengeschwindigkeit)

Die räumliche Ausbreitung eines Brandes wird durch den Flammenfortschritt in mm oder m pro Zeiteinheit angegeben und heißt Abbrandgeschwindigkeit. Sie darf keinesfalls mit der Abbrandrate verwechselt werden. Die Abbrandgeschwindigkeit wird im Folgenden mit u_{AG} bezeichnet. Die auf die Brandfläche bezogene Abbrandgeschwindigkeit heißt spezifische Abbrandgeschwindigkeit u_{AGs}.

Brandleistung

Die in der Brandlast pro kg chemisch gebundene Energie wird durch den Heizwert beschrieben. Durch die Verbrennung werden diese Bindungsenergien unter Flammenbildung freigesetzt. Die pro Zeiteinheit freigesetzte Energie bezeichnet man als Brandleistung P_B. Sie wird aus dem Produkt von Heizwert und Abbrandrate gebildet:

$$P_B = \dot{m}_{Abr} \cdot H_u \ [\text{MW bzw. kW}]$$

Die Brandleistung ist eine wichtige Größe bei der Anwendung von Plumeformeln (siehe auch Kapitel II 4.2).

Rauchgasmassenstrom (feste und flüssige Brandlasten)

Die brennbaren Bestandteile der meisten Brandlasten sind Kohlenstoff, Wasserstoff und Schwefel. In Kunststoffen tritt häufig zusätzlich noch Chlor auf. Chlor ist zwar selbst nicht brennbar, reagiert aber zum Teil mit anderen Stoffen unter hoher Wärmeentwicklung. Für die Rauchgasberechnung beschränken sich die Betrachtungen deshalb auf die Reaktionen der eingangs genannten Stoffe mit Sauerstoff. Es treten folgende Reaktionen auf:

$$1\,C + 1\,O_2 \rightarrow 1\,CO_2$$

$$1\,C + {}^1/_2\,O_2 \rightarrow 1\,CO$$

$$1\,CO + {}^1/_2\,O_2 \rightarrow 1\,CO_2$$

$$1\,H_2 + {}^1/_2\,O \rightarrow 1\,H_2O$$

$$1\,S + O_2 \rightarrow 1\,SO_2$$

Zunächst wird die Verbrennung ohne Bildung von CO, d. h. die vollständige Verbrennung, betrachtet. Dissoziationseffekte, also der Zerfall von CO_2 und H_2O in einzelne Atome und die Entstehung von Stickoxiden NO, die bei Verbrennungstemperaturen oberhalb 1 800 K nennenswert in Erscheinung treten, werden vernachlässigt, da die Brandraumtemperaturen in aller Regel unter diesem Wert liegen. Durch diesen Effekt, der mit Energieverbrauch verbunden ist, wird die Flammentemperatur um einen geringen Betrag (Größenordnung ~ 5 %) abgesenkt.

Der Rauchgasmassenstrom setzt sich aus 2 Komponenten zusammen. Zum einen aus den Gasen, die bei der Verbrennungsreaktion entstanden sind, und zum anderen aus den Gasanteilen, die in der Brandlast oder in der Verbrennungsluft vorhanden sind, aber am Reaktionsgeschehen nicht beteiligt waren. Vorzugsweise ist das der Stickstoff, der zu 78 % in der Umgebungsluft vorhanden ist. Nur 21 % der Umgebungsluft sind Sauerstoff und 1 % sind Edelgase (Helium, Argon usw.), die keinerlei chemischen Reaktionen eingehen können.

Beim Rechnen mit chemischen Reaktionsgleichungen ist es sehr zweckmäßig, mit Stoffmengen in kmol zu arbeiten, da die Stoffumsätze nicht masse-, sondern teilchenbezogen dargestellt sind. Es reagieren nicht 1 kg C mit 1 kg O_2, sondern ein Molekül C mit einem Molekül O_2. Die Elementaranalyse eines Stoffes gibt aber nur die Massenanteile der einzelnen Komponenten an. Es ist deshalb notwendig, diese Massenanteile in Molanteile (Stoffmengenanteile) umzurechnen.

Die Stoffmenge n und die Masse m sind über die Molmasse miteinander verknüpft:

$$n = \frac{m}{M} \qquad \text{(II2.4.3-1)}$$

mit m = Molmasse des Stoffes in kg/kmol.

Hinweis:

Die Massenanteile werden mit kleinen Buchstaben bezeichnet.

Der Kohlenstoffanteil, bezogen auf die gesamte Brandlastmasse m_B, beträgt demnach

$$c = \frac{m_C}{m_B}. \qquad \text{(II2.4.3-2)}$$

Um den Molanteil bestimmen zu können, formt man diese Gleichung nach m_c um und setzt das Ergebnis in die Bestimmungsgleichung für die Stoffmenge ein:

$$m_C = c \cdot m_B$$

und daraus

$$n_C = \frac{c \cdot m_B}{M_C}.$$

Aus Gründen der Zweckmäßigkeit bezieht man noch die Stoffmenge auf die Masse der Brandlast:

$$\frac{n_C}{m_B} = \frac{c}{M_C} \qquad \text{(II2.4.3-3)}$$

Die Molmasse von Kohlenstoff beträgt 12 kg/kmol, sodass sich für den **auf die Brandlastmasse bezogenen Stoffmengenanteil** des Kohlenstoffes folgender Zusammenhang ergibt

$$\frac{n_C}{m_B} = \frac{c}{12}. \qquad \text{(II2.4.3-4)}$$

Für die übrigen Bestandteile gilt mit den entsprechenden Molmassen für Wasserstoff, Sauerstoff und Schwefel

$$M_H = 2\frac{kg}{kmol} \quad \text{und} \quad M_O = M_S = 32\frac{kg}{kmol}:$$

$$\frac{n_H}{m_B} = \frac{h}{2}; \quad \frac{n_S}{m_B} = \frac{s}{32}; \quad \frac{n_O}{m_B} = \frac{o}{32}.$$

Zur vollständigen Verbrennung der einzelnen Brandlastbestandteile sind gemäß den Reaktionsgleichungen ganz bestimmte Stoffmengen O_2 erforderlich. Der für die Verbrennung des Kohlenstoffanteils notwendige Sauerstoff berechnet sich nach folgender Überlegung:

1 kmol C benötigt 1 kmol O_2, die miteinander reagierenden Stoffmengen an Sauerstoff und Kohlenstoff sind also gleich:

$$\Rightarrow n_C = n_{O_2}$$

und damit bezogen auf die Masse der Brandlast nach Gleichung (II 2.4.3-4):

$$\left(\frac{n_{O_2}}{m_B}\right)_C = \frac{n_C}{12}. \qquad \text{(II2.4.3-5)}$$

Analog gilt für den in der Brandlast gebundenen Wasserstoff und den Schwefel:

1 kmol H_2 benötigt $^1/_2$ kmol O_2, der für die Verbrennung des Wasserstoffes notwendige Sauerstoff beträgt also

$$\left(\frac{n_{O_2}}{m_B}\right)_H = \frac{h}{4}.$$

1 kmol S benötigt 1 kmol O_2, der für die Verbrennung des Schwefels notwendige Sauerstoff beträgt also

$$\left(\frac{n_{O_2}}{m_B}\right)_S = \frac{s}{32}.$$

Die für eine vollständige Verbrennung mindestens benötigte Sauerstoffmenge – der so genannte Mindestsauerstoffbedarf – ergibt sich aus der Addition der einzelnen Bedarfe zu

$$\{O_{min}\} = \left(\frac{n_{O_2}}{m_B}\right)_C + \left(\frac{n_{O_2}}{m_B}\right)_H + \left(\frac{n_{O_2}}{m_B}\right)_S = \frac{c}{12} + \frac{h}{4} + \frac{s}{32}. \qquad \text{(II2.4.3-6)}$$

Beispiel:

Für 1 kg Heizöl ergibt die Elementaranalyse die Massenanteile (kg des Stoffes bezogen auf 1 kg Heizöl):

c = 0,865; h = 0,134; s = 0,001

Wie groß ist die zur Verbrennung notwendige Mindestsauerstoffmenge?

Lösung:

$$\{O_{min}\} = \frac{c}{12} + \frac{h}{4} + \frac{s}{32} = \frac{0{,}865}{12} + \frac{0{,}134}{4} + \frac{0{,}001}{32} = 0{,}1056 \frac{\text{kmol } O_2}{\text{kg}_B}$$

In der Brandlast bereits vorhandener Sauerstoff muss nicht mehr von außen zugeführt werden. Dieser Anteil wird von $\{O_{min}\}$ abgezogen. Im Brandraum herrscht in aller Regel keine reine Sauerstoffatmosphäre vor und man ist deshalb weniger am Mindestsauerstoff- als vielmehr am Mindestluftbedarf interessiert. In der normalen Umgebungsluft sind 21 % Sauerstoff vorhanden, auf 1 kmol Luft kommen also 0,21 kmol O_2. Der so definierte und auf die Brandlastmenge bezogene Luftbedarf wird als Mindestluftbedarf l_{min}. bezeichnet:

$$l_{min} = \frac{O_{min}}{0{,}21} \frac{\text{kmol L}}{\text{kg}_B} \qquad \text{(II2.4.3-7)}$$

Die Gleichung gilt aber nur für trockene Luft. In der Umgebungsluft ist immer auch Wasserdampf vorhanden, der – weil gasförmig – mit betrachtet werden muss. Der Wasserdampfanteil wird über die Beladung w ausgedrückt, wobei w das Verhältnis der Partialdrücke des Wasserdampfes und der trockenen Luft angibt:

$$w = \frac{p_d}{p_L} = \frac{p_d}{p - p_d} = \frac{\varphi \cdot p_s}{p - \varphi \cdot p_s} \qquad \text{(II2.4.3-8)}$$

mit p_s = temperaturabhängigem Sättigungsdruck des Wasserdampfs, der aus einer Wasserdampftafel entnommen wird, φ = relativer Feuchte der Luft in % und p = Gesamtdruck des Luft-Wasserdampfgemisches als Summe von p_d und p_L.

Dieses Verhältnis ist gleichbedeutend mit dem Verhältnis der Teilchenanzahl und damit von kmol H_2O zu kmol Luft. Das heißt, dass die Beladung unmittelbar das Verhältnis zwischen Wasserdampfmenge und Menge der trockenen Luft angibt.

Beispiel:

Berechne die Beladung von feuchter Luft p = 1 bar, φ = 60 % und T = 300 K.

Lösung:

Der Sättigungsdruck p_s beträgt bei 300 K gemäß der Wasserdampftafel 0,035679 bar:

$$\Rightarrow w = \frac{0{,}6 \cdot 0{,}035679 \text{ bar}}{1 - 0{,}6 \cdot 0{,}035679 \text{ bar}} = 0{,}0219 \frac{\text{kmol } H_2O}{\text{kmol L}}$$

Der Anteil an Wasserdampf wird durch das Produkt $w \cdot l_{min}$ ausgedrückt. Damit beträgt die auf die Brandlastmenge bezogene feuchte Mindestluftmenge

$$l_{min_f} = (1 + w) \cdot l_{min}. \tag{II2.4.3-9}$$

Mit den obigen Werten ergibt sich

$$l_{min_f} = \left(1 + 0{,}0219 \frac{\text{kmol } H_2O}{\text{kmol L}}\right) \cdot \frac{0{,}1056}{0{,}21} \cdot \frac{\text{kmol L}}{kg_B} = 0{,}5139 \frac{\text{kmol } L_f}{kg_B}.$$

Die kmol der trockenen Luft (kmol L) und die kmol des Wasserdampfes (kmol H_2O) addieren sich zu kmol feuchter Luft (kmol L_f). Oder in kg feuchter Luft pro kg Brandlast und mit

$$M_{H_2O} = 18 \frac{kg}{kmol} \text{ und } M_L = 28{,}9626 \frac{kg}{kmol}:$$

$$l_{min_f} = \left(1 + 0{,}0219 \frac{\text{kmol } H_2O}{\text{kmol L}}\right) \cdot \frac{M_{H_2O}}{M_L} \cdot \frac{0{,}1056}{0{,}21} \cdot \frac{\text{kmol L} \cdot M_L}{kg_B} = 14{,}7624 \frac{kg_{L_f}}{kg_B} \tag{II2.4.3-10}$$

Diese Luftmenge ist mindestens erforderlich, um die Brandlast vollständig zu verbrennen. Dies geschieht nun unter der Voraussetzung, dass die Verteilung der Verbrennungsluft auch während des Verbrennungsablaufes optimal gewährleistet bleibt. Im realen Brand wird immer wieder lokal Luftmangel, aber auch Luftüberschuss, auftreten. Brände gehen dadurch zeitweise in Schwelbrände über oder aber werden in ihrer Intensität angefacht. Ausgedrückt wird dieser Sachverhalt durch das Luftverhältnis

$$\lambda = \frac{l}{l_{min_f}} \tag{II2.4.3-11}$$

mit l = tatsächlich vorhandener Luftmenge, bezogen auf die Brandlast.

Brände mit $\lambda < 1$ nennt man Schwelbrände. Es herrscht eine Luftmangelsituation vor (unterventiliert). Für Brände mit $\lambda \geq 1$ ist genügend Verbrennungsluft vorhanden. Durch die Strömungsverhältnisse im Brandraum kann es lokal aber durchaus zu Sauerstoffmangel und Schwelbrandsituationen kommen.

Unter Berücksichtigung des Luftverhältnisses λ wird die tatsächlich notwendige Luftmenge (siehe Gleichung II 2.4.3-9, jetzt durch folgende Gleichung bestimmt)

$$l_f = (1 + w) \cdot \lambda \cdot l_{min}. \tag{II2.4.3-12}$$

Die Verbrennung wird nur durch den Verbrauch der Mindestluftmenge bewerkstelligt. Die überschüssige Luftmenge $l_ü$ wird über den Rauchgasstrom abgeführt. Diese Überschussluft, die nicht an der Verbrennung teilnimmt und nur aufgeheizt wird, berechnet sich zu

$$l_ü = 0{,}21 \cdot (\lambda - 1) \cdot l_{min}. \tag{II2.4.3-13}$$

Reale Brände werden durch das vorhandene Luftangebot der Umgebung gespeist. Bei Schadensfeuern verändert sich dieses Angebot ständig und wird – neben dem im

Brandraum schon vorhandenen Luftangebot – vor allem auch durch das Öffnen von Türen, Fenstern, Toren usw. beeinflusst.

Neben der Überschussluft sind in der Rauchgasmenge auch weitere Gase enthalten, die am Reaktionsgeschehen nicht teilgenommen haben. Im Einzelnen sind das:

- Wasseranteile in der Brandlast

$$\left\{V_{H_2O}\right\}_B = \frac{w}{18}$$

- Wasseranteile in der Verbrennungsluft

$$\left\{V_{H_2O}\right\}_{fL} = \lambda \cdot l_{min} \cdot w_l$$

- Stickstoffmenge in der Brandlast

$$\left\{V_{N_2}\right\}_B = \frac{n}{28}$$

- Stickstoffmenge in der Verbrennungsluft

$$\left\{V_{N_2}\right\}_B = 0{,}79 \cdot \lambda \cdot l_{min}$$

Die gesamte Rauchgasmenge kmol/kg_B in Abhängigkeit vom Luftverhältnis λ wird somit durch folgende Gleichung bestimmt:

$$\left\{v_f\right\} = \frac{c}{12} + \frac{s}{32} + \frac{h}{2} + \frac{w}{18} + w_l \cdot \lambda \cdot l_{min} + \frac{n}{28} + 0{,}79 \cdot \lambda \cdot l_{min} + 0{,}21 \cdot (\lambda - 1) \cdot l_{min} \qquad \text{(II2.4.3-14)}$$

Um die Mengengröße kmol in Massengrößen kg umzurechnen, sind die einzelnen Summanden mit der jeweiligen Molmasse zu multiplizieren.

Im Einzelnen ergeben sich

$$m_{CO_2} = \frac{C}{12} \cdot M_{CO_2};\; m_{SO_2} = \frac{s}{32} \cdot M_{SO_2};\; m_{H_2O} = \left(\frac{h}{2} + \frac{w}{18} + w_l \cdot \lambda \cdot l_{min}\right) \cdot M_{H_2O};$$

$$m_{N_2} = \left(\frac{n}{28} + \lambda \cdot 0{,}79 \cdot l_{min}\right) \cdot M_{N_2};\; m_{O_2} = (\lambda - 1) \cdot 0{,}21 \cdot l_{min} \cdot M_{O_2}.$$

Die einzelnen Massenanteile werden summiert und ergeben die Gesamtmasse Rauchgas bezogen auf 1 kg Brandlast:

$$m_{RG} = \left(m_{CO_2} + m_{SO_2} + m_{H_2O} + m_{N_2} + m_{O_2}\right) \frac{kg_{RG}}{kg_B} \qquad \text{(II2.4.3-15)}$$

Daraus ergibt sich der Rauchgasmassenstrom in kg_{RG}/s durch Multiplikation mit der Abbrandrate der Brandlast:

$$\dot{m}_{RG} = m_{RG} \cdot \dot{m}_{ABR} \qquad \text{(II2.4.3-16)}$$

Die Massenanteile r_i lassen sich einfach berechnen:

$$r_{CO_2} = \frac{m_{CO_2}}{m_{RG}}$$ Massenanteil Kohlendioxid (II2.4.3-17)

$$r_{S_2} = \frac{m_{SO_2}}{m_{RG}}$$ Massenanteil Schwefeldioxid (II2.4.3-18)

$$r_{H_2O} = \frac{m_{H_2O}}{m_{RG}}$$ Massenanteil Wasser (II2.4.3-19)

$$r_{N_2} = \frac{m_{N_2}}{m_{RG}}$$ Massenanteil Stickstoff (II2.4.3-20)

$$r_{O_2} = \frac{m_{O_2}}{m_{RG}}$$ Massenanteil Sauerstoffüberschuss (II2.4.3-21)

Unvollkommene Verbrennung

Unter der Voraussetzung, dass kein Sauerstoff im Rauchgas auftritt und durch die unvollkommene Verbrennung hauptsächlich nur CO gebildet wird, ist der Sauerstoffmangel $\{O_{man}\}$ gleich dem notwendigen Restbedarf, um das CO zu CO_2 zu verbrennen. Dabei wird $\{O_{man}\}$ aus der Differenz des Mindestsauerstoffbedarfs und der tatsächlich vorhandenen Sauerstoffmenge bestimmt:

$$\{O_{man}\} = \{O_{min}\} - \{O_{vorh}\} \text{ bzw. } \{O_{man}\} = \{O_{min}\} \cdot (1-\lambda)\left[\frac{kmol_{O_2}}{kg_B}\right]$$

Unter Berücksichtigung der Verbrennungsreaktion für CO folgt die aufgrund der unvollkommenen Verbrennung entstehende CO-Menge aus dem Sauerstoffrestbedarf:

$$\{O_{man}\} = \{O_{bed}\} = \frac{\{v_{CO}\}}{2}$$

und weiter

$$\{v_{CO}\} = 2 \cdot \{O_{min}\} \cdot (1-\lambda)\left[\frac{kmol_{CO}}{kg_B}\right].$$

Aus 1 kmol C entsteht 1 kmol CO. Somit gilt für den Massenanteil $\overline{C}$, der aufgrund des Sauerstoffmangels nicht zu CO_2 verbrennt:

$$\{v_{CO}\} = \frac{\overline{C}}{12} \text{ bzw. } \overline{C} = 12 \cdot \{v_{CO}\}\left[\frac{kg_C}{kg_B}\right]$$

Daraus wird die infolge der unvollkommenen Verbrennung entstehende CO_2-Menge bestimmt:

$$\{v_{CO_{2man}}\} = \frac{C - \overline{C}}{12}\left[\frac{kmol_{CO_2}}{kg_B}\right]$$

Mit diesen Werten kann der um das CO erweiterte Rauchgasmassenstrom entsprechend Gleichungen (II 2.4.3-15) und (II 2.4.3-16) berechnet werden.

Zusammenfassung:

Zur Berechnung des Rauchgasmassenstromes, der aus der Verbrennung von Feststoffen und Flüssigkeiten entsteht, muss die stoffliche Zusammensetzung der Brandlast in Massenprozenten der einzelnen Komponenten - d.h. die Elementaranalyse - bekannt sein. Die hauptsächlich auftretenden Stoffe in Brandlasten sind Kohlenstoff, Wasserstoff und gegebenenfalls Schwefel. Das Verfahren kann aber auch auf andere mit Sauerstoff reagierende Elemente angewandt werden.

Der Rauchgasmassenstrom beinhaltet neben den unmittelbaren Verbrennungsprodukten auch Stoffe, die nicht durch die Verbrennung entstehen. Hierbei handelt es sich vorwiegend um Stickstoff und Wasserdampf. Neben den in der Brandlast vorhandenen chemischen Elementen wird der Ablauf der Verbrennung durch das vorhandene Luftangebot an jeder Stelle im Brandraum, ausgedrückt durch das Luftverhältnis λ, bestimmt. An Stellen mit Luftmangel ($\lambda < 1$) liegt eine unvollkommene Verbrennung vor, der Brand geht in einen Schwelbrand über. An Stellen, an denen ausreichend Luftsauerstoff zur Verfügung steht ($\lambda \geq 1$), ist die Verbrennung vollkommen.

Verbrennungstemperatur

Aus den Energieanteilen der einzelnen Komponenten kann über den Energieumsatz die Verbrennungstemperatur bestimmt werden. Der Raum, in dem die Flammenbildung stattfindet, **der Flammenraum**, stellt kein adiabates System dar. Vor allem durch Wärmestrahlung geben die Flammen Energie in den umgebenden Brandraum ab. Der Wärmeverlust wird allgemein vereinfachend und für ingenieurmäßige Belange ausreichend mit ε = 25–30 %, bezogen auf die eingesetzte Energie, angenommen. Unter diesen Voraussetzungen ergibt sich die folgende Systembilanz:

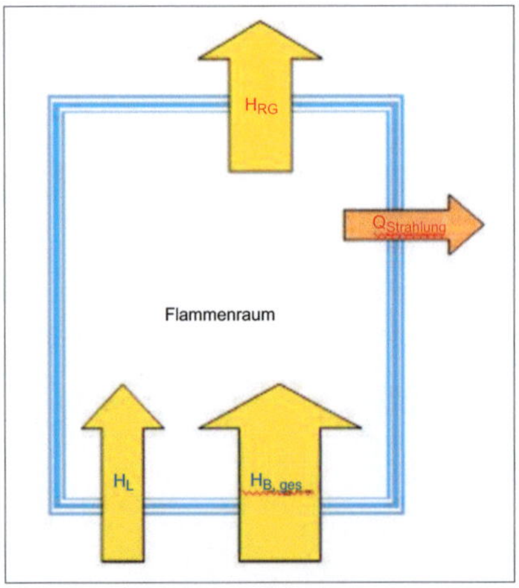

Bild II 2.4.3-1: Bilanz für die Verbrennung

Dem System »Flammenraum« wird die Brandlast mit der Gesamtenthalpie $H_{B,\,ges}$ sowie die Verbrennungsluft mit der Enthalpie H_L zugeführt. Im Flammenraum selbst findet der Verbrennungsvorgang, bei dem sich Rauchgase mit der Enthalpie H_{RG} bilden statt. Durch das Auftreten von Strahlungsverlusten $Q_{Strahlung}$ verbleibt nur ein Teil der Gesamtenthalpie im Flammenraum. Unter dieser Bedingung stellt sich die reale Rauchgastemperatur ein, die aus der **Verbrennungs- bzw. Flammenenthalpie H_{RG}** berechnet wird.

Die Energiebilanz für das in Bild II 2.4.3-1 dargestellte System lautet:

$$H_{B,\,ges} + H_L = H_{RG} + Q_{Strahlung} \qquad \text{(II2.4.3-22)}$$

Fügt man $Q_{Strahlung} = \varepsilon \cdot (H_{B,\,ges.} + H_L)$ in Gleichung (II 2.4.3-22) ein, so ergibt sich

$$(H_{B,\,ges} + H_L) \cdot (1 - \varepsilon) = H_{RG} \text{ bzw.} \qquad \text{(II2.4.3-23)}$$

$$(H_B + H_{u,\,0°} + H_L) \cdot (1 - \varepsilon) = H_{RG}. \qquad \text{(II2.4.3-24)}$$

H_B stellt die Enthalpie der Brandlast aufgrund der Brandlasttemperatur dar. Durch die Temperaturerhöhung im Brandraum werden die Brandlasten aufgeheizt. Dieser Energiezuwachs führt bei der Verbrennung zu einer Erhöhung der Flammentemperatur. Die Enthalpie der Brandlast wird nach der folgenden Gleichung berechnet:

$$H_B = c_{p\,B}\Big|_{0\,°C}^{t_B} \cdot \left(t_B - 0\,°C\right) \qquad \text{(II2.4.3-25)}$$

Bei Verbrennungsprozessen spielt dieser Anteil jedoch nur eine untergeordnete Rolle. Ein Vergleich der Energieanteile zeigt, dass der größte Anteil der Verbrennungsenergie durch den Heizwert geliefert wird. Für Holz ($c_{p\,B}$ = 1,7 kJ/(kgK)) beispielsweise zeigt eine einfache Vergleichsrechnung, dass der Energieanteil durch die Aufheizung des Stoffes auf 300 °C lediglich 3,3 % der Energie des Heizwertes beträgt:

$$\frac{1{,}7 \cdot (300° - 0°)}{15{,}5 \cdot 10^3} \frac{\text{kJ} \cdot \text{kg} \cdot \text{K}}{\text{kJ} \cdot \text{kg} \cdot \text{K}} = 0{,}0329 \approx 3{,}3\,\%$$

Die Zündtemperatur für Holz variiert je nach Holzart und Zustand zwischen 280 °C - 340 °C. Für Steinkohle ist das Energieverhältnis noch geringer, es liegt bei rund 0,74 %.

Der untere Heizwert der Brandlast ist ebenfalls aus Tabellenwerken zu entnehmen. Für einige wichtige Stoffe sind die unteren und oberen Heizwerte in den Tabellen II 2.4.3-1 und 2.4.3-2 angegeben. Die oberen Heizwerte werden auch als Brennwerte bezeichnet und beziehen sich auf den trockenen Stoff ohne Wasseranteil. Die mit diesen Werten berechneten Temperaturen sind deshalb Maximalwerte. In den meisten Fällen wird man Brandlasten aber nicht als trocken ansehen können, nur in Einzelfällen wird dies möglich sein. Für die Verbrennungsrechnung sind deswegen meistens die Heizwerte maßgebend.

Feststoffe

Tabelle II 2.4.3-1: Brenn- und Heizwerte ausgewählter Feststoffe (ohne Gewähr)

Stoff	Brennwert (in MJ/kg)	Heizwert (in MJ/kg)	Heizwert (in kWh/kg)
waldfrisches Holz	*	6,8	1,9
Hausmüll	*	9-11	
lufttrockenes Holz	19	14,4-15,8	4-4,4
Papier	*	15	4,2
Stroh	*	17	4,8
Holzbriketts	18,7	17,6	4,8-5,0
Holzpellets	*	18	4,9
Hanfbriketts	*	16,7	4,7
Torf	23	15	4,2
Rohbraunkohle	10	8	2,2
Braunkohlebriketts	21	19,6	5,6
Steinkohle, div. Typen	29-32,7	27-32,7	7,5-9
Altreifen	*	32	9
Kohlenstoff (Graphit)	32,8	ident. Brennwert	9,1
Altgummi	*	35	9,7
Paraffin	49	45	12,5
Phosphor	25,2	ident. Brennwert	7
Schwefel	9,3	ident. Brennwert	2,6
Magnesium	25,2	ident. Brennwert	7

Flüssigkeiten

Tabelle II 2.4.3-2: Brenn- und Heizwerte ausgewählter Flüssigkeiten (ohne Gewähr)

Stoff	Brennwert (in MJ/kg)	Heizwert (in MJ/kg)	Heizwert (in kWh/kg)	Dichte (in kg/dm³ [Liter])
Benzin	47	43,6	12,1	0,72-0,80
Ethanol	29,7	26,8	7,4	0,7894
Methanol	22,7	19,9	5,5	0,7869
Diesel, Heizöl EL	45,4	42,6	11,8	0,845
Biodiesel	40 (Rapsöl-Methylester)	37	10,2	0,86-0,9
Heizöl S (schwer)	42,5	39,5	10,0	0,96-0,99
Erdöl	*	42,8	11,9	0,78-1,00
Isopropanol	33,6	30,7	8,5	0,785
Benzol	41,8	40,1	11,1	0,879
Paraffinöl	49	45	12,5	*

Gasförmige Brennstoffe (bei 25 °C)

Tabelle II 2.4.3-3: Brenn- und Heizwerte ausgewählter Gase (ohne Gewähr)

Brennstoff	Brennwert (in MJ/kg)	Heizwert (in MJ/kg)	Brennwert (in MJ/m³)(4)	Heizwert (in MJ/m³)	Heizwert (in kWh/m³)
Wasserstoff	143	120	11,7	9,9	2,75
Kohlenmonoxid	10,1	10,1	11,5	11,5	3,24
Gichtgas	1,5-2,1	1,5-2,1	2,5-3,4	2,5-3,3	
Stadtgas			19-20	17-18	5,2-5,36
Erdgas	36-50	38	35-45	32-42	9,7-12,5
Methan	55,5	50,0	36,3	32,7	
Ethan	51,9	47,5	63,6	58,2	
Ethylen (Ethen)	50,3	47,1	57,8	54,2	
Acetylen (Ethin)	49,9	48,2	53,4	51,6	
Propan	50,3	46,3	90,4	83,2	25
Butan	49,5	45,7	117	108	32,5

In der Praxis werden anstelle der Heizwerte für Temperaturen bei 0 °C in sehr guter Näherung die Werte für Temperaturen bei 25 °C verwendet. Der dadurch bedingte Fehler ist verschwindend gering.

Die Enthalpien der zugeführten Verbrennungsluft und der des Rauchgases - jeweils bezogen auf 1 kg Brandlast - werden aus den folgenden Gleichungen (II 2.4.3-26) und (II 2.4.3-27) bestimmt:

$$H_L = \lambda \cdot l_{min_f} \cdot c_{p\,L} \Big|_{0\,°C}^{t_L} \cdot (t_L - 0\,°C) \qquad (II2.4.3\text{-}26)$$

$$H_{RG} = m_{RG} \cdot c_{p,\,RG} \Big|_{0\,°C}^{t_v} \cdot (t_v - 0\,°C) \qquad (II2.4.3\text{-}27)$$

Bei der Bestimmung der Rauchgasenthalpie ist der Wert der spezifischen Wärmekapazität zunächst nicht bekannt. Er wird in Abhängigkeit der jeweiligen Massenanteile aus den Stoffkomponenten des Rauchgases bestimmt (siehe Gleichung (II 2.4.3-28)), wobei die Verbrennungstemperatur t_v zunächst geschätzt werden muss:

$$c_{p,\,RG} = \left(r_{CO_2} \cdot c_{p,\,CO_2} \Big|_{0\,°C}^{t_v}\right) + \left(r_{H_2O} \cdot c_{p,\,H_2O} \Big|_{0\,°C}^{t_v}\right) + \left(r_{SO_2} \cdot c_{p,\,SO_2} \Big|_{0\,°C}^{t_v}\right)$$

$$+ \left(r_{N_2} \cdot c_{p,\,N_2} \Big|_{0\,°C}^{t_v}\right) + \left(r_{O_2} \cdot c_{p,\,O_2} \Big|_{0\,°C}^{t_v}\right) \qquad (II2.4.3\text{-}28)$$

Die Massenanteile r_i sind in Gleichung (II 2.4.3-17) bis (II 2.4.3-21) schon bestimmt worden. Sie können nun hier eingesetzt werden.

Die gesuchte Verbrennungstemperatur ergibt sich iterativ aus

$$(H_B + H_{u,\,0\,°C} + H_L) \cdot (1 - \varepsilon) = H_{RG} = m_{RG} \cdot c_{p,\,RG} \Big|_{0\,°C}^{t_v} \cdot (t_v - 0\,°C)$$

$$\Leftrightarrow t_v = \frac{(H_B + H_{u,\,0\,°C} + H_L \cdot (1 - \varepsilon))}{m_{RG} \cdot c_{p,\,RG}}. \qquad (II2.4.3\text{-}29)$$

Rauchgasdichte

Bei bekannter Verbrennungstemperatur kann unter der Annahme idealen Gasverhaltens auch die Dichte des Rauchgases unmittelbar oberhalb der Flammen bestimmt werden. Dazu wird die ideale Gasgleichung herangezogen:

$$\frac{p_{RG}}{\rho_{RG}} = R_{RG} \cdot t_V \qquad (II2.4.3\text{-}30)$$

Der Druck im Bereich der Verbrennung entspricht dabei dem Umgebungsdruck p_u, und die unbekannte Gaskonstante ergibt sich aus den Massenanteilen und den Gaskonstanten der einzelnen Bestandteile zu

$$R_{RG} = (r_{CO_2} \cdot R_{CO_2}) + (r_{H_2O} \cdot R_{H_2O}) + (r_{SO_2} \cdot R_{SO_2}) + (r_{N_2} \cdot R_{N_2}) + (r_{O_2} \cdot R_{O_2}). \qquad (II2.4.3\text{-}31)$$

Damit folgt die Dichte des Rauchgases zu

$$\rho_{RG} = \frac{p_u}{R_{RG} \cdot t_v}.$$

2.5 Grundlagen der Wärmeübertragung

Ein wichtiges Teilgebiet der Thermodynamik stellt die Untersuchung des Transportes thermischer Energie dar. In den vorigen Kapiteln wurde der Energieaustausch zwar bilanziert, die Mechanismen, die diesem Prozess zugrunde liegen, aber nicht näher beschrieben. Und genau hier setzt das Fachgebiet »Wärmeübertragung« an. Die Richtung des Energietransportes wird durch den 2. Hauptsatz der Thermodynamik festgelegt, wonach thermischer Energietransport selbstständig nur vom höheren zum tieferen Temperaturniveau stattfinden kann.

2.5.1 Arten der Wärmeübertragung

Wärmeleitung

Der Transport durch Wärmeleitung beruht auf zwischenmolekularem Energieaustausch. Energetisch angeregte Moleküle geben ihre Energie durch Stoßprozesse an andere Moleküle weiter. Auf diese Weise wird Energie innerhalb von Materie transportiert bzw. »geleitet«.

Fourier beschrieb als erster den nach ihm benannten Zusammenhang zwischen Wärmestromvektor und Temperaturgefälle:

$$\vec{q} = \lambda \cdot \text{grad}(T) \qquad \text{(II2.5.1-1)}$$

λ wird als Wärmeleitzahl bezeichnet und steht für die Wärmeleitungseigenschaften des betrachteten Stoffes. Im Allgemeinen ist λ eine Temperaturfunktion $\lambda = \lambda(T)$.

Für die Auslegung von Entrauchungsanlagen hat die Wärmeleitung eine untergeordnete Bedeutung, da aufgrund der schlechten Wärmeleiteigenschaften der Raumluft die in der aufsteigenden Rauchgassäule vorhandene Energie nur in geringem Maße in die Umgebungsluft abgegeben wird.

Konvektion

Ein für die Berechnung von Rauchgassäulen wesentlich wichtigerer Energietransport ist die Konvektion. Dabei findet alleine durch die Bewegung einer Flüssigkeit oder eines Gases der Transport der in der Materie vorhandenen inneren Energie statt. Diese Form der Wärmeübertragung ist deshalb an Gase und Flüssigkeiten gebunden.

Maßgeblich zur Beschreibung der Wärmeübertragung durch Konvektion sind also nicht nur energetische, sondern vor allem auch strömungsmechanische Prozesse. Erst wenn das temperaturabhängige Geschwindigkeitsfeld vollständig bekannt ist, kann auch der konvektive Wärmetransport bestimmt werden.

Zwei prinzipielle Arten von Konvektion werden unterschieden:

- erzwungene Konvektion:

Sie entsteht, wenn das die Strömung antreibende Druckgefälle durch äußere Hilfsmittel (z. B. einen Ventilator) erzeugt wird.

- freie Konvektion:

Sie ist immer dann gegeben, wenn die Bewegung des Fluides nur durch die sich ausbildenden Temperatur- bzw. Dichteunterschiede begründet ist.

Die über einem Brandherd aufsteigende Rauchgassäule ist der typische Fall einer freien Konvektion. Wie bereits erwähnt, wird die im Rauchgas vorhandene Energie nur in geringem Umfang durch Wärmetransportvorgänge in die umgebende Raumluft abgegeben. Die Temperaturabnahme mit zunehmender Höhe und auch die Aufweitung der Rauchgassäule kommen zum überwiegenden Teil aufgrund der Zumischung von Umgebungsluft in das Rauchgas zustande (siehe auch Kapitel II 1.4.2). Der Rauchgasstrom transportiert ca. 75 % der beim Brand entstandenen Energie. Eine wirksame Entrauchung trägt somit in erheblichem Maße zur Entlastung eines Gebäudes im Brandfall bei.

Das größte Problem bei der Beschreibung konvektiver Wärmetransportvorgänge ist neben der Kopplung der Energie- und Bewegungsgleichungen vor allem die Formulierung der Randbedingungen. Zudem ist die Integration der entsprechenden Differenzialgleichungssysteme sehr aufwändig und im Allgemeinen nur nummerisch möglich. Um hinreichend gesicherte Aussagen zu erhalten, ist man deshalb auf das Experiment angewiesen. Ergebnisse experimenteller Forschung sind vor allem auch die Plumegleichungen (siehe Kapitel II 4.2.2), die häufig zur Berechnung des Rauchgasstromes herangezogen werden.

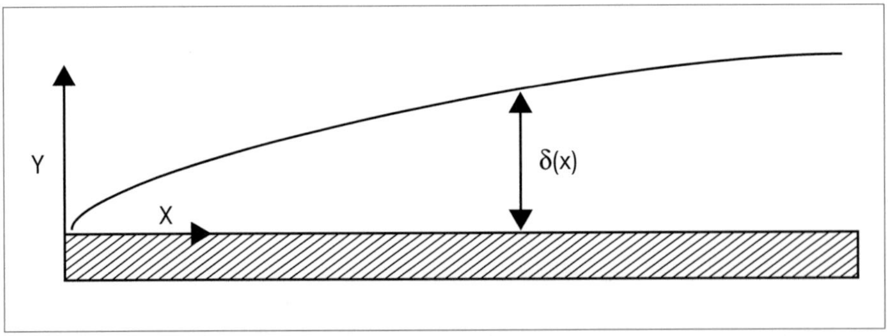

Bild II 2.5.1-1: Temperaturgrenzschicht an einer längs angeströmten Platte

(Die Plattentemperatur beträgt konstant ϑ_0 und $\vartheta_{Fluid} < \vartheta_{Platte}$.)

Überströmt ein Fluid eine Fläche, z. B. eine Platte, die eine andere Temperatur als das Fluid hat, muss zusätzlich zum konvektiven Wärmetransport die Wärmeleitung berücksichtigt werden. Durch Wärmeleitung wird dem strömenden Fluid fortlaufend innere Energie zugeführt bzw. entzogen, je nachdem, ob die Temperatur des Fluids kleiner oder größer ist als die der Platte. Dadurch bildet sich in Plattenrichtung ein Temperaturfeld aus, das als Temperaturgrenzschicht bezeichnet wird (siehe Bild II 2.5.1-1) und für das im hier betrachteten ebenen Fall gilt, dass die Temperatur eine Funktion zweier Variabler ist, $\vartheta = \vartheta\,(x, y)$.

Für einen Beobachter, der sich mit dem gleichförmig strömenden Fluid (Geschwindigkeit u_x = const.) mit bewegt, ändert sich die Position x in Abhängigkeit der Zeit t nach folgender Beziehung

$$x = u_x \cdot t. \tag{II2.5.1-2}$$

Durch die Fourier'sche Gleichung wird die instationäre Wärmeleitung innerhalb des Fluids beschrieben:

$$\frac{\partial \vartheta}{\partial t} = a \cdot \frac{\partial^2 \vartheta}{\partial y^2} \tag{II2.5.1-3}$$

Die Randbedingungen sind gegeben durch:

$$\vartheta(t = 0, y) = \vartheta_\infty$$
$$\vartheta(t, y = 0) = \vartheta_0$$

Die partielle Differenzialgleichung wird mittels der Fehlerfunktion gelöst (α = Temperaturleitfähigkeit):

$$\vartheta - \vartheta_\infty = (\vartheta_0 - \vartheta_\infty) \cdot \operatorname{erfc}\left(\frac{y}{2 \cdot \sqrt{a \cdot t}}\right)$$

Die Wärmebilanz unmittelbar an der Wand lautet

$$\dot{q} = \alpha \cdot (\vartheta_0 - \vartheta_\infty) = \lambda \cdot \left(\frac{\partial \vartheta}{\partial y}\right)_{y=0}. \tag{II2.5.1-4}$$

Daraus ergibt sich der lokale Wärmeübergangskoeffizient α zu

$$\alpha = \frac{\lambda}{\sqrt{\pi \cdot a \cdot t}} \tag{II2.5.1-5}$$

und unter Berücksichtigung der Fluidgeschwindigkeit u_x

$$\alpha = \frac{1}{\sqrt{\pi}} \cdot \lambda \cdot \sqrt{\frac{u_x}{a \cdot x}}. \tag{II2.5.1-6}$$

Strömen Rauchgase entlang einer hinreichend ebenen Fläche (z. B. einer Wand oder Decke), kann mit der obigen Gleichung der Wärmeübergangskoeffizient näherungsweise berechnet werden. Näherungsweise deswegen, weil Strömungsgeschwindigkeit und Wärmeleitfähigkeit des Fluids als konstant angenommen werden. Als wichtigste Ergebnisse sind festzuhalten, dass α mit wachsender Strömungsgeschwindigkeit ansteigt und umgekehrt proportional zur Wurzel der Lauflänge x abnimmt, also nicht einfach konstant angenommen werden kann.

Wärmestrahlung von Gasen

Bei der Temperaturstrahlung handelt es sich um einen elektromagnetischen Schwingungsvorgang, der von festen, flüssigen und gasförmigen Körpern ausgehen kann. Gespeist wird dieser Vorgang durch die innere Energie der Körper. Das heißt, je höher die Temperatur eines Körpers ist, desto größer ist auch die von ihm abgestrahlte Energiemenge. Diese Energie stellt einen Wärmestrom dar, der als Leistung pro strahlende Fläche in m^2 angegeben wird. Physikalisch unterliegen optische Strahlung - also das, was wir mit unserem Auge wahrnehmen - und Temperaturstrahlung denselben Gesetzmäßigkeiten. Wie beim Licht treten Reflexion und gradlinige Fortsetzung, aber auch eine Intensitätsabnahme mit der Entfernung auf. Dabei verringert sich die Strahlungsdichte mit dem Quadrat des Abstandes.

Die von einem Körper emittierte Temperaturstrahlung kann beim Auftreffen auf einen anderen Körper von diesem entweder reflektiert, ungehindert durchgelassen oder aber absorbiert werden. In welchem Umfang dies geschieht, hängt von der Temperatur des Körpers ab.

Die Rauchgase sind selektive Strahler. Sie absorbieren nur in gewissen Wellenlängenbereichen und dort auch in verschiedener Stärke, für andere Bereiche lassen sie die Temperaturstrahlung ungehindert passieren. Die sehr engen, stark von der Temperatur abhängigen Wellenlängenbereiche werden auch als Banden bezeichnet, man spricht bei Gasen deswegen von Bandenstrahlern. Um die emittierte Temperaturstrahlung zu berechnen, muss man deshalb für das gewünschte Temperaturniveau die in jeder Bande emittierte Strahlung ermitteln und die einzelnen Anteile aufsummieren und erhält daraus als Ergebnis den Emissionsgrad ε_g. Mit diesem kann dann die durch ein Gas emittierte Strahlung, bezogen auf die emittierende Fläche, nach dem Stefan-Boltzmann-Gesetz (siehe Gleichung (II 2.5.1-7)), berechnet werden:

$$\dot{q} = \varepsilon_g \cdot C_s \cdot \left(\frac{T}{100}\right)^4 \qquad \text{(II2.5.1-7)}$$

mit $C_s = 5{,}670 \dfrac{W}{m^2\,K^4}$ = Stefan-Boltzmann-Konstante.

Eine große Schwierigkeit stellt jedoch die Bestimmung des Emissionsgrades ε_g dar. Geschlossene Lösungen in Form von Gleichungen sind zwar vorhanden, aber ihre Anwendbarkeit auf das konkrete Problem ist im Einzelfall immer zu prüfen.

Die Strahlung von Flammen wird vorwiegend durch die Strahlung von Kohlendioxid, Wasserdampf und Rußpartikeln bestimmt. Bei einer Größenordnung von $3 \cdot 10^{-4}$ mm strahlen die Rußpartikel mit einer sehr gleichmäßigen Intensitätsverteilung über den gesamten Wellenlängenbereich. Der Emissionsgrad hängt in diesem Fall also sehr stark von der Anzahl und der Größe dieser Partikel ab. Und hier ist auch das Problem, denn die Rußverteilung in der Flamme ist nur mit mehr oder weniger großen Unsicherheiten zu bestimmen.

3 Zivilrecht für den Fachplaner

Die nachfolgenden Ausführungen dienen dem Zweck, die Grundlagen des Zivilrechts problem- und praxisorientiert für Entrauchungsfachplaner als interessierten Nichtjuristen darzustellen. Insbesondere werden neben dem Vertrags- auch Grundzüge des Haftungs-, Delikts- und Zivilprozessrechts dargestellt.

3.1 Einleitung

Die Entstehung und das weitere Schicksal zivilrechtlicher Ansprüche wird durch das **materielle Zivilrecht** geregelt. Hier gilt im Wesentlichen das Bürgerlichen Gesetzbuch (BGB). Es enthält 5 Teile (genannt: »Bücher«), nämlich

- Allgemeinen Teil
- Schuldrecht
- Sachenrecht
- Familienrecht
- Erbrecht.

Mit Wirkung vom 01.01.2002 wurde der bedeutendste Teil des BGB - Schuldrecht - erstmalig seit seiner Geltung (01.01.1900) fundamental geändert. Die Änderung betraf auch Teile des Allgemeinen Teils (z. B. Verjährungsrecht).

Das Schuldrecht - wiederum unterteilt in allgemeines und besonderes Schuldrecht - enthält (zusammen mit bestimmten Regelungen des Allgemeinen Teils - z. B. Verjährung, Willenserklärung - und des Sachenrechts) die praktisch bedeutendsten Rechtsnormen des Zivilrechts. Hier wird geregelt, was zwischen den Rechtsträgern gelten soll und hier sind auch die wesentlichen Gestaltungsmöglichkeiten normiert.

Die Durchsetzung dieser Ansprüche regelt das **formelle Zivilrecht** (oder: Zivilprozessrecht). Es gilt kein Faustrecht, sondern der Staat hat es sich vorbehalten, über die Einsetzung von Gerichten die Anspruchsverhältnisse verbindlich feststellen zu lassen (sog. Gewaltenmonopol). Gegenstand des Zivilprozessrechts ist neben dem sog. **Erkenntnisverfahren** auch das sog. **Vollstreckungsverfahren**. Im Rahmen des Erkenntnisverfahrens habe ich auch das fachlich dem materiellen Zivilrecht zuzuordnende Verjährungsrecht erläutert, weil es sich nur prozessual auswirkt.

3.1.1 Verpflichtende und erfüllende Rechtsgeschäfte

Im deutschen Rechtssystem - meines Wissens einmalig auf der Welt - gilt im Vertragsrecht das sog. **Abstraktionsprinzip**: es ist zu unterscheiden zwischen den Leistungen, zu denen sich die Vertragsparteien verpflichtet (obligatorische oder verpflichtende Verträge) haben, und den Leistungen, die in Erfüllung der Verpflichtung (das können auch Erfüllungsverträge sein, z. B. die Abtretung einer verkauften Forderung) erbracht werden.

3.1.2 Schuldrechtliche Ansprüche

Solche entstehen entweder aufgrund **gesetzlicher** (im Wesentlichen: Bereicherungsansprüche, Deliktische Ansprüche und Ansprüche aus Geschäftsführung ohne Auftrag) oder aufgrund **vertraglicher** Schuldverhältnisse, die entsprechend ihrer praktischen Bedeutung in der nachfolgenden Abhandlung den größten Raum einnehmen.

3.1.3 Gesetzliche Schuldverhältnisse

Diese sind dadurch gekennzeichnet, dass alleine durch Verwirklichung gesetzlicher Tatbestandsmerkmale das Schuldverhältnis begründet wird. Wenn z. B. ein Kraftfahrzeugführer schuldhaft einen Verkehrsunfall verursacht, entsteht alleine dadurch zugunsten des Verletzten ein Schadenersatzanspruch nach deliktsrechtlichen Vorschriften (§ 823 Abs. 1 BGB) und ein Dieb haftet dem Eigentümer auf Schadenersatz wegen des entwendeten Schmucks nach Bereicherungsrecht (§§ 812 Abs. 1, 818, 819 BGB). Wenn jemand, ohne von einem anderen hierzu bestellt zu sein, für diesen ein Geschäft wahrnimmt, so liegt entweder eine berechtigte oder eine unberechtigte Geschäftsführung ohne Auftrag (GoA) vor (§ 677 BGB). **Berechtigte oder echte GoA** liegt vor, wenn die Geschäftsführung im Interesse des Geschäftsherrn liegt und dessen wirklichem - hilfsweise mutmaßlichem - Willen entspricht. Andernfalls liegt eine **unechte GoA** vor. Diese Frage ist wichtig für etwaige Kostenerstattungs- und Schadenersatzansprüche in beide Richtungen.

Eine gewisse »Zwitterstellung« nehmen die so genannten vorvertraglichen Schuldverhältnisse - Ansprüche hieraus werden culpa in contrahendo (jetzt: § 311 BGB) genannt - ein. Hier könnten allein aufgrund der Kontaktaufnahme zu Dritten schuldrechtliche Beziehungen entstehen, die Schadenersatzpflichten nach sich ziehen. Sollte der Dritte z. B. durch Investitionen im berechtigten Vertrauen auf das Zustandekommen eines Vertrages Aufwendungen geleistet und deshalb einen Schaden erlitten haben, weil der Vertrag nicht zustande kam, können auf dieser Rechtsgrundlage Ansprüche erhoben werden. Eigentlich gehören sie zu den gesetzlichen Schuldverhältnissen, da die Voraussetzungen alleine nach dem Gesetz bestimmt sind, aber sie erscheinen oft wie eine Vertragsabsprache. Denn sie können in der Abwicklung durchaus »vertragsähnlichen« Charakter haben. Ggf. geht der Ausführende oftmals - vielleicht sogar wohlmeinend - von Umständen aus, die auf ein Vertragsverhältnis schließen lassen.

3.1.4 Einseitige Willenserklärungen

Es gibt Fälle, in denen bereits einseitige Willenserklärungen - also, ohne dass ein Vertrag zustande gekommen ist, - bestimmte Rechtsfolgen nach sich ziehen. Unter einer Willenserklärung versteht man eine durch Handlungswillen untersetzte Äußerung einer Person. Auch einseitige Willenserklärungen können rechtsgestaltenden Charakter haben. Teilweise bedürfen sie des Zugangs an einen anderen, teilweise nicht.

Einseitige Willenserklärungen enthalten vielfach erhebliche »Sprengkraft«, mindestens für den Erklärenden, oft aber auch für den Erklärungsempfänger (wenn es ihn gibt). Man kann solche Erklärungen nicht »annehmen« oder »ablehnen«, obwohl das im täglichen Leben ständig passiert (»Ich widerspreche hiermit der Kündigung« oder »ich nehme die Kündigung hiermit an!«): **einseitige Willenserklärungen wirken**. Die Annahme einer einseitigen Willenserklärung führt (Auslegung!) aber oftmals zu einem Vertrag, der dann auch den Annehmenden binden könnte.

Die wichtigsten einseitigen Willenserklärungen sind:

- **Kündigung** eines Vertrags (zugangsbedürftig)
- **Anfechtung** einer Willenserklärung (zugangsbedürftig)
- **Rücktrittserklärung** (zugangsbedürftig)
- **Minderungserklärung** (zugangsbedürftig; Anm.: das war bis zum 31.12.2001 anders: solche Erklärungen mussten bzgl. solcher Verträge, die vor dem genannten Stichtag geschlossen wurden - ebenso wie das heute nicht mehr existente Institut der »Wandlung« -, »angenommen« werden, waren also Verträge!)
- **Testament** (nicht zugangsbedürftig).

Sehr häufig und deshalb wichtig: gibt ein Vertreter für einen anderen eine einseitige Willenserklärung in dessen Namen ab, kann der Empfänger die Erklärung durch eine »einseitige« Willenserklärung mit dem Hinweis, eine schriftliche Vollmachtsurkunde läge nicht vor, unverzüglich zurückweisen. **Dann ist die Erklärung insgesamt unwirksam und muss nachgeholt werden (mit Vollmachtsurkunde), einfaches »Nachreichen« der Urkunde ist nicht ausreichend!**

3.2 Vertragsrecht

Das Vertragsrecht hat in der Praxis die größte Bedeutung, einerseits, weil die meisten Schuldverhältnisse durch Verträge begründet werden, andererseits, weil die Parteien hier den größten Handlungsspielraum haben. Das gilt sowohl für das Zustandekommen als auch für den Inhalt von Verträgen.

3.2.1 Angebot und Annahme

Ein Vertrag kommt durch **Angebot und Annahme** zustande (§§ 145 ff. BGB). Dabei handelt es sich um mindestens zwei aufeinander abgestimmte (die Juristen sagen: »korrespondierende« oder »kongruente«) Willenserklärungen. Es müssen also von einem Willen getragene Erklärungen abgegeben werden und diese müssen dem Empfänger zugegangen sein.

Nicht hinter allen Erklärungen steht ein Wille und nicht alle aufeinander bezogenen Willenserklärungen sind »kongruent«. Sind sie es nicht, spricht man von (offenem oder verdecktem) **Dissens**. Soweit Erklärungen einen rechtlich relevanten Willen zur Grundlage haben, sind diejenigen auszusondern, die nicht aufeinander bezogen sind. Denn diese können keine Verträge begründen. Soweit die Erklärung nicht durch einen rechtlich relevanten Willen gedeckt ist, liegt ein **Irrtum des Erklärenden** vor.

Die einen Vertrag begründenden Willenserklärungen - Angebot und Annahme - sind grundsätzlich formfrei. Auch mündlich oder durch bloßes »einvernehmliches Zusammenwirken« können Verträge entstehen. Auszugehen ist vom Angebot. Dieses bestimmt grundsätzlich den Gegenstand des angebahnten Rechtsgeschäfts. Der angesprochene Vertragspartner kann sich nämlich im Regelfall auf ein einfaches »Ja« zum Zweck der Annahme beschränken.

Die Annahme des Vertrags muss zwar immer vorliegen, jedoch gibt es Fälle (§ 151 BGB), bei denen der Antragende darauf verzichtet, dass

- die Annahmeerklärung an den Vertragspartner gerichtet ist und
- sie ihm zugeht.

Die Erklärung selbst muss aber - wenn auch nur konkludent - vorliegen.

3.2.2 Willenserklärungen unter Anwesenden

Die meisten Verträge - alltägliche Geschäfte - werden »unter Anwesenden« (i.d.R. mündlich oder schlüssig bzw. konkludent) geschlossen. »Unter Anwesenden« meint: Möglichkeit der unmittelbaren Kommunikation von Person zu Person [1-Heinrichs, Rdz. 5 zu § 147 BGB]. Eine solche Erklärung ist zugegangen, wenn der Empfänger sie akustisch und richtig wahrnimmt. Solche unter Anwesenden gemachten Angebote können nur sofort angenommen werden (§ 147 Abs. 1 BGB). Willenserklärungen unter Anwesenden sind auch solche, die unter Zuhilfenahme einer technischen Einrichtung eine unmittelbare Kommunikation von Person zu Person ermöglichen (also z. B. Telefon, Videokonferenz und Internetchat).

3.2.3 Willenserklärungen unter Abwesenden

Die unter Abwesenden gemachten Angebote können »bis zu dem Zeitpunkt angenommen werden, in welchem der Antragende den Eingang der Antwort unter regelmäßigen Umständen erwarten darf« (§ 147 Abs. 2 BGB). »Unter Abwesenden« meint: solche Willenserklärungen, die nicht »unter Anwesenden« geleistet werden. Eine unter Abwesenden getätigte Willenserklärung geht zu, wenn sie so in den Bereich des Empfängers gelangt ist, dass dieser unter normalen Verhältnissen die Möglichkeit hat, vom Inhalt der Erklärung Kenntnis zu nehmen [1-Heinrichs/Ellenberger, Rdz. 5 zu § 130 BGB]. Schriftliche Erklärungen oder solche per Telefax abgegebenen Willenserklärungen sind solche unter Abwesenden [1-Heinrichs, Rdz. 5 zu § 147 BGB]! Maßstab ist also das jeweils vom Erklärenden gewählte Kommunikationsmittel.

3.2.4 Besondere Form von Willenserklärungen

Die Parteien können grundsätzlich die Form ihrer Geschäfte frei wählen (denkbar wäre etwa auch ein mündliches Angebot und eine schriftliche oder - sicher ungewöhnlich - notarielle Annahmeerklärung usw.). Neben konkludenten (schlüssigen) und mündlichen Verträgen gibt es noch »höhere« Formen: die schriftlichen und die notariellen Verträge. Aus Gründen der

- Dokumentationspflicht für Kaufleute
- der Obliegenheit zur Beweisführung in einem Zivilrechtsstreit und
- des eigenen Controllings

sollten Verträge mit bedeutenderem Inhalt im Wesentlichen mind. schriftlich geschlossen oder wenigstens deren Inhalt nach Vertragsschluss schriftlich fixiert werden.

Manchmal sind aber auch **formbedürftige Willenserklärungen** erforderlich, um wirksam Verträge oder sonstige Rechtsfolgen begründen zu können. Wird eine Willenserklärung ohne Beachtung der vorgeschriebenen Form abgegeben, kann hierdurch kein Vertrag zustande gekommen sein (nichtig, §§ 125, 126 BGB). Auch die Parteien eines Vertrags können eine gewisse Form für Willenserklärungen vereinbaren.

Die bedeutendsten **gesetzlich vorgeschrieben formbedürftigen Willenserklärungen** sind:

- **Testament** (**handschriftlich und Unterschrift**).
- **Immobilienkaufverträge** (**not. Beurkundung von Angebot und Annahme**; § 311b BGB). Fehlende Form kann durch Eintragung in das Grundbuch geheilt werden. Mir ist praktisch kein solcher Fall bekannt.
- **Satzung einer Handelsgesellschaft** (**not. Beurkundung**).
- **Schenkungsversprechen** (not. Beurkundung des Versprechens). Das weiß – Juristen natürlich ausgenommen – fast niemand, stimmt aber tatsächlich: die Schenkung ist auch ein Vertrag, also sind Angebot und Annahme erforderlich. Das Versprechen – ganz gleich ob als Angebot oder Annahme erklärt – des Schenkenden ist nur wirksam, wenn es notariell abgegeben wird (§ 518 Abs. 1 BGB)! Allerdings: Die fehlende Form wird durch »Bewirkung« (Erbringung) der Schenkungsleistung (Erfüllung des Schenkungsvertrags) geheilt (sog. Handschenkung; § 518 Abs. 1 BGB).

Auch vertraglich werden sehr oft **Formen vereinbart**, z. B.:

- **Schriftform zur Begründung oder Änderung eines Vertrags.** Aber es ist von der Rechtsprechung des BGH anerkannt, dass die Vereinbarung einer Form auch formfrei wieder aufgehoben werden kann. Das gilt insbesondere für Formularverträge (sog. Allgemeine Geschäftsbedingungen).

- **Einschreiben bei Kündigung von Mietverträgen.** Diese Form wird aus Beweisgründen gewählt. Ich empfehle ohnehin, jede Kündigung, auch wenn sie nicht der Schriftform mit Einschreiben bedarf, mittels Einschreiben zu erklären. Vor Gericht ist die erklärende Partei mit dem Zugang der Erklärung beweisbelastet.

Sollten Verträge unter Missachtung einer gebotenen Form geschlossen worden sein, so kommt aber in manchen Fällen – das gilt insbesondere dann, wenn noch ein weiterer Akt (z. B. die Eintragung in ein öffentliches Register: Grundbuch usw.) erforderlich ist – eine »Heilung« in Betracht. In der Praxis spielt das bei Grundstückskaufverträgen eigentlich keine Rolle mehr, wohl aber bei Schenkungsversprechen, bei denen die Bewirkung der Schenkung eine Heilung nach sich zieht.

3.2.5 Die Auslegung von Willenserklärungen

Allein der Umstand, dass zwei Willenserklärungen »vorliegen«, bedeutet nicht zwangsläufig, dass diese auch »korrelieren« und somit einen Vertrag begründen können. Denkbar ist, dass die Willenserklärungen sich nur teilweise oder gar nicht decken, dabei ist es gleichgültig, ob die betroffenen Parteien dies erkannt oder nicht erkannt haben. Es ist also zu klären, welchen Inhalt die Willenserklärung einer Partei hat und wie insbesondere »missverständliche« Äußerungen zu beurteilen sind. Das soll nachstehend erörtert werden.

Das Zivilrecht wird beherrscht vom **Grundsatz der Privatautonomie**. Die Parteien sollen sich darüber einigen, was sie geschäftlich wollen. Hier gibt es grundsätzlich keine »Vorgaben«. Das tun sie mit ihren Willenserklärungen. Der Begriff der Willenserklärungen enthält also zwei Elemente:

- den **Willen** und
- die **Erklärung** (des Willens).

Dabei hat zwar der Wille den Vorrang, denn wie die Parteien sich »objektiv« auszudrücken pflegen ist unerheblich. Da aber die Erklärung die Verkörperung des Willens darstellt, muss man aus der Erklärung selbst den dahinterstehenden Willen zu ermitteln suchen. Fraglich ist, was gilt, wenn der Empfänger die Erklärung falsch wahrgenommen hat. Dann gilt:

- Zunächst ist eine Erklärung auszulegen. Sie muss so ausgelegt werden, **wie ein redlicher Empfänger in der konkreten Situation sie verstanden haben würde**. Bei Verträgen ist also mit dem **Angebot** zu beginnen.

- Danach ist **die Willenserklärung des Annehmenden** auszulegen. Auf diese Weise wird dann ermittelt, ob und zu welchen Bedingungen der konkrete Vertrag zustande gekommen ist. Sollte sich dann herausstellen, dass eine der Parteien sich missverständlich ausgedrückt hat, so hält sie das Gesetz (zunächst) gleichwohl an dem Erklärten als die Verkörperung des Willens fest. Es liegt nun an der erklärenden Partei, dass Missverständnis aufzuklären - die Juristen sprechen von »Irrtumsanfechtung« - und so die eigene Willenserklärung (und somit indirekt den ganzen Vertrag) zu Fall zu bringen.

- Es wäre aber auch denkbar, dass beide Parteien sich missverständlich ausgedrückt haben. Sollten also beide Erklärungen nicht jeweils vom Willen der Partei gedeckt sein, so decken sich die Erklärungen - immer betrachtet vom Standpunkt eines objektiven redlichen Empfängers der jeweiligen Erklärung! - nicht. Damit liegt ein sog. **Dissens** vor: **Es ist nichts vereinbart worden!**

Verträge werden inhaltlich üblicherweise durch die Angebotserklärung definiert. Denn die Annahmeerklärung kann im einfachsten Fall nur mit dem Wort »Ja« erfolgen. Formalrechtlich ist das die einzige Form, wie Verträge zustandekommen. **Jegliche Abänderung eines Vertragsangebots (§ 150 Abs. 2 BGB) bedeutet die Ablehnung des bisherigen Angebots der Gegenseite unter gleichzeitiger Erteilung eines neuen**

Angebots. Das Vertragsangebot ist regelmäßig praktisch die bedeutendere Willenserklärung, da sich hiernach der Vertragsinhalt richtet.

Dabei ist es unerheblich, von welcher Seite das Angebot auf Abschluss eines Vertrages kommt - z. B. also Bauherr oder Baufirma - es muss aber hinreichend konkret sein. Denn durch das Angebot wird der Umfang der späteren Leistungspflicht bestimmt. Der Annehmende muss in der Regel nur noch zustimmen. Sofern der Annehmende aber nur mit Einschränkungen zustimmt oder noch weitere Ausführungen tätigt, handelt es sich grundsätzlich um die Ablehnung des erteilten und die Unterbreitung eines neuen Angebots (§ 150 Abs. 2 BGB). So können im Rahmen der - u. U. auch langwierigen Vertragsverhandlungen - die Parteien mehrfach ihre formalen Positionen wechseln. Entscheidend für den Vertragsinhalt ist letztlich also nur, was auch tatsächlich von beiden Seiten einvernehmlich vereinbart wird. Das sind im Zweifel die zeitlich zum Schluss abgegebenen Erklärungen, wobei grundsätzlich das zuvor Gesagte damit Makulatur wird.

Gerade in Fällen, in welchem die Auftragserteilung sich vor allem deshalb hinzieht, weil die möglichen Vertragsparteien sich noch nicht in allen Einzelheiten »besprochen« haben und jeder versucht, noch in Teilbereichen einen gewissen Vorteil für sich herauszuschlagen, entstehen in der Praxis oftmals Situationen, die zwar einen Vertragsschluss im Ergebnis in aller Regel nach sich ziehen - auch das ist in seltenen Fällen aber problematisch - jedoch den genauen Inhalt des Vertrages nicht in aller Deutlichkeit festlegen. In einem Rechtsstreit kann dann für die eine oder andere Partei ein Beweisproblem entstehen: es kommt dann mitunter darauf an, wie es sich mit einer konkreten Absprache verhält.

Um Schwierigkeiten später zu vermeiden, gilt:

- Es empfiehlt sich, in allen Fällen eine schriftliche Bestätigung, nach Möglichkeit im unmittelbaren zeitlichen Zusammenhang, anzufertigen.
- Ansonsten: Dokumentation über eine Aktennotiz, wer welchem eigenen Mitarbeiter gegenüber welchen Auftrag wann erteilt hat, der über das ursprünglich vereinbarte Leistungssoll hinausgehen soll. Es ist günstig, wenn dies ein Zeuge bestätigen kann.
- Bei Zusatzaufträgen gilt: Soweit allgemeine Vertragsbedingungen im Hauptauftrag vereinbart worden sind, gelten diese im Zweifel auch für mündliche Zusatzaufträge, wenn diese im unmittelbaren sachlichen und zeitlichen Zusammenhang stehen. Umgekehrt - allgemeine Vertragsbedingungen also erst im Zusatzauftrag speziell für diesen vereinbart - gilt eine solche Vermutung aber nicht. Hier gilt im Zweifel die Vereinbarung der allgemeinen Vertragsbedingungen - sofern sich nicht aus dem eindeutigen Wortlaut etwas anderes ergibt - nur für den Zusatzauftrag.
- Bei Nachträgen/Zusatzaufträgen insbesondere im Rahmen von Pauschalpreisvereinbarungen darauf achten, dass sich aus diesen eine deutliche Erweiterung des Auftragsverhältnisses ergibt. Hinweise sind erforderlich, insbesondere, dass diese nicht mit dem Pauschalpreis abgegolten sein sollen. Hier wird auch das besonders differenzierte Leistungsverzeichnis erheblich.

3.2.5.1 Bedeutung von Leistungsverzeichnissen

Bei umfänglichen Verträgen – oftmals bei Bauverträgen – werden die konkreten Vertragspflichten durch Leistungsverzeichnisse konkretisiert: Je genauer das Leistungsverzeichnis, desto konkreter die Vertragspflichten des Anbietenden. In einer Baubeschreibung könnte z. B. nur »Parkett« oder aber »Echtholzparkett und Echtholzparkettleiste (Höhe 5 cm) in Buchenkernholz« stehen. Danach richten sich aber die konkreten Vertragspflichten. Der Sachleistungspflichtige hat also i. Zw. den Vorteil an einer inhaltlich mehrdeutigen Leistungsbeschreibung.

3.2.5.2 Kaufmännisches Bestätigungsschreiben oder Auftragsbestätigung?

Während Schweigen im Rechtsverkehr grundsätzlich keine Bedeutung hat – hier ist aber zunächst zu prüfen, ob nicht eine Willenserklärung durch schlüssiges Verhalten (konkludent) vorliegt – gibt es im Gesetz wenige Fälle, in denen Schweigen als Ablehnung oder Zustimmung zu werten ist. Da der Schweigende nichts erklärt, kommen hier nach richtiger Auffassung die Grundsätze über Willenserklärungen nicht zur Anwendung (str.). Es handelt sich um eine sog. »Fiktion«: Das Gesetz knüpft an das Schweigen bloß eine bestimmte Rechtsfolge.

Es gibt aber einen praktisch wichtigen Fall, in welchem das Schweigen, obwohl das gesetzlich nicht geregelt ist, Bedeutung hat: das so genannte **Kaufmännische Bestätigungsschreiben** (KBS). Kaufleute haben das Bedürfnis nach beschleunigter Abwicklung des Geschäfts, weshalb oft mündliche Vertragsabschlüsse getätigt werden. Andererseits gibt es ein Interesse nach Dokumentation. Voraussetzungen für ein wirksames KBS sind:

- Mündliche Vertragsverhandlungen sind vorausgegangen, die im Ergebnis einen Vertragsschluss wiedergeben.
- Der Absender muss glauben und glauben dürfen, dass das Schreiben den Vertragsinhalt korrekt wiedergibt oder aber »nur solche Abweichungen enthält, die der Empfänger billigt« (als Ausnahme zum § 150 Abs. 2 BGB, s. o.). Dazu gehört auch eine gewisse zeitliche Nähe zu den mündlichen Verhandlungen.
- Der Empfänger des Schreibens muss Kaufmann sein bzw. einen Betrieb führen, der in größerem Umfang am Verkehrsleben teilnimmt (z. B. auch ein Architekt) sein.
- Für den Absender gilt ähnliches: Jedenfalls muss es sich um eine Person handeln, die ein Empfänger als einen ähnlich wie einen Kaufmann am Geschäftsleben Tätigen (an-)erkennt.

  In solchen Fällen muss der Empfänger dieses Schreibens unverzüglich – d. h.: ohne schuldhaftes Verzögern; keinesfalls länger als 5–7 Werktage nach Empfang, § 121 BGB – dem Inhalt widersprechen. Andernfalls gilt der Vertrag als mit dem Inhalt vereinbart, den das Schreiben wiedergibt.

  Vom KBS ist die Auftragsbestätigung zu unterscheiden: Gemeint ist hier die schriftliche Form der Annahmeerklärung eines Angebots. Das KBS dagegen weist ausdrücklich darauf hin, dass es bereits einen Vertrag gibt (z. B.: »... der guten Ordnung halber möchte ich das zwischen uns Vereinbarte kurz wie folgt zusammenfassen: ...«). Im Einzelfall ist die Grenzziehung manchmal fraglich.

Praktisch relevant sind die KBS, wenn die eigenen Allgemeinen Geschäftsbedingungen auf diese Art in den Vertrag »eingeführt« werden sollen. Abgesehen davon, dass aufgrund der restriktiven Handhabung von mehrfach verwendeten Vertragsklauseln ohnehin in der Sache wenig erreicht werden kann, könnte es sein, dass »sich kreuzende Bestätigungsschreiben« einen Vertragsabschluss überhaupt verhindern: Beide Parteien behaupten jeweils gegensätzlich, die eigenen Vertragsklauseln als dem Vertrag zugrundeliegend vereinbart zu haben. Die mögliche Folge: Es liegt ein offener Dissens (s. o.) und damit kein Vertragsschluss vor.

3.2.5.3 Die Geltung von Allgemeinen Geschäftsbedingungen

Vertragsbedingungen müssen vereinbart werden, nicht vereinbarte Bedingungen werden nicht Gegenstand des Vertrags. Das ist selbstverständlich und gilt auch **bei sog. Allgemeinen Geschäftsbedingungen**. Dabei handelt es sich um **alle für eine Vielzahl von Verträgen vorformulierten Vertragsbedingungen**, die eine Vertragspartei (Verwender) der anderen Vertragspartei bei Abschluss des Vertrags stellt (§ 305 Abs. 1 S. 1 BGB).

Alle vorformulierten Verträge und Vertragsbedingungen, die eine Vertragspartei regelmäßig verwendet, sind sog. »Allgemeine Geschäftsbedingungen«, die hinsichtlich ihrer Wirksamkeit besonderen Beschränkungen unterliegen (§§ 305 ff. BGB). Dabei spielt es auch keine Rolle, ob diese »Klauseln« irgendwo vorformuliert erfasst sind oder ob der Verwender sie sich jedes Mal aus seinem Gedächtnis abruft. Wenn der andere Vertragsteil darlegen und beweisen kann, dass eine Vertragsbedingung regelmäßig Verwendung findet, dann gelten die Einschränkungen. Es gibt eine (widerlegbare) Vermutung, dass ein dreimaliger Gebrauch ein- und derselben Vertragsklausel auf eine Vorformulierung in diesem Sinne schließen lässt.

Etwaige »Besondere« Geschäftsbedingungen sind rechtlich ebenfalls hier einzuordnen. Auch die sog. »Allgemeinen Vertragsbedingungen für die Ausführung von Bauleistungen - DIN 1961« - besser bekannt als VOB/B - sind solche Allgemeinen Vertragsbedingungen. Die VOB/B sind also keine Rechtsnormen und haben nicht die Funktion, das dispositive Gesetzesrecht zu ersetzen. Deswegen dürfte die Frage nach der Alternativität eines Bauvertrages - entweder ein solcher nach BGB oder ein solcher nach VOB/B - nicht wirklich gestellt werden: Jeder Vertrag ist ein solcher nach BGB.

Sollten Allgemeine Geschäftsbedingungen vereinbart sein, so unterliegen sie einer besonderen Gültigkeitskontrolle:

- **Vorrang der Individualabrede** (§ 305b BGB). Das speziell für den genannten Vertrag Ausgehandelte (auch mündlich) hat immer den Vorrang vor allen Allgemeinen Geschäftsbedingungen, vorausgesetzt, der andere Teil kann das beweisen.

- **Überraschende und mehrdeutige Klauseln (§ 305c BGB) sind wirkungslos.** Es dürfen keine Regelungen an versteckten Stellen oder dort erscheinen, wo mit Ihnen nicht zu rechnen ist (z. B. Regelungen über Kündigungen unter der Überschrift: »Preise«). Zweifel bei der Auslegung (mehrdeutige oder unklare Begriffe, schlechte oder unterlassene Verweisungen usw.) gehen zu Lasten des Verwenders.

- **Allgemeine Inhaltskontrolle** (§ 307 BGB). Die Regelungen unterliegen dem so genannten **Transparenzgebot** (§§ 305 Abs. 2, 307 Abs. 1, S. 2 BGB) Für die Übersichtlichkeit des Vertrags hat der Verwender zu sorgen. Unübersichtliche Verträge (zu eng geschrieben, keine Absätze, keine logischen oder sachlich gebotenen Einteilungen usw.) führen dazu, dass die darin enthaltenen Klauseln unwirksam sind. Das ist eine Frage der gerichtlichen Wertung.

  Darüber hinaus dürfen Klauseln **nicht gegen den Grundgedanken des dispositiven Gesetzesrechts** (also i.d.R. des BGB) verstoßen (§ 307 Abs. 2, Ziff.1. BGB). Soweit kein dispositives Gesetzesrecht im konkreten Fall zur Anwendung kommt, dürfen Klauseln nicht gegen die so genannten Kardinalpflichten verstoßen, die sich aus der Natur des Vertrages ergeben. Praktisch handelt es sich um einen Freibrief für jedes mit Fantasie beschlagene Gericht, unliebsame Klauseln immer kippen zu können.

- **Besondere Inhaltskontrolle** (§§ 308, 309 BGB). Hier sind Verbote für Klauseln im Einzelnen aufgezählt, die Wertungen enthalten (§ 308 BGB: Annahme- und Leistungsfristen, Nachfristen, Rücktrittsvorbehalte, Änderungsvorbehalte, fingierte Erklärungen, Fiktionen usw.) oder keine Wertungen enthalten (§ 309 BGB: Kurzfristige Preiserhöhungen, Leistungsverweigerungsrechte, Aufrechnungsverbote, Mahnungen, Fristsetzungen, Pauschalierung von Schadenersatzansprüchen usw.). Auch soweit diese besonderen Verbote für den konkreten Vertrag ausgeschlossen sind – in § 310 BGB ist ein solcher persönlicher Anwendungsbereich geregelt – gelten sie dennoch über die allgemeine Vorschrift nach § 307 BGB.

3.2.5.4 Insbesondere: VOB/B

Die VOB/B ist – man kann es nicht oft genug sagen – **kein Gesetz**, sondern **in ihrer Gesamtheit ebenfalls Allgemeine Geschäftsbedingung**, da sie vorformulierte Klauseln beinhaltet. Oftmals regeln Bauverträge – besonders oft bei Einschaltung eines Generalunternehmers – eine »abgestufte« Geltung von Vertragsklauseln, wobei auch die VOB/B an einer Stelle erwähnt wird.

Nach altem Recht galt die VOB/B als »insgesamt ausgewogen«, sodass es hingenommen wurde, wenn in einzelnen Regelungen diese dem Gesetz widersprach. Nach neuem Recht (st. 01.01.2002) war es ausgesprochen problematisch, ob die VOB/B nicht in Teilen oder ganz den Bestimmungen des BGB über Allgemeine Geschäftsbedingungen zum Opfer fällt. Insoweit hat sich jetzt eine Rechtsprechung herauskristallisiert, die jedenfalls alle benachteiligenden Regelungen der VOB/B, wenn sie gegenüber einem Verbraucher verwendet werden, als ungültig betrachtet. Nur gegenüber einem Unternehmer gilt – jedenfalls zurzeit – die Privilegierung als »insgesamt ausgewogen« fort. Die Rechtsentwicklung ist hier jedoch sicher nicht abgeschlossen.

3.2.6 Die Zurechnung von Willenserklärungen

Nach der Feststellung, dass zwei Willenserklärungen vorliegen, die nach ihrem ausgelegten Inhalt auch noch korrelieren (als Angebot und Annahme also »kongruent« sind), ist zu prüfen, wem diese Willenserklärungen zuzurechnen sind, um den Vertragspartner zu bestimmen.

Die Feststellung der Person des Vertragspartners ist – so unproblematisch dies auf den ersten Blick erscheinen mag – aus praktischen Gründen unter Umständen manchmal schwierig. Vor allem ergibt sich diese Feststellung unter gewissen Umständen eben nicht »von selbst«, weil sich die Parteien oftmals selbst hierüber keine Gedanken machen. Wenn in einem Fall z. B. ein Herr Walter für die Fa. »Blitz-Bau« auftritt, ist zunächst zu klären, ob diese Fa. überhaupt selbstständig Träger von Rechten und Pflichten sein kann. Dazu muss sie im rechtlichen Sinne eine (natürliche oder) juristische Person sein. Anhand der genannten Firmenbezeichnung lässt sich das nicht erkennen, es ist genauso gut denkbar, dass es sich hier um ein Einzelunternehmen des Herrn Walter handelt. Dann wird auch nur Herr Walter berechtigt und verpflichtet. Überdies muss Klarheit darüber bestehen, wer überhaupt »Herr Walter« ist. Es gibt in der Praxis Vertragsabschlüsse, bei denen jedoch die Person des Vertragspartners nicht eindeutig zu ermitteln oder dies erst nach langen, aufwändigen Recherchen möglich ist. Wenn dann noch mehrfach die Rechnung umadressiert wird, verstärkt sich im Falle eines Gerichtsverfahrens der Eindruck des Richters, dass der Anspruchsteller als Kläger selbst nicht so recht weiß, ob er jetzt den »Richtigen« verklagt hat. Im Zweifel ist ein Blick in das entsprechende Register (z. B. Genossenschafts-, Handelsregister) zu nehmen, um die Rechtsfähigkeit eines vermeintlich Vertretenen festzustellen.

Zudem liegt es auch im »vertraglichen Haftungsinteresse« des Unternehmers, den Kreis der möglichen Vertragspartner möglichst groß zu gestalten.

3.2.6.1 Handeln im eigenen Namen als »Regelfall«

Regelmäßig handelt ein voll Geschäftsfähiger für sich selbst. Dies ist bereits Ausfluss der persönlichen Handlungsfreiheit, die in unserer Verfassung (Art. 3 GG) als »allgemeine Handlungsfreiheit« jedem Menschen garantiert wird.

Somit ist es folgerichtig, dass derjenige, der von diesem fundamentalen Grundsatz abweichen will, nämlich »für einen Dritten« handeln zu wollen, dies kenntlich zu machen hat. Ein solcher Umstand, aus denen sich das Handeln für einen anderen ergibt (wenn der Handelnde dies schon nicht sagt oder sonst kundtut) betrifft den Fall, dass jemand erkennbar für den Geschäftsbetrieb eines Dritten handelt.

3.2.6.2 Handeln im fremden Namen als »Ausnahmefall«

Wenn jemand im fremden Namen handeln will, so wirkt eine **entsprechend abgegebene Erklärung** (**erste Voraussetzung**, s. o.) aber nur für den anderen, wenn er dies darf. Die **Befugnis, im fremden Namen handeln zu dürfen** (**zweite Voraussetzung**), wird Vertretungsmacht genannt.

Es ist weiter zu unterscheiden zwischen **gesetzlichen** Vertretungsmachten (etwa der Geschäftsführer einer GmbH) und **vertraglichen** Vertretungsmachten (diese werden Vollmachten genannt). Der Umfang einer gesetzlichen Vertretungsmacht bzw. Vollmacht ist objektiv und subjektiv bestimmt bzw. bestimmbar: Einerseits können dem Bevollmächtigten inhaltliche Grenzen gesetzt sein (z. B. berechtigt eine Prokura regelmäßig nicht zur Veräußerung von Geschäftsgrundstücken; § 49 HGB), andererseits kann eine Vertretererklärung durch die Mitwirkung eines weiteren Vertreters bedingt sein (sog. gemeinschaftliche Vertretung in Abgrenzung zur Einzelvertretung; Bsp.: Eltern sind bei gemeinschaftlichem Sorgerecht für ihr Kind auch nur gemeinschaftlich vertretungsbefugt: In der Praxis wird aber oft angenommen, dass der handelnde Elternteil von dem nicht handelnden zusätzlich »bevollmächtigt« wurde, im Rahmen seiner Mitvertretungsbefugnis zu handeln).

Es wird schließlich danach unterschieden, wie die Vertretungsmacht erteilt wird: als **Innenvollmacht (**Bekanntgabe gegenüber dem Bevollmächtigten), **Außenvollmacht** (Bekanntgabe gegenüber dem Geschäftspartner) oder **nach außen kundgetaner Innenvollmacht** (Kundgabe gegenüber dem Geschäftspartner, dass man einen anderen bevollmächtigt habe).

3.2.6.3 Vollmachten, die »eigentlich« keine sind

Wenn also jemand im fremden Namen handelt und keine Vertretungsmacht hat, wird derjenige, in dessen Namen er handelte, regelmäßig nicht verpflichtet. Es gibt aber zwei praktisch sehr wichtige Ausnahmen, die **Duldungsvollmacht** und **Anscheinsvollmacht.** In beiden Fällen ist derjenige, der Geschäfte abschließt, hierzu nicht bevollmächtigt. Bei der Duldungsvollmacht weiß der Geschäftsherr von diesem Umstand, unternimmt aber nichts dagegen. Bei der Anscheinsvollmacht weiß der Geschäftsherr aber nichts von dem Verhalten seines Angestellten oder freien Mitarbeiters. In beiden Fällen wird er aber so behandelt, als bestünde eine wirksame Vollmacht: Damit ist also – unabhängig von der Frage, ob im Innenverhältnis zum handelnden Dritten ein Regressanspruch besteht oder nicht – der Geschäftsherr jedenfalls dem ahnungslosen Geschäftspartner gegenüber verpflichtet, als wäre der Dritte bevollmächtigt.

Im Fall der Duldungsvollmacht kann man von **»Haftung für Sorglosigkeit«**, im Fall der Anscheinsvollmacht von **»Organisationshaftung«** sprechen. Ein Geschäftsherr hat also sein Geschäft so zu organisieren, dass er es überblickt und sich auch im Rahmen einer bestehenden und von ihm überblickten Organisation im Interesse des Geschäftsverkehrs im allgemeinen und seiner Geschäftspartner im besonderen gegenüber seinen freien Mitarbeitern oder Angestellten deutlich durchsetzt, um solche Handlungen zu unterbinden. Diese - gleichwohl vollkommen herrschende - Auffassung in der Rspr. ist zwar umstritten, zwischenzeitlich jedoch so gefestigt, dass die - durchaus berechtigten - Einwendungen unbeachtlich sind. Ich gehe deshalb hier nicht darauf ein.

3.2.6.4 Vollmachten, die »wirklich« keine sind

Es kommt - das ist sehr wichtig - auf das **»formale« Auftreten des (vermeintlich oder wirklich) Bevollmächtigten** an: Er muss erkennbar im fremden Namen auftreten. Es gibt - in der Praxis sehr bedeutend - Fälle, in denen jemand im eigenen Namen aber für fremde Rechnung auftritt. Bei diesen sog. **Strohmanngeschäften** (oft auch juristisch unkorrekt: **»mittelbare« Stellvertretung** genannt) liegt kein Handeln im fremden Namen und folglich keine ausgeübte Vertretung vor (selbst wenn er eine Vollmacht hätte!). Der Strohmann handelt immer im eigenen Namen. Die Folgen des Rechtsgeschäfts werden immer ihn - nicht den Hintermann - binden. Ob er dem Hintermann gegenüber verpflichtet oder berechtigt ist, die Wirkungen des Geschäfts zu übertragen, ist ausschließlich von der Vereinbarung mit diesem abhängig (sog. **Treuhandvereinbarung** als Deckungsgeschäft).

3.2.6.5 Haftung des Nichtbevollmächtigten, der für einen Dritten auftritt (sog. »falsus procurator«)

Hier ist zu unterscheiden zwischen der Haftung gegenüber dem Geschäftsherrn und der Haftung gegenüber dem gutgläubigen Geschäftspartner. Gegenüber dem Geschäftsherrn gestaltet sich eine Haftung je nach Ausprägung des Innenverhältnisses: So kommt eine solche möglicherweise nicht in Betracht, wenn sich der Geschäftsherr gegenüber dem »falsus procurator« so verhalten hat, dass dieser zu Recht von einer in Wahrheit nicht bestehenden Vollmacht ausging.

Beim Abschluss von Verträgen ergeben sich aus den jeweiligen landesrechtlichen Vorschriften oftmals Regelungen, wer für die jeweilige Gemeinde, Bezirk oder den Landkreis vertretungsberechtigt ist (mind. Schriftform, meist auch mit Unterschrift des Bürgermeisters nebst Amtssiegel usw.). Sollte ein nicht bevollmächtigter Gemeindebediensteter z. B. einen Fachplanervertrag unterschrieben haben, wird die Gemeinde nicht verpflichtet. Zwar handelt es sich bei diesen Vorschriften (mangels Bundesrecht) nicht um gesetzliche Formvorschriften, die den Vertrag nichtig (§ 125 BGB) machen würden, jedoch haftet der Gemeindebedienstete nicht als »falsus procurator« nach § 179 BGB, sondern - eingeschränkt - nur bei mindestens fahrlässigem Verhalten subsidiär (§ 839 Abs. 1 BGB). Diese Besonderheit ist bei Verträgen mit kommunalen Gebietskörperschaften immer zu beachten.

3.2.7 Vertragspflichten

Als mögliche Ansprüche aus einem Vertrag unterscheidet man zwischen Primäransprüchen (Hauptpflichten) - also die Pflichten, die die Parteien mit ihren Verträgen auch jeweils gegenseitig zweckgerichtet begründet haben - und Sekundäransprchen. Bei diesen handelt es sich um Folgeansprüche, die entstehen, wenn die Vertragsabwicklung problematisch wird.

3.2.7.1 Hauptpflichten (Synallagma)

Das Bürgerliche Gesetzbuch (BGB) gibt für nahezu alle Fälle des Lebens den Bürgern »Vertragstypen« an die Hand, auf die sie sich beziehen können (aber nicht müssen!). Denn der bereits angesprochene Grundsatz der Privatautonomie bedeutet nicht nur, dass Vertragsparteien (grundsätzlich: anders etwa bei Monopolunternehmen z. B. der Versorgungswirtschaft u.a.) zu einem Vertragsschluss nicht gezwungen werden können, sondern auch, dass der Inhalt der Vereinbarung grundsätzlich frei bestimmt werden kann. Von diesem Grundsatz gibt es (teils erhebliche) Ausnahmen.

Nahezu alle Verträge lassen sich unter die Vertragstypen des BGB einordnen. Es gibt allerdings Ausnahmen, z. B. wenn ein Vertrag Elemente mehrerer Vertragstypen enthält, dann ergibt nur eine juristische Auslegung der Willenserklärungen Näheres zum Vertragsverständnis.

Spätestens seit der großen Schuldrechtsreform, die eine erhebliche Änderung des BGB nach sich zog, steht fest: **Eine geschuldete Leistung ist nur dann vertragsgerecht, wenn sie mängelfrei ist**. Daraus ist zu folgern: die »mangelhafte Leistung« - gleich aus welchem Grund - ist ebenso wie die »Nichtleistung« Nichterfüllung des Vertrages. Dabei sind - konsequent - die »Rechts- und Sachmängel« gleichgestellt.

Davon sind die so genannten »Nebenpflichten« (Sekundäransprüche) abzugrenzen. Das sind die Pflichten, die die Parteien mit ihrem Vertrag gerade nicht begründen wollten (meistens Schadenersatzpflichten): z. B. wird (grundsätzlich) niemand einen Vertrag begründen, um auf die Nichterfüllung durch den anderen Teil zu hoffen, damit Schadenersatz bezogen werden kann!

3.2.7.2 Vertragstyp »Fachplanervertrag«

Das Gesetz kennt keinen »Fachplanervertrag« als eigenständigen Vertragstyp. Die Einordnung hängt daher davon ab, welches die gegenseitigen Vertragspflichten sind, die ein Fachplaner mit seinem Auftraggeber begründet, sodass eine Einstufung in den BGB-Vertragstyp möglich ist. In der Praxis wird dies in aller Regel ein so genannter »Werkvertrag« (i.S. der §§ 631 ff. BGB) sein. Der Werkleistende (Fachplaner) ist danach verpflichtet, den vereinbarten Planerfolg (das Entrauchungskonzept) als ergebnisbezogene Tätigkeit zu erbringen.

Denkbar wäre aber auch, dass der Fachplaner mit seinem Auftraggeber eine rein zeitbezogene Tätigkeit vereinbart, ohne dass ein bestimmter Planerfolg geschuldet wird. Das wäre dann ein so genannter (freier) »Dienstvertrag« (§§ 611 ff. BGB).

Man könnte also - rechtsuntechnisch - sagen, dass das Risiko für den Erfolg der (Arbeits-)Leistung im Fall eines Werkvertrags dem Werkunternehmer, im Fall eines Dienstvertrags dem Auftraggeber zugewiesen wird.

3.2.7.3 Im Besonderen: je nach BGB-Vertragstyp

Es übersteigt bei Weitem den Rahmen, hier auf alle möglichen Absprachen einzugehen. Es sollen aber wenige wesentliche Vertragstypen mit ihren Erfüllungspflichten kurz vorgestellt werden:

- der **Dienstvertrag** (§§ 611 ff. BGB) verpflichtet zur selbstständigen rein zeitbezogenen Tätigkeit. Eine besondere Form des Dienstvertrags ist der **Arbeitsvertrag,** dessen Behandlung in vielen weiteren Gesetzen (insb. Kündigungsschutzgesetz, Bundesurlaubsgesetz, Sozialgesetzbuch) besonders geregelt ist. Das Arbeitsrecht hat sich daher als besondere Rechtsmaterie herausgebildet. Im Unterschied zum freien Dienstvertrag ist der Arbeitnehmer weisungsgebunden.
- eine weitere besondere Form des Dienstvertrags (meistens, manchmal aber auch Sonderform des Werkvertrags) ist der **Geschäftsbesorgungsvertrag**, der nach h. M. jede selbstständige Tätigkeit wirtschaftlicher Art zur Wahrnehmung fremder Interessen beinhaltet (§ 675 BGB) [BGH in 8, 2004, 989 = BGH in 11, 45, 223 ff.]. Gemeint sind beispielsweise Strohmanngeschäfte, mittelbare Stellvertretungen oder andere Treuhandverträge. Die Geschäftsbesorgung kann entgeltlich sein. Ist sie es nicht, handelt es sich um einen **Auftrag** (§ 662 ff. BGB). Im letztgenannten Fall liegt aber kein Dienst- oder Werkvertrag vor, der immer eine Entgeltlichkeit fordert.
- der **Mietvertrag** (§§ 535 ff. BGB) verpflichtet den Vermieter, dem Mieter den Gebrauch der Mietsache für die vereinbarte Zeit gegen das vereinbarte Entgelt zu gewähren. Gegenstand eines Mietvertrags sind immer nur Sachen (also: körperliche Gegenstände, § 90 BGB). Nach heutiger Meinung ist auch der sog. **Leasingvertrag** ein Mietvertrag.
- der **Pachtvertrag** (§§ 581 ff. BGB) verpflichtet den Verpächter, einerseits (wie beim Mietvertrag) den Gebrauch des verpachteten Gegenstandes und – über den Mietvertrag hinaus – zusätzlich die Fruchtziehung zu gewähren. Im Unterschied zum Mietvertrag beschränkt sich der Pachtvertrag nicht auf Sachen: es gibt auch die Rechtspacht.
- beim **Darlehensvertrag** sind der allgemeine Darlehensvertrag (§§ 488 ff. BGB) und der so genannte Sachdarlehensvertrag (§§ 607 ff BGB) zu unterscheiden.

3.2.8 Insbesondere: »Fachplanerwerkvertrag« und »Kaufvertrag«

Der Kaufvertrag und der Werkvertrag – hier mit Bezugnahme insbesondere auf den Vertrag des Fachplaners – sollen aufgrund ihrer wirtschaftlichen und rechtlichen Bedeutung besonders und umfänglicher behandelt werden. Grundsätzlich wird der Fachplanervertrag zwar kein Kaufvertrag sein. Der Kaufvertrag ist jedoch der Vertragstyp des Schuldrechts schlechthin, der Austauschverhältnisse zwischen Vertragsparteien beschreibt.

3.2.8.1 Kaufvertrag

Durch den Kaufvertrag wird der Verkäufer einer Sache verpflichtet, dem Käufer die Sache zu übergeben und das Eigentum an der Sache zu verschaffen (§ 433 Abs. 1 BGB). Der Verkäufer hat Zug um Zug mit Erfüllung seiner Pflichten den Anspruch auf den Kaufpreis.

Die Vorschriften über den Kauf von Sachen finden auf den Kauf von Rechten und sonstigen Gegenständen entsprechende Anwendung (§ 453 Abs. 1 BGB). Den Inhalt eines Kaufvertrags können somit alle erdenklichen Gegenstände bilden. Die Vorschriften über den Sachkauf bilden wiederum die Grundlage der Regelung auch über den Rechtskauf. Deswegen werden zunächst die Grundlagen orientiert am Sachkauf dargelegt.

Zunächst ist der **Gegenstand der Leistungspflicht** des Verkäufers zu bestimmen. Beim so genannten **Gattungskauf** erwirbt der Käufer den Anspruch auf Erwerb einer Sache aus der bezeichneten Gattung i.d.R. - soweit nichts anderes vereinbart ist - mittlerer Art und Güte (§ 243 BGB). Der Obsthändler z. B. hat aus der bestimmten Kiste mit Äpfeln, von denen der Käufer zu erwerben wünscht, solche mittlerer Art und Güte auszusuchen. Im Unterschied dazu besteht beim so genannten **Stückkauf** kein Anspruch des Käufers auf Erwerb einer vergleichbaren Sache, sondern ganz konkret auf diese ausgewählte Sache. Der Kauf eines Gebrauchtwagens ist deshalb i.d.R. ein Stückkauf, weil der Gebrauchtwagen durch die Abnutzung individuelle Wertmerkmale hat.

Die Unterscheidung zwischen Stück- und Gattungskauf ist erheblich. Es ist aber nicht immer leicht zu unterscheiden, ob ein Gattungskauf oder ein Stückkauf vorliegt. So ist es denkbar, dass der Käufer von Obst 5 Äpfel der Obstkiste entnimmt und sie dem Obsthändler mit Kaufabsicht überreicht, dann liegt ein Stückkauf bezogen auf diese 5 Äpfel vor. Ebenso ist es denkbar, dass ein Autohändler eine Flotte typgleicher Gebrauchtfahrzeuge erhalten hat und sich beim Kaufabschluss mit dem Käufer einigt, ihm ein Fahrzeug seiner Wahl vorzusetzen: Die abzuverkaufenden Gebrauchtfahrzeuge bilden die maßgebliche Gattung (genauer: Vorratsschuld). Eine Gattung bilden alle Gegenstände, die durch gemeinschaftliche Merkmale (Typ, Sorte, u.U. auch Preis) gekennzeichnet sind und sich dadurch von Gegenständen anderer Art abheben. Über die Abgrenzung entscheidet grundsätzlich - wie so oft - der Parteiwille [BGH in 7, 1986, 659].

Die Leistungspflicht des Verkäufers fällt erst weg, wenn der Kaufgegenstand untergegangen ist. Bis dahin muss er sich bemühen, die versprochene Leistung zu erbringen. Folglich ist bei einer Vorratsschuld (beschränkte Gattungsschuld) und erst recht bei einem Stückkauf die Leistungspflicht des Verkäufers deutlich geringer: wenn das verkaufte Stück vernichtet wurde, braucht der Verkäufer kein neues Stück zu besorgen. Diese Leistungshandlungspflicht wird **Leistungsgefahr** genannt, d. h. so lange Leistungsbemühungen erbringen zu müssen, bis der Leistungserfolg eintritt.

Der Erwerbsanspruch des Käufers bezieht sich auf zweierlei: **Übergabe** des Kaufgegenstands und **Vereinbarung über den Eigentumserwerb**.

Die Übergabe bedeutet die Einräumung tatsächlicher Herrschaftsmacht. Das ist in der Regel - aber nicht immer - die Verschaffung von (mittelbaren oder unmittelbaren) **Besitz**. Unter Besitz wird die Ausübung **tatsächlicher Herrschaftsmacht** verstanden, wobei - je nach Willensrichtung des Besitzers - zwischen **Eigen- und Fremdbesitz** unterschieden wird. Davon abzugrenzen ist das so genannte **Besitzmittlungsverhältnis**: Es gibt die Möglichkeit, dass jemand den Besitz für einen anderen ausübt. Dann ist er nur **Besitzdiener** und nicht selbst Besitzer. Die Übergabepflicht des Verkäufers entfällt, wenn der Käufer die Sache bereits hat.

Darüber hinaus hat der Käufer Anspruch auf Eigentumserwerb - im Umkehrschluss: der Verkäufer hat die so genannte **Eigentumsverschaffungspflicht**. Hier kommt das Abstraktionsprinzip besonders zum Tragen: Die Eigentumsverschaffung **erfordert zunächst ein Rechtsgeschäft**, nämlich in aller Regel einen Vertrag zwischen Käufer und Verkäufer, wonach dieser das Eigentum an der Kaufsache zu übertragen und jener es anzunehmen hat. Das ist nicht zwingend, denkbar wäre z. B., dass der Verkäufer dem Käufer eine Sache verkauft, an der er selbst ebenfalls kein Eigentum hat. Dann ist der Verkäufer nach diesem Vertrag verpflichtet, den Eigentümer erfolgreich anzuweisen, dem Käufer das Eigentum zu verschaffen (**Geheißerwerb**). In der Folge wird es also einen Vertrag zwischen dem Käufer und dem wirklichen Eigentümer über den Erwerb des Eigentums geben. Es ist also denkbar, dass zwar der Kaufvertrag wirksam, der Eigentumsverschaffungsvertrag (zum Zweck der Erfüllung des Kaufvertrags) unwirksam ist, dann ist der Kaufvertrag nicht wirksam erfüllt worden. So könnte z. B. der wirkliche Eigentümer, der mit dem Verkäufer nicht identisch ist, geisteskrank und geschäftsunfähig sein, weshalb die Eigentumsverschaffung - möglicherweise unerkannt - scheitert. Die Eigentumsverschaffung bei einem Immobilienkaufvertrag nennt man **Auflassung**.

Neben dem Rechtsgeschäft über die Eigentumsverschaffung ist im Fall des Verkaufs einer beweglichen Sache auch die Übergabe derselben erforderlich. Das geschieht meistens mit Besitzverschaffung, wozu der Verkäufer i.d.R. ohnehin verpflichtet war. Die Besitzverschaffung hat also (meistens) eine **doppelte Funktion**: Erfüllung der Verkäuferpflicht und Tatbestandselement der Eigentumsverschaffung. Es gibt aber auch Fälle, in denen die Eigentumsverschaffung (oft bei Sicherungseigentum) durch ein **Übergabesurrogat** bewirkt wird. Das gilt z. B. in Fällen, in denen zur Absicherung eines Kredits Sicherungseigentum der finanzierenden Bank begründet werden soll. Das Sicherungseigentum ist formal gesehen vollwertiges Eigentum. Es liegt aber nicht im Interesse der Bank, beispielsweise eine finanzierte Maschine in Besitz zu nehmen, weil der Kreditnehmer mit ihrem Einsatz im Unternehmen erst den Kapitaldienst erbringen kann, dann wird die Besitzübergabe durch die Begründung eines **so genannten Besitzmittlungsverhältnisses** ersetzt. Auf diese allgemeinen Hinweise beschränke ich mich, die sich ergebenden Gestaltungen sind sehr vielseitig.

Um die »Ist«- mit der »Soll«-Beschaffenheit zu vergleichen, muss irgendwann im Lauf des Erwerbsvorgangs sicher festgestellt werden können, was genau Gegenstand des Kaufvertrags geworden ist. Beim Stückkauf ist das immer das konkrete gekaufte Stück. Schwierigkeiten entstehen aber beim Gattungskauf, hier muss das erfüllungstaugliche Stück durch **Konkretisierung** bestimmt werden. Danach ergeben sich auch erst die Fragen, ob mangelhaft geleistet wurde; z. B. ist einer von 10 Äpfeln, die der Obsthändler der Kiste entnimmt, äußerlich unerkennbar faul. Wenn es sich dabei um den letzten Apfel gehandelt hat und die angebotene Sorte nicht mehr vorhanden ist, ist der Obsthändler im Rahmen seiner Leistungsgefahr nicht mehr verpflichtet, sich anderweitig mit einem Apfel der verkauften Gattung einzudecken. Er kann nichts mehr tun, um seiner Primärleistungspflicht zu genügen. Es kommen jetzt nur Mängelrechte im Rahmen der Sekundärleistungspflicht in Betracht.

3.2.8.2 Fachplanervertrag als Werkvertrag

Die Tätigkeit des Fachplaners wird regelmäßig eine Werkleistung beinhalten. Die Planung ist ein »Werk« i. S. des Werkvertragsrechts des BGB (§§ 631 ff. BGB). Der Unternehmer ist zur Herstellung des versprochenen Werks, der Besteller zur Entrichtung der vereinbarten Vergütung verpflichtet:

In Anlehnung an den Architektenvertrag, der nach heutiger Meinung als Werkvertrag zu qualifizieren ist, wobei der Architekt aber nicht das Bauwerk als körperliche Sache, sondern eine Summe von einzelnen geistigen Leistungen zum Bewirken der Entstehung des Objekts [3, 52 zu Einleitung] schuldet, kann man beim Fachplanerwerkvertrag die »**vielfältigen Einzelleistungen geistiger Art zur Bewirkung der Entstehung des Entrauchungssystems**« als geschuldetes Werk annehmen. Der Unterschied zum Kaufvertrag besteht also vornehmlich darin, dass der Vertragsgegenstand **erst noch individuell hergestellt** werden muss.

Ein Werkvertrag wird auch regelmäßig dann vorliegen, wenn der Fachplaner als **Sachverständiger** tätig ist, das Werk ist dann das zu erstellende (mündliche oder schriftliche) Gutachten. Hiervon abzugrenzen ist aber die **Beauftragung als gerichtlicher Sachverständiger**. Hier handelt es sich **nicht um einen Vertrag**, sondern um ein öffentlich-rechtliches Leistungsverhältnis, welches eine entsprechende Leistungsbeziehung begründet, die im Justizvergütungs- und -entschädigungsgesetz« (JVEG) geregelt ist. Das gilt z. B. für den Fall einer gerichtlichen Bestellung, aber auch bei der Anforderung durch die Staatsanwaltschaft, Polizei, Finanzbehörde bei Ermittlungen, Verwaltungsbehörde im Ordnungswidrigkeitenverfahren und den Gerichtsvollzieher (§ 1 JVEG). Der Anspruch des Fachplaners beinhaltet danach:

- Honorar für die Leistung (§§ 8-11 JVEG)
- Fahrtkostenersatz (§ 5 JVEG)
- Entschädigung für Aufwand (§ 6 JVEG)
- Ersatz für sonstige und für besondere Aufwendungen (§§ 7, 12 JVEG).

Es gibt 10 Honorargruppen (zw. € 50 und € 95 je Std.). Hier ist die Honorargruppe 5 (Anl. 1 zu § 9 JVEG: Brandschutz und Brandursachen) maßgeblich, was einem Stundensatz von € 70 entspricht. Ein Vergütungsanspruch entsteht erst mit Abnahme (des Gutachtens oder des Plans); es gilt grundsätzlich Vorleistungspflicht des Fachplaners. Eine Vorschussvereinbarung kann besonders vereinbart werden.

Wesen des Werkvertrags ist - anders als beim Kaufvertrag; dort gilt grds. **Leistung Zug um Zug** (s. o.) - insbesondere auch die **Vorleistungspflicht des Werkunternehmers** (also des Fachplaners). Er kann - vorbehaltlich einer anders lautenden Absprache - erst dann seinen Werklohn verlangen, wenn die Arbeit - rechtsuntechnisch ausgedrückt - »vollbracht« ist. Sie ist vollbracht, wenn das Konzept mangelfrei erstellt wurde und der Auftraggeber dieses als vertragsgerecht akzeptiert hat (die so genannte »Abnahme«: § 640 BGB). Hierzu ist der Auftraggeber verpflichtet.

3.2.8.3 Mangelhafte Erfüllung des »Kaufvertrags« und des »Fachplanerwerkvertrags«

Werkvertragsrecht und Kaufvertragsrecht sind durch die Schuldrechtsreform mit Wirkung ab 01.01.2002 weitgehend parallel gestaltet. Die Mängelansprüche sind weitgehend identisch. Deshalb bietet sich eine gemeinsame Behandlung des Themenkomplexes an. Auf die Ausnahmen habe ich im Einzelfall hingewiesen.

Hier nur am Rande erwähnt seien die **Herstellergarantien**. Solche Garantien - den Umfang bestimmt der Hersteller - haben wirtschaftliche Bedeutung, wenn der Hersteller nicht zugleich Verkäufer ist. Für Fachplanerwerkverträge spielt das aber keine Rolle, weshalb ich mich hierzu nicht weiter äußere.

Die (noch) gängige Unterscheidung zwischen **Rechtsmangel** und **Sachmangel** hat in der Praxis weitgehend ihre Bedeutung verloren, da die Rechtsfolgen (jetzt) identisch sind. Bis zum 31.12.2001 war die Behandlung von Sachmängeln und Rechtsmängeln unterschiedlich. Die alte Rechtslage gilt natürlich noch für Verträge, die vor dem Stichtag abgeschlossen wurden. Da diese doch teilweise erheblich anders war, jedoch wegen Zeitablaufs kaum noch Bedeutung hat, gehe ich nicht darauf ein.

Allerdings werden Rechtsmängel i.d.R. als mangelhafte Erfüllung eher beim Kaufvertrag als beim Werkvertrag eintreten. Der überwiegende Rechtsmangel dürfte nämlich **mangelndes oder mit Rechten Dritter (vornehmlich bei Grundstückskaufverträgen) belastetes Eigentum** sein. Wenn ein Verkäufer kein Eigentümer ist, so könnte die Eigentumsverschaffung zugunsten des Käufers scheitern, z. B. weil

- der Käufer einer beweglichen Sache weiß, dass der erworbene Gegenstand nicht in dessen Eigentum steht und daher ein so genannter **gutgläubiger Erwerb** scheitert. Eine bewegliche Sache kann gutgläubig erworben werden, wenn der Übereignende zwar nicht Eigentümer, aber Besitzer ist und der Erwerber an dessen Eigentum glaubt. Er ist nicht gutgläubig, wenn er weiß oder grob fahrlässig nicht weiß, dass der Übereignende nicht Eigentümer ist
- die Kaufsache gestohlen wurde: An einer beweglichen Sache, die »abhanden gekommen ist« (also z. B. Hehlerware) kann niemals durch Übereignung Eigentum erworben werden und es käme auch auf einen guten Glauben nicht mehr an (§§ 932, 935 BGB) oder
- der Verkäufer nicht in der Lage ist, den wirklichen Eigentümer dazu zu bringen, dass er den Gegenstand an den Käufer übereignet (so genannter **Geheißerwerb**).

Bei der Erfüllung eines Werkvertrags tauchen diese Probleme meist nicht auf: Gegenstand des Werkvertrags ist ja eine Sache - oder ein sonstiges Werk - **welche (bzw. welches) erst noch hergestellt werden muss**. An einer noch nicht hergestellten Sache kann noch niemand Eigentum haben. Denkbar wäre natürlich, dass der Werkunternehmer sein Werk aus gestohlenen Einzelteilen zusammensetzt. Dann erwirbt aber - jedenfalls bei ungefährer Gleichwertigkeit der gestohlenen Einzelteile - der Werkunternehmer bzw. der Besteller Eigentum an dem fertigen Werk. Nur der **rechtsgeschäftliche (vertragliche) Eigentumserwerb an gestohlenen Sachen ist ausgeschlossen; in anderer Form kann der Eigentumserwerb durchaus stattfinden** (z. B. durch **Verarbeitung**; § 950 BGB). Aus diesem Grund verliert z. B. ein Heizungsinstallateur an dem von ihm in das Grundstück eingebauten Brenner sein Eigentum hieran: die Verarbeitung bzw. die Verbindung mit dem Grundstück (§ 946 BGB). Gleiches gilt für die so genannte **Ersitzung** (§ 937 BGB: Wer eine Sache 10 Jahre gutgläubig in Eigenbesitz hat, wird Eigentümer, auch wenn sie von einem anderen zuvor gestohlen wurde). An gestohlenen Sachen ist schließlich auch der **Erwerb in einer Zwangsversteigerung** möglich: Der Erwerb erfolgt hier **nicht rechtsgeschäftlich**, sondern **kraft Hoheitsakt.**

3.2.8.4 Sachmängelhaftung

Das Gesetz hilft bei der Beurteilung von Sachmängeln - im Kauf- wie im Werkvertragsrecht - mit einer Auslegungsregel. Danach ist die Frage nach einem Sachmangel anhand eines abgestuften Systems **in dieser Reihenfolge** maßgeblich zu entscheiden:

- die **vereinbarte Beschaffenheit**, in Ermangelung einer solchen Vereinbarung
- die **nach dem Vertrag vorausgesetzte Verwendung**, in Ermangelung einer solchen vertraglich vorausgesetzten Verwendung
- die Eignung zur **gewöhnlichen Verwendung, verbunden mit einer üblichen Beschaffenheit**, soweit der Käufer bzw. Besteller dies erwarten kann.

Im Kaufrecht gibt es eine Besonderheit gegenüber dem Werkvertragsrecht, die praktisch sehr erheblich werden kann und auf die ich hier deshalb kurz eingehen möchte, die dem Käufer möglicherweise weitere Rechte zubilligt, nämlich

- die **Beschaffenheits- oder Haltbarkeitsgarantie** (§ 443 BGB), die entweder als **selbstständige Garantie** zusätzliche Rechte schafft oder als **unselbstständige Garantie** die Erweiterung der vorgenannten gesetzlichen Mängelrechte bedeutet. In beiden Fällen übernimmt der Verkäufer die verschuldensunabhängige Haftung für das **Einstehenmüssen für einen Erfolg**. Die Garantie nimmt also eine »Zwitterstellung« zwischen Mängelhaftung und selbstständigem Haftungsvertrag ein.

Die Parteien könnten eine **Beschaffenheit vereinbart** haben. In der Praxis des Kaufvertragsrechts kommen solche Beschaffenheitsvereinbarungen maßgeblich in zwei Fällen - nämlich beim Immobilien- und Unternehmenskaufvertrag - in Betracht: Bei dermaßen komplexen Kaufgegenständen wird der Käufer in aller Regel Interesse an der Festlegung gewisser Eigenschaften haben, auf die er besonderen Wert legt.

In der Praxis des Werkvertragsrechts - also auch bei einem Fachplanerwerkvertrag - nimmt das so genannte **Leistungsverzeichnis** zentrale Bedeutung für den Umfang der Mängelhaftung ein. Hier ist auf Folgendes besonders hinzuweisen:

- vergleichsweise einfach ist die Entscheidung, wenn eine schriftliche Vertragsurkunde vorliegt und die Parteien hierin spezifisch ein Leistungsverzeichnis erstellt haben. Das **Leistungsverzeichnis ist als Beschaffenheitsangabe i.S. des Werkvertragsrechts** zu qualifizieren. Je nach Qualität des Verzeichnisses ist die rechtliche Beurteilung eindeutig: Die Parteien haben ihre Absprachen in einer Vertragsurkunde dokumentiert. Danach ist für die Frage der Auslegung der redlicherweise zu verstehende Wortlaut der streitgegenständlichen Klausel maßgeblich. Trotz des in § 133 BGB enthaltenen Verbots der Buchstabeninterpretation hat die Auslegung vom Wortlaut der Erklärung auszugehen [1-Heinrichs/Ellenberger, Rdz. 14 zu § 133 BGB mit Nachw. zur Rspr.].

  Denkbar wäre aber der Fall, dass das Leistungsverzeichnis nicht den Anforderungen entspricht, für die der Auftraggeber die Leistung des Fachplaners wünscht. So könnte der Auftraggeber sich der Leistungen eines Fachplaners Entrauchung zwar gerade deshalb bedient haben, um eine Baugenehmigung zu erlangen. Er hat auch ein Leistungsverzeichnis zusammengestellt, wovon er annimmt, dass es genüge, und dieses zum Gegenstand des Fachplanervertrags gemacht. Tatsächlich fordert die Baubehörde jedoch andere oder weitere fachplanerische Leistungen, die nicht unmittelbar zwischen Fachplaner und Auftraggeber vereinbart wurden. Dann wird die Sache schwierig:

  Grundsätzlich handelt es sich bei den bloßen »Wünschen« des Auftraggebers um rechtlich nicht zu berücksichtigende Motive: Der Auftraggeber hat - vielleicht zu Recht - angenommen, den Anforderungskatalog vollständig dem Leistungsverzeichnis zugrundegelegt zu haben. Dann kann er regelmäßig nicht davon ausgehen, dass der Fachplaner zum vereinbarten Honorar weiter für ihn tätig ist. Das Motiv für den Fachplanungsvertrag liegt in der Risikosphäre des Auftraggebers. Der Fachplaner kann sein weiteres Tätigwerden von einem neuen Vertragsschluss - und folglich einer zusätzlichen Honorierung seiner Tätigkeit - abhängig machen.

  Soweit der Fachplaner die sich aus dem Leistungsverzeichnis ergebenden Anforderungen vollständig beanstandungsfrei erfüllt hat, kann er sein Honorar fordern. Für das Vorliegen eines Sachmangels kommt es alleine auf die vereinbarte Beschaffenheit an, ohne Rücksicht auf einen »allgemeinen Qualitätsstandard«, und zwar auch dann, wenn die Leistung für eine nach dem Vertrag vorausgesetzte Verwendung sich nicht eignen würde oder auch noch nicht einmal eine gewöhnliche Verwendung mit üblicher Beschaffenheit zu konstatieren ist [1-Weidenkaff, Rdz. 13 zu § 434 BGB; 1-Sprau, Rdz. 6 zu 633 BGB]. Es gilt - wie fast überall im Privatrecht - der Vorrang der Parteiabrede.

Fraglich ist im vorgenannten Fall weiterhin, ob der Fachplaner überhaupt verpflichtet ist, ein weiteres Vertragsverhältnis mit dem Auftraggeber einzugehen, um die weiteren Anforderungen der Baubehörde an diesen zu erfüllen. Grundsätzlich kann niemand gezwungen werden, ein Vertragsverhältnis abzuschließen (s. o.: Privatautonomie!). Die Leistungspflicht endet mit der vollständigen (also auch: vollständig mangelfreien) Herstellung des Leistungserfolgs. Es ist – jedenfalls grundsätzlich – nicht treuwidrig, ein Nachfolgevertragsverhältnis nicht abschließen zu wollen, dafür braucht der Fachplaner auch keine »Begründung«. Um jedes Risiko zu vermeiden, empfiehlt sich ohnehin, in solchen Fällen für die Möglichkeit des Nachweises eines sachlichen Grundes für die Ablehnung des Anschlussvertrages zu sorgen.

- Um diese Schwierigkeiten auszuschließen wird ein versierter Auftraggeber immer eine entsprechende **Vertragsklausel zum Zweck der Pflichtenerweiterung** mit dem Fachplaner vereinbaren. Solche Vertragsklauseln sichern dem Auftraggeber zunächst weiter die Dienste des Fachplaners.

Allerdings ist hierbei für den Fachplaner Vorsicht geboten, vor allem dann, wenn die Vergütung im Rahmen einer Pauschalpreisregelung getroffen wurde. Bei einer umfassenden Klausel wird in der Regel anzunehmen sein, dass das vereinbarte Honorar erst und nur dann verdient ist, wenn über die ausdrücklich genannten Leistungsbeschreibungen hinaus auch die »zusätzlichen« Arbeiten erledigt werden, bis der Erfolg (»vertraglich geschuldeter Werkerfolg«) eintritt. Der Fachplaner haftet demgemäß entsprechend seiner vertraglichen Zusage u. U. sogar für die Erteilung der Baugenehmigung.

Denkbar sind auch Fälle, in denen eine bereits – möglicherweise für andere Bauvorhaben o. Ä. – vorliegende Planung auf ein neues gleichartiges Vorhaben »übertragen« werden soll oder in welchen sich der Bauherr mit dem zunächst betrauten Architekturbüro, das eine Baugenehmigung bereits erhalten hatte, überworfen hat und nunmehr diverse Anpassungen und/oder Änderungen erforderlich wären.

Derartige Anpassungsverträge, die der beauftragende Architekt dem Fachplanervertrag als »Anlage« zugrunde legt, beinhalten für die jeweiligen Fachplaner, die nicht bereits mit dem der Ursprungsplanung zugrunde liegenden Konzept befasst waren, das Risiko, hier u. U. – mindestens faktisch – eine Haftung für »fremde« Planungsleistungen zu erklären: Bekanntlich gibt es den berühmten Unterschied zwischen der Planung und dem ausgeführten Werk. Die Akzeptanz fremder Planung als Grundlage für eine weitergehende Planung ist an sich schon risikoreich, da die Planvoraussetzungen unerkannt divergieren könnten, und die Übernahme der Planaufgabe in einer Tektur beinhaltet das weitere Risiko, die Funktionsfähigkeit der Ursprungsplanung aus praktischer Anschauung nicht hinreichend zu kennen. Solche Risiken lassen sich vertraglich nicht – jedenfalls nicht vollständig – begrenzen. Der Auftraggeber (Architekt) wird im Fall des Mangeleinwands seiner Leistung den Schaden durchreichen und möglichst viele Nachunternehmer hierfür verantwortlich machen wollen. Gleichwohl empfiehlt sich im Fachplanervertrag eine vertragliche Klarstellung, die die Planleistungen »alt« und »neu« nach Möglichkeit sauber abgrenzt.

- Auch die Fälle der **Falschlieferung bzw. -leistung (Aliud)** und der »negativen Mengenabweichung« gelten als Sachmangel im Kauf- und Werkvertragsrecht. Denkbar wären die Fälle, dass der Fachplaner »etwas anderes« plant, als es seinem Auftrag nach bestimmt ist oder seine Planungsleistungen auf einen Teil des Auftrags beschränkt. Ob im letztgenannten Fall der »Teilplanung« ein Vergütungsanspruch (selbstverständlich nach einer Teilabnahme i.S. des § 640 BGB) besteht, hängt davon ab, ob Teilabnahmefähigkeit gegeben ist. Sie setzt jedenfalls eine entsprechende Vereinbarung voraus [1-Sprau, Rdz. 8 zu § 640 BGB].
- Zwischen Architekten und Bauherrn kann die Einhaltung eines **bestimmten Kostenrahmens** oder eine **Bausummengarantie** vereinbart werden. In beiden genannten Fällen handelt es sich um eine Beschaffenheitsvereinbarung, die auch den Planer besonders verpflichten kann. Denkbar wäre, dass auch der Fachplanervertrag solche Einschränkungen enthält: geschuldet wird ein Konzept, wonach die Kosten für die Herstellung des Brandschutzkonzepts einen bestimmten Kostenrahmen nicht überschreiten dürfen. **Davon abzugrenzen ist die sog. Baukostenvereinbarung** nach § 6 Abs. 2 HOAI. Diese ist »gesetzliches Preisrecht« und keine Beschaffenheitsvereinbarung im zivilrechtlichen Sinne. Eine Baukostenvereinbarung ist ausnahmsweise als Grundlage für die Ermittlung des Architektenhonorars zugrunde zu legen, wenn eine Kostenschätzung oder -berechnung – wie meistens – noch nicht möglich ist.

Bei **unterlassener Vereinbarung einer Beschaffenheit** ist die Sache komplizierter. Oftmals – z.B. im Fall des Werkvertragsrechts, also bei Fehlen eines hinreichend »qualifizierten« Leistungsverzeichnisses – gibt es keine Beschaffenheitsvereinbarung. Dann kommt es auf eine nach dem Vertrag vorausgesetzte Verwendung bzw. die Eignung zur gewöhnlichen Verwendung, verbunden mit einer üblichen Beschaffenheit, soweit der Käufer bzw. Besteller dies erwarten kann, an.

Dazu gibt es naturgemäß keine allgemeinen Regeln, denn die »Vorstellung der Parteien« ist rein subjektiv und die »Üblichkeit einer Beschaffenheit« hängt von den jeweiligen Geschäftsusancen bzw. dem Geschäftsgegenstand ab. Nachfolgend dürfte es für den Fachplanerwerkvertrag auf die folgenden Umstände ankommen:

- Zunächst ist also **die nach dem Vertrag vorausgesetzte Verwendung** maßgeblich. Wenn sich aus den konkreten Umständen ergibt, wofür die Leistung von dem Fachplaner abverlangt wird und der Fachplaner dies auch erkennt, ist diese »Qualität« geschuldet. Hierfür gibt es keine allgemeinen Regeln, weil es immer auf eine Verwendung ankommt, die die Parteien dem Vertrag unterstellen. Demgemäß ist es immer das Ergebnis einvernehmlicher Überlegungen, was als nach dem Vertrag vorausgesetzte Verwendung des Planungskonzepts anzunehmen ist.
- Soweit die Fachplanung einer Entrauchungseinrichtung **bauplanerischer Notwendigkeit entspricht** – z.B. im Rahmen einer Genehmigungsplanung durch einen

Architekten aufgrund einer rechtlich korrekten Anforderung durch die Baubehörde - ist als »**übliche Beschaffenheit**« immer Voraussetzung, dass die Genehmigungsfähigkeit des Objekts nicht an einem nicht genügenden Planungskonzept scheitert. Die Vereinbarkeit der Entrauchungsfachplanung mit den bauordnungsrechtlichen Vorgaben für die Erteilung einer Baugenehmigung muss immer gegeben sein.

Hier sind verschiedene Umstände denkbar, die auf die »Üblichkeit der Beschaffenheit« eines Planungskonzepts Einfluss haben können:

- In Betracht kommen Umstände, die **in der Person des Auftraggebers** begründet sind. So könnte z. B. ein Architekt erkennbar mit dem Anspruch auftreten, für seinen Auftraggeber im Rahmen des Baugenehmigungsverfahrens ein Entrauchungskonzept erstellen lassen zu wollen. Dann muss der redliche Fachplaner mit Sicherheit davon ausgehen, dass seine Leistungen bauaufsichtlich gefordert sind. Dabei spielt es dann keine Rolle, ob der Architekt als Vertreter des Bauherrn oder in eigenem Namen auftritt.
- Es ist auch denkbar, dass der Bauherr seinen Architekten mit der Planung des gesamten Vorhabens einschließlich etwaiger für die Baugenehmigung erforderlicher Fachplanungen betraut. Eventuell kann der Architekt dann den Fachplaner als »Subunternehmer« mit der Erstellung des Entrauchungskonzepts beauftragen, wenn er sich hierzu fachlich nicht in der Lage fühlt und sein Vertrag mit dem Bauherrn die Weitergabe im Nachunternehmerverhältnis zulässt. Die »gewöhnliche Verwendung« eines solchen Konzepts besteht darin, dass der Architekt dieses als Anlage seines Baugenehmigungsantrags vorlegt und dieses den Anforderungen genügt, um die gewünschte Baugenehmigung jedenfalls daran nicht scheitern zu lassen.
- Anders ist der Sachverhalt zu beurteilen, wenn der Eigentümer oder Mieter selbst auf den Fachplaner zugeht und ihm einen Auftrag erteilen will, ein Entrauchungskonzept zu erstellen. Dann lässt sich oftmals nicht sogleich der hinter der Auftragserteilung liegende Zweck erkennen. Hier ist zu bedenken, dass die Vertragspflichten - insbesondere die Sorgfaltspflichten - eines Fachplaners zum Teil erheblich über den Standard hinausgehen können, als wenn der Vertrag unmittelbar mit dem Architekten geschlossen würde. Es ist dann möglicherweise Aufgabe des Fachplaners als »Fachmann«, den vielleicht mehr oder weniger laienhaft ausgedrückten Willen des Auftraggebers in gewisser Weise zu erforschen.
- In Betracht kommen aber auch Umstände, die **in der Person des Auftragnehmers** liegen können. So hat z. B. ein Fachplaner, der als staatlich anerkannter Sachverständiger für den Brandschutz auftritt, gegenüber »anderen« Fachplanern **regelmäßig weitergehende Pflichten**. Nach der Sachverständigenverordnung NRW gilt z. B.:

§ 16
Aufgabenerledigung

»(1) ...

(2) Wenn staatlich anerkannte Sachverständige für die Prüfung des Brandschutzes Bescheinigungen nach § 67 Abs. 4, § 68 Abs. 2 oder § 72 Abs. 6 BauO NRW ausstellen, sind sie verpflichtet, den zur Wahrung der Belange des abwehrenden Brandschutzes erhobenen Forderungen der Brandschutzdienststelle [§ 5 des Gesetzes über den Feuerschutz und die Hilfeleistung (FSHG) vom 10. Februar 1998 (GV.NW. S. 122)] zu entsprechen. ...«

Man sollte vermuten, dass der Auftraggeber (Bauherr, Architekt) hieraus keine besonderen Ansprüche gegen den Fachplaner, der staatlich anerkannt ist, herleiten könnte. Das ist in dieser Allgemeinheit aber nicht richtig. Der so tätige Fachplaner hat nämlich seine Bescheinigung so auszustellen, **dass sie den Ansprüchen der zuständigen Feuerwehren (eben jene genannten »Brandschutzdienststellen«) genügt**. Tut er das nicht und versagt die Bauaufsicht alleine aufgrund dieses Umstands die Baugenehmigung oder verzögert das Genehmigungsverfahren, hat der Fachplaner wegen Sachmangel seiner Planung zu haften. Denn es ist nicht Aufgabe der Bauaufsichtsbehörde, die zuständigen Stellen der Feuerwehren von sich aus einzuschalten, auch wenn üblicherweise so verfahren wird.

Denkbar ist auch der Fall, dass der Fachplaner in gesellschaftsrechtlicher Gemeinschaft mit einem staatlich anerkannten Sachverständigen arbeitet und der Auftrag zur Erstellung des Entrauchungskonzepts an die Gesellschaft erging. Auch wenn hier vielleicht die Sachverständigenverordnung nicht unmittelbar gilt, so ist immer noch zu überlegen, ob der Auftraggeber das mit der Erstellung betraute Büro nicht gerade und vornehmlich deshalb ausgewählt hat, weil dieses mit dem **Prädikat »staatlich anerkannter Sachverständiger« wirbt** mit den möglichen Folgen der Mangelhaftigkeit der Fachplanerleistung.

- Anders ist der Fall wohl zu beurteilen, wenn das Entrauchungskonzept zwar die bauordnungsrechtliche Zulässigkeit des Vorhabens begründen würde, die Baugenehmigungsbehörde gleichwohl – **aus sachfremden Erwägungen** – das Konzept aber ablehnt. Dann liegt Behördenwillkür vor. Zwar hat die Bauaufsicht ein weitgespanntes Ermessen, Anordnungen zu erteilen. Auch wird es ausgesprochen schwierig sein, in solchen Fällen überhaupt der Bauaufsicht Willkür unterstellen zu können. Wenn die angeordnete Maßnahme aber unter keinem sachlichen Gesichtspunkt (im umfassendsten Sinne) zulässig sein könnte (so genannter **Ermessensfehl- oder -nichtgebrauch**), wird man das annehmen dürfen. Der leistende Fachplaner kann dann – selbst bei aufmerksamster und gewissenhaftester Leistung – solche Einwendungen der Bauaufsicht, die sachfremd sind, nicht erkennen. Umstände, die man aber nicht erkennen kann, kann man auch nicht als vorausgesetzte Verwendung dem Vertrag zugrunde gelegt haben.

- Hilfsweise (also in Ermangelung einer beiderseitig vorausgesetzten Verwendungsmöglichkeit) kommt es auf die Eignung zur gewöhnlichen Verwendung und auf eine übliche Beschaffenheit an. Das ist bei einem Fachplanungskonzept für Entrauchung nicht immer eindeutig. Zwei Maßstäbe werden hierbei anzulegen sein: **subjektiv** wird ein nicht erkennbarer Parteiwille fingiert: Es wird also ein gewisses »vernünftiges« Verhalten der Parteien unterstellt und danach gefragt, was ein Auftraggeber üblicherweise mit einem solchen Entrauchungskonzept anzufangen gedenkt. **Objektiv** wird ein »durchschnittlicher Qualitätsmaßstab« erwartet, nicht mehr, aber auch nicht weniger. Dies lässt sich im Zweifel nur mit anderen Entrauchungskonzepten im Vergleichstest ermitteln bzw. gutachterlich durch einen Sachverständigen feststellen.

Auch soweit die hoheitliche Einschaltung eines Fachplaners für Entrauchung betroffen ist, gilt grundsätzlich nichts anderes. Wenn ein Träger hoheitlicher Gewalt sich im Bedarfsfall zur Erfüllung der ihnen zugewiesenen öffentlich-rechtlichen Pflichten der zivilrechtlich gegebenen Mittel bedient, um sich außerbehördliche Fachkompetenz zuzulegen, gelten die allgemeinen Regeln (z. B. die Einschaltung eines Fachplaners Entrauchung als »Projektmittler« im Rahmen einer Bauleitplanung nach § 1, 2, 4b BauGB [4, Rdz. 1080 ff., S. 360]).

3.2.8.5 Rechtsmängelhaftung, insbesondere beim Fachplanerwerkvertrag

Eine Sache ist frei von Rechtsmängeln, wenn Dritte in Bezug auf diese Sache (oder dieses Werk) keine Rechte gegen den Käufer (oder Besteller) geltend machen können (§§ 435, 633 Abs. 3 BGB), soweit sie nicht vom Käufer (Besteller) vertraglich übernommen wurden. Ich hatte bereits darauf hingewiesen, dass im Werkvertragsrecht in der Praxis weit weniger Rechtsmängel als im Kaufrecht auftreten. Mangelndes oder belastetes Eigentum ist der häufigste Rechtsmangel und das versprochene Werk ist bei Abschluss des Vertrags regelmäßig noch nicht vorhanden, wohl aber der Kaufgegenstand. Gleichwohl sind auch hier Rechtsmängel möglich. Ich habe dies nachfolgend am Fachplanerwerkvertrag näher ausgeführt.

Rechtsmängel sind typischerweise nicht so offenbar wie Sachmängel. Das Entrauchungskonzept lässt sich o. w. verwenden, häufig bemerken die Parteien des Vertrags den (verdeckten) Rechtsmangel auch nicht. Das ist oftmals recht tückisch.

Im Fall von Fachplanungsverträgen könnten z. B. folgende Rechtsmängel auftreten:

- Urheberrechtsschutzverletzungen
  Planungsleistungen können – müssen aber nicht – dem Urheberrechtsschutz unterliegen. Demgemäß könnte der tätige Fachplaner einerseits einen eigenen Anspruch auf Urheberrechtsschutz haben, andererseits aber auch bei seiner Planungsleistung die Pflicht, fremde Urheberrechte zu beachten. Hier geht es um den Rechtsmangel, also den Fall, dass der Fachplaner fremden Urheberrechtsschutz missachtet.

Die Planungsleistung für Entrauchung ist nicht frei von Rechtsmängeln, wenn Dritte Ansprüche auf Unterlassung der Nutzung oder auf Entgelt wegen ungerechtfertigter Nutzung erheben können. Sollte also der betreffende Fachplaner mit seiner Entrauchungsfachplanung das Urheberrecht eines Kollegen verletzt haben, liegt ein Rechtsmangel vor.

Urheberrechtlich geschützte Werke können auch »Darstellungen technischer Art« sein (§ 2 Abs. I UrhG). Allerdings ist in den meisten Fällen wohl anzunehmen, dass die Leistungen der Entrauchungsfachplanung **keinen Urheberrechtsschutz** genießen. Voraussetzung eines jeden Anspruchs nach dem Urheberrechtsgesetz ist, dass die fraglichen Planungen oder das fragliche Bauwerk überhaupt in dessen Schutzbereich fallen [5, S. 129]. Wohl in den meisten Fällen ist aber nicht von Urheberrechtsschutz auszugehen, weil die weitere Voraussetzung der »persönlich, geistigen Schöpfung« (§ 2 Abs. II UrhG) in aller Regel fehlt. Erforderlich ist also stets, dass das Entrauchungskonzept eine »persönlich geistige Schöpfung« darstellt oder - anders ausgedrückt **individuell und originell** ist [5, S. 130]. Die Erstellung eines Entrauchungskonzepts wird wohl i.d.R. diesen Vorgaben nicht gerecht. Dies gilt jedenfalls dann, wenn die Planungsleistung lediglich die konkrete Umsetzung vorgegebener physikalischer und/oder mathematischer Formeln bedeutet. Es wäre aber immerhin denkbar, dass auch Entrauchungskonzepte »originell« sind (z. B. über eine außergewöhnliche technische Umsetzung unter Berücksichtigung eines unter Denkmalschutz stehenden Ensembles mehrerer Häuser o. Ä.) und daher einen Urheberrechtsschutz genießen.

Gegebener Urheberrechtsschutz wirkt sich in zweifacher Weise aus, nämlich als **Schutz der Urheberpersönlichkeitsrechte** und als **Schutz der Verwertungs- und Nutzungsrechte**:

Die **Urheberpersönlichkeitsrechte** sind nicht übertragbar und lassen sich auch nicht vertraglich beschränken (§ 29 Abs. II UrhG). Sie genießen - wie alle Persönlichkeitsrechte - absoluten (deliktsrechtlichen) Schutz. Sie stehen dem wirklichen Urheber der Leistung zu. Dabei ist es unerheblich, auf welcher Rechtsgrundlage der Berechtigte diese Leistungen erbracht hat. Es könnte also auch ein Arbeitnehmer sein, der die Entrauchungsplanung für den Arbeitgeber erstellt hat. Dann genießt nicht der Arbeitgeber, sondern der betreffende Arbeitnehmer den Rechtsschutz. Dazu gehören das Veröffentlichungsrecht, das Recht auf Anerkennung der Urheberschaft, und der Anspruch, die Entstellung oder andere Beeinträchtigung des Werks zu verbieten.

So ist z. B. die **Realisierung der Planung immer eine Veröffentlichung**, die dem Urheber zusteht. Wenn also das unter Denkmalschutz stehende Ensemble (um-) gebaut und mit den originellen und individuellen Ideen des Entrauchungsfachplaners umgesetzt ist, handelt es sich um eine Veröffentlichung im Sinne des Urheberrechtsgesetztes (§§ 6, 12 Abs. 1 UrhG), denn sie ist damit der Öffentlichkeit zugänglich gemacht. Auch die Veröffentlichung in anderer Form ist denkbar.

Die Frage, ob das Werk mit einer Urheberbezeichnung zu versehen ist, betrifft das Anerkennungsrecht. Da es Ausfluss des Urheberpersönlichkeitsrechts ist, bestimmt grundsätzlich der Urheber über die »Form« der Anerkennung (§ 13 UrhG).

Auch Entstellungen und Änderungen fremden Urheberrechts sind verboten. Im Fall einer Fachplanung Entrauchung könnte ggf. zweifelhaft sein, dass eine spätere Fachplanung das bereits »beplante« Objekt erneut betrifft (§ 14 UrhG). Soweit ein Dritter die Ursprungsplanung geleistet hat, könnte es sein, dass die Neuplanung dessen Urheberrecht verletzt. Diese Frage ist nicht einfach und vor allem nicht einhellig zu beantworten: Eine Neuplanung - etwa wegen einer geplanten Nutzungsänderung mit dem Erfordernis einer Baugenehmigung - führt i.d.R. nicht zu einer Verletzung fremden Urheberrechts. Das gilt jedenfalls immer, wenn nicht das auf die »alte Planung und Nutzung« abgestimmte Entrauchungskonzept geändert, sondern ein »auf die künftige Planung und Nutzung« abgestelltes Konzept neu erstellt wird. Anders wird regelmäßig zu entscheiden sein, wenn die Ursprungsplanung Ausgangspunkt für die Neuplanung war.

Dagegen sind die **Verwertungs- und Nutzungsrechte** übertragbar. Das Verwertungsrecht der urheberrechtlich geschützten Planung steht ebenfalls dem Urheber zu. Hier können aber vertragliche Absprachen getroffen werden. Es wird sozusagen nicht in den Kernbestand des unveräußerlichen Rechts eingegriffen, sondern die wirtschaftliche Umsetzung betrieben. So ist ein Arbeitnehmer, der in einem Architekturbüro die mit Urheberrechtsschutz ausgestatte Fachplanung im konkreten Fall entworfen hat, arbeitsrechtlich verpflichtet, die Ausübung hieraus seinem Arbeitgeber zur Verfügung zu stellen. Dazu gehört die Vervielfältigung, also auch der Einsatz etwaiger origineller Ideen in anderen vergleichbaren Objekten.

Als Rechtsfolgen der Verletzungen fremder Urheberrechte - diese bestehen bis **70 Jahre nach dem Ende des Todesjahres des Urhebers** - kommen zunächst und immer die **Beseitigung der Beeinträchtigung (negatorischer Beseitungsanspruch**) und die **Unterlassung der Beeinträchtigung (negatorischer Unterlassungsanspruch)** in Betracht. Der Unterlassungsanspruch ist immer bei Wiederholungsgefahr gegeben, nachdem also eine erstmalige Beeinträchtigung bereits vorlag.

Ein **Schadenersatzanspruch als weitere mögliche Rechtsfolge** setzt regelmäßig (es gibt nur ganz wenige Ausnahmen, etwa bei Garantien) - zusätzlich zu den negatorischen Ansprüchen - **Verschulden** (Vorsatz oder Fahrlässigkeit) voraus. Die Berechnung ist oft schwierig. In Betracht kommt Gewinnabschöpfung oder die fiktive Berechnung eines Nutzungsentgelts, wenn der Verletzer sich korrekt verhalten hätte (sog. normativer Schaden). Darüber hinaus kommt eine Art »Schmerzensgeld« (materieller Ersatz für immateriellen Schaden) in Betracht, wenn dies der »Billigkeit« entspricht (§ 97 UrhG). Hierin kommt also zum Ausdruck, dass absolute Persönlichkeitsrechte verletzt werden. Grundsätzlich kennt das deutsche Zivilrecht nämlich keinen Ersatzanspruch für immaterielle Schäden (§ 253 Abs. I BGB).

Da nicht immer klar ist, ob urheberrechtlich geschützte fachplanerische Leistungen erbracht werden, könnte der Fachplaner im Vertrag - rein vorsorglich - etwaigen eigenen Urheberrechtsschutz vertraglich »absichern«. Solche Klauseln wirken natürlich nur zwischen den Parteien, die den Vertrag geschlossen haben, einem Dritten gegenüber kann sich der Fachplaner nicht auf mit seinem Vertragspartner vereinbarten Urheberrechtsschutz berufen. Allerdings liegt es hier nahe, dass der Dritte - etwa aufgrund einer Indiskretion - von dem Vertragspartner von der »geschützten« Planung erfahren hat. Dadurch könnte natürlich der Vertragspartner sich gegenüber dem Fachplaner wegen Vertragspflichtverletzung schadenersatzpflichtig gemacht haben. Das ist aber im Einzelfall alles vom Fachplaner darzulegen und - selbstverständlich - zu beweisen: Bloße Vermutungen genügen hier nicht.

Aus genannten Gründen ist der Urheberrechtsschutz nur selten gegeben. Es sind aber auch andere Rechtsmängel, unter denen eine konkrete Entrauchungsfachplanung leiden kann, denkbar, z. B.:

- Verstöße gegen das Gesetz gegen unlauteren Wettbewerb.
  Ein solcher Fall liegt etwa vor, wenn eine Fachplanung z. B. **bereits zum Zwecke der Vertragsanbahnung an einen Architekten weitergegeben wurde, der sie dann an anderer Stelle wieder (oder in abgewandelter Form) benutzt**. Da bereits das »Vertragsanbahnungsverhältnis« Rechtsschutz genießt, könnte sich hieraus ein Anspruch auf (negatorische) Beseitigung und/oder Unterlassung (§ 8 UWG) bzw. - im Fall des Verschuldens (also: Vorsatz oder Fahrlässigkeit) - auf Schadenersatz (§ 9 UWG) ergeben.

Aber: Verstöße gegen das Wettbewerbsrecht kommen im Fall von Weitergabe geleisteter Planungen nur im Verhältnis zum Verletzer in Betracht. Und das ist der Vertragspartner und nicht unbedingt derjenige, der die Pläne weitergibt.

Ein weiterer Fall wettbewerbswidriger Fachplanung könnte sich aber ergeben, **wenn der Fachplaner in seinem Entrauchungskonzept offen (ausschließlich) die Verwendung eines ganz bestimmten Produkts eines bestimmten Herstellers** empfohlen und dadurch zu Lasten aller Mitbewerber des Herstellers unlauteren Wettbewerb betrieben hat.
Beispiel: Im Entrauchungsplan ist wörtlich an der maßgeblichen Stelle ausgeführt:

> »... Die Öffnungen in der Brandwand zur Ladenstraße sollen im Kassenbereich sowie am Zugang im Verlauf der Achse J mit selbstschließenden Rohrsystemen des Typs ... der Fa. ... abgeschlossen werden. Derzeit ist für dieses Produkt in Deutschland noch keine allgemeine bauaufsichtliche Zulassung vorhanden, deshalb wird ein Antrag auf Ausnahme von der Forderung des § 6 (4) MVkVO bis zur Beibringung der bauaufsichtlichen Zulassung für dieses Produkt gestellt.«

Eine Wettbewerbshandlung nach § 2 UWG liegt wohl vor:

§ 2
Definitionen

»(1) Im Sinne dieses Gesetzes bedeutet

1. »Wettbewerbshandlung« jede Handlung einer Person mit dem Ziel, zugunsten des eigenen oder eines fremden Unternehmens den Absatz oder den Bezug von Waren oder die Erbringung oder den Bezug von Dienstleistungen, einschließlich unbeweglicher Sachen, Rechte und Verpflichtungen zu fördern; ...«

Sicher ist die Empfehlung von Produkten eines bestimmten Herstellers zunächst eine »wettbewerbsverzerrende Handlung« **zulasten der Herstellerkonkurrenten des Empfohlenen**. Fraglich könnte höchstens die »Unlauterkeit« i. S. der §§ 3 ff. UWG sein. Ein Beispielsfall i. S. der §§ 4 - 7 UWG liegt zwar nicht vor, hier kommt aber die Generalklausel zur Geltung. Meines Erachtens ist es unlauter, wenn der Zweck der Verwendung des Fachplanungskonzepts Entrauchung zur Vorlage im Baugenehmigungsverfahren dient. In Folge der Genehmigung - die dann in den Auflagen die Verwendung des in der Fachplanung beworbenen Produkts enthält - würden andere Mitbewerber des Produzenten unfair benachteiligt, weil davon ausgegangen werden muss, dass der Bauherr sich selbstverständlich genehmigungskonform verhalten will. Um dieses Risiko zu vermeiden sollte darauf geachtet werden, dass bereits das Konzept (Gutachten, Plan) den etwaigen Hersteller eines empfohlenen Produkts **immer nur als Beispiel** anführt, also im vorgenannten Fall z. B.:

»... mit selbstschließenden Rohrsystemen, etwa solche des Typs ... der Fa. ... - oder vergleichbare Systeme etwaiger anderer Hersteller - abgeschlossen werden ....«

Theoretisch wäre auch der Fall denkbar, dass die Fachplanungsleistung entgegen der vertraglichen Vereinbarung nicht von einem bestimmten Fachplaner geleistet wurde. Das wäre möglich, wenn z. B. eine BGB-Gesellschaft aus mehreren Fachplanern besteht und mit dem Auftraggeber auf dessen Wunsch hin vertraglich vereinbart worden wäre, Fachplaner A wird den Auftrag abwickeln. Aus terminlichen Gründen hat die Gesellschaft als Auftragnehmerin jedoch den Fall an den Fachplaner B vermittelt. Auch wenn die Fachplanungsleistung des B nicht zu beanstanden ist, liegt ein Mangel vor.

3.2.9 Die Folgen von Vertragspflichtverletzungen

Wenn der Fachplaner im vorgenannten Sinn mangelhaft leistet, damit seine Vertragspflichten also nicht erfüllt, entsteht die Frage nach etwaigen Ausgleichsleistungspflichten, die so genannten **Sekundäransprüche**. Die Mängelansprüche - nach alter Terminologie oftmals auch noch als »Gewährleistungsansprüche« bezeichnet - sind wesentlicher Teil dieser Ansprüche.

Für den Fall der Mängelhaftung stehen dem Käufer bzw. Besteller folgende Rechte zu:

- Nacherfüllungsanspruch
- Selbstvornahme (nur Werkvertrag)
- Rücktritt
- Minderung
- Schadenersatz
- Ersatz vergeblicher Aufwendungen.

Zunächst haben Käufer und Besteller den Anspruch auf Nacherfüllung, wofür dem anderen Teil eine angemessene Frist zu setzen ist. Der Käufer kann wählen, ob er eine Ersatzkaufsache will oder ob er Reparaturen zulässt. Dagegen hat der Werkunternehmer das Recht, zu entscheiden, ob er sein Werk repariert oder ein neues Werk errichtet. Im Grunde entspricht der Nacherfüllungsanspruch des Käufers bzw. Bestellers dem Nacherfüllungsrecht des Verkäufers bzw. Werkunternehmers: Er hat die Möglichkeit, die Mängel zu korrigieren.

Nach vergeblichem Ablauf der Frist für die Nacherfüllung haben Käufer oder Besteller mehrere Möglichkeiten:

- Selbstvornahme des Bestellers (also: nur Werkvertrag) durch Einschaltung eines anderen Werkunternehmers oder Eigenleistung gegen Erstattung der Kosten und ggf. Schadenersatz. Ein Rücktritt kommt nicht in Betracht, wenn der Besteller bereits die Aufwendungen für die Selbstvornahme erhalten hat.
- Hinnahme der mangelhaften Leistung als Erfüllung und Herabsetzung des Kaufpreises bzw. des Werklohns (Minderung) und ggf. Schadenersatz.
- Rücktritt vom Kaufvertrag oder Werkvertrag und Rückforderung der Zahlung und ggf. entweder Schadenersatz oder Ersatz vergeblicher Aufwendungen in angemessenem Umfang.

Darauf kann nicht genug hingewiesen werden: **Rücktritt und Minderung erfolgen durch einseitige empfangsbedürftige Willenserklärungen, schaffen also Fakten und können nach Erklärungszugang nicht mehr einseitig wieder zurückgenommen werden.** Es empfiehlt sich also, die Fristsetzung lediglich mit der Erklärung zu verbinden, dass man nach fruchtlosem Ablauf von seinen Rechten Gebrauch machen wird, dann kann man sich als Besteller oder Käufer immer noch überlegen, was man machen will. Im Einzelnen gilt:

3.2.9.1 Nacherfüllungsanspruch

Zunächst gibt es den so genannten **Nacherfüllungsanspruch** (§§ 634 Ziff. 1., 635 bzw. 437 Ziff. 1; 439 BGB). Der Besteller bzw. Käufer hat dem Fachplaner bzw. Verkäufer hierzu eine (angemessene) Frist zu setzen.

Im Kaufrecht wurde in der Praxis bereits vor Umsetzung der Verbrauchsgüterkauf-Richtlinie dieser damals dort noch nicht verankerte Sekundäranspruch oftmals vertraglich zusätzlich vereinbart. Heute ist das im Gesetz normiert (§§ 437 Ziff. 1; 439 BGB).

Im Werkvertragsrecht ist der Zeitraum vor und nach der Abnahme zu unterscheiden. Wenngleich die Abnahme bei Bestehen von Mängeln – Ausnahme bei sehr geringfügigen Mängeln – nicht verlangt werden kann, steht es dem Besteller doch frei, sie gleichwohl zu erklären.

Vor der Abnahme ist der Nacherfüllungsanspruch (sog. **modifizierter Erfüllungsanspruch**) mit dem Erfüllungsanspruch identisch. Der Nacherfüllungsanspruch und der Neuherstellungsanspruch haben die gleiche Rechtsnatur: Sie sind beide auf Erfüllung des Werkleistungsanspruchs gerichtet [1-Sprau, Rdz. 7 Vorbem. vor § 633 BGB]. Anders als im Kaufrecht **kann der Unternehmer nach seiner Wahl den Mangel beseitigen oder das Werk neu herstellen (§ 635 Abs. 1)**. Dagegen kann nach Kaufrecht der Käufer wählen, **ob er Mangelbeseitigung oder Lieferung einer mangelfreien Sache fordert (§ 439 Abs. 1)**. Wie der Mangel beseitigt werden soll bestimmt also der Werkleistende. Der werkleistende Fachplaner z. B. könnte also seine bisherige Planung »verbessern« oder vollständig verwerfen und noch einmal neu anfangen.

Nach der Abnahme ist der Nacherfüllungsanspruch grundsätzlich auf die »Reparatur« der bisherigen Leistungen beschränkt. Mit der Abnahme erklärt der Besteller, mit der Leistung im Wesentlichen einverstanden zu sein, ein dann noch bestehender Nacherfüllungsanspruch beschränkt sich auf die Nachbesserung. Der werkleistende Fachplaner muss also jetzt seine abgenommenen Planungsarbeiten nachbessern. Eine Neuherstellung kommt dann nur noch in Frage, wenn der Mangel auf andere Weise nicht zu beseitigen ist und der Unternehmer die Mangelbeseitigung nicht verweigern kann [1-Sprau, Rdz. 3 zu § 634 BGB].

3.2.9.2 Selbstvornahme

Der Auftraggeber (Besteller) kann dem Fachplaner eine (angemessene) Frist zur Ergänzung seiner Planung setzen oder – nach Wahl des Fachplaners – zur Neuplanung. Nach Ablauf der Frist kann er die Planung selbst entweder ergänzen oder durch einen anderen Fachplaner ergänzen lassen und die dafür erforderlichen Aufwendungen von dem Fachplaner verlangen, so genannte **Selbstvornahme** (§§ 634 Ziff. 2.; 637). Diesen Mängelanspruch gibt es naturgemäß nur im Werkvertragsrecht: Der Käufer will ja nicht eine individuelle Sache herstellen lassen, denn der Verkäufer verspricht »nur« die Übergabe und Eigentumsverschaffung einer Sache. Faktisch muss er dem Fachplaner in der Regel die »verspätete« Erstellung des Entrauchungskonzepts gestatten.

Die Setzung einer zu kurzen Frist ist (sowohl im Kauf- als auch im Werkvertragsrecht) nicht unwirksam, vielmehr wird dann die **angemessene Frist** automatisch in Lauf gesetzt. Das hat für den Besteller (bzw. Käufer), der eine zu kurze Frist gesetzt hat und vielleicht einen weiteren Fachplaner mit »Ergänzungsplanungsarbeiten« betraut hat, die Folge, dass er die hierfür erforderlichen Kosten möglicherweise nicht ersetzt bekommt: Er bleibt auf den Kosten sitzen, die er vor Ablauf der Frist durch an Dritte vergebene Aufträge in der falschen Annahme begründet hat, die von ihm gesetzte Frist wäre angemessen.

3.2.9.3 Rücktritt

Der Auftraggeber bzw. Käufer kann vom Vertrag **zurücktreten** (§§ 634 Ziff. 3., 636 bzw. 437 Ziff. 2; 440 i.V.m. 323, 326 Abs. 5 BGB).

Im Fall des Fachplanerwerkvertrags ist also Voraussetzung, dass die Planleistungen fällig sind und der Auftraggeber zunächst den Fachplaner zur Nacherfüllung unter Setzung einer angemessenen Frist vergeblich hierzu aufgefordert hat.

Der Rücktritt ist eine so genannte »einseitige empfangsbedürftige Willenserklärung«. Dadurch wird der Fachplanervertrag nicht etwa aufgehoben, sondern vielmehr umgestaltet: Die Leistungsbeziehungen kehren sich um. Danach hat der Auftraggeber den Anspruch gegen den Fachplaner auf Rückzahlung etwaiger geleisteter Werklohnvergütungen. Umgekehrt kann der Fachplaner sein Konzept zurückfordern.

Die Erklärung des Rücktritts ist auch für den Auftraggeber nicht ganz risikolos. In der Regel benötigt er die fachplanerischen Leistungen weiterhin, kann sie jedoch nicht mehr von dem beauftragten Fachplaner fordern: Er muss sich jetzt erneut bemühen. Der einmal erklärte Rücktritt - **er muss nachweisbar dem Fachplaner zugehen, erst dann wirkt er (auf das Datum der Absendung kommt es nicht an)** - kann auch nicht einfach zurückgenommen werden. Dazu bedarf es immer der Zustimmung des Fachplaners. Man sollte sich das sehr genau überlegen. Der Rücktritt ist nicht mehr möglich, wenn die Selbstvornahme gewählt und die Kostenerstattung hierfür beansprucht wurde.

Aufgrund der Folgen ist er nur möglich, wenn die Vertragspflicht, die der Fachplaner verletzt hat, nicht lediglich unerheblich ist (§ 323 Abs. 5 S. 2 BGB).

3.2.9.4 Minderung

Der Auftraggeber kann die Werklohnvergütung bzw. den Kaufpreis **mindern** (§§ 634 Ziff. 3., 638 bzw. 437 Ziff. 2., 441 BGB).

Die Erklärung der Minderung - Herabsetzung der Werklohnvergütung - ist **anstelle des Rücktritts** möglich: Also entweder das eine oder das andere. Die erklärte Minderung bedeutet, die mangelhafte Leistung gegen geringeres Entgelt als (noch) vertragsgerecht zu akzeptieren.

Auch die Minderung ist eine einseitige empfangsbedürftige Willenserklärung (anders nach früherem Recht bis zum 31.12.2001: die Minderung musste damals vereinbart werden) und kann folglich nicht einseitig wieder zurückgenommen werden. Auch hier muss der Auftraggeber genau überlegen: Die Erklärung zur Minderung bedeutet den Verzicht auf den Rücktritt. Sie kommt nur in Frage, wenn die »Teilleistung« des Fachplaners für den Auftraggeber noch eine Bedeutung hat.

Im Gegensatz zum Rücktritt genügt hier jede noch so geringe Pflichtverletzung.

3.2.9.5 Schadenersatz

Der Auftraggeber bzw. Käufer kann **Schadenersatz** verlangen, entweder **statt der Leistung** oder **neben der Leistung** (§§ 634 Ziff. 4., 636 bzw. 437 Ziff. 3., 323, 326 Abs. 5 BGB).

Der Schadenersatzanspruch kann also im Fall des mangelhaften Fachplanerwerkvertrags - je nach Wahl des Auftraggebers - zzgl. des Planungskonzepts oder an dessen Stelle verlangt werden. Die Einzelheiten hierzu werde ich in einem besonderen Abschnitt behandeln.

3.2.9.6 Ersatz vergeblicher Aufwendungen

Der Auftraggeber kann **anstelle des Schadenersatzes statt der Leistung** schließlich **Ersatz vergeblicher Aufwendungen** fordern.

Das betrifft den Ersatz so genannter »Frustrationskosten« - ein Novum in der dt. Rechtsgeschichte. Die Rechtsprechung hat den Ersatz dieser Kosten regelmäßig abgelehnt (»Frustrationstheorie«): den Ersatz der Aufwendungen, die der Besteller oder Käufer also außerhalb des Vertragsverhältnisses mit dem Fachplaner in der getäuschten Erwartung, der Fachplaner werde schon ordnungsgemäß und vertragsgerecht seine Planungsleistungen erfüllen, geleistet hat. Hier hat das Gesetz dem Begehren aber Grenzen gesetzt: der Auftraggeber kann dem säumigen Fachplaner z. B. nicht die Notarkosten für den Erwerb weiterer Grundstücke in Rechnung stellen, weil er diese nur erworben hat, um sie entsprechend beplanen zu lassen. Es sind nur die Kosten zu ersetzen,

- die der Auftraggeber im Vertrauen auf die Leistung des Fachplaners gemacht hat und
- die er billigerweise machen durfte (§ 284 BGB).

3.2.10 Im Besonderen: Schadenersatzpflicht

Schadenersatzpflichten sind einerseits sehr unterschiedlich gestaltet, andererseits beruhen sie auf sehr verschiedenen Rechtsgründen. Ich habe die Behandlung der vertraglichen - bzw. (rechtsuntechnisch gesprochen) der »vertragsähnlichen« - Schadenersatzansprüche deshalb diesem besonderen Abschnitt zugewiesen.

Es ist im vorliegenden Zusammenhang zu unterscheiden zwischen Schadenersatz neben der Leistung und Schadenersatz statt der Leistung. Jede Pflichtverletzung, die schuldhaft (also regelmäßig vorsätzlich oder fahrlässig) begangen wird führt zum Schadenersatz. Das können sein:

- Verletzung von Nebenpflichten (z. B. ein Cateringservice, dessen angeliefertes Geschirr und Besteck nicht gereinigt wurde)
- Verletzung von Hauptpflichten (unabhängig von der Frage, ob man vom Vertrag zurücktritt)

- verspätete Lieferung (Leistung): hierfür ist in der Regel zunächst eine Mahnung mit Fristsetzung des Gläubigers erforderlich. Diese kann unterbleiben, wenn eine feste Leistungszeit bzw. ein fester Leistungstermin vereinbart war. Ein Geldschuldner kommt in Schuldnerverzug, wenn er 30 Tage nach Zugang einer Rechnung oder einer gleichwertigen Zahlungsaufforderung nicht gezahlt hat.

Es gibt im Vertragsrecht demgemäß **zwei Grundtatbestände** und zwar:

3.2.10.1 (Allgemeiner) Schadenersatzanspruch neben der Leistung (§§ 634 Nr. 4 bzw. 437 Ziff. 3.; 280 BGB)

Die Ersatzpflicht betrifft alle so genannten **Mangelfolgeschäden**, denn der Anspruch auf die Hauptleistung bleibt ja bestehen.

Jede Pflichtverletzung, die schuldhaft begangen wird, führt zum Schadensersatz. Schuldhaft bedeutet Vertretenmüssen und zu vertreten ist immer Vorsatz und Fahrlässigkeit, wobei die Vorsatzhaftung nicht von vornherein ausgeschlossen werden kann (§ 276 BGB). Auch die Verletzung von Nebenpflichten kann zu einem Schadenersatzanspruch führen (§ 241 Abs. 2 BGB). Die Hauptleistungspflichten bleiben bestehen.

Etwaige Nebenpflichten, deren Verletzung Schadenersatzansprüche nach sich ziehen können, sind aber abzugrenzen von so genannten **Obliegenheiten**. In diesen Rahmen gehören auch bestimmte kaufmännische Besonderheiten. Unter Obliegenheiten sind Handlungen/Unterlassungen zu verstehen, die der Betreffende im eigenen Interesse wahrnimmt (**rechtsuntechnisch: »Verschulden gegen sich selbst«**), die aber keinem Dritten geschuldet werden.

Schadenersatzbegründende Verletzungen von Nebenpflichten und also nicht lediglich Obliegenheiten meinen Obhut- und Fürsorgepflichten des Fachplaners bei der Vertragsanbahnung, -abwicklung, beim Vertragsschluss selbst und nach Beendigung der vertraglichen Beziehung (§§ 311 Abs. 2, 241 Abs. 2, 280 Abs. 1 BGB). Diese Pflichten bestehen zwischen Vertragsparteien immer und können – je nach Vertragstyp und Vertragspartner – durchaus unterschiedliches »Gewicht« beanspruchen.

Im Wesentlichen sind das **Beratungspflichten**. Gemeint sind hier aber nicht die Beratungspflichten, die zwischen einem Fachplaner und seinem Kunden direkt vereinbart werden. Das wären dann Hauptpflichten. Dagegen geht es hier um nicht vereinbarte (zusätzliche) Nebenpflichten.

Um Nebenpflichten handelt es sich z. B. in folgenden Fällen: Bei geschuldeter Planungsleistung hat ein Architekt unter Berücksichtigung evtl. Vorgaben des Auftraggebers möglichst bald die Durchführbarkeit des Vorhabens zu klären [OLG Hamm in 6, 1996, 578] einschl. der finanziellen Möglichkeit des Auftraggebers [OLG Düsseldorf in 6, 2004, 1024]. Bei Zweifeln muss er, soweit nicht der Auftraggeber das Risiko übernimmt [OLG Celle in 6, 2002, 116], (weitere) Planungsarbeiten zurückstellen, solange die Erteilung der Baugenehmigung [OLG Hamm in 8, 1995, 1230], Erwerb des zu bebauenden Grundstücks [OLG München in 8, 1996, 341], Statik [OLG Düsseldorf in 8, 1997, 915] und Finanzierung nicht gesichert sind.

Der Fachplaner Entrauchung hat demgemäß - mindestens wenn er den Vertrag mit dem Bauherrn/der Bauträgergesellschaft selbst abschließt - im Rahmen seines Aufgabenbereichs entsprechende Pflichten: Solange für ihn erkennbar die Entrauchungssituation nicht lösbar ist, hat er auf weitere kostenintensive Leistungen zulasten des Bauherrn zu verzichten und diese zu unterlassen, es sei denn, er handelt auf ausdrücklichen Hinweis des Bauherrn. Andernfalls kann sein Vergütungsanspruch bei Unverwertbarkeit seiner Arbeiten entfallen [OLG Düsseldorf in 9, 1973, 1150]. Überhaupt sind die Leistungen auf das Erforderliche zu beschränken [3, Einleitung Rdz. 84].

In solchen Fällen empfiehlt sich selbstverständlich und ausnahmslos, dass die Absprachen in allen Einzelheiten schriftlich fixiert werden. Im Falle einer gerichtlichen Inanspruchnahme wird der Auftragnehmer (Fachplaner) andernfalls u. U. Schwierigkeiten haben, zu beweisen, dass ihn der Auftraggeber unter ausdrücklicher Übernahme der genau beschriebenen Risiken dennoch zur Erstellung der Entrauchungsfachplanung beauftragt hat.

Für einen **Kaufmann können sich besondere Nebenpflichten oder Obliegenheiten** ergeben. Einerseits kann die Missachtung kaufmännischer Regeln zu einer erweiterten Erfüllungshaftung, andererseits zu besonderen Sorgfaltspflichten führen. Letztgenannte erhöhen die Gefahr von Schadenersatzpflichten. Hier ist deshalb zu beachten:

- Ein Fachplaner kann auch ein Kaufmann im Sinne des Handelsrechts sein. Kaufmann ist, wer ein Handelsgewerbe betreibt; d. h. grundsätzlich jeder Gewerbetreibende. Nur ausnahmsweise ist das nicht der Fall, nämlich wenn die Einrichtung eines in kaufmännischer Weise eingerichteten Geschäftsbetriebs nicht erforderlich ist (§ 1 HGB): die Regel ist also die Kaufmannseigenschaft, Umstände für die Ausnahme hat derjenige darzutun und ggf. zu beweisen, der sich hierauf beruft. Es bedarf also nicht der Eintragung in das Handelsregister - eine solche schadet aber natürlich auch nicht und ist mittlerweile auch für einen Einzelkaufmann (e.K.) möglich -, um die Kaufmanneigenschaft annehmen zu können.
- Kaufmann i.S. des Handelsrechts sind immer die **Handelsgesellschaften** (»quasijuristischen« Personen in Abgrenzung zu den bürgerlich-rechtlichen Gesellschaften) und diejenigen Vereine, denen das Gesetz ohne Rücksicht auf den Gegenstand des Unternehmens die Eigenschaft eines Kaufmanns beilegt (in Abgrenzung zum sog. Idealverein; z. B.: GmbH, Genossenschaft, AG, KGaA). So ist z. B. auch die GmbH, für die der Fachplaner seine Leistungen aufgrund eines Dienstverhältnisses (als Arbeitnehmer oder aufgrund eines freien Dienstverhältnisses) erbringt, der nach außen auftretende Vertragspartner und immer ein Kaufmann.

Für Kaufleute gilt:

- Schweigen des Kaufmanns auf Anträge: Wenn ein Fachplaner als Kaufmann für andere, mit denen er in Geschäftsbeziehung steht, Geschäftsbesorgungen betreibt, so muss er auf einen Antrag auf Abschluss eines Geschäfts unverzüglich (also: ohne schuldhaftes Zögern) reagieren, wenn er ausnahmsweise das Geschäft nicht übernehmen möchte. Andernfalls gilt der Vertrag als geschlossen (§ 362 HGB). **Dieser Fall begründet also keinen Anspruch auf Schadenersatz, vielmehr ist der Kaufmann verpflichtet, das Geschäft zu erfüllen.** Bei Nichterfüllung des Geschäfts kann selbstverständlich ein Schadenersatzanspruch nach den allgemeinen Regeln infrage kommen. Hierbei handelt es sich also um eine Obliegenheit, weil der Kaufmann Dritten gegenüber nicht verpflichtet ist, zu antworten: Er darf schweigen, muss die Konsequenzen seines Verhaltens aber hinnehmen.

Es wird nicht viele Fälle geben, in denen das zutrifft. Typische Planungsleistungen allein fallen nicht hierunter, es muss sich schon um ein Geschäftsbesorgungsverhältnis handeln. Darunter werden alle selbstständigen Tätigkeiten wirtschaftlicher Art für einen anderen und in dessen Interesse verstanden. In Betracht kommen aber (ausnahmsweise) **Treuhandverhältnisse,** wenn also der Fachplaner (neben den reinen Planungsleistungen auch) z. B. Baubetreuung für den Bauherrn erbringt.

- Besondere (kaufmännische) Sorgfaltspflichten sind zu beachten (§ 347 HGB). Das ist die Einstandspflicht für die Sorgfalt, die einem ordentlichen Kaufmann zukommt. **Diese Fälle begründen zwar keinen weiteren Schadenersatzanspruch, erweitern aber das Risiko, dass der Kaufmann einen Schadenersatz nach allgemeinen Regeln zu leisten hat:** Schadenersatzansprüche sind nur im Fall des Verschuldens begründet und der Kaufmann hat mehr Pflichten, sodass er mehr zu vertreten hat als andere. Hier handelt es sich folglich nicht um eine bloße Obliegenheit, weil die besondere Sorgfaltspflicht Dritten gegenüber geschuldet wird, deren Verletzung Schadenersatzpflichten begründen könnten.

  Hier gibt es keinen klar definierten Bereich. Die den Kaufmann treffenden Sorgfaltspflichten sind nach einem objektiven Maßstab zu bestimmen: Grundlage hierfür ist einerseits die Verkehrsanschauung, andererseits ein Mindestmaß an Fähigkeiten und Kenntnissen, die ein solcher Fachplaner für Entrauchung hiernach haben muss.

Für Schäden wegen **schuldhaft (also fahrlässig oder vorsätzlich) verspäteter** Leistung gibt es Verzugsschadenersatz (§§ 634 Nr. 4 bzw. 437 Ziff. 3., 280 Abs. 2, 286 BGB). Wenn der Schuldner schuldhaft zu spät leistet, hat er für die deshalb entstandenen Schäden dem Gläubiger Schadenersatz zu leisten. Im Übrigen bleibt die Hauptleistungspflicht bestehen.

Der Schuldnerverzug bei einer Entgeltforderung tritt **spätestens** 30 Tage nach Zugang einer Rechnung oder gleichwertigen Zahlungsaufforderung ein, und zwar gilt dies unabhängig von einer besonderen Mahnung (z. B.: kalendarisch bestimmte Leistungszeit; vgl. § 286 Abs. 2 Ziff. 1 BGB).

Es ist also denkbar, dass der Auftraggeber mindert oder von dem Vertrag mit dem Fachplaner zurücktritt und trotzdem Schadenersatzansprüche hat, das ist der so genannte **Mangelfolgeschaden**: Dieser entsteht an anderen Rechtsgütern des Auftraggebers. Man könnte den Verzugsschadenersatz auch als eine besondere Art des Mangelfolgeschadens sehen. Es ist denkbar, dass der Auftraggeber die mangelhafte Leistung des Fachplaners mindert und zusätzlich noch durch verspätete Vorlage der Planung den Verzögerungsschaden erhebt.

Gläubigerverzug (auch: **Annahmeverzug** genannt) meint dagegen den Fall, dass dem Gläubiger die Leistung **so, wie sie zu bewirken ist, angeboten wird, dieser sie jedoch nicht annimmt**. Grundsätzlich gilt: ein Gläubiger ist nicht (gegenüber seinem Vertragspartner oder jedem anderen) verpflichtet, die Leistung anzunehmen. Er kann sie ablehnen, denn man kann jemandem eine Leistung nicht aufzwingen.

Das Ablehnen der Leistung führt aber zu einer **Haftungsverschiebung zulasten des Gläubigers**: Wenn die angebotene Leistung nach Eintritt des Gläubigerverzugs untergeht, so haftet der Schuldner nur für grobe Fahrlässigkeit und Vorsatz (§§ 276, 300 BGB). Der Schuldner hat die Pflicht, die Leistung vertragsgerecht anzubieten. Einer Zahlungspflicht kann er durch amtliche Hinterlegung (§§ 372 ff. BGB i.v.m. der Hinterlegungsordnung) entgehen.

Auch Gläubigerverzug betrifft also den Fall einer nicht beachteten **Obliegenheit** und (jedenfalls regelmäßig) keine Vertragspflichtverletzung, sodass – mangels Pflicht gegenüber dem Vertragspartner – **auch keine Schadenersatzpflicht** entstehen kann. Davon zu unterscheiden ist aber der Fall, dass die **Abnahmepflicht der angebotenen Leistung nach der Parteivereinbarung zur Hauptleistungspflicht** erhoben wird. Es kann sein, dass ein Verkäufer Interesse an einer schnellen Beräumung seines Lagers hat. Dann muss er mit dem Käufer vereinbaren, dass dieser die Ware bis zu einem bestimmten Datum auch abholt. Dann liegt aber im Fall der **verspäteten Abholung (auch) Schuldnerverzug** und nicht nur Gläubigerverzug vor.

3.2.10.2 Schadenersatz statt Leistung

Schadenersatz statt Leistung ist dagegen (auch) ein Surrogat für die Hauptleistung. Grundsätzlich ist hier zunächst das vergebliche Nacherfüllungsverlangen mit Fristsetzung erforderlich und nach fruchtlosem Fristablauf kann der Schadenersatz statt Leistung gefordert werden. Außerdem kommt der Anspruch in Frage, wenn die Leistung (dem Schuldner oder jedermann) unmöglich ist.

Die Ersatzpflicht betrifft folglich alle Mangelschäden und Mangelfolgeschäden, denn der Anspruch auf die Hauptleistung wird ersetzt.

Der Auftraggeber hat keine Ansprüche auf die Entrauchungsfachplanung – analog der Käufer natürlich auch nicht auf die Erfüllung des Kaufvertrags – mehr, sondern nur noch auf Schadenersatz. Hier sind **zwei Tatbestände** zu unterscheiden:

- die Leistung ist nicht (wie geschuldet) erbracht worden, dann kann der Gläubiger dem Schuldner eine angemessene Frist setzen, die Leistung oder Nacherfüllung zu erbringen. Verstreicht diese Frist fruchtlos, so kann statt der Leistung Schadenersatz wegen Nichterfüllung gefordert werden (§§ 634 Nr. 4 bzw. 437 Ziff. 3., 280, 281 BGB).

- wenn der Schuldner oder jeder andere außerstande ist, die Leistung zu erbringen (so genannte anfängliche oder nachträgliche **subjektive** bzw. **objektive** Unmöglichkeit), so wird er zwar von seiner Leistungspflicht befreit. Dies hindert aber nicht die Wirksamkeit des Vertrages und führt zur Verpflichtung, Schadenersatz wegen Nichterfüllung oder - nach Wahl des Gläubigers - Aufwendungsersatz zu leisten (§§ 634 Nr. 4 bzw. 437 Ziff. 3., 311a Abs. 2, 275 BGB).

Im Fall eines Fachplanerwerkvertrags hat der Besteller - die Voraussetzungen unterstellt - also die Wahl, ob er die Leistung des Fachplaners trotz ihrer Mangelhaftigkeit noch akzeptiert und die Planung annimmt. Dann kann er nur den (theoretisch »geringeren«) Schadenersatz (für **Mangelfolgeschäden**) neben der Leistung fordern (andere Rechtsgüter und Minderwert der Planungsleistung) oder diese durch Rücktritt ablehnen und auch den Wert der vollen Planungsleistung als Schadenersatzposten (**Mangelschaden**) zusätzlich einbeziehen.

3.2.10.3 Vorvertragliche Schuldverhältnisse

Es ist denkbar, dass das Interesse am Zustandekommen von Verträgen eine Partei zu bestimmten Aufwendungen veranlasst, die nur im Hinblick auf ein sicher erwartetes späteres Vertragsverhältnis geleistet wurden. Das Gesetz (§ 311 Abs. 2 BGB) erkennt seit der Schuldrechtsreform nunmehr an, was von der Rechtsprechung schon Jahrzehnte so gehandhabt wurde, dass nämlich auch **ohne Vertrag** zwischen den Parteien ein **vertragsähnliches Schuldverhältnis** entstehen kann.

Es geht zunächst um Verletzungen bei Anbahnung eines Vertrages, bei welcher der eine Teil im Hinblick auf den Vertrag dem anderen Teil bestimmte Einwirkungen in seine Interessenlage ermöglicht. Darüber hinaus geht es um geschäftsähnliche Kontakte. Es handelt sich um einen **Auffangtatbestand**, der deutlich macht, dass es nicht nur um konkrete Vertragsverhandlungen gehen muss. **Auch andere Geschäftskontakte (oder soziale Kontakte) können also haftungsrelevant werden**. Das gilt etwa für den Fall, dass jemand seine Geschäftsräume der Öffentlichkeit zum Zwecke von Vertragsverhandlungen oder -abschlüssen zugänglich macht. Wenn z. B. ein potenzieller Käufer in einem Warenhaus auf einer Bananenschale ausrutscht, die aufgrund mangelhafter Reinigung dort liegen geblieben ist, so hat der Kaufhausbetreiber einen etwaigen dadurch erlittenen Schaden zu ersetzen.

Ersetzt wird nur der so genannte **Vertrauensschaden** (auch genannt **negatives Interesse**: So gestellt zu werden, wie man stünde, wenn es nicht zum geschäftlichen Kontakt gekommen wäre). Keinesfalls fällt ein Unternehmergewinn **(positives Interesse**: so gestellt zu werden, als wenn der Vertrag ordnungsgemäß durchgeführt worden wäre) hierunter und die Aufwendungen müssen durch das Verhalten des anderen Teils verursacht worden sein. Folglich kann es sich nur um Aufwendungen handeln, die **nach Kontaktaufnahme** entstanden sind. Es leuchtet ein, dass z. B. ein in seinen Erwartungen, es werde zur Auftragserteilung kommen, getäuschter Fachplaner nicht so gestellt werden soll, als wenn der Vertrag durchgeführt worden wäre, denn das schadenersatzauslösende Verhalten des Auftraggebers ist darin zu sehen, dass er dem Fachplaner treuwidrig vorgespiegelt hat, er werde den Auftrag erhalten. Hätte der Fachplaner das gewusst, hätte er keine kostenaufwändigen Maßnahmen ergriffen. Diesen besonderen Aufwand soll er ersetzt bekommen und dazu gehört ein etwaiger Unternehmergewinn eben nicht. Auch der verletzte Besucher eines Kaufhauses muss so gestellt werden, als hätte er sich nicht dazu entschlossen, die »gefährlichen« Verkaufsräume zu betreten. Wenn sich der Schädiger ordnungsgemäß verhalten hätte, hätte sich ein Besucher vorgesehen oder ganz unterlassen, die gefährlichen Verkaufsräume zu betreten.

Es empfiehlt sich deshalb, etwaige umfangreiche und langwierige Vertragsverhandlungen nach Inhalt, Form, Zeit und Akteuren zu **dokumentieren**. Dabei geht es

- erstens: um die möglichen Schadenersatzansprüche, die aufgrund vorvertraglicher Pflichtverletzung von einem Dritten erhoben werden könnten
- zweitens: um die sehr bedeutende Feststellung, ob der Bereich überschritten worden ist, ab wann nicht mehr nur von Vertragsverhandlungen, sondern von einem abgeschlossenen Vertrag gesprochen werden muss (mündliche oder konkludente Absprachen) und
- drittens: schützt eine gute Dokumentation in Verbindung mit Beweismitteln (Dokumente und Zeugen) umgekehrt auch gegen eine etwaige unberechtigte Inanspruchnahme von Dritten aus vermeintlich vorvertraglicher Pflichtverletzung.

3.2.11 Unwirksamkeit oder Wegfall des Fachplanungsvertrags

Geschlossene Verträge können unwirksam sein, wenn sie **gegen ein gesetzliches Verbot** (§ 134 BGB) oder **gegen die guten Sitten** (§ 138 BGB) verstoßen. Das gilt auch für Fachplanungswerkverträge; spezifische Unwirksamkeitsgründe sind nicht erkennbar.

3.2.11.1 Verstoß gegen ein gesetzliches Verbot (§ 134 BGB)

Gegen ein gesetzliches Verbot verstoßen Verträge **nur dann, wenn die Verbotsnorm gegen den Abschluss eines solchen Vertrags schlechthin gerichtet** ist. Diese Fälle sind durchaus nicht häufig, denn nicht jedes Zuwiderhandeln gegen eine gesetzliche Norm ist als »gesetzliches Verbot« zu verstehen. Die Verbotsnorm muss sich gegen den Abschluss des Geschäfts - und damit im Regelfall gegen alle Vertragsbeteiligte - richten. Im Fall eines Fachplanervertrags kommt hier z. B. ein Verstoß gegen das so genannte »Kopplungsverbot« (Art. 10, § 3 Mietrechtsverbesserungsgesetz) in Betracht:

> »Eine Vereinbarung, durch die der Erwerber eines Grundstücks sich im Zusammenhang mit dem Erwerb verpflichtet, bei der Planung oder Ausführung eines Bauwerkes auf dem Grundstück die Leistungen eines bestimmten Ingenieurs oder Architekten in Anspruch zu nehmen, ist unwirksam.«

Danach kann sich der Erwerber eines Grundstücks im Zusammenhang mit dem (beabsichtigten) Erwerb weder ausdrücklich noch durch schlüssiges Verhalten [BGH in 10, 1979, 935] verpflichten, bei Entwurf [BGH in 7, 1982, 2189] und Ausführung eines Bauwerks auf dem Grundstück die Leistungen eines bestimmten Ingenieurs oder Architekten in Anspruch zu nehmen. Die Vorschrift ist weit gefasst und richtet sich gegen jede den Wettbewerb von Ingenieuren und Architekten beeinträchtigende Bindung, sofern diese mit dem Erwerb eines Grundstücks zusammenhängt. Das ist bei jeder Verpflichtung des Erwerbers zur Inanspruchnahme von Ingenieur- oder Architektenleistungen oder zur Zahlung einer Abstandssumme für die Nicht-Inanspruchnahmen solcher Leistungen [BGH in 11, 1982, 1325; 12, 70, 262] der Fall, ohne die er rechtlich oder tatsächlich das Grundstück nicht hätte bekommen können [BGH in 6, 1998, 579; BGH in 7, 2000, 2354], d. h., es genügt ein tatsächlicher (z. B. wirtschaftlicher) Zusammenhang der Verträge [OLG Bamberg in 6, 2003, 1756], die auch mit verschiedenen Personen (z. B. Grundstücksverkäufer und Architekt) und zeitlich nacheinander geschlossen werden können [KG in 6, 1986, 598]. Der Begünstigte muss nicht Architekt sein. Es genügt, dass er sachlich Architektenleistungen zu erbringen hat. Auch ein Zusammenwirken von Veräußerer und Architekt ist nicht erforderlich [1-Sprau, Rdz. 2 zu § 631 BGB].

Der Bauherr darf nicht im Rahmen des Erwerbs des zu bebauenden Grundstücks gezwungen werden, sich mit dem Erwerb am Grundstück zugleich zu verpflichten, die Dienste eines Architekten/Bauingenieurs – oder auch eines Entrauchungsfachplaners – in Anspruch nehmen zu müssen.

Rechtsfolge ist die Unwirksamkeit des Fachplanungswerkvertrags mit dem Bauherrn/Architekten. Der Fachplaner hat dann keinen Anspruch auf Vergütung für seine Leistungen. Vergütungen für etwaige bereits erbrachte Leistungen wären dann auf das Bereicherungsrecht beschränkt und bestehen allenfalls vielleicht (Kenntnis des Verbots führt ggf. gleichwohl zum Anspruchsverlust, § 819 Abs. 1 BGB), wenn der Leistungsempfänger noch bereichert ist. Das ist z. B. nicht der Fall, wenn aufgrund geänderter Planung die Leistung des Fachplaners hinfällig wurde oder der Auftraggeber nicht der Eigentümer des Grundstücks ist (sog. **Entreicherungseinwand**; § 818 Abs. 3 BGB).

Ein beiderseitiger Verstoß gegen das Gesetz zur Bekämpfung der Schwarzarbeit führt ebenfalls zur Unwirksamkeit des Vertrags wegen Verstoß gegen ein gesetzliches Verbot (§ 134 BGB). Allerdings bleiben auch in diesem Fall etwaige Mängelrechte für den Bauherrn erhalten, weil der Fachplaner sich insoweit nicht auf die Unwirksamkeit des Vertrags berufen kann [3, Rdz. 105 zur Einleitung; BGH in 6, 2001, 632].

3.2.11.2 Verstoß gegen die guten Sitten (§ 138 BGB)

Dafür lässt sich kein allgemeiner Beurteilungsmaßstab angeben. Es handelt sich um einen Auffangtatbestand, mit welchem die Rechtsordnung – und insbesondere die über sie wachende Justiz – grobe Missverhältnisse ausgleichen kann. Sittenwidrig ist ein Rechtsgeschäft, wenn es gegen das Anstandsgefühl aller billig und gerecht Denkenden verstößt [13, 80, 221; 12, 10, 232 und 12, 69, 297; BGH in 7, 2004, 2668/70]. Der Anwendungsbereich ist sehr eng. Fast alle solchen Rechtsgeschäfte sind gesetzlich ohnehin bereits verboten.

Ein praktisches Beispiel wäre aber ein Schmiergeldvertrag, den der Entrauchungsfachplaner mit dem Architekten - dieser handelnd als Vertreter des Bauherrn - geschlossen hat. Inhalt des Vertrags könnte die Absprache sein, die für die Genehmigungsplanung erforderlichen Entrauchungsfachplanungen zu einem erhöhten Entgelt erstellen zu lassen. Im Gegenzug erhält der Architekt, der diese Abrechnung deckt, einen Teil der überhöhten Vergütung als Schmiergeld [BGH in 7, 1962, 1099, in 7, 1973, 363 und in 7, 1991, 1819].

3.2.11.3 Aufschiebend oder auflösend bedingter Vertrag

Ein Fachplanungswerkvertrag kann unter der aufschiebenden Bedingung der Planung und Herstellung eines Bauvorhabens oder unter der auflösenden Bedingung der Weiterführung des Bauvorhabens geschlossen werden. Dann kommt der Vertrag andernfalls nicht zustande bzw. geht wieder unter. Ohne Vertrag keine Ansprüche und keine Leistungspflichten.

3.2.12 Vergütungsanspruch des Fachplaners

Nach Erbringung seiner Werkleistung hat der Fachplaner den Anspruch auf Werklohn als seine Vergütung.

3.2.12.1 Aufschiebend oder auflösend bedingter vertraglicher Vergütungsanspruch

Nicht nur das Zustandekommen des Vertrags selbst, sondern auch lediglich die Entstehung des Werklohnvergütungsanspruchs kann aufschiebend oder auflösend bedingt sein. Das dürfte aber die Ausnahme sein.

Davon abzugrenzen ist die bloße **Fälligkeitsabrede**. Dabei könnte z. B. vereinbart sein, dass der Honoraranspruch nicht in seiner Entstehung selbst, sondern nur (zeitlich) mit dem Eintritt bestimmter Umstände fällig wird (so genannter **betagter Anspruch**). Das dürfte die Regel sein.

So stellt die Abrede, das Honorar des Architekten prozentual nach verkauften Wohneinheiten zu zahlen, nach Auffassung des OLG Frankfurt m. E. zurecht eine solche Fälligkeitsabrede und keine Bedingung dar [OLG Frankfurt/Main in 6, 2005, 442], dagegen hatte das OLG Rostock die Klausel »die Zahlung erfolgt spätestens 14 Tage nach Vorlage der Baugenehmigung« als Bedingung gewertet [OLG Rostock; Urteil v. 29.06.2005 - Az. 2 U 58/04]. Diese Rechtsprechung lässt sich analog auf den Fall des Fachplanerwerkvertrags anwenden.

Hier sind aber keine übergreifend gültigen Regeln erkennbar. Es kommt immer auf den Einzelfall an.

3.2.12.2 Stufenweise oder abschnittsweise Beauftragung

Denkbar ist auch, dass der Planungsbedarf sehr umfänglich ist, der daraufhin abzuschließende Fachplanungsvertrag vielleicht selbst mehrere selbstständige Teilleistungen ausweist.

Bei der Herstellung eines mehrere Fertigungsstätten umfassenden Fabrikgeländes könnte sich der Planungsauftrag z. B. wie folgt gestalten:

- Planungskonzept für das gesamte Gelände im Überblick
- Planungskonzepte für jede einzelne Produktionseinheit (Fabrikhalle).

Dann bietet es sich an, entweder einen Gesamtauftrag für alles abzuschließen (**stufenweise Beauftragung**), wobei der Teil der Einzelplanung dem übergreifenden Konzept nachgelagert ist. Üblicherweise werden solche Verträge mit einem Abrufrecht (so genannte **Option**) für den Auftraggeber verbunden.

Alternativ dazu könnte der Auftraggeber auch jeweils mehrere Verträge (**abschnittsweise Beauftragung**) mit dem oder den Fachplaner(n) schließen, jeweils wenn der Bedarf ansteht. Das wird er vielleicht tun, wenn

- der gesamte Auftragsumfang noch nicht überblickt werden kann
- spezifische Qualitäten für jeden einzelnen Auftrag von dem jeweils beauftragten Fachplaner verlangt werden oder
- schlichtweg hier eine Konkurrenzsituation unter den Fachplanern geschaffen werden soll, z. B. um preiswerte Leistungen auszuhandeln.

Das Kostenargument könnte aber auch bewirken, dass ein einzelner Fachplaner den »Gesamtauftrag« erhält.

3.2.12.3 Gesetzliches Preisrecht der HOAI

Regelmäßig kommt die HOAI im Fall der Entrauchungsfachplanung **nicht zur Anwendung**.

Der sachliche Anwendungsbereich der HOAI knüpft in § 1 an die durch sie geregelten (und damit verbindlichen) Honorarberechnungstatbestände an. Sie ist insofern grundsätzlich anwendbar auf Leistungen, die von den Leistungsbildern erfasst werden und deren anrechenbare Kosten, Werte oder Verrechnungseinheiten innerhalb der Tafelwerte der Verordnung liegen (§§ 3 Abs. 1, 2; 4; 7 Abs. 2 HOAI) [5, S. 91]. Die Anwendbarkeit der HOAI ist **leistungsbezogen, nicht personenbezogen** zu sehen [st. Rspr. des BGH, s. Nachweise in 3, Rdz. 18 zu § 11]. Fraglich ist, inwieweit der Fachplaner für Entrauchung solche Leistungen erbringt, die als verbindliche Regelungen in der HOAI normiert sind:

- eine eigenständige »Fachplanung Entrauchung« ist in der HOAI 2009 (ebenso in der Vorgängernorm: HOAI 2002) nicht vorgesehen (vgl. Teil 4, nur »Tragwerksplanung« und »technische Ausrüstung«, §§ 48 ff. HOAI).

- Gegenstand der Fachplanung ist in aller Regel die Einbindung in ein Baugenehmigungsverfahren (Teil 3: »Objektplanung«, Abschnitt 1: »Gebäude und raumbildende Ausbauten«). Der vorlageberechtigte Architekt hat nach der jeweiligen Bauordnung (vgl. z. B. § 70 LBauO-NRW) in bestimmten Fällen - i.d.R. bei Sonderbauten (z. B. § 54 Abs. 2 Ziff. 4, 5 LBauO-NRW u.a.) - zusammen mit den übrigen Unterlagen ein Entrauchungskonzept einzureichen. Im Übrigen kann die Baugenehmigungsbehörde nach den jeweiligen Landesbauordnungen Anordnungen im Einzelfall erteilen. Erforderlich ist zunächst, dass es sich um Leistungen handelt, die in den Teilen 2 bis 4 der HOAI erfasst sind. Das ist für Entrauchungskonzeptionen ausdrücklich nicht der Fall. Entrauchungskonzeptionen sind keine von der HOAI umfassten Leistungsbilder: »Nur dann und insoweit, als er auch Leistungen aus Teil 3 Objektplanung erbringt, hat er einen Honoraranspruch auf der Grundlage der Honorarvorschriften des Teils 3« [3, Rdz. 4 zu § 1].

Es fehlt also gewöhnlich an einem Leistungsbild Brandschutz, sodass die HOAI regelmäßig unanwendbar ist.

3.3 Grundzüge des Haftungsrechts

Haftungsrechtliche Fragen spielen immer eine Rolle im Rechtsleben. Soweit vertragliche Ansprüche - Haftungsrecht im weiteren Sinne - betroffen sind, wurden diese bereits erörtert.

Haftungsrecht im engeren Sinne meint das so genannte **Deliktsrecht**. Hier kommt es auf vertragliche oder sonstige rechtliche Sonderbeziehungen nicht an. Die Haftungsgrundlage ergibt sich allein und unmittelbar aus dem Gesetz.

3.3.1 Übersicht

Hier sind im Wesentlichen **drei Tatbestände** zu unterscheiden, nämlich

- Verletzung von Rechtsgütern (**Leben, Körper, Gesundheit, Freiheit, Eigentum**) bzw. sonstigen absoluten Rechten (**z. B. eingerichteter und ausgeübter Gewerbebetrieb**) (§ 823 Abs. 1 BGB)
- Verletzung von Schutzgesetzen. Hierunter sind Rechtsverstöße gegen Vorschriften zu verstehen - das können im Besonderen strafrechtliche Vorschriften sein -, die (zumindest auch) den absoluten Schutz Dritter zum Ziel haben (§ 823 Abs. 2 BGB)
- vorsätzliche sittenwidrige Schädigung (§ 826 BGB)

und dadurch verursachte Schäden. Zudem nehme ich noch zu dem besonderen Haftungstatbestand des gerichtlichen Sachverständigen (§ 839a BGB) kurz Stellung.

3.3.2 Verletzung absoluter Rechte und Rechtsgüter (§ 823 Abs. 1 BGB)

Die genannten Rechtsgüter und die »absoluten Rechte« werden von der Rechtsordnung als so erheblich gewertet, dass ihr ein rechtlicher Schutz in besonderer Weise zukommt:

- der Schutzappell des Gesetzes richtet sich **gegen jedermann,** einer »Sonderrechtsbeziehung« (etwa eines Vertrag) bedarf es dazu nicht [1-Sprau, Rdz. 11 ff.: Rechte mit Ausschließlichkeitscharakter]
- schon die **objektive Verletzung** der Rechtsgüter und absoluten Rechte wird geahndet: Der Verletzer muss die Beeinträchtigung beseitigen und künftige Beeinträchtigungen unterlassen, unabhängig von der Frage, ob ihm ein Verschulden zukommt.

Jede Verletzung durch positives Tun ist grundsätzlich rechtswidrig. Nach h. M. ist dies erfolgsbezogen, nicht handlungsbezogen zu beurteilen [1-Sprau, 24 zu § 823 BGB]: Der Schädiger ist also gehalten, Rechtfertigungsmerkmale für sein Verhalten besonders vorzubringen (z. B. Notwehr, Notstand u.a.). Bei einem Unterlassen ist der Vorwurf nur dann gerechtfertigt, wenn der Schädiger eine Pflicht zu Handeln hatte. Eine solche könnte sich z. B. auch aus einem Vertrag ergeben [1- Heinrichs; Rdz. 84 Vorb. § 249 BGB].

So ist z. B. auch eine »fehlerhafte Entrauchungsplanung«, deren Realisierung zu einem (Schwel-)Brand oder zu einer Kontaminierung mit Kohlendioxyd führt und die die Vergiftung fremder Personen zur Folge hat, zu beurteilen. Eine pflichtwidrige Unterlassung wäre z. B. das Weglassen erforderlicher Planungsteile. Es ist also zunächst festzustellen, ob das Handeln des Fachplaners objektiv zurechenbar die Rauchvergiftung einer dritten Person verursacht hat. Dies wird in zwei Schritten nach der so genannten Adäquanztheorie ermittelt:

- Zunächst ist die Ursächlichkeit des Verhaltens des Schädigers festzustellen: Hätte der Sachverständige für Entrauchung seine Planung sorgfältig geleistet, wäre es nicht zum Brand/zur Vergiftung mit Kohlendioxyd gekommen, wäre deshalb die Gesundheit und/oder das Leben einer anderen Person nicht verletzt worden. Folglich ist sein Verhalten kausal i. S. der Kausalitätslehre. Bekanntlich legt diese so genannte **conditio-sine-qua-non-Formel** allerdings nur das Mindesterfordernis für die Haftungsbegründung fest (**äquivalente Kausalität**). Alle Bedingungen sind gleichwertig: Kausal ist jedes Ereignis, das nicht hinweggedacht werden kann, ohne dass der konkrete Schadenserfolg entfiele [1-Heinrichs; Rdz. 57 Vorb. § 249 BGB m.w.N.]. Die Bestimmung der Äquivalenz **erfordert also eine logische Zurechnung** nach dem Prinzip »Ursache-Wirkung«.
- Dann sind die ganz entfernten Ursachen auszugrenzen [1-Heinrichs; Rdz. 58 ff. Vorb. § 249 BGB, m.w.N.]. Nach heutiger Meinung in der Rechtsprechung erfolgt die Einschränkung dieser Haftungszurechnung über das Merkmal der Adäquanz **(adäquate Kausalität)**: Die Möglichkeit des Schadenseintritts darf nicht außer-

halb aller Wahrscheinlichkeit liegen [BGH in 8, 2001, 887] oder - positiv gewendet - das Ereignis muss die Möglichkeit eines Erfolges der eingetretenen Art nicht unerheblich erhöht haben [BGH in 7, 1972, 195]. Die Bestimmung der Äquivalenz **erfordert also eine Wertung**.

Eine Rauchvergiftung ist eine Körper- und Gesundheitsverletzung. Hätte der Fachplaner keine fehlerhafte Entrauchungsplanung abgeliefert, wäre die Rauchschutzeinrichtung nicht in der Dritte schädigenden Weise realisiert worden. Demgemäß ist das Verhalten des Fachplaners i.S. der conditio-sine-qua-non-Formel **kausal** für die Vergiftung fremder Personen. Es ist auch **adäquat kausal**, da der Schadenseintritt (Vergiftung eines Dritten) nicht außerhalb aller Wahrscheinlichkeit liegt. Im Gegenteil: Die Aufgabe des Fachplaners für Entrauchung ist es gerade, solche gefährlichen Szenarien zu verhindern. Damit liegt es nahe, dass eine fehlerhafte Planung im Fall eines Brandes und Rauchentwicklung Vergiftungen bei Dritten zur Folge haben kann.

Hat der Fachplaner die Verletzung aber sogar verschuldet, kommt nicht nur der Anspruch auf (künftige) Unterlassung und Beseitigung, sondern auch auf Schadenersatz in Betracht. Schuldhaft handelt, wer die Verletzung des geschützten Rechts oder Rechtsguts mindestens fahrlässig oder vorsätzlich verursacht.

Im Falle objektiv fehlerhafter Entrauchungsfachplanung wäre also zu prüfen, ob dem zuständigen Planer im Hinblick auf den möglichen voraussehbaren Erfolg - z. B. die Verletzung von Leben, Körper und Gesundheit einer fremden Person - **wenigstens Fahrlässigkeit** vorgeworfen werden kann. Zunächst ist eine fehlerhafte Planung pflichtwidrig, wenn durch deren Ausführung Menschen verletzt oder getötet werden. Regelmäßig unproblematisch ist es für den Fachplaner auch voraussehbar, dass sein Planungsfehler nach bautechnischer Realisierung den konkreten Brand und damit die Verletzung der Rechtsgüter eines Dritten verursachen könnte. Mangelndes Verschulden käme also nur in Betracht, wenn der Fachplaner z. B. schuldlos von einem falschen Sachverhalt ausgeht (werden ihm fehlerhafte oder unvollständige Unterlagen oder Angaben als Grundlage für die Fachplanung vorgelegt, dann kann dem Fachplaner nicht vorgeworfen werden, er hätte die Mangelhaftigkeit oder Fehlerhaftigkeit erkennen müssen). Neben solchen allgemeinen Umständen kommen vielleicht im Einzelfall noch spezifische Situationen in Betracht, die ein Verschulden ausnahmsweise ausschließen (z. B. wird der Fachplaner widerrechtlich getäuscht oder mit dem Leben bedroht, wenn er keine falsche Planung erbringt oder er ist unerkannt geisteskrank und plant schuldlos im Zustand wahnhafter Wahrnehmungen o. Ä.).

Dann haftet der Fachplaner **für alle Folgen** hieraus (materielle Ansprüche und ggf. Schmerzensgeld). Die Einzelheiten brauche ich sicher nicht zu beschreiben. Jedenfalls wird im Fall der **wenigstens grob fahrlässigen** Begehung eine zuvor in die Haftung gegenüber dem Geschädigten eingetretene etwaige Haftpflichtversicherung im Zweifel beim Fachplaner Regress nehmen. Das könnte zwangsläufig zu seinem wirtschaftlichen Ruin führen, ganz zu schweigen von etwaigen psychischen Folgen für die Tötung oder Verstümmelung Dritter.

3.3.3 Verletzung von Schutzgesetzen (§ 823 Abs. 2 BGB)

Die Verletzungshandlung liegt in der Erfüllung des in einem Schutzgesetz normierten Tatbestands [1-Sprau, Rdz. 56 zu § 823 BGB]. Insbesondere kommen in der Praxis viele Strafvorschriften infrage: Diese haben den Zweck, ein Verhalten zu verhindern, um Dritte zu schützen.

Schutzgesetze sind - wie gesagt - oft strafrechtliche Bestimmungen, nämlich dann, wenn sie (mindestens auch) drittschützenden Charakter haben. Dazu zählen z. B. die Sachbeschädigungsdelikte (§§ 223 ff. StGB) und die (einfache) Brandstiftung (§ 306 StGB), die letztgenannte ist nach h. U. eine besondere (so genannte **qualifizierte**) Form der Sachbeschädigung:

§ 306 Brandstiftung

»Wer fremde Gebäude, ... Betriebsstätten ... in Brand setzt ... wird mit Freiheitsstrafe von einem Jahr bis zu zehn Jahren bestraft.«

Die strafrechtliche Haftung kommt nur in Betracht, wenn dem Täter in Bezug auf den tatbestandsmäßigen Erfolg ein Schuldvorwurf gemacht werden kann. Die Brandstiftung kennt beide Formen der Verschuldenshaftung - Vorsatz und Fahrlässigkeit. So könnte auch ein Fachplaner für Entrauchung sich der vorsätzlichen oder fahrlässigen einfachen Brandstiftung strafbar gemacht haben. Eine sorgfaltspflichtwidrige Planung könnte eine Brandstiftung bedeuten, wenn der Fachplaner die Folgen seiner mangelhaften Planung durchaus erkennen konnte. Vorsatzhaftung wäre z. B. schon anzunehmen, wenn er sich mit den möglichen Folgen abgefunden hat (bedingter Vorsatz).

3.3.4 Vorsätzlich sittenwidrige Schädigung (§ 826 BGB)

Die selbstständige Bedeutung dieser Vorschrift ist gering, in nahezu allen Fällen wird wenigstens ein Rechtsgut oder absolutes Recht verletzt worden sein. Diese »deliktische Generalklausel« [1-Sprau, 1 zu § 826 BGB] dient also als Auffangtatbestand für besonders außergewöhnliche Fälle.

3.3.5 Haftung des gerichtlichen Sachverständigen (§ 839a BGB)

Nur der Vollständigkeit halber weise ich darauf hin, dass auch ein gerichtlicher Sachverständiger für die Folgen fehlerhafter Gutachtenerstellung gegenüber den Verfahrensbeteiligten schadenersatzpflichtig werden kann. Auch ein Fachplaner könnte Gerichtssachverständiger sein. Es geht also hier **nicht um eine vertragliche Haftung**, weil der Sachverständige nicht mit den Parteien eines Rechtsstreits in vertraglicher Verbindung steht; auch zu dem ihn beauftragenden Gericht unterhält er - wie dargelegt - keine vertragliche Beziehung: Es handelt sich um ein öffentlich-rechtliches Leistungsverhältnis.

Die Haftung erfordert zunächst ein unrichtiges Gutachten. Unter Gutachten ist jede sachverständige Beurteilung von Sachverhalten zu verstehen, auch mündlich ist die Erstattung eines Gutachtens möglich. Viel problematischer ist der Begriff »unrichtig«. Unrichtig ist ein Gutachten jedenfalls dann nicht, wenn es auch ein anderes Ergebnis hätte ausweisen können. Maßgeblich ist die auf der fachlichen Einschätzung - Grundlage: Das persönliche Wissen und die individuelle Erfahrung des konkreten Gutachters - des Gutachters ergangene Entscheidung, die etwa in Bezug auf einzelne Ausführungen durchaus nicht einer »Mehrheitsmeinung« entsprechen muss. Entscheidend ist, dass eine zulässige Begutachtungsmethode verwendet wurde.

Es gibt zwei Bewertungsansätze für die Beurteilung eines Gutachtens: Der Sachverhalt und die Wertung. Ein Gutachten ist dann unrichtig, wenn es von einem **falschen Sachverhalt** ausgegangen ist oder zwar der Sachverhalt richtig ist, jedoch die hieraus **gezogenen Schlüsse unkorrekt** sind. Dabei dürfte der Gesichtspunkt der falschen Wertung praktisch bedeutsamer, juristisch aber auch schwieriger zu beurteilen sein: eine Wertung (Schluss) ist jedenfalls dann nicht unrichtig, wenn sie eine von mehreren möglichen Schlüssen darstellt. Es kommt nicht auf den (meist nur nach Einschätzung der betroffenen Partei) »naheliegenden« Schluss an: maßgeblich ist die Meinung des Gutachters.

Der Fachplaner muss **mindestens grob fahrlässig** gehandelt haben. Grob fahrlässig handelt der Gutachter, wenn er die Sorgfaltspflichten in besonders schwerem Maße verletzt. Das ist gegeben, wenn der **Sachverständige ganz naheliegende Überlegungen nicht anstellt oder nicht beachtet, was einem Sachverständigen in dieser Lage ohne weiteres hätte einleuchten** müssen. Das ist jeweils im Einzelfall festzustellen.

Der Schaden muss in einer gerichtlichen Entscheidung seine Ursache haben. **Es genügt also nicht, wenn die Parteien sich verglichen** haben sollten.

Es müssen alle Rechtsmittel ausgeschöpft sein, bevor man den Sachverständigen in Anspruch nehmen kann. Das ist die größte Hürde für die Anwendung der Vorschrift des § 839a BGB: Die Einlegung eines Rechtsmittels gegen die gerichtliche Entscheidung, die auf das unrichtige Gutachten erging, darf nicht schuldhaft unterblieben sein (§§ 839a Abs. 2 i.V.m. 839 Abs. 3 BGB). Gemeint sind hier **alle Rechtsbehelfe im weitesten Sinne. Daran dürfte eine Haftung praktisch fast immer scheitern**.

3.4 Grundzüge des Prozess- und Vollstreckungsrechts

Auch wenn man sich eines Leistungsanspruchs - zu recht? - berühmen kann, ist dieser noch von dem Geschäftspartner (Kunden) zu erfüllen. Das »Faustrecht« ist abgeschafft und alleine der Staat verfügt über das Gewaltenmonopol (Gesetzgebung, Verwaltung und Justiz).

3.4.1 Zivilprozessrecht; gerichtlicher Rechtsschutz

Gerichtlicher Rechtsschutz besteht in der Gewährung eines **Erkenntnisverfahrens** und eines **Vollstreckungsverfahrens**. Es gibt im Allgemeinen zwei Arten von Erkenntnisverfahren: das **Prozessuale Klageverfahren** und das **gerichtliche Mahnverfahren**. Dem Gläubiger genügen oft nicht die gerichtliche Feststellung des Anspruchs und die Aufforderung an den Verurteilten, nunmehr zu zahlen. Es muss ggf. auch vollstreckt werden.

3.4.1.1 Prozessuales Klageverfahren

Formell wird ein Gericht im Klageverfahren nur aufgrund einer **Klageschrift** tätig. Nicht jedes vor einem Gericht erstrittene Urteil ist vollstreckbar. Nicht vollstreckbar sind z. B. die einfachen Feststellungsurteile, mit welchem ein Gericht das Vorliegen bestimmter Umstände für die Parteien rechtsverbindlich feststellt. Eine solche Feststellungsklage ist auch nur ausnahmsweise zulässig, da in der Regel ein Kläger mit der Leistungsklage - die ja eingeschlossen auch die Feststellung der für den Leistungsanspruch erforderlichen Feststellungen enthält - vorgehen muss. Sonst könnte ein Kläger - gegen das Prinzip der Prozessökonomie - das Gericht 2-mal - erst die Feststellungsklage, dann die Leistungsklage - in Anspruch nehmen, was unterbunden werden soll.

Ein Kläger hat zunächst den erforderlichen **Sachvortrag** eigenverantwortlich und vollständig zu leisten, damit das Gericht erkennen kann, worüber genau zu entscheiden ist. Dann hat in der Regel ein angerufenes Gericht von Amts wegen die rechtliche Beurteilung des Sachvortrags der Parteien vorzunehmen. Das sind die so genannten **Einwendungen**: in diesen Fällen brauchen die Parteien das Gericht nicht auf Umstände aufmerksam zu machen.

Es gibt aber auch gewisse **prozessuale Gestaltungsrechte und Obliegenheiten**, die so genannten **Einreden**. Diese muss die betreffende Partei vortragen, wenn sie erhoben werden sollen. Die bekanntesten Einreden sind diejenige des **nicht erfüllten Vertrags** (§ 320 BGB) und der **Verjährung** (§ 195 BGB). So kann der Verkäufer den Käufer z. B. auf Zahlung des Kaufpreises verklagen. Der Käufer muss dann im Prozess erklären, nicht zahlen zu wollen, weil er den Kaufgegenstand noch nicht erhalten habe. Tut er das nicht, wird er ohne Vorbehalt zur Zahlung verurteilt, wenn er die Einrede erhebt, wird er - wie die Juristen sagen - »Zug-um-Zug« verurteilt. Das ist ein erheblicher Unterschied (vor allem hinsichtlich der Verfahrenskosten und der Möglichkeit des Verkäufers, gegen den Käufer vollstrecken zu können).

Die Frage, ob ein Anspruch verjährt ist oder nicht ist materiell-zivilrechtlicher Natur und gehört damit nicht wirklich zum Prozessrecht. Da die zivilrechtliche Verjährung - anders als etwa die Verjährung im öffentlichen Recht, z. B. einer Steuerforderung oder Strafverfolgung, die von Amts wegen zu beachten ist! - aber **vornehmlich im Gerichtsverfahren Bedeutung** hat, habe ich sie an dieser Stelle behandelt.

Verjährung bedeutet, dass der Schuldner das Recht hat, die geforderte (verjährte) Leistung zu erbringen [1-Heinrichs, Rdz. 4 zu Überbl. vor § 194 BGB]. Man könnte eine verjährte Forderung auch als »erfüllbare Nichtschuld« bezeichnen: Der Schuldner kann, muss sie aber nicht erfüllen. Erfüllt er die Leistung aber, kann er im Nachhinein nicht mit der Behauptung, die Forderung sei ja verjährt gewesen, das Geleistete wieder zurückfordern. Das gilt auch dann, wenn der Schuldner in Unkenntnis dieses Umstands war. Die wesentlichen, hier maßgeblichen Verjährungsfristen lauten:

- regelmäßige Verjährung (§ 195 BGB): bei vertraglichen Ansprüchen die synallagmatischen Pflichten (Hauptleistungspflichten) **3 Jahre**, beginnend mit dem Ablauf des Kalenderjahres in dem das Ereignis eingetreten ist
- für bezifferbare Schadenersatzansprüche - etwa aus Vertrag - gilt eine Verjährungsfrist von **10 Jahren** ab ihrer Entstehung. Solange der Anspruch nicht bezifferbar ist, verjährt er in 30 Jahren. Bei den deliktischen Ansprüchen beträgt die Frist immer **30 Jahre**. Hier ist nicht - wie bei den vertraglichen Ansprüchen - der Ablauf des Kalenderjahres, sondern das den Schaden auslösende Ereignis (z. B. Pflichtverletzung) entscheidend
- Verjährung der Mängelansprüche (§§ 438, 634a BGB; § 13 (4) VOB/B) in **30 Jahren**, wenn der Mangel darin besteht, dass ein Dritter den gekauften Gegenstand aufgrund eines dinglichen Rechts herausverlangen kann (also z. B.: ihm der Gegenstand gestohlen worden ist), **in 5 Jahren** bei Bauwerken und bei Planungsleistungen, die auf Herstellung eines Bauwerks gerichtet sind (also auch: Entrauchungsplanungsleistungen, wenn diese für die Baugenehmigung erforderlich sind) und **in 2 Jahren** bei anderen Planungsleistungen (also auch: alle Entrauchungsplanungsleistungen, die nicht für die Baugenehmigung erforderlich sind).

Verjährungsfristen können abweichend hiervon zwischen den Parteien auch verlängert und verkürzt werden (§ 202 BGB). Eine Verkürzung der Frist ist immer für den Fall ausgeschlossen, wenn eine Vorsatzhaftung des Schuldners betroffen ist (§ 202 Abs. 1 BGB) und im Fall eines Verbrauchsgüterkaufs hinsichtlich der Mängelansprüche bei gebrauchten Sachen von weniger als 1 Jahr und bei neuen Sachen von weniger als 2 Jahren (§§ 437, 475 Abs. 2 BGB). Eine Verlängerung der Frist ist weitgehend unproblematisch und bis zu 30 Jahren regelmäßig - jedenfalls individualvertraglich - möglich (§ 202 Abs. 2 BGB).

Verjährungsfristen können durch Einreichung der Klage oder eines Mahnbescheids gehemmt werden: Die nicht verbrauchte Frist läuft jetzt nicht weiter ab (im Gegensatz zu den Unterbrechungen nach altem Recht: hier begann die Frist von neuem zu laufen). In der Praxis sehr wichtig ist die Hemmung der Verjährungsfrist, wenn zwischen den Parteien »Verhandlungen über den Anspruch schweben« (§ 203 BGB). Es ist deshalb taktisch oftmals sinnvoll, auf das Forderungsschreiben der Gegenseite, deren Forderung kurz vor der Verjährung steht, **überhaupt nicht zu antworten**. Der Begriff »Verhandlung« ist **weit auszulegen** [BGH in 7, 1983, 2075]. Bereits die **geringste Stellungnahme über sachliche** Auseinandersetzungen führt dazu, dass die Parteien »verhandeln« und damit bis zum Abschluss der Verhandlungen - etwa, wenn eine Partei die Verhandlungen abbricht oder kundtut, nicht mehr weiter verhandeln zu wollen - die Verjährung der Forderung gehemmt ist (§ 209 BGB).

Auch die Frage nach der **Verwirkung von Ansprüchen oder Gestaltungsrechten** oder eines **Ausschlusses von Ansprüchen und Rechten** gehört eigentlich zum materiellen Recht, nicht zum Prozessrecht. Aufgrund der scheinbaren »Nähe« zum Verjährungsrecht möchte ich sie jedoch hier behandeln:

- **Verwirkung** bedeutet - unabhängig davon, ob eine Verjährung eingetreten ist oder nicht -, dass der eigentlich bestehende Anspruch oder das bestehende Gestaltungsrecht aus Gründen des Zeitablaufs **(Zeitmoment)** und (zusätzlich erforderlich) der besonderen Umstände (**Umstandsmoment**, z. B. öffentliche Ankündigung des Gläubigers usw.) **ausnahmsweise nicht mehr besteht**. Es gibt keine allgemeinen Grundsätze, wie der BGH (14, Urteil vom 18.10.2001, Az. I ZR 91/99] hierzu - unter Aufhebung der Entscheidung des OLG München - ausführt:

  »Für Gestaltungsrechte gilt kein allgemeiner Grundsatz, dass eine Verwirkung bereits nach einem kurzen Zeitablauf eintritt. Treu und Glauben können es allerdings verlangen, dass der Berechtigte im Interesse der anderen Vertragspartei alsbald Klarheit darüber schafft, ob er beabsichtigt, sein Gestaltungsrecht auszuüben, und damit nicht länger zögert als notwendig. Bei der Frage der Verwirkung eines Rücktrittsrechts, für dessen Ausübung keine Frist vereinbart ist, kann zu berücksichtigen sein, dass sich der Berechtigte durch Fristsetzung nach § 355 BGB (Anm.: alte Fassung des Gesetzes, heute wortgleich in § 350 BGB normiert) selbst vergewissern kann ob er noch mit der Erklärung des Rücktritts rechnen muss.«

  Im gegebenen Fall hatte die zum Rücktritt berechtigte Person über zwei Jahre nach Eintritt der Voraussetzungen des Rücktrittsrechts gewartet, diesen auszuüben. Das LG hat die Verwirkung nicht anerkannt, das OLG hat die Verwirkung anerkannt. Der BGH hat das Urteil aufgehoben und gemeint, die Einzelheiten müssten noch genauer herausgearbeitet werden. Grund: Der zum Rücktritt Berechtigte kann von dem Verpflichteten nach Eintritt des Rücktrittsrechts zur Ausübung innerhalb einer angemessenen Frist aufgefordert werden. War die Frist angemessen und unterlässt er die Ausübung, verliert er sein Rücktrittsrecht (§ 350 BGB).

- **Ausschlussfristen** vernichten einen Anspruch überhaupt und **führen zu einer Einwendung** (also vom Gericht von Amts wegen zu beachten), nicht lediglich zu einer Einrede.

  Ausschlussfristen können von den Parteien ganz nach Belieben vereinbart werden, insbesondere bei sog. **Insolvenzplänen** werden gerne recht kurzfristige Ausschlussfristen vom Sachwalter (Insolvenzverwalter) zur Geltendmachung der zur Insolvenztabelle angemeldeten aber bestrittenen Forderungen verwendet. Sehr häufig sind solche Ausschlussfristen auch in **Tarifverträgen** (§ 4 Abs. IV TVG) zu finden: Danach hat der Arbeitnehmer z. B. im Fall der Nichtzahlung von Lohn- und Gehalt solche Ansprüche innerhalb einer bestimmten Frist - meistens 2 Monate ab Fälligkeit der Zahlung - einzuklagen oder wenigstens schriftlich geltend zu machen. Es gibt auch Ausschlussfristen für die Rechte des Arbeitgebers.

3.4.1.2 Gerichtliches Mahnverfahren

Neben der Klageerhebung gibt es aber noch eine automatisierte Form für die Erzwingung eines Vollstreckungstitels: das **gerichtliche Mahnverfahren**.

Um jedem Missverständnis vorzubeugen: Das gerichtliche Mahnverfahren hat nichts mit einer »Mahnung« zu tun. Ob jemand eine Forderung anmahnt (etwa eine Geldzahlung), steht in seinem freien Ermessen. Auch eine nicht angemahnte Forderung kann – entgegen einem weit verbreiteten Irrtum! – ohne Probleme eingeklagt (oder im gerichtlichen Mahnverfahren geltend gemacht) werden. Es gibt also keine Pflicht, zuvor den Schuldner zu mahnen. Die **außergerichtliche Mahnung** verfolgt im Wesentlichen **zwei Zwecke**. Einerseits soll dem Schuldner die **Ernsthaftigkeit der Lage vor Augen geführt** werden, um ihn zu veranlassen, ohne gerichtliche Inanspruchnahme zu zahlen (praktisch/wirtschaftlicher Zweck) und andererseits sollen rechtliche **Obliegenheiten erfüllt** werden (rechtlicher Zweck: z. B. die Begründung von Schuldnerverzug, Begründung der Notwendigkeit einer Klage, um nicht zu riskieren, vom Gericht mit der Kostenlast bedacht zu werden, weil die Klage mutwillig sei, vgl. arg.e. § 91 As. 1 S. 1 ZPO).

Sinn des gerichtlichen Mahnverfahrens ist es, auf schnelle und kostengünstige Weise (weniger Gerichtskosten, anwaltliche Vertretung ist nicht notwendig) zu einem Vollstreckungstitel zu gelangen. Es findet keine Sachprüfung des Gerichts statt, weshalb schnelle Entscheidungen ergehen.

Es kann auch sinnvoll werden, unmittelbar vor Ende eines Kalenderjahrs zum Zweck der Hemmung der Verjährung noch schnell einen Mahnbescheid zu beantragen: Für diese Zeit wird der weitere Ablauf der Verjährungsfrist bis 6 Monate nach der rechtskräftigen Entscheidung (§ 204 Abs. 2 BGB) gestoppt. Die Frist ist gewahrt, wenn der Antrag vor Silvester gestellt und der Mahnbescheid »demnächst« zugestellt wird. Der Tag der tatsächlichen Zustellung ist unerheblich, wenn das Hinausschieben der Frist nicht vom Antragsteller (sondern vom Gericht) zu vertreten ist. Zu vertreten hat es der Antragsteller aber immer, wenn die Zustellung nicht erfolgt, weil die Gerichtsgebühren nicht gezahlt wurden!

Das gerichtliche Mahnverfahren ist dann zwecklos, wenn der Gegner gegen den Mahnbescheid Widerspruch bzw. gegen den Vollstreckungsbescheid Einspruch einlegt. Dann ist im erstgenannten Fall der Rechtszustand geschaffen, der vorher bestanden hat und im nachgenannten Fall eine Klage unumgänglich, jedenfalls wird die Angelegenheit der Eintreibung einer Forderung unnötig verlängert. In der Praxis »lohnt« sich das gerichtliche Mahnverfahren nur, wenn man dem Gegner eine gewisse »Nachlässigkeit oder Unsicherheit im Umgang mit eigenen Interessen« nachsagen kann oder wenn man diese Form der Geltendmachung mit dem Gegner abspricht. Ein redlicher Schuldner wird – wenn er zahlen kann – auch ohne Mahnverfahren leisten. Wenn er nicht zahlen kann, aber in Aussicht stellt, später zahlen zu können, kann der Gläubiger sich »absichern« und nach Absprache mit dem Schuldner aus »Zeit- und Kostengründen« ein Mahnverfahren betreiben.

Alternativ bieten sich aber auch notarielle Urkunden (§ 794 Abs. 1 Ziff. 5 ZPO) an, die in der Praxis vorgezogen werden, weil hier spezifische Dinge geregelt werden können, die vielleicht nicht direkt mit der einzutreibenden Forderung zusammenhängen.

Ganz allgemein gelten für das Mahnverfahren folgende Voraussetzungen (§§ 688 ff. ZPO):

- Anspruchsziel: immer (nur) ein **unbedingter Geldzahlungsanspruch**, die Forderung wird nicht begründet
- zuständig für das Verfahren ist das **Amtsgericht, bei dem der Gläubiger seinen Wohnsitz** hat (zur Erinnerung: Die Klage ist gewöhnlich beim Gericht anhängig zu machen, an dem der Schuldner seinen Wohnsitz hat!)
- **Mahnantrag:** Es sind die gesetzlich vorgegebenen Formulare zu nutzen. Die Einzelheiten ergeben sich aus den Internetpräsenzen der jeweiligen Gerichte
- in der Folge ergeht der **Mahnbescheid** (§ 692 ZPO), gegen den der Gegner - auch ohne Begründung - **Widerspruch** einlegen kann. Tut er dies rechtzeitig (4 Wochen nach Zustellung) ist das Mahnverfahren beendet und der Anspruchssteller kann jetzt Klage erheben. Unterlässt er dies ergeht der
- **Vollstreckungsbescheid**. Aufgrund dieses Bescheids kann vollstreckt werden, wenn der Gegner nicht rechtzeitig - ebenfalls innerhalb von 4 Wochen ab Zustellung - hiergegen **Einspruch** einlegt. Dann kommt es ohne weiteres zu einem Klageverfahren.

3.4.1.3 Vollstreckungsverfahren

Erforderlich für eine Vollstreckung sind drei Dinge, nämlich: **Vollstreckungstitel, Vollstreckungsklausel und die Zustellung des Titels** an den Vollstreckungsschuldner.

- **Vollstreckungstitel** (Auflistung in § 794 ZPO) sind im Wesentlichen die vollstreckbaren Urteile - nicht alle Urteile sind vollstreckbar (z. B. Feststellungsurteile) -, die gerichtlichen Vergleiche, die Vollstreckungsbescheide und die weiteren vollstreckbaren Urkunden. In der Praxis sehr wichtig (§ 794 Abs. 1 Ziff. 5 ZPO) sind notarielle Urkunden

  »... sofern die Urkunde über einen Anspruch errichtet ist, der einer vergleichsweisen Regelung zugänglich, nicht auf Abgabe einer Willenserklärung errichtet ist und nicht den Bestand eines Mietverhältnisses über Wohnraum betrifft, und der Schuldner sich in der Urkunde wegen des zu bezeichnenden Anspruchs der sofortigen Zwangsvollstreckung unterworfen hat.«

  Praktisch sehr bedeutsam ist hier der Fall der **Unterwerfungserklärung des jeweiligen Eigentümers eines Grundstücks im Fall der Grundschuld oder Hypothek** (§ 800 ZPO). Jede Bank lässt sich eine solche Erklärung im Fall einer Belastung mit einer Grundschuld einräumen: Sollte der Kredit nicht bezahlt werden, wird die Bank sich vornehmlich an dem Grundstück schadlos halten. Einer Klage auf Rückzahlung des Kredits gegen den – meistens ohnehin längst zahlungsunfähigen Darlehensnehmer – bedarf es dann nicht mehr.

- **Vollstreckungsklausel** ist die Anbringung eines durch das zuständige Gericht geleisteten amtlichen Vermerks. Vollstreckungsbescheide benötigen nur in sehr seltenen Fällen eine solche Klausel. Bei Klagen ist i.d.R. das Gericht erster Instanz zuständig.
- **Zustellung** ist das förmliche Verfahren, dem Gegner die vollstreckbare Urkunde bekanntzugeben. Das kann über ein Gericht (von Amts wegen) oder unmittelbar durch den Gläubiger (**im Parteibetrieb**) geschehen. Zuständig sind die Gerichtsvollzieher.

Je nach Vollstreckungsgegenstand und vollsteckbarer Forderung sind im Gesetz sehr unterschiedlich und umfassend **besondere Vollstreckungsvoraussetzungen** geregelt. Die Einzelheiten würden den Rahmen dieser Ausführungen bei Weitem sprengen. Auf folgende praktisch bedeutsame Vollstreckungsarten möchte ich aber ganz allgemein hinweisen:

- **Wegnahme:** Vollstreckung in **pfändbare Sachen**, die sich im Besitz des Schuldners oder eines zur Herausgabe bereiten Dritten befinden.
- **Pfändungs- und Überweisungsbeschluss:** Vollstreckung in **Rechte und Forderungen** (Bankguthaben, pfändbare Anteile bei Arbeitnehmervergütungen, sonstige Forderungen des Schuldners).
- **Zwangsversteigerung und -verwaltung:** Vollstreckung in Immobilienvermögen.

Literaturverzeichnis:

[1] Palandt (div. Autoren), Kommentar Bürgerliches Gesetzbuch, München, 68. Auflage, Verlag C.H. Beck, 2009.
zitiert: [1-Name des Autors, Rdz. zu ... (z.B. 1-Sprau, Rdz. 12 zu Vorbem. § 249 BGB)]

[2] Ingenstau/Korbion, Kommentar VOB Teile A und B (Herausg. Vygen, Kratzenberg), Köln, 17. Auflage, Werner Verlag, 2010.
zitiert: [2, Rdz., §... (z.B. 2, Rdz. 332 vor § 13)]

[3] Locher/Koeble/Frik, Kommentar zur HOAI, Köln, 10. Auflage, Werner Verlag, 2010.
zitiert: [3, Rdz., §... (z.B. 3, Rdz. 32 vor § 1)]

[4] Stüer, Bernhard; Handbuch des Bau- und Fachplanungsrechts, München, 4. Auflage, Verlag C.H. Beck 2009.
zitiert: [4, Rdz., Seite ... (z.B. 4, Rdz. 1080ff., S. 360)]

[5] Maibaum, Praxishandbuch HOAI – BGB – JVEG – UrhG; Köln, Bundesanzeiger Verlag, 2010.
zitiert: [5, S. ...]

[6] BauR (Baurecht), Zeitschrift für das gesamte öffentliche und zivile Baurecht
zitiert: [Verfasser in 6, Jahrgang, Seite, (z.B. BGH in 6, 2006, 2010)]

[7] NJW (Neue Juristische Wochenschrift), Zeitschrift
zitiert: [Verfasser in 7, Jahrgang, Seite, (z. B. BGH in 7, 2006, 2010)]

[8] NJW - RR (NJW-Rechtsprechungsreport Zivilrecht), Zeitschrift
zitiert: [Verfasser in 8, Jahrgang, Seite, (z. B. BGH in 8, 2006, 2010)]

[9] VersR (Versicherungsrecht), Zeitschrift
zitiert: [Verfasser in 9, Jahrgang, Seite (z. B. BGH in 9, 2006, 2010)]

[10] DB (Der Betrieb), Zeitschrift
zitiert: [Verfasser in 10, Jahrgang, Seite (z. B. BGH in 10, 2006, 2010)]

[11] WM (Wertpapiermitteilungen), Zeitschrift
zitiert: [Verfasser in 11, Jahrgang, Seite (z. B. BGH in 11, 2006, 2010)]

[12] BGHZ (Bundesgerichtshof in Zivilsachen, amtl. Sammlung)
Periodisches Werk
zitiert: [12, Band, Seite (z. B. 12, 106, 222)]

[13] RGZ (Reichsgericht in Zivilsachen, amtl. Sammlung)
Periodisches Werk
zitiert: [13, Band, Seite (z. B. 13, 106, 222)]

[14] Entscheidungen Bundesgerichtshof, Internet-Domain www.bundesgerichtshof.de
zitiert: [14, Urteil vom 18.10.2001 (Az. I ZR 91/99)]

4 Ingenieurmethoden

4.1 Einführung

Die Bedeutung einer effektiven Rauchableitung im Brandfall für den vorbeugenden Brandschutz ist in Fachkreisen unstrittig. Die Brandkatastrophen der Vergangenheit haben eindrucksvoll gezeigt, dass die Todesgefahr vom Rauch ausgeht. Während über die Notwendigkeit von Entrauchungsmaßnahmen weitgehend Einigkeit herrscht, bestehen - oder bestanden zumindest bis in die ersten Jahre dieses Jahrtausends - im Hinblick auf die Methodik der Auslegung der erforderlichen Maßnahmen erhebliche Unterschiede. Die Auslegung erfolgt mittels so genannter Ingenieurmethoden des Brandschutzes. Ziel bei der Anwendung der Ingenieurmethoden ist die Bestimmung des Strömungsfeldes infolge des betrachteten Brandgeschehens. Eine realitätsnahe Vorhersage kann nur gelingen, wenn die verwendete Methode die physikalischen Grundlagen des brandbedingten Strömungsvorganges mit einer ausreichenden Genauigkeit wiedergibt. Wie z. B. in Teil I ausgeführt, handelt es sich hierbei um die Lösung einer strömungstechnischen Fragestellung. Alle Lösungsansätze basieren auf der Betrachtung der zugrundeliegenden Gleichungen, welche die physikalischen Zusammenhänge beschreiben. Für brandbedingte Strömungen sind dies die

- Kontinuitätsgleichung
- Energiegleichung und
- Bewegungsgleichung (Navier-Stokes-Gleichung).

Besonders schwierig ist die mathematische Lösung der Navier-Stokes-Gleichung, einer partiellen, nicht linearen Differenzialgleichung. Für den bei Bränden vorliegenden Fall der komplexen, turbulenten Strömung im Brandraum lässt sie sich nur numerisch und nur unter erheblichen Vereinfachungen lösen (siehe Kapitel 4.4).

Die so genannten Zonenmodelle basieren auf erheblichen Vereinfachungen des Gleichungssystems. Hierauf wird in Kapitel 4.2 eingegangen.

Die so genannten physikalischen Modelle beschreiben experimentelle Verfahren, wie sie in der Strömungsmechanik seit über 100 Jahren etabliert sind. Die gesamte Entwicklung z. B. der Luft- und Raumfahrttechnik sowie von Strömungsmaschinen einschließlich der Strahltriebwerke ist geprägt von (experimentellen) Modellstudien. Detailliert wird auf die Grundlagen der physikalischen Modelle in Kapitel 4.3 eingegangen.

Entrauchungsvorgänge, insbesondere bei der Rauchableitung durch **N**atürliche **R**auch- und **W**ärmeabzugs**g**eräte (NRWG) werden häufig durch Windwirkung in erheblichem Maße beeinflusst. Die Betrachtung der Windwirkung bei Brandgeschehen wird jedoch meist gänzlich vernachlässigt. Dabei ist zu beachten, dass im gemäßigten Windklima, z. B. in Europa, Windstille nur an ca. 3 % des Jahreszeitraumes herrscht. Anmerkungen zur Windwirkung auf die Entrauchungsvorgänge werden in Kapitel 4.5 gemacht.

4.2 Anwendung von Plumegleichungen (Zonenmodelle)

4.2.1 Randbedingungen

Unter Ingenieurmethoden wurde im vorbeugenden Brandschutz bis vor wenigen Jahren nahezu ausschließlich die Anwendung von Zonenmodellen verstanden. Sie werden auch heute noch erfolgreich zur Vorhersage der thermischen Bauteilbelastung im Brandfall eingesetzt. Bei der Anwendung der Zonenmodelle zum Nachweis raucharmer Schichten ist jedoch eine sachkundige Bewertung der Randbedingungen unumgänglich.

Wie in Kapitel 4.1 ausgeführt, ist zur Berechnung eines brandbedingten Strömungsfeldes die Lösung der Erhaltungssätze von Masse (Kontinuitätsgleichung) und Energie (Energiegleichung) sowie der Bewegungsgleichung (Navier-Stokes-Gleichung) erforderlich. Dies ist auch Grundlage für die Ableitung der Plumegleichung (siehe Kapitel 1.4.2). Um die Rauchausbreitung bei einem Brand in einem begrenzten Raum zu berechnen, reicht es jedoch nicht, ausschließlich den Plumebereich zu betrachten. Bild I 1 zeigt die Rauchströmung in einem sehr einfachen Brandraum, in dem sich eine stationäre Schichtung von Rauch (oben) und Luft (unten) eingestellt hat. Die Rauchströmung besteht aus den drei Teilströmungen

- Plumeströmung
- Zuluftströmung und
- Raumströmung.

Alle üblicherweise verfügbaren Zonenmodelle berücksichtigen **ausschließlich** die Plumeströmung. Ihre Vorhersagequalität hängt also maßgeblich davon ab, ob die Zuluftströmung und die Raumströmung die Rauchausbreitung beeinflussen. Kann eine solche Beeinflussung mit Sicherheit ausgeschlossen werden, ist zu erwarten, dass die Ergebnisse von Berechnungen mit Zonenmodellen realitätsnah sind. Dies soll an dem Beispiel der Rauchströmung in Bild I 1 verdeutlicht werden. Das Ersatzschaltbild für eine erfolgreiche Anwendung eines Zonenmodells für diesen realen Vorgang ist in Bild II 4.2.1-1 dargestellt. Setzt man dies in ein Stromlinienbild um, so ergibt sich die Darstellung nach Bild II 4.2.1-2. Der physikalische Vorgang nach Bild I 1 wird also durch das Zonenmodell, Bild II 4.2.1-2, nur dann realitätsnah wiedergegeben, wenn die Zuluftgeschwindigkeiten äußerst gering sind und sich keine intensive Raumströmung einstellt.

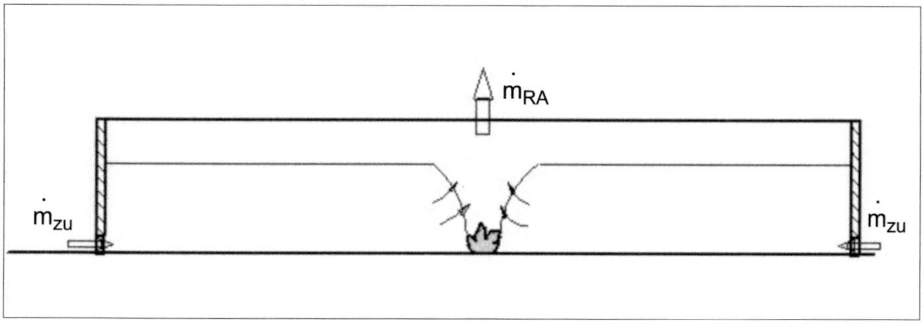

Bild II 4.2.1-1: Darstellung der Strömung in Bild I 1 bei der Berechnung mittels Zonenmodell - Modellvorstellung

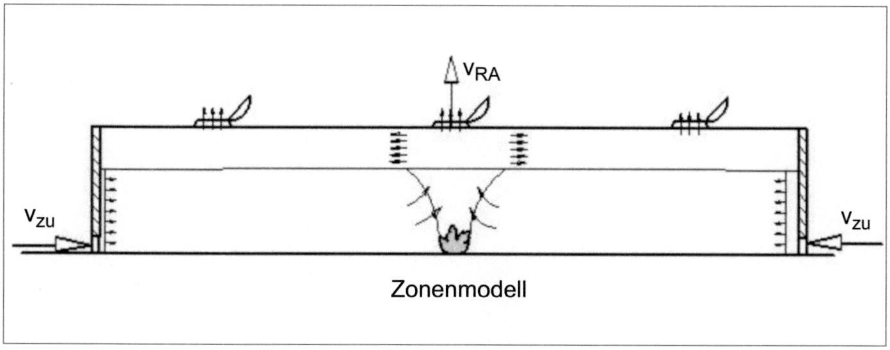

Bild II 4.2.1-2: Darstellung der Strömung in Bild I 1 bei der Berechnung mittels Zonenmodell - Umsetzung der Modellvorstellung als Strömungsbild

4.2.2 Plumegleichungen

In Kapitel 1.4.2 wurde die Plumegleichung in ihrer einfachsten Form abgeleitet. Dabei wurde angenommen, dass sich der Ursprung des Plumes auf den Boden befindet (siehe Bild II 4.2.2-1).

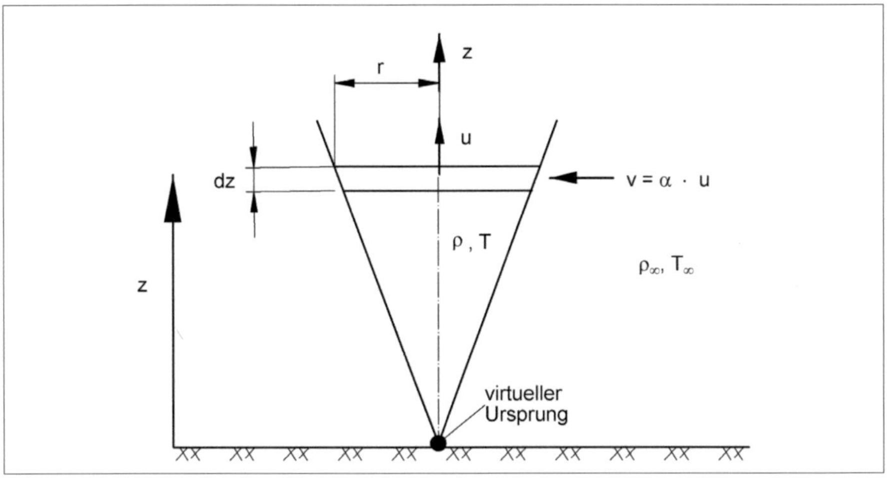

Bild II 4.2.2-1: Schematische Darstellung eines Plumes

Nach den theoretischen Betrachtungen in Kapitel 1.4.2 ergaben sich der Massenstrom und die Temperatur auf der Plumeachse nach den folgenden Gleichungen:

$$\dot{m}_P = 0{,}20 \left(\frac{\rho_\infty^{\;2} \cdot g}{c_p \cdot T_\infty} \right)^{1/3} \cdot \dot{Q}^{\,1/3} \cdot z^{5/3} \tag{II4.2.2-1}$$

$$\Delta T = 5{,}0 \left(\frac{T_\infty}{g\, c_p^{\;2}\; \rho_\infty^{\;2}} \right)^{1/3} \cdot \dot{Q}^{\,2/3} \cdot z^{-5/3} \tag{II4.2.2-2}$$

Im Vergleich zur Darstellung eines realen Brands ergibt sich eine Höhenverschiebung in Bezug auf die Lage des virtuellen Ursprungs:

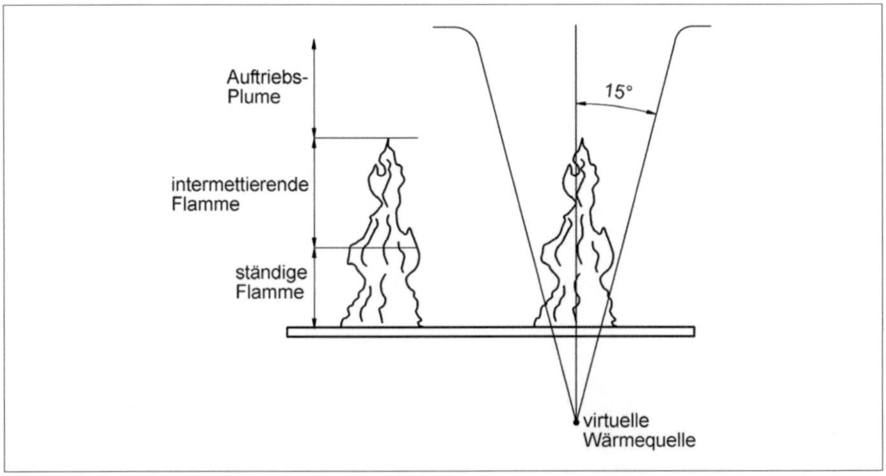

Bild II 4.2.2-2: Flammenbereiche

Gleichzeitig werden die Strahlungsverluste nicht berücksichtigt. Die Gleichungen (II 4.2.2-3) bis (II 4.2.2-5) zeigen eine Adaption der Gleichungen (II 4.2.2-1) und (II 4.2.2-2) an diese Bedingungen:

$$\dot{Q}_K = \dot{Q} \cdot (1 - f_{r,Pl}) \qquad \text{(II4.2.2-3)}$$

$$\dot{m}_P = 0{,}20 \left(\frac{\rho_\infty^{\ 2} \cdot g}{c_p \cdot T_\infty} \right)^{1/3} \cdot \dot{Q}_K^{\ 1/3} \cdot (z - z_0)^{5/3} \qquad \text{(II4.2.2-4)}$$

$$\Delta T = 5{,}0 \left(\frac{T_\infty}{g\, c_p^{\ 2}\, \rho_\infty^{\ 2}} \right)^{1/3} \cdot \dot{Q}_K^{\ 2/3} \cdot (z - z_0)^{-5/3} \qquad \text{(II4.2.2-5)}$$

Mit z_0: Lage des virtuellen Bandherds
$\dot{Q}_K$: Konvektiver Anteil des Wärmestroms
$f_{r,Pl}$: Strahlungsanteil des Wärmestroms

In der Literatur wird der Strahlungsanteil mit 15 bis 35% angegeben. Nach Berechnungen mit numerischen Modellen (CFD-Modellen) (siehe Kapitel 4.4), kann dieser auch deutlich höher sein. Unter Vollbrandbedingungen ist der Strahlungshaushalt in erster Näherung ausgeglichen, es ist also kein Strahlungswärmeverlust anzusetzen.

In dieser Betrachtung wird von einer runden Brandfläche, ausreichend mittig im Raum ausgegangen. In der Praxis kommen Brandherde vor, die an Wänden oder in Ecken liegen. Hier wird gegenüber einem allseitig freien Plume weniger Luft eingemischt, wodurch der Rauchgasmassenstrom kleiner, die Temperatur jedoch höher ist als bei einem freien Plume. Liegt der Brandherd unterhalb einer Galerie oder wird Rauch aus einem Fenster linienhaft abgeleitet, entsteht ein so genannter Balcony Spill Plume (siehe Bild 4.2.2-2). Hierbei wird erheblich mehr Umgebungsluft dem Brandgas beigemischt, der Rauchgasmassenstrom im Plume ist also deutlich größer, die Temperatur niedriger. Die Tabelle II 4.2.2-1 zeigt den Vergleich von Plumeformeln, die unterschiedliche Ausbildungen des Brandherdes berücksichtigen, aber auf derselben Grundgleichung bzw. denselben theoretischen Überlegungen beruhen.

Diese Beispiele zeigen, dass die Brandherdposition und/oder die Raumgeometrie unter Umständen die Plumeberechnung beeinflussen. Eine weitere Einflussgröße ist die Flammenhöhe. In der Literatur finden sich folgerichtig unterschiedliche Plumegleichungen für unterschiedliche Rauchbedingungen. Im Folgenden werden die gebräuchlichsten kurz erläutert. Einzelheiten finden sich z. B. in Karlsson und Quintiere (2000).

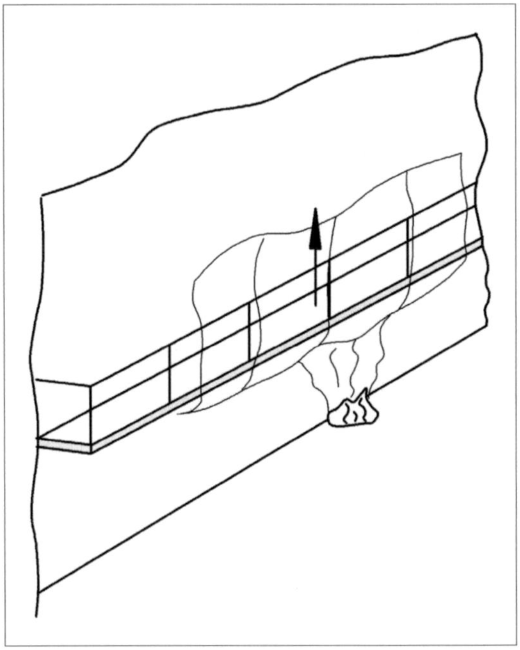

Bild II 4.2.2-3: Balcony Plume

Tabelle II 4.2.2-1: Vergleich Plumeformeln (nach D. Brein: Anwendungsbereiche und -grenzen für praxisrelevante Modellansätze zur Bewertung der Rauchausbreitung in Gebäuden (Plumeformeln), Forschungsstelle für Brandschutztechnik an der Universität Karlsruhe, Dezember 2001)

Zeile	Geometrie	Sonstige Bedingungen, Gültigkeitsbereich	Formel	Vertrauensbereich
1	Axialsymmetrie, kleiner Lachenbrand, ohne Wandeinfluss	$D \leq z/10$ $z >> z_{fl}$	$\dot{m}_e = 0{,}071 \cdot \dot{Q}_P^{1/3} \cdot (z - z_0)^{5/3}$	- 30% + 50%
2	Kleine Brandfläche, auch von Axialsymmetrie abweichend, ohne Wandeinfluss	Länge < 3 · Breite (bezogen auf die Grundfläche)	$\dot{m}_e = 0{,}071 \cdot \dot{Q}_P^{1/3} \cdot z^{5/3}$	keine Angabe
3	An ebener Wand anliegende Strömung	$D \leq z/10$ $z >> z_{fl}$	$\dot{m}_e = 0{,}044 \cdot \dot{Q}_P^{1/3} \cdot z^{5/3}$	- 40% + 60%
4	An Wandecke anliegende Strömung	$D \leq z/10$ $z >> z_{fl}$	$\dot{m}_e = 0{,}028 \cdot \dot{Q}_P^{1/3} \cdot z^{5/3}$	- 50% + 100%

Zeile	Geometrie	Sonstige Bedingungen, Gültigkeitsbereich	Formel	Vertrauensbereich
5	Axialsymmetrische große Brandfläche (rund oder quadratisch)	$D > z/10$ (d. h. bis zu begrenzten Aufstiegshöhen) $z < 2{,}5 \cdot U$ $200 < \dot{q}'' < 750$ [kW m²]	$\dot{m}_e = 0{,}188 \cdot z^{3/2} \cdot U$ (Gl. 31 DD 240: part I: 1997) $\dot{m}_e = 0{,}337 \cdot z^{3/2} \cdot U$ (kleine Räume, prEN 12101-5)	- 25% + 15%
6	Linienquelle	Länge D > 3 · Breite der Schmalseite $z_{fl} < z < 5 \cdot D$	$\dot{m}_e = 0{,}21 \cdot \dot{Q}_P^{1/3} \cdot D^{2/3} \cdot z$	- 14% + 36%
7	Linienquelle	Länge D > 3 · Breite der Schmalseite $z > 5 \cdot D$	$\dot{m}_e = 0{,}071 \cdot \dot{Q}_P^{1/3} \cdot z^{5/3}$	keine Angabe
8	Plume über Brandraumöffnung: Massenstrom aus Brandraum	$b_F/L \geq 1$	$\dot{m}_F = 0{,}09 \cdot \left(\dot{Q}_P \cdot b_F^2\right)^{1/3} \cdot h$	- 30% + 10%
9	Plume über Brandraumöffnung, in den Plume oberhalb der Öffnung eingesaugter Massenstrom	$b_F >> h$	$\dot{m}_e = 0{,}23 \cdot \dot{Q}_P^{1/3} \cdot b_F^{2/3} \cdot (z_F + h)$	- 30% + 50%
10	wie vor, jedoch mit Balkon und Rauchschürzen des Brandraumes	$l_{RS} >> h_B$	$\dot{m}_e = 0{,}23 \cdot \dot{Q}_P^{1/3} \cdot l_{RS}^{2/3} \cdot (z_B + 0{,}25 \cdot h_B)$	- 30% + 40%
11	wie vor, jedoch ohne Rauchschürzen		$\dot{m}_e = 0{,}36 \cdot \dot{Q}_P^{1/3} \cdot (b_F + b_B)^{2/3} \cdot (z_B + 0{,}25 \cdot h_B)$	- 30% + 40%

Heskestad-Plume

Die Gleichungen wurden anhand von Großbrandversuchen an Lagerprodukten ermittelt und bestätigen weitgehend die Ansätze aus Flüssigkeitsbränden.

$$h_{Fl} = -1{,}02 \cdot D + 0{,}235 \cdot \dot{Q}^{2/5} \qquad \text{(II4.2.2-6)}$$

$$z_0 = -1{,}02 \cdot D + 0{,}083 \cdot \dot{Q}^{2/5} \qquad \text{(II4.2.2-7)}$$

$$\dot{m}_P = \{0{,}071 \cdot \dot{Q}_K^{\ 1/3} \cdot (z - z_0)^{5/3}\} \cdot \{1 + 0{,}027 \cdot \dot{Q}_K^{\ 2/3} \cdot (z - z_0)^{-5/3}\} \text{ für } z > h_{Fl} \qquad \text{(II4.2.2-8)}$$

$$\Delta T_0 = 9{,}1 \cdot \left(\frac{T_0}{g \cdot c_p^{\ 2} \cdot \rho_0^{\ 2}} \right)^{1/3} \cdot \dot{Q}_K^{\ 2/3} \cdot (z - z_0)^{-5/3} \text{ für } z > h_{Fl} \qquad \text{(II4.2.2-9)}$$

Mit h_{Fl} Flammenhöhe
z_0 Lage des virtuellen Ursprungs

Wird die Flammenhöhe gemessen, hat Heskestad folgenden Zusammenhang zur Berechnung des virtuellen Ursprungs formuliert:

$$z_0 = h_{Fl} - 0{,}175 \cdot \dot{Q}_K^{2/5} \qquad \text{(II4.2.2-10)}$$

Zukoski-Plume

Zukoskis Aussagen beruhen auf Messungen an Gasbrennern mit bis zu 100 kW Leistung.

$$h_{Fl} = 0{,}23 \cdot \dot{Q}_K^{2/5} \text{ für } h_{Fl} < 6 \text{ und } \dot{Q}^{2/5}/D < 26 \qquad \text{(II4.2.2-11)}$$

$$\dot{m}_P = 0{,}076 \cdot z^{5/3} \cdot \dot{Q}_K^{1/3} \qquad \text{(II4.2.2-12)}$$

Die Massenstromformel gilt für Brandquellen mit geringer flächiger Ausdehnung und unter der Voraussetzung, dass die raucharme Zone mindestens doppelt so hoch ist wie die ab Bodenniveau ($z = 0$) gerechnete Flammenhöhe.

Thomas- und Hinkley-Plume

Thomas und Hinkley führten Versuche mit Holzkrippen und Flüssigkeitsbränden durch, die Wärmefreisetzungen bis zu 1800 kW erreichten.

$$\dot{m}_P = C_{TH} \cdot \pi \cdot D \cdot z^{3/2} = C_{TH} \cdot U \cdot z^{3/2} \qquad \text{(II4.2.2-13)}$$

$$D = \sqrt{\frac{4 \cdot A_{Br}}{\pi}} \qquad \text{(II4.2.2-14)}$$

Mit $C_{TH} = 0{,}188$ für große Räume und großer Abstand Decke/Brandherd
$C_{TH} = 0{,}21$ für große Räume mit $z \leq 3 \cdot \sqrt{A_{Br}}$
$C_{TH} = 0{,}337$ für kleine Räume

Die genannten Faktoren C_{TH} gelten für eine Temperatur in der Rauchgasschicht T_{RGS} = 800 °C. Bei niedrigeren Temperaturen in der Rauchgasschicht wird der Faktor G_H = 0,188 ersetzt durch:

$$\dot{m}_P = 0{,}096 \cdot \rho_0 \cdot \sqrt{g \cdot \frac{T_0}{T_{RG}}} \cdot U \cdot z^{3/2} \qquad \text{(II4.2.2-15)}$$

Fast alle Versuche von Thomas und Hinkley wurden derart durchgeführt, dass die Flammen an oder in die Rauchgasschicht stießen.

Für die Flammenhöhe wurde aus Versuchen mit Holzkrippen die folgende Beziehung abgeleitet:

$$h_{Fl} = 0{,}20 \cdot \dot{Q}_K^{0{,}61} / D^{0{,}5} \text{ für } 3 < h_{Fl}/D < 10 \qquad \text{(II4.2.2-16)}$$

4.2.3 Berechnungsübung – Grundlagen der DIN 18232-2

In DIN 18232-2 werden zur Brandherdberechnung Formeln von Zukoski, Heskestad und Thomas und Hinkley benutzt, sowie weitere Formeln, deren Herkunft nicht eindeutig angegeben ist (z. B. zur Berechnung der Flammenspitzenhöhe). Der Ansatz beruht auf einer quadratischen Wärmestromzunahme mit der Zeit, die in einem konstanten maximalen Wärmestrom endet. Im Folgenden sind die Formeln, die zur Berechnung der Übung erforderlich sind, zusammengestellt.

$$\dot{Q} = \alpha \cdot t^2 = \dot{q}_f \cdot A_{Br} = (v \cdot t)^2$$
$$\dot{Q}_K = \dot{Q} \cdot (1 - f_{r,pl})$$
$$(\dot{q}_f = \dot{h}_c'') \qquad \text{(II4.2.3-1)}$$
$$A_{Br} = \frac{\dot{Q}}{\dot{q}_f}$$
$$D = \sqrt{\frac{4 \cdot A_{Br}}{\pi}}$$

In Anlehnung an DIN 18232-2 gilt (Achtung: nach DIN 18232-2 ist d die Dicke der raucharmen Schicht und z die Dicke der Rauchgasschicht):

$$U = \sqrt{4 \cdot A_{Br} \cdot \pi}$$
$$h_{Fl} = 42 \cdot D \cdot \left(\frac{(1 - fr,pl) \cdot \dot{h}_c''}{H_{ui,eff} \cdot \rho_0 \cdot (g \cdot D)^{1/2}} \right)^{0{,}61}$$
$$z_0 = h_{Fl} - 0{,}175 \cdot \dot{Q}_K^{2/5} \qquad \text{(II4.2.3-2)}$$
$$\dot{m}_{P,\,TH} + \dot{R} = 0{,}1888 \cdot z^{3/2} \cdot U$$
$$\dot{m}_{P,\,Zuk} + \dot{R} = 0{,}076 \cdot (z - z_0)^{5/3} \cdot \dot{Q}_K^{1/3}$$

Mit U Umfang des Brandherds [m]

$\dot{R}$ Abbrandrate [kg/s]

$H_{ui,eff}$ unterer Heizwert Holz (effektiv: 15 000 kJ/kg)

In Abhängigkeit des Verhältnisses Flammenhöhe zu Höhe der raucharmen Schicht wird zwischen den Gleichungen zur Berechnung des Massenstroms unterschieden:

$$\dot{m}_P = f_{int} \cdot \dot{m}_{Zuk} + (1 - f_{int}) \cdot \dot{m}_{TH}, \quad \text{(II4.2.3-3)}$$

wobei der Interpolationsfaktor wie folgt angesetzt wird:

$f_{int} = 1$ für $h_{Fl} \leq 0{,}5 \cdot d$

$f_{int} = 0$ für $h_{Fl} > d$

$f_{int} = \frac{d - h_{Fl}}{h_{Fl}}$ für $h_{Fl} < d < 2 \cdot h_{Fl}$

Bei der Auslegung maschineller Entrauchungsanlagen nach DIN 18232-5 wird hingegen laut Anhang nur Thomas und Hinkley für die Plumeberechnung und damit die Ermittlung der Rauchgasmengen und -temperaturen herangezogen. Man sieht offenbar den kleinen Brand in diesem Fall - aufgrund der konstanten Wirkung der maschinellen Entrauchung - nicht als auslegungsrelevant an.

Bei geeignetem Brandgut (besonders effektiv sind Polystyrole, Polyurethane und PMMA - Polymethyl-meta-acrylat - besser bekannt unter dem Markennamen Plexiglas) kann allerdings auch schon ein Verkokeln des Materials und damit eine verschwindende Wärmefreisetzung erhebliche Rauchmengen generieren, die nicht in Verbindung mit einer Plumeformel sinnvoll abschätzbar sind!

4.3 Experimentelle Entrauchungsstudie (physikalische Modelle)

In den Grundlagen der Strömungsmechanik wurde bereits darauf hingewiesen, dass die Bewegungsgleichungen der reibungsbehafteten Strömung, die so genannten Navier-Stokes-Gleichungen, nicht in allgemeiner Form geschlossen gelöst werden können (siehe Kapitel II 1.9.2). Experimentelle Untersuchungen waren daher bis vor wenigen Jahren die einzige Lösungsmöglichkeit vieler für die Praxis wichtiger, strömungstechnischer Fragestellungen. Auch modernste Rechner sind bis heute in vielen strömungstechnischen Anwendungsbereichen nicht in der Lage, Ergebnisse mit der gewünschten Genauigkeit und/oder der erforderlichen Zuversicht im Hinblick auf deren Richtigkeit zu erbringen. Insbesondere bei komplexen Gebäude- und Raumgeometrien und unter Berücksichtigung des Windeinflusses sind experimentelle Entrauchungsstudien, so genannte physikalische Modelle, numerischen Berechnungen noch überlegen. In solchen Anwendungsfällen lassen sich experimentelle Untersuchungen auch schneller und kostengünstiger durchführen als numerische Studien. Das vorliegende Kapitel gibt einen Überblick über die Modelltechnik (Kapitel II 4.3.1) und verdeutlicht die Vorgehensweise dann an einem Beispiel (Kapitel II 4.3.2).

4.3.1 Modelltechnik

Grundlage für experimentelle Entrauchungsstudien ist die Beachtung der Ähnlichkeitsgesetze. Diese wurden bereits in Kapitel II 1.7.1 eingeführt. In Kapitel II 1.7.2 wurden wesentliche Informationen zur experimentellen Simulation brandbedingter Strömungen in Innenräumen gegeben. Insbesondere wurde darauf hingewiesen, dass derartige Strömungen wesentlich durch Auftriebs- und Trägheitskräfte bestimmt werden. Im Allgemeinen ist es also ausreichend, die Archimedes-Ähnlichkeit einzuhalten und die Reynolds'sche Ähnlichkeit zu vernachlässigen. Diese Vorgehensweise wurde durch zahlreiche Grundlagenstudien in den 1960er- und 1970er-Jahren auf dem Gebiet der Raumlüftungstechnik bestätigt.

Die VDI-Richtlinie 6019 Blatt 2 – Juli 2009 behandelt »Ingenieurverfahren zur Bemessung der Rauchableitung aus Gebäuden, Ingenieurmethoden«. Abschnitt 11 dieser VDI-Richtlinie behandelt Modellversuche (experimentelle Untersuchungen). Dort werden ebenfalls detailliert die Ähnlichkeitsgesetze diskutiert. Ferner wird hier darauf hingewiesen, dass mit einer unvollständigen Ähnlichkeit, d. h. Vernachlässigung der Reynolds'schen Ähnlichkeit, gearbeitet werden kann, solange die Modellströmungen – wie diejenigen der Großausführung – turbulent sind. Die Archimedes-Zahl

$$Ar = \frac{g\, l\, \beta\, \Delta T}{v^2}$$

beschreibt insbesondere den Auftriebsstrahl (Plume). Die Archimedes-Zahl im Modellversuch kann durch die Temperatur oder die Dichte des das Brandgas simulierenden Fluides beeinflusst werden (siehe Kapitel II 1.7.2). Die entsprechenden beiden Gleichungen, die sich aus der Archimedes-Zahl ergeben, werden hier nochmals zur Verdeutlichung angegeben:

$$\frac{\Delta T_M}{v_M^2} = M \cdot \frac{\Delta T_G}{v_G^2} \rightarrow v_M = \sqrt{\frac{1}{M}} \cdot \sqrt{\frac{\Delta T_M}{\Delta T_G}} \cdot v_G \qquad \text{(II4.3.1-1)}$$

$$(\Delta\rho \cdot v^2)_M = \frac{1}{M} \cdot (\Delta\rho \cdot v^2)_G \rightarrow v_M = \sqrt{\frac{1}{M}} \cdot \sqrt{\frac{\Delta\rho_G}{\Delta\rho_M}} \cdot v_G \qquad \text{(II4.3.1-2)}$$

Wird Luft als Modellgas gewählt, muss diese entsprechend Gleichung (II 4.3.1-1) erwärmt werden. Allerdings ist eine Erwärmung auf übliche Brandgastemperaturen kaum möglich. Aus Gleichung (II 4.3.1-1) folgt somit, dass in diesem Fall die Modellgeschwindigkeiten deutlich geringer sind als die Geschwindigkeiten der Großausführung. Somit weichen auch die Reynolds-Zahlen von Modell und Großausführung entsprechend voneinander ab. Nimmt man als Modell-Brandgas ein Leichtgas, so lässt sich die Dichte des Modellgases gleich derjenigen der Großausführung einstellen. Der Unterschied zwischen den Modell- und Originalgeschwindigkeiten ist dann ausschließlich eine Funktion des Modellmaßstabes (siehe Gleichung (II 4.3.1-2)). Als Modellgas bietet sich eine Mischung von Luft und Helium an, bei welcher der Heliumanteil so eingestellt wird, dass Modell- und Originalgas die gleiche Dichte besitzen. Über das Mischungsverhältnis Luft/Helium lässt sich auch leicht die Temperaturänderung in einem wachsenden Brand simulieren.

Zur Beurteilung der Rauchausbreitung und insbesondere der Einhaltung des Schutzzieles, z. B. Einhaltung einer ausreichend bemessenen rauchfreien Schicht, dient im Wesentlichen die Strömungsbeobachtung. Dem Rauchgas des simulierten realen Brandes wird hierzu eine geringe Menge eines Nebelfluides beigemischt. Die Ausbreitung des Modellrauches kann dann visuell beobachtet und gegebenenfalls mittels Videofilm dokumentiert werden.

Zur Quantifizierung der Rauchgaskonzentration dient die Spurengas (= Tracergas)-Technik. Dabei wird dem Modell-Brandgas eine geeignete Menge eines Spurengases beigemischt. Meist wird hierzu als Spurengas Propan verwendet. Die örtlichen Propankonzentrationen können dann mittels eines **F**lammen-**I**onisations**d**etektors (FID) gemessen werden. Bezieht man die Spurengas-Konzentration im Bereich des simulierten Brandes C_0 auf die örtlich gemessenen Spurengas-Konzentrationen, so erhält man das Verdünnungsverhältnis $V = C_0/C$. Dabei ist zu beachten, dass die Spurengaskonzentration im Bereich des simulierten Brandherdes der Konzentration von Brandsubstanzen im Bereich der Flammenspitzen entspricht. Dort ist die Konzentration von Brandanteilen im Vergleich zur Konzentration bei stöchiometrischer Verbrennung bereits um einen Faktor etwa 5–7 vermindert. Dies muss bei der Beurteilung der lokalen Brandgaskonzentrationen auf der Basis der Spurengas-Messungen berücksichtigt werden.

4.3.2 Beispiel

Die Vorgehensweise bei der Durchführung einer Modellstudie soll an einem typischen Anwendungsfall erläutert werden.

Projektbeschreibung

Für ein großes Einkaufscenter soll die Entrauchung geplant und optimiert werden. Das Einkaufscenter hat einen etwa dreieckigen Grundriss, bestehend aus zwei langen Malls und einer kurzen Mall (siehe Bild II 4.3.2-1). Die Ecken des Dreiecks werden durch Rotunden gebildet. Die Shops werden über die Malls und Rotunden erschlossen. Verkaufseinheiten befinden sich im Basement -1, Erdgeschoss sowie 1. Obergeschoss. Parkflächen sind unter anderem im 2. und 3. Obergeschoss vorgesehen. Alle Geschossebenen des Einkaufscenters werden über Rolltreppenanlagen in den Rotunden miteinander verbunden. In den Decken der Malls befinden sich bis zu den Parkebenen Öffnungen zur darüber liegenden Geschossebene.

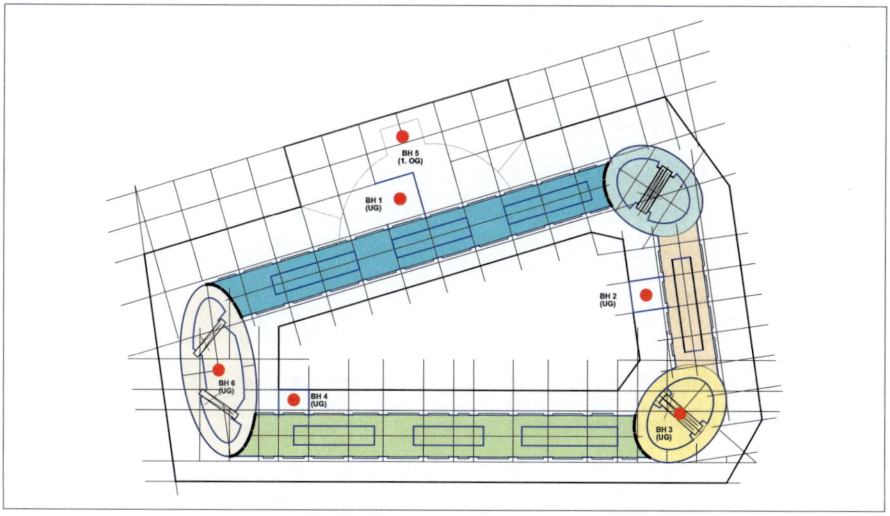

Bild II 4.3.2-1: Grundriss des Einkaufscenters

Schutzziel und Bemessungsbrand

Oberstes Schutzziel in Gebäuden, in denen sich viele Personen aufhalten, ist im Brandfall die sichere Entfluchtung, also die Eigenrettung von Personen und der ungehinderte Angriff der zuständigen Feuerwehren zur Unterstützung der Personenrettung und zur Brandbekämpfung. In Kaufhäusern und Einkaufszentren neigen Personen dazu, in Katastrophenfällen das Gebäude über die Wege zu verlassen, über welche sie dieses betreten haben. Dies setzt voraus, dass die Entfluchtungswege nicht durch Brandtore versperrt sind. Für eine ungehinderte Personenrettung ist es daher unerlässlich, den gesamten Centerbereich auch im Brandfall nicht durch Brandtore abzutrennen. Eine gesicherte Entfluchtung ist unter dieser Randbedingung jedoch nur dann gegeben, wenn auf **allen** Flucht- und Rettungswegen eine ausreichende Raucharmheit über einen ausreichenden Zeitraum sichergestellt werden kann. Eine ausreichende Raucharmheit bedeutet dabei, dass die Rauchgaskonzentrationen so niedrig sind, dass zum einen gesundheitliche Schäden von Personen in diesen Bereichen ausgeschlossen werden können und zum anderen eine ausreichende Sichtweite sichergestellt ist. Schutzziel der Entrauchungsmaßnahme im vorliegenden Fall soll es daher sein, auf allen Flucht- und Rettungswegen eine raucharme Schicht der Höhe $h_{raucharm} = 2\,m$ über eine Zeitspanne von $t = 20$ min sicherzustellen. Eine »ausreichende« Raucharmheit ist bei einer Rauchgasverdünnung von $V \approx 180$, bezogen auf stöchiometrische Verbrennung, gegeben.

Der gesamte Centerbereich soll gesprinklert werden. Für Verkaufsflächen bei schnell auslösenden Sprinklern wird als Brandfläche $A_f = 5\ m^2$ und für die Wärmefreisetzungsrate $q_f = 625\ kW/m^2$ angegeben. Dies ergibt eine anzusetzende Wärmefreisetzung

$$\dot{Q} = A_f \cdot q_f = 5 \cdot 0{,}625 = 3{,}125\ MW. \qquad (II4.3.2\text{-}1)$$

Für die Rauchgasströmung ist lediglich der konvektive Anteil dieser Gesamtwärmefreisetzung ausschlaggebend, der im Schrifttum häufig mit 70 % der gesamten Wärmefreisetzung angesetzt wird. Für die Entrauchungsbetrachtung wird daher von einer konvektiven Wärmefreisetzung

$$\dot{Q}_{kon} = 0{,}7 \cdot 3{,}125 = 2{,}2 \text{ MW} \qquad \text{(II4.3.2-2)}$$

ausgegangen.

Entrauchungskonzept

Eine natürliche Entrauchung ist im vorliegenden Fall nicht möglich, da zum einen die Verkaufsetagen durch 2 Parkgeschosse überbaut sind und zum anderen das Einkaufscenter von Hochhäusern umgeben ist.

Wesentlich für die Sicherstellung des o. a. Schutzzieles ist

- die Ableitung eines ausreichenden Brandgas/Luft-Volumenstromes und
- die Nachführung des dem Entrauchungsmassenstromes entsprechenden Zuluft-Massenstromes bei möglichst geringem Zuströmimpuls.

Der abzuleitende Brandgas/Luft-Volumenstrom ergibt sich durch den Brandgas-Volumenstrom des Bemessungsbrandes zuzüglich der diesem bis zur Entrauchungsöffnung bzw. bis zum Entrauchungsventilator beigemischten Raumluft.

Eine einfache Möglichkeit der impulsarmen Zuluftströmung ergibt sich durch das Abströmen der Zuluft aus den Shops in die Mallbereiche. Es ist daher vorzusehen, die erforderliche Zuluft dem Brandbereich aus allen vom Brand nicht betroffenen Rauchabschnitten zuzuführen. Dies bedeutet, dass die Lüftungsanlagen so zu steuern sind, dass im Brandfall in **allen** Bereichen die Abluftanlage abgeschaltet wird und in allen nicht vom Brand betroffenen Bereichen die Zuluftanlage weiterläuft.

Der gesamte Centerbereich wird in 6 Rauchabschnitte – die 3 Rotunden und die 3 Malls – je Geschossebene für das 1. Untergeschoss, Erdgeschoss und 1. Obergeschoss unterteilt (siehe Bild II 4.3.2-1). Die maschinelle Entrauchung nur des vom Brand betroffenen Bereiches wird jeweils aktiviert. Dies setzt eine präzise Branderkennung voraus, die über eine flächendeckende Rauchmelderanlage sicherzustellen ist. Wegen der im Allgemeinen großen Aufstiegshöhen, verbunden mit einer flächendeckenden Sprinklerung, ist nur mit geringen Rauchgastemperaturen im Bereich der Rauchgasventilatoren zu rechnen. Daher sind keine hohen Temperaturanforderungen an die Rauchgasventilatoren zu stellen. Um den thermischen Auftrieb des Rauchgases nicht unnötig zu vermindern, sollte auf eine verdichtete Sprinklerung verzichtet werden.

Nachweise

Wegen der komplexen Geometrie, z. B. infolge der Deckendurchbrüche in den Malls und der Rolltreppenanlagen in den Rotunden, wurde eine experimentelle Modellstudie durchgeführt. Es wurde der Modellmaßstab M = 1:25 gewählt. Das Brandgas wurde durch eine Luft/Helium-Mischung simuliert. Das Mischungsverhältnis wurde so gewählt, dass sich im Modellversuch und für den Bemessungsbrand die gleichen Gasdichten ergaben ($\rho_N = \rho_M$). Nach Gleichung (II 4.3.1-2) ergibt sich der Geschwindigkeitsmaßstab $v_N/v_M = 5{,}0$ und der zugehörige Zeitmaßstab $t_M/t_N = 5{,}0$. Bei der Bewertung der Modelluntersuchungen ist also zu berücksichtigen, dass die Modellzeit um einen Faktor 5,0 schneller abläuft als die Naturzeit.

Der Wärmefreisetzungs/Zeit-Verlauf des zu erwartenden realen Brandgeschehens ist in Bild II 4.3.2-2 dargestellt. Er kann im Modell durch eine Stufenfunktion, z. B. bestehend aus 6 Phasen, nachgestellt werden.

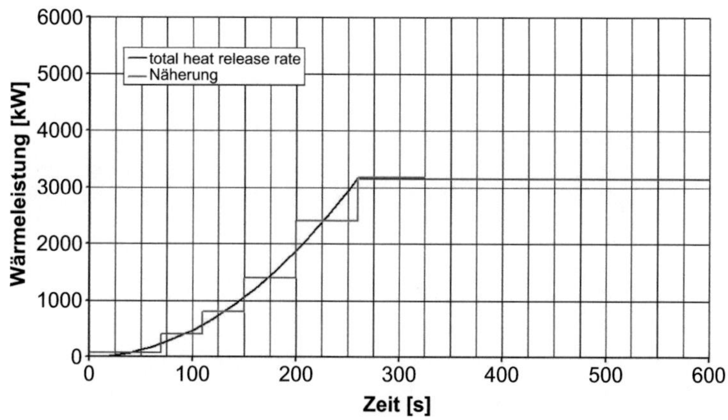

Bild II 4.3.2-2: Wärmefreisetzungs/Zeit-Verlauf

Im Modell wurde das flächige Abströmen der Shopabluft in den Mallbereich über die vollständig geöffneten Türen simuliert. Um eine der Natur ähnliche, impulsarme Zuströmung der Abluft in den Mallbereich im Modell sicherzustellen, wurde in den Öffnungsflächen Schaumstoff eingebaut. Die Zuluftvolumenströme wurden entsprechend der strömungstechnischen Modellähnlichkeit und der vorgesehenen Zuluftvolumenströme der Natur eingestellt.

Im Modell wurde die Rauchableitung sowohl aus den Rotunden als auch aus den Mallbereichen simuliert. Die optimierte Rauchableitung aus den Mallbereichen ist schematisch in Bild II 4.3.2-3 dargestellt. Oberhalb der Mall befindet sich ein Absaugraum (= Plenum), in den über Schlitzöffnungen der Rauch aus der Mall strömt. An diesem Absaugraum sind auf jeder Mallseite mehrere Absaugkanäle mit Ventilatoren angeschlossen, die den Rauch oberhalb des oberen Parkgeschosses (3. OG) ins Freie ableiten. Die Absaugsituation wurde im Modell durch Modellventilatoren nachgestellt.

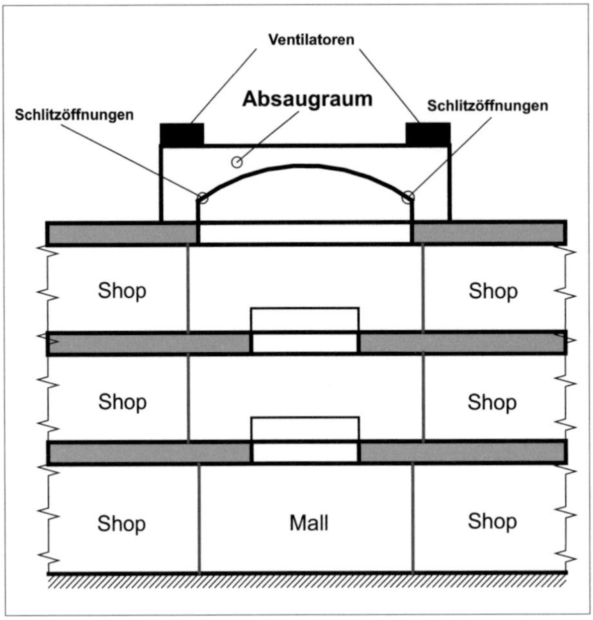

Bild II 4.3.2-3: Schnittdarstellung der Mall - Entrauchungsvorrichtung

Die zu untersuchenden Brandpositionen wurden mit der Genehmigungsbehörde abgestimmt. Von ihr wurden das vorgeschlagene Schutzziel und der Bemessungsbrand akzeptiert.

Das Entrauchungskonzept wurde mittels Strömungsbeobachtung optimiert. Hierzu wurde dem Luft/Helium-Gemisch ein Nebelfluid zugefügt. An kritischen Positionen wurden anschließend Spurengasuntersuchungen durchgeführt, mit deren Hilfe die zu erwartenden Verdünnungsverhältnisse bestimmt werden konnten. Bei der Bewertung sowohl der Strömungsbeobachtung als auch der Spurengas-Untersuchungen ist zu berücksichtigen, dass die Versuchsrandbedingungen sehr auf der sicheren Seite liegen. Der simulierte Rauchgasvolumenstrom wurde nämlich für den Bemessungsbrand mit der Wärmefreisetzung $\dot{Q}_{kon}$ = 2,2 MW bei einer Brandfläche A_f = 5 m^2 bestimmt. Die simulierte Rauchgastemperatur wurde dagegen entsprechend der Sprinklerauslösetemperatur eingestellt. Bei einem realen Brandgeschehen im voll gesprinklerten Center-Bereich ist davon auszugehen, dass entweder

- der Rauchgasvolumenstrom wegen der Sprinklerung geringer ist und/oder
- die Temperatur der Rauchgase höher ist.

Ersteres würde zu einer Minderung des abzuleitenden Rauchgasvolumenstromes führen, Letzteres zu einer Verbesserung des Aufstiegverhaltens der Rauchgase und zu einer Vergrößerung des thermikinduzierten Druckes im Center-Bereich.

Anlässlich eines Behördentermins, zu dem Behördenvertreter in das Labor eingeladen wurden, wurde das optimierte Entrauchungskonzept vorgestellt und von der Behörde ohne Abstriche akzeptiert. Das Ergebnis der Strömungsbeobachtung wurde durch die Spurengasuntersuchungen, die vollumfänglich mit der Strömungsbeobachtung übereinstimmten, erhärtet. Für die Umsetzung des Konzeptes wurde den Lüftungs- und Brandschutzplanern neben den technischen Daten (Volumenstrom und Druckverluste) der erforderlichen Ventilatoren eine Matrix übergeben, welche in Abhängigkeit von der Brandposition die zu aktivierenden Zuluft- und Entrauchungsbereiche angibt.

Das Einkaufscenter wurde in der Zwischenzeit realisiert. Die Ergebnisse der Modelluntersuchungen konnten eindrucksvoll durch Abnahmeversuche bestätigt werden. Wesentlich für diese Abnahmeversuche war eine realistische Brandsimulation, bei der der Bemessungsbrand gemäß Bild II 4.3.2-2 nachgestellt wurde.

4.4 Numerische Entrauchungsstudie (CFD, Feldmodelle)

Im Kapitel Grundlagen der Strömungsmechanik wurde bereits darauf hingewiesen, dass die Bewegungsgleichungen der reibungsbehafteten Strömung, die so genannten Navier-Stokes-Gleichungen, nicht in allgemeiner Form geschlossen gelöst werden können (siehe II 1.9.2). Numerische Untersuchungen sind daher stets nur eine Näherung zur Realität, deren Genauigkeit auch wesentlich vom eingesetzten Aufwand und der Erfahrung des Simulierenden abhängt. Bis vor wenigen Jahren konnten nur einfachste Probleme in ihrem zeitlichen Ablauf bzw. komplexere Aufgaben nur in stationären oder quasistationären Zuständen überhaupt mit einer halbwegs angemessenen Auflösung untersucht werden. Die Entwicklung der Rechnertechnologie und die Anpassung der jeweiligen Programme an diese Entwicklung machen aber immer weitergehende strömungstechnische Anwendungsbereiche einer Untersuchung zugänglich. So lassen sich mittlerweile in einer vorgegebenen Zeitspanne auch Ergebnisse mit der gewünschten Genauigkeit und/oder der erforderlichen Zuversicht im Hinblick auf deren Richtigkeit erzielen. Allerdings werden Untersuchungen, bei denen eine Lösung erst gefunden oder optimiert werden muss, ebenso wie Aufgaben mit vielen Variationen der Randbedingungen durch die erforderlichen Rechenzeiten oft schneller experimentell durchgeführt. Im Gegenzug liefert die numerische Behandlung an quasi beliebigen Stellen im Raum quantitative Ergebnisse, die bei entsprechender Berechnung auch zeitabhängig ausgewertet werden können und im Experiment erst aufwändig gemessen werden müssten.

Bei komplexen oder sehr großen Gebäude- und Raumgeometrien kann allerdings ebenso wie bei einer erforderlichen Berücksichtigung des Windeinflusses schnell die Grenze eines Programms hinsichtlich der zulässigen Modellgröße erreicht werden bzw. sind numerische Berechnungen nur noch mit Abstrichen in der Genauigkeit möglich. Zu dieser Gruppe von Aufgabenstellungen gehören bis heute z. B. detaillierte Berechnungen der Rauchableitung in Tunneln oder großen Einkaufszentren. In solchen Anwendungsfällen lassen sich experimentelle Untersuchungen bisher noch schneller und oft kostengünstiger durchführen als numerische Studien. Das vorliegende Kapitel gibt einen Überblick über die Modellierung im Computer (Kapitel II 4.4.1) und diskutiert einige wichtige Randbedingungen für die Genauigkeit der numerischen Berechnungen (Kapitel II 4.4.2). Die Vorgehensweise wird dann an einem bewusst einfachen Beispiel mit Fehlerabschätzung (Kapitel II 4.4.3) verdeutlicht.

4.4.1 Modellierung im Computer

Grundlage für numerische Entrauchungsstudien ist die Abbildung der Realität in einem Computermodell. Hierbei werden Brand- und Entrauchungsmodelle unterschieden bzw. können auch kombiniert behandelt werden. Für Brandmodelle mit einem lediglich empirischen Entrauchungsansatz wurden und werden so genannte Zonenmodelle im Brandschutz vielfach genutzt. Diese betrachten den Raum und die Vorgänge in ihm nur in wenigen deutlich unterschiedenen Zonen (z. B. Brandherd, Rauchschicht und restlicher Raum). Hierbei wird z. B. im Industriebau mit diesen vereinfachten Modellen die äquivalente Brandeinwirkdauer $t_ä$ für die Berechnung nach DIN 18230-1 ermittelt. Für die numerische Behandlung solcher Fragen wird derzeit der Normenteil 18230-4 erarbeitet. Soll hingegen die Rauchausbreitung in komplexeren oder zusammengesetzten Geometrien simuliert werden, kommt als numerischer Ansatz nur ein Feldmodell, auch bekannt als CFD-Berechnung, infrage. Hierbei wird der Raum oder werden die zu untersuchenden Räume in Tausende bis Millionen einzelne Raumelemente (finite Volumen) aufgeteilt, zwischen denen jeweils der Austausch und die lokalen Zustandsgrößen ermittelt werden, wie bereits in Kapitel II 1.9 ausgeführt.

Die VDI-Richtlinie 6019 Blatt 2 - Juli 2009 behandelt »Ingenieurverfahren zur Bemessung der Rauchableitung aus Gebäuden, Ingenieurmethoden« und widmet sich in wesentlichen Teilen auch den Anforderungen der numerischen Berechnungen hinsichtlich der für eine hohe Genauigkeit einzuhaltenden Randbedingungen, wie im nächsten Abschnitt behandelt.

4.4.2 Wesentliche Randbedingungen einer numerischen Entrauchungsstudie

Für die ausreichend genaue Diskretisierung (d. h. räumliche Aufteilung in Rechenzellen) gibt es verschiedene Leitlinien und Erfahrungswerte, die auch vom jeweils verwendeten Programm und Simulationsmodell abhängig sind. Für die instationäre Berechnung mit einem **L**arge-**E**ddy-**M**odell (LES), wie sie z. B. für das aktuell weit verbreitete Programm fds (**fi**re **d**ynamics **s**imulator) genutzt wird, sollten die Raumzellen z. B. in der Regel nicht mehr als 15 cm bis maximal 25 cm Kantenlänge aufweisen. Pro Kubikmeter Rauminhalt sind also zwischen 64 und 300 Zellen in jedem Fall erforderlich. In Bereichen mit kleinteiliger Geometrie mit für die Strömung wesentlicher Bedeutung oder auch im Bereich hoher Gradienten der Zustandsgrößen, z. B. an durchströmten Lamellen oder in der Nähe des Brandes, kann eine lokal noch höhere Auflösung erforderlich sein, um die Vorgänge nicht nur hinsichtlich ihrer Wirkungen auf einen größeren Raum zu erfassen.

Lange Zeit galten 5 Millionen finite Volumenzellen in einem Modell als bereits großes Berechnungsmodell, was einer maximalen Größe eines entsprechend diskretisierten Raumes zwischen rund 20.000 und 80.000 m^3 entsprach. Auch wenn die Berechnungsmöglichkeiten inzwischen durchaus bei 10 Millionen und mehr Zellen liegen, steigt allerdings auch die Berechnungsdauer, abhängig vom zu betrachtenden Zeitintervall, nicht unerheblich an, müssen doch pro Sekunde simulierter Zeit mindestens zwischen 6 und 10 Zeitschritte und damit Strömungszustände berechnet werden. Allerdings verkürzen sich die Zeitschritte weiter, wenn die lokalen Geschwindigkeiten 1,5 m/s überschreiten, da die Konvergenzbedingung (CFL-Bedingung, vergleiche Kapitel II 1.9.7) vorgibt, dass die lokale Strömungsgeschwindigkeit mal dem momentanen Zeitschritt keinesfalls größer als die lokale Zellenabmessung werden darf.

Treten in einem Entrauchungsmodell jedoch lokal wesentliche Einflussgrößen auf, die kleinräumig aufgebaut sind, z. B. wesentliche Öffnungen oder Luftauslässe, muss deren Geometrie auch ausreichend genau diskretisiert werden. Der Luftstrahl aus einem Auslass der Abmessung 0,2 x 0,4 m benötigt dann mindestens 25 Zellen im Querschnitt, sodass zumindest in einer Richtung Zellen der Abmessung 5 cm und damit mindestens 24 Zeitschritte pro Sekunde erforderlich werden. Allerdings kann eine in verschiedenen Raumrichtungen stark unterschiedliche Diskretisierung auch zu einer numerischen Beeinflussung des Berechnungsergebnisses für die sich einstellende Raumströmungsform und Rauchausbreitung führen, da das Ergebnis in verschiedenen Raumrichtungen unterschiedlich bedämpft wird. Solche Effekte können von subtil bis entscheidend sein und lassen sich oft nur mit noch höherem Berechnungsaufwand überhaupt beweisen bzw. abschätzen. Viele erfahrene Anwender versuchen daher möglichst in allen Raumrichtungen ähnlich große Abmessungen der finiten Volumen einzuhalten.

Eine besondere Schwierigkeit ergibt sich für alle Berechnungen, welche die Kopplung zum Außenraum beinhalten. Dies sind bei freier Entrauchung eigentlich alle Aufgabenstellungen! Die korrekte Einschnürung des Zuluftstrahls lässt sich auch mit tausenden von Zellen im Querschnitt der Öffnung und entsprechend feiner Auflösung in der dritten Raumrichtung nur näherungsweise bestimmen. Daher hat es sich bewährt, die im Modell geometrisch eingebauten Zuluftöffnungen für die Planungspraxis als aerodynamisch wirksame Querschnitte auf der sicheren Seite anzusetzen. Nur dann kann auch auf eine Ausdehnung des Berechnungsmodells in den Außenraum verzichtet werden. Umgekehrt kann diese aber für zahlreiche Formen der Ein- und Ausströmung dennoch erforderlich sein, insbesondere bei kleinen Strömungsgeschwindigkeiten, und dennoch Probleme bereiten, falls das Programm die Strömung nicht als ausreichend turbulent ansieht und laminare Schwingungseffekte, wie z. B. ein Pumpen des Volumenstroms, berechnet.

Noch erheblich komplizierter würde die Berechnung, sollten auch Windeffekte berücksichtigt werden. Hierzu müsste ja mindestens die äußere Druckverteilung am Gebäude bekannt sein und dem Berechnungsmodell vorgegeben werden. Streng genommen ist aber zusätzlich eine zeitlich variable Stärke dieser Windeffekte infolge der Böigkeit des Windes, eine Windrichtungsabhängigkeit der vorgenannten Druckverteilung und schließlich eine zeitlich fluktuierende Windrichtung zu berücksichtigen. Selbst wenn im Modell nur ein Teil dieser Effekte berücksichtigt werden soll, erfordert dies bereits erhebliches Spezialwissen aus dem Bereich der Gebäudeaerodynamik und erhöht den Berechnungsaufwand ganz wesentlich, zumal der Wind im Zweifel wieder als zusätzlich variierende Eingangsgröße (selbst in einer Reduktion auf Worst-Case-

Abschätzungen) zu einer größeren Anzahl zu berechnender Varianten des Feldmodells führt. Natürlich ergeben sich diese Nachteile nicht für Konzepte mit rein maschinell zugeführter Luft und maschinell abgesaugtem Rauchgas.

4.4.3 Praktische Herangehensweise an eine numerische Entrauchungsstudie

Allein der Entschluss, eine Entrauchungsstudie numerisch durchzuführen, erfordert bereits eine Reihe von Vorüberlegungen und Abschätzungen. Hierzu gehören:

1. Welchen Umfang hat die numerisch zu untersuchende Räumlichkeit (in m^3 des umgebenden Quaders, welcher das Rechennetz beschränkt und die Umfassungswände mindestens mit einschließt) und welche Größe der Rechenzellen ergibt sich für eine Berechnung mit 2, 5 oder auch 10 Millionen und mehr Zellen?!
2. Welche Brandherde bzw. Brandszenarien sind vorgegeben? Handelt es sich um lokale Brände mit globaler Rauchausbreitung oder gegebenenfalls auch Vollbrandsituationen? Sind nur maximale Brandleistungen und Orte vorgegeben oder auch Entwicklungszeiten, Brandflächen und Rauchfreisetzungsraten?!
3. Welche Schutzziele sollen untersucht werden? Ist nur die Rauchableitung bzw. ausreichende Größe von Rauchabzügen zu untersuchen oder auch eine zu garantierende raucharme Schichthöhe oder Dauer der Rauch-arm-haltung?
4. Wie lange muss die Entrauchung absehbar untersucht werden, um entweder zu einem stationären Ergebnis zu kommen oder aber die gestellten Fragen ausreichend beantworten zu können?
5. Wie viele Varianten ergeben sich aus den vorhandenen Parametervariationen und welche müssen zusätzlich infolge unklarer Parameter gegebenenfalls noch kalkuliert werden? Falls eine Lösung erst grundsätzlich gefunden werden muss, welcher maximale Zeitraum und Kostenumfang steht zur Verfügung?!

Beantwortet man vorstehende Fragen hinsichtlich ihrer Relevanz für Modellwahl und Größe, wird der Sinn dieser Herangehensweise klar:

1. Ein Modell mit 2 Millionen Zellen läuft bei normalen geforderten Dauern des Simulationszeitraums (vergleiche Frage 4) noch vergleichsweise schnell, meist an einem Tag. Ein Modell mit 5 Millionen Zellen benötigt bereits im Vergleich ein paar Tage Rechenzeit, eines mit 10 Millionen und mehr ab einer Woche aufwärts. Diese Zahlen beziehen sich auf den Stand 2009/2010 ohne massives Parallelrechnen, wie es mit Version 6 von fds ab 2011 aber möglich werden soll. Dennoch sind diese Modellgrößen für eine erste Überlegung sicher ein oft genutzter Maßstab. Ergibt sich, dass für die gewünschte Zellenzahl und Simulationsdauer der Raum nur in Würfel oder Quader mit mindestens 0,5 m Kantenlänge unterteilt werden kann, ist dieser Ansatz, wie bereits weiter oben beschrieben, sicher zu grob. Liegt die Kantenlänge hingegen bei 0,1 bis 0,2 m, ist das Modell auch für

anspruchsvollere Aufgaben absehbar ausreichend genau detailliert. Der Simulationsaufwand steigt überproportional mit höheren Zellenzahlen an.

2. Die Anzahl der zu untersuchenden Brandszenarien bzw. Brandherdpositionen und -größen fließt natürlich unmittelbar in die Anzahl der Rechenläufe ein. Mit weiteren, zu variierenden Parametern ergibt sich hieraus schnell eine Vielzahl an erforderlichen Variantenrechnungen (ohne zusätzliche, die zur Qualitätssicherung für notwendig erachtet werden). Hier muss mit Augenmaß, Sachkunde und gegebenenfalls Verhandlungsgeschick die Aufgabe sinnvoll abgegrenzt werden, um nicht eine solche Menge von Ergebnissen zu erhalten, aus denen die erforderlichen Aussagen nicht mehr eindeutig zu treffen sind. Auch sind lokale Brände oder Rauchquellen sehr viel einfacher zu berechnen, als eine Vollbrandsimulation. Mehr als 10 Basisvarianten haben in der Vergangenheit (im Unterschied zu z. B. Zonenmodellen) selten einem Projekt zum Erfolg verholfen. Gegebenenfalls sind andere Untersuchungsverfahren daher günstiger oder vorzuschalten, um zunächst die Variantenanzahl einzugrenzen! Der Aufwand steigt zunächst proportional zur Variantenzahl, gegebenenfalls sind bei der Qualitätssicherung aber zusätzliche Läufe zum Abdecken der Effekte zwischen verschiedenen Varianten erforderlich.

3. Die Vorgabe des Schutzzieles durch den Brandschutzgutachter, die Behörde oder auch einfach die Bauordnungen ist wesentlicher Bestandteil der Aufgabenstellung und geht unmittelbar auch in die erforderliche Auflösung des Rechengitters ein! Soll z. B. eine Rauchschicht mit nur 0,5 m Höhe nachgewiesen werden, sind hierfür im Zweifel 10 Zellhöhen in der Rauchschicht und ebenso viele unter der Rauchschicht in gleicher Höhe erforderlich, was Zellabmessungen von nur 50 mm entspräche. Eine solch feine Auflösung kann sicher auf einer Fläche von rund 100 m^2 noch untersucht werden, aber nicht auf tausenden Quadratmetern Grundfläche. Ist die Rauchschichthöhe größer, kann dieselbe Zellenzahl in der Höhe ausreichend sein. Die dadurch größeren Zellen decken eine größere Grundfläche ab und erlauben damit auch einen größeren Untersuchungsbereich. Soll lediglich die Rauchfüllung und -entleerung eines Raumes simuliert werden, reichen 10 bis 15 Zellen über die lichte Geschosshöhe oft aus, entsprechend größer kann der Untersuchungsbereich wieder werden. Die Größe des Untersuchungsbereichs sowie die Anzahl der Zellen pro m^3 skalieren den Aufwand überproportional.

4. Die Dauer der Simulation richtet sich entweder nach dem Erreichen quasistationärer Entrauchungszustände, d. h. die Rauchableitung entspricht der Rauchproduktion und die zugehörige Raumströmung sowie Rauchschichthöhe ist stationär bzw. konstant. Alternativ muss die Dauer z. B. einer Entfluchtung oder bis zum Eintreffen der Feuerwehr abgebildet werden. All diese Antworten geben erforderliche Simulationszeiträume vor. Diese wiederum skalieren proportional den Berechnungsaufwand.

5. Übergreifende Parametervariationen (z. B. Berechnung Sommer und Winter, mit und ohne Außenwind) legen sich unabhängig von der Anzahl der Bemessungsbrände multiplikativ auf die Anzahl der Rechenläufe. Daher macht es stets Sinn, zu hinterfragen, ob bestimmte Effekte nur in bestimmten Kombinationen überhaupt Sinn ergeben oder auch auf der sicheren Seite durch andere abgeschätzt werden können. Der Aufwand steigt zunächst proportional zur Variantenzahl, gegebenenfalls sind bei der Qualitätssicherung aber zusätzliche Läufe zum Abdecken der Effekte zwischen verschiedenen Varianten erforderlich!

Die vorgenannten Überlegungen erlauben also dem Simulanten, rasch die erforderliche Größe und Komplexität der Aufgabenstellung, ausgedrückt durch Zellenzahl, kleinste lokale Zellenabmessungen (diese sind gekoppelt an den maximal möglichen Zeitschritt!) und erforderliche Simulationsdauer, abzuschätzen. Dies sind natürlich auch wichtige Grundlagen einer Kalkulation der betreffenden Leistungen. Im Umkehrschluss kann diese Abschätzung offenlegen, ob die Kalkulation noch gültig bzw. sinnvoll ist oder zwischenzeitliche Klärungen eigentlich zu einer deutlich größeren Aufgabenstellung geführt haben.

4.4.4 Beispiel zur numerischen Genauigkeit

Um ein einfaches und schnell zu berechnendes Beispiel zu verwenden, soll in einem Raum ein Freistrahl simuliert werden. Die nachstehenden Ausführungen beziehen sich auf die Berechnung mit dem Programmpaket fds 5, die genannte Eingabedatei ist dort im Anhang beigegeben und kann vom Nutzer entsprechend der Anleitungsschritte modifiziert werden.

Als Übungsbeispiel bauen wir eine geschlossene Halle der Abmessung 10 m · 8 m · 6 m als Beispiel auf und nennen diese Geometrie Halle.fds. Die Koordinatendefinition soll einen mittig auf dem Hallenboden liegenden Nullpunkt verwenden, um später Symmetrien leichter ausnutzen zu können. Das ergibt die Zeile:

```
&MESH IJK=8n,10n,6n, XB = -4.0, 4.0, -5.0, 5.0, 0.0, 6.0 /
```

Zu Vergleichszwecken wird das grundsätzlich gleiche Beispiel mit verschiedenen Faktoren n und damit Größen der Gitterzellen von 0,1; 0,2; 0,25; 0,5 und 1 m Kantenlänge berechnet. Werden keine &VENT-Zeilen integriert, sind alle Außenflächen der Rechendomäne geschlossene Wände.

Rechnen wir nun das Beispiel, gibt es keinen Antrieb für eine Strömung. Bei Visualisierung des Ergebnisses sehen wir allerdings zufällig verteilte Geschwindigkeiten im Bereich weniger Millimeter pro Sekunde. Diese werden von fds automatisch vorgegeben, um das Anlaufen einer Rechnung zu erleichtern, da symmetrische Randbedingungen die Lösung erschweren. Mit dem Eintrag »&MISC NOISE=.FALSE. /« kann diese Vorgabe außer Kraft gesetzt werden und wir sehen bei der Visualisierung die Genauigkeit der Geschwindigkeitsauflösung, die 10^{-21} m/s beträgt.

Weitere Parameter in der &MISC-Zeile können z. B. sein:

DNS=.FALSE. (.TRUE. schaltet LES aus und führt eine DNS-Rechnung aus)
RADIATION=.FALSE. (schaltet den Strahlungsprozessor aus und spart rund 15 % Rechenzeit)
TMPA=20.0 / (dies setzt die außerhalb der Domäne vorhandene Temperatur auf 20 °C)

Als nächster Schritt wird auf einer Schmalseite der Halle mittig in Höhe und Breite eine Zuströmung mit 2 m/s und 1 m^2 Querschnitt definiert. Hierfür benötigen wir zur geometrischen Definition eine &VENT-Zeile sowie für die Angabe der Strömungsgröße eine &SURF-Zeile mit dem Parameter ID = 'Zuluft'. Die Randbedingungen der &SURF-Zeile werden durch den Parameter SURF_ID = 'Zuluft' in der &VENT-Zeile zugeordnet.

Nach demselben Prinzip werden mit &MATL ID='name' und folgenden Parametern Materialgrößen spezifiziert, die dann in unterschiedlichen &SURF-Zeilen mit dem Aufruf MATL_ID='name' übernommen werden können. Wir kopieren uns aus dem User-Handbuch die Definition für die Materialen 'STEEL' und 'CONCRETE' in unseren Eingabefile und setzen hinzu:

&SURF ID='CONCRETE', MATL_ID='CONCRETE', THICKNESS=0.1 /

Diese Oberflächendefinition können wir nun in der &MISC-Zeile (Achtung: diese Zeile gibt es nur einmal pro Inputfile und darin werden alle Parameter aufgelistet) mit dem Parameter SURF_DEFAULT='CONCRETE' als Standard für alle nicht weiter definierten Oberflächen einführen.

Wir rechnen das Beispiel bis T_END=30.0 (Sekunden) mit unterschiedlichen Gitterauflösungen und visualisieren die Ergebnisse, der Zuluftstrahl trifft auf die gegenüberliegende Wand und wird dann zu einer Wand oder dem Boden gesaugt. Dies liegt am Coanda-Effekt in der geschlossenen Domäne. Wir kontrollieren die Temperatur und stellen ein stetiges Ansteigen fest – dies ist eine Folge der Kompression, da wir noch keine Abluft definiert haben. Durch Vergleich der Daten im *.out-File können wir den Rechenaufwand erkennen und stellen für unsere Gitterauflösungen gegenüber:

Tabelle II 4.4.4-1: Rechenaufwand und Zeitauflösung des Beispiels Halle.fds

Bsp. Halle.fds Abmessung 10 x 8 x 6 m^3				
Zellengröße m	**Zellenzahl**	**Rechenzeit (für 30 s Modellzeit) CPU s**	**Zeitschritt s**	**Frequenz Hz**
1,00	480	0,53	0,6667	1,50
0,50	3 840	5,65	0,3333	3
0,25	30 720	46,08	0,1667	6
0,20	60 000	63,00	0,1250	8
0,10	480 000	615,00	0,0625	16
0,05	3 840 000	10 300,00	0,0313	32

Der aufgeführte Zeitschritt ist dabei über die Rechnung konstant gewesen und somit nicht von der Strömung, sondern von der Größe der kleinsten Zelle (bzw. hier aller Zellen) abhängig. Verwenden wir also Gitterzellen der Kantenlänge 0,25 cm, sind mindestens 6 Zeitschritte pro Modellsekunde erforderlich, was zumindest eine Hochrechnung der Mindestzahl an Zeitschritten für eine vorgegebene Simulationszeit erlaubt. Vorgänge in der Strömung können dabei mit maximal 3 Hz Genauigkeit beschrieben werden, da das Nyquist-Theorem der Signalanalyse vorgibt, dass die kleinste, sicher abbildbare räumliche oder zeitliche Struktur mindestens doppelt so groß oder lang sein muss wie die räumliche bzw. zeitliche Auflösung der Diskretisierung. Wichtige räumliche Strukturen sollten aber durch mindestens 5 Zellen im Durchmesser aufgelöst werden, um die numerische Dämpfung der Ergebnisse nicht zu dominant werden zu lassen.

Als nächste Übungsschritte setzen wir vier in den Viertelpunkten des Daches platzierte je 1 m^2 große Abluftflächen mit je einer &VENT-Zeile und der SURF_ID='OPEN' ein, die eine freie Druckanbindung nach außen abbildet und entsprechend dem lokalen Innendruck in beide Richtungen durchströmt werden kann. Durch die symmetrische Definition der Domänenabmessungen brauchen wir nur eine &VENT-Zeile zu formulieren und können die anderen drei durch Kopieren und Anpassen der Vorzeichen in x- und y-Richtung leicht erzeugen:

```
&VENT XB= -1.5,-2.5, -2.0,-3.0,6.0,6.0, SURF_ID='OPEN'/
&VENT XB=  1.5, 2.5, -2.0,-3.0, 6.0,6.0, SURF_ID='OPEN'/
&VENT XB= -1.5,-2.5,  2.0, 3.0, 6.0,6.0, SURF_ID='OPEN'/
&VENT XB=  1.5, 2.5,  2.0, 3.0, 6.0,6.0, SURF_ID='OPEN'/
```

Die Visualisierung der Ergebnisse zeigt nunmehr einen Druckausgleich durch die Abluftöffnungen, welche nur nach außen durchströmt werden, da ja eine Zuströmung bereits mit ausreichend Volumenstrom vorhanden ist. Der Druckausgleich verhindert auch die Strahlablenkung, der Coanda-Effekt ist aus dem Ergebnis verschwunden.

Strömung auf einer Galerie

Der letzte Schritt mit dem Beispiel Halle.fds ist der Einbau einer gegenüber der Zuluft auf halber Höhe an der Wand gelegenen 2 m tiefen Galerie mit 0,2 m Dicke. Dies wird durch

```
&OBST XB= -4., 4., 3., 5., 2.9, 3.1 /
```

erreicht. Das Beispiel wird erneut berechnet und nun besonderes Augenmerk der Visualisierung mit Smokeview (die Visualisierungssoftware aus dem Programmpaket fds), der Lage der Galerie im Rechennetz und der Abbildung der umgelenkten Strahlströmung gewidmet. Bei Zellgrößen ab 0,25 m wird die Galerie entsprechend den gerundeten Abmessungen im Rechengitter nur als Ebene zwischen 2 Zellen dargestellt, die Dicke ist für die Strömung nicht mehr vorhanden. Bei 0,2 m Zellgröße wird die Dicke korrekt dargestellt, die Galerie liegt aber nicht mehr auf 2,9 m mit ihrer Unterkante, sondern wurde auf 3,0 m Höhe aufgerundet. Da dies auch bei der

Zuluftöffnung passiert ist, sind die Ergebnisse trotzdem mit den anderen Varianten vergleichbar. Sie könnte aber ebenso gut aus einer symmetrischen Anordnung in eine unsymmetrische gerundet worden sein, sodass der Diskretisierungsfehler einen Modellfehler nach sich zöge. Erst bei einer Zellgröße von nur noch 0,10 m Kantenlänge wird die Galerie korrekt im Strömungsfeld abgebildet, auch wenn der Aufstau vor der Kante und ihre Verdrängung bei nur 2 Zellen Dicke nicht weiter in der Strömung zum Tragen kommt.

Für die aufgeteilte Strömung ober- und unterhalb der Galerie ergeben die unterschiedlichen Gittergrößen zunächst ähnliche Formen der Rückströmung, in einer U-förmigen Rücklenkung des Strahls sowohl ober- als auch unterhalb der Galerie. Allerdings werden die Geschwindigkeiten auf dem 1-m-Raster stark und im 0,5-m-Raster sichtbar verringert. Diesen Effekt nennt man auch numerische Dämpfung des Netzes. Er ist auf die Steifigkeit der sehr groben Lösung zurückzuführen. Details und instationäre Ausbildung der umgelenkten Strömung werden aber erst bei einer Zellkantenlänge von 0,10 m langsam sichtbar und erfordern noch feinere Netze, um vollständig in ihrer Wirkung aufgelöst zu werden.

In vielen Anleitungen für einfache Plausibilitätskontrollen wird aufgeführt, ein Vergleich mit einer feineren Auflösung mit gleichem Ergebnis sei ein Indiz für die Richtigkeit der Lösung. Allein die Wiederholung anscheinend gleicher Ergebnisse ist noch kein Beleg für ihre Richtigkeit! In unserem Beispiel zeigen die 0,5-m-Lösung und die 0,25-m-Lösung keine wesentlichen Unterschiede und in großen Untersuchungsgebieten mögen die numerischen Reserven fehlen, um noch genauer aufzulösen. Es stellt sich also die Frage, anhand welcher objektiver Kriterien über die erforderliche Gitterauflösung entschieden werden soll. Gleichzeitig stellt sich die Aufgabe, wie ohne genauere Lösung dennoch eine Fehlerabschätzung möglich ist, um die Unsicherheiten zu beseitigen. Hier hilft oft nur die Berechnung eines Modellausschnittes mit der betreffenden Geometrie, dem dann zwar der Kontakt zum Untersuchungsgebiet fehlt, was aber gegebenenfalls verlorene Feinheiten der Strömungseffekte meist rasch aufdeckt, da hier viel genauer diskretisiert werden kann, ohne allzu viel Rücksicht auf den Aufwand nehmen zu müssen. Um dies in Zukunft besser nutzen zu können, sollen ab Version 6 von fds und in einigen anderen Programmen lokal feinere Rechengitter überlagert werden können, deren Randgrößen dann wieder an das gröbere umgebende Gitter übertragen werden. Allerdings geht mit dem Übertrag der feineren Daten an ein gröberes Gitter speziell in der LES-Berechnung eine weitere Modellbildung einher, deren Fehlerfolgen gegebenenfalls erst noch geklärt werden müssen. Es handelt sich also keinesfalls um ein Werkzeug, das mit geringen Vorkenntnissen mal eben zum Spaß genutzt, gleich garantiert qualitätvolle Ergebnisse liefert!

4.5 Windeinwirkung

Die Entrauchungswirksamkeit, sowohl bei maschineller Rauchableitung, aber besonders bei natürlicher Rauchableitung, wird durch die äußere Winddruckverteilung am vom Brand betroffenen Gebäude beeinflusst. So sollten beispielsweise NRWG nicht in

Gebäudeflächen eingebaut werden, für welche ein windbedingter Überdruck zu erwarten ist. Eine Ausnahme ergibt sich hier nur, wenn die NRWG windrichtungsabhängig angesteuert werden. Eine solche windrichtungsabhängige Ansteuerung bedingt selbstverständlich eine Kompensation der gegebenenfalls geschlossenen NRWG durch zusätzliche NRWG in Bereichen ohne windbedingten Überdruck. Die Anordnung von Zuluftflächen in windbedingten Überdruckzonen kann unter Umständen zu einer zu großen Zuströmgeschwindigkeit der Zuluft führen. Windwirkungen werden in den einschlägigen Verordnungen und Regelwerken kaum behandelt, obwohl sie den Normalfall darstellen. Im gemäßigten Klima Mitteleuropas tritt Windstille (Windgeschwindigkeit v_w < 1 m/s in 10 m Höhe) lediglich an ca. 3 % des Jahreszeitraumes auf.

4.5.1 Atmosphärische Windströmung

In Kapitel 1.5.2 wurde gezeigt, dass sich bei der Überströmung einer Körperfläche eine Grenzschicht ausbildet, die unter anderem durch ein Geschwindigkeitsprofil beschrieben werden kann. Bei niedrigen Reynolds-Zahlen ist die Grenzschicht laminar, bei größeren Reynolds-Zahlen turbulent. Bei der Überströmung z. B. einer ebenen Platte wird dabei die Reynolds-Zahl mit der so genannten Lauflänge, d. h. der Länge, die vom Fluid bis zum Betrachtungsort überströmt wird, gebildet:

$$Re = \frac{l \cdot v}{\nu}.$$

Turbulente Grenzschichten ergeben sich für $Re \gtrsim 3 \cdot 10^5$.

Die Windströmung kann, wegen des großen Krümmungsradius der Erdoberfläche, mit der Überströmung einer ebenen Platte verglichen werden. Die Lauflängen bemessen sich im Allgemeinen in der Größenordnung von Kilometern. Die Windgrenzschicht ist also **immer** als turbulente Grenzschicht aufzufassen.

Die Form des Geschwindigkeitsprofils wird durch die Größe der Rauigkeiten - Bewuchs oder Bebauung - am Erdboden bestimmt. Je größer die Rauigkeiten, umso größer die Verzögerung und umso kleiner die Windgeschwindigkeiten in Bodennähe. Das Windprofil der zeitlich gemittelten Windgeschwindigkeit, also die Angabe der zeitlich gemittelten Windgeschwindigkeit v in Abhängigkeit von der Höhe z kann durch ein logarithmisches Gesetz oder durch ein Potenzgesetz beschrieben werden. Im deutschen Regelwerk zur Bestimmung von Winddrücken und Windlasten von Bauwerken, DIN 1055-4:2005-03, wird das Potenzgesetz angewandt:

$$v = v_{10m} \, (z/10 \text{ m})^{\alpha p} \qquad \text{(II4.5.1-1)}$$

Man erkennt, dass die Geschwindigkeit in einer beliebigen Höhe z auf die Geschwindigkeit in 10 m Höhe bezogen wird. Der Grund hierfür ist, dass die Messhöhe meteorologischer Stationen üblicherweise 10 m über Grund ist.

Wind ist kein stationäres, d. h. von der Zeit unabhängiges Ereignis. In einem Sturm ändern sich die Windgeschwindigkeit und die Windrichtung mit der Zeit. Die Änderungen der Geschwindigkeit sind dabei ausgeprägter als diejenigen der Richtung. Die

Windgeschwindigkeitsschwankungen werden in der Meteorologie als Böigkeit und in der Strömungsmechanik als Turbulenz bezeichnet. Die lokale Windgeschwindigkeit lässt sich als zeitlicher Mittelwert darstellen, dem die Schwankungen infolge Böigkeit – Geschwindigkeitserhöhungen bzw. -verminderungen – überlagert sind. Der zeitliche Mittelwert, die so genannte Grundwindgeschwindigkeit, wird dabei üblicherweise über 10 min gemittelt. Meteorologische Stationen bestimmen standardmäßig die Grundwindgeschwindigkeit und die Böenwindgeschwindigkeit (gemittelt über ca. 3 s).

Informationen zu örtlichen Windgeschwindigkeiten und zugehörigen Staudrücken finden sich z. B. in den nationalen und internationalen Windlastnormen. Für den Bereich der Bundesrepublik Deutschland ist dies die DIN 1055-4:2005-03. Tabelle II 4.5.1-1, dieser Norm entnommen, gibt eine Aufstellung der Gleichungen zur Berechnung der Grund- und Böenwindgeschwindigkeiten und der jeweils zugehörigen Windstaudrücke für die vier in Tabelle II 4.5.1-2 definierten Oberflächenrauigkeiten. Ferner ist zu beachten, dass die Bundesrepublik Deutschland in 4 Windzonen mit unterschiedlichen Referenzwindgeschwindigkeiten (gemessen in 10 m Höhe) eingeteilt ist (siehe Bild II 4.5.1-3).

Tabelle II 4.5.1-1: Profile der mittleren Windgeschwindigkeit, der Turbulenzintensität, des Böengeschwindigkeitsdrucks und der Böengeschwindigkeit in ebenem Gelände für 4 Geländekategorien (entnommen DIN 1055-4:2005-03)

Geländekategorie	**I**	**II**	**III**	**IV**
Mindesthöhe z_{min}	2,00 m	4,00 m	8,00 m	16,00 m
Mittlere Windgeschwindigkeit v_m für $z > z_{min}$	$1{,}18 \cdot v_{ref} (z/10)^{0{,}12}$	$1{,}00 \cdot v_{ref} (z/10)^{0{,}16}$	$0{,}77 \cdot v_{ref} (z/10)^{0{,}22}$	$0{,}56 \cdot v_{ref} (z/10)^{0{,}30}$
v_m / v_{ref} für $z < z_{min}$	0,97	0,86	0,73	0,64
Turbulenzintensität I_v für $z > z_{min}$	$0{,}14 \cdot (z/10)^{-0{,}12}$	$0{,}19 \cdot (z/10)^{-0{,}16}$	$0{,}28 \cdot (z/10)^{-0{,}22}$	$0{,}43 \cdot (z/10)^{-0{,}30}$
I_v für $z < z_{min}$	0,20	0,22	0,29	0,37
Böengeschwindigkeitsdruck q für $z > z_{min}$	$2{,}6 \cdot q_{ref} (z/10)^{0{,}19}$	$2{,}1 \cdot q_{ref} (z/10)^{0{,}24}$	$1{,}6 \cdot q_{ref} (z/10)^{0{,}31}$	$1{,}1 \cdot q_{ref} (z/10)^{0{,}40}$
q / q_{ref} für $z < z_{min}$	1,9	1,7	1,5	1,3
Böengeschwindigkeit v für $z > z_{min}$	$1{,}61 \cdot v_{ref} (z/10)^{0{,}095}$	$1{,}45 \cdot v_{ref} (z/10)^{0{,}120}$	$1{,}27 \cdot v_{ref} (z/10)^{0{,}155}$	$1{,}05 \cdot v_{ref} (z/10)^{0{,}200}$
v / v_{ref} für $z < z_{min}$	1,38	1,30	1,23	1,15

Tabelle II 4.5.1-2: Geländekategorien (entnommen DIN 1055-4:2005-03)

Geländekategorie I Offene See; Seen mit mindestens 5 km freier Fläche in Windrichtung; glattes, flaches Land ohne Hindernisse z_0 = 0,01 m	
Geländekategorie II Gelände mit Hecken, einzelnen Gehöften, Häusern oder Bäumen, z. B. landwirtschaftliches Gebiet z_0 = 0,05 m	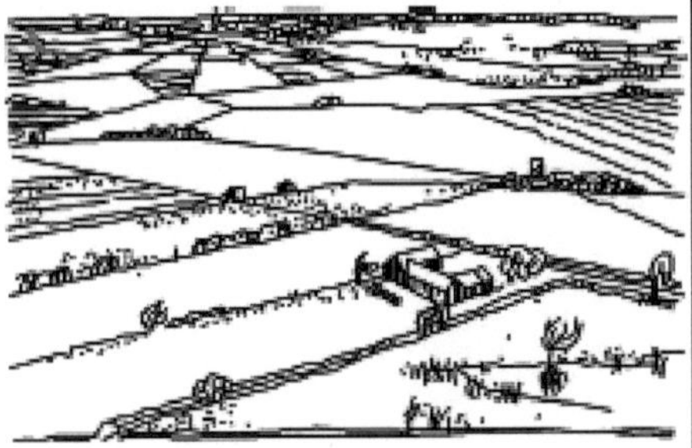
Geländekategorie III Vorstädte, Industrie- oder Gewerbegebiete; Wälder z_0 = 0,30 m	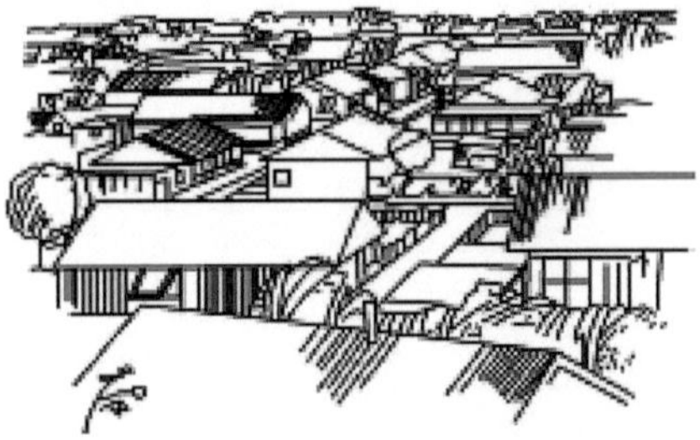
Geländekategorie IV Stadtgebiete, bei denen mindestens 15 % der Fläche mit Gebäuden bebaut sind, deren mittlere Höhe 15 m überschreitet z_0 = 1,00 m	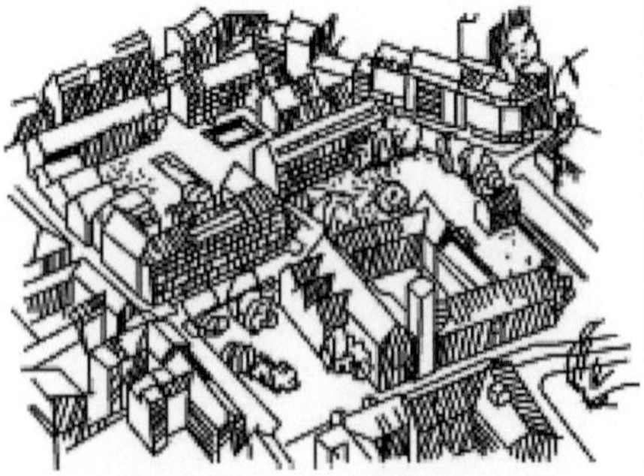

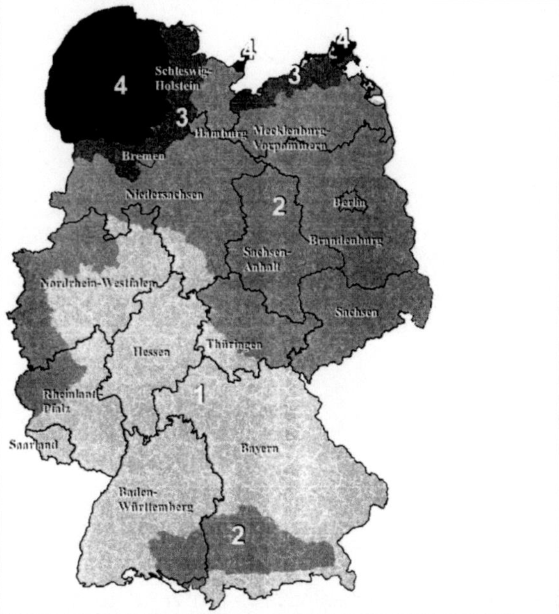

Windzone	v_{ref}	q_{ref}
WZ 1	22,5 m/s	0,32 kN/m²
WZ 2	25,0 m/s	0,39 kN/m²
WZ 3	27,5 m/s	0,47 kN/m²
WZ 4	30,0 m/s	0,56 kN/m²

Bild II 4.5.1-3: Windzonenkarte für das Gebiet der Bundesrepublik Deutschland (entnommen DIN 1055-4:2005-03)

4.5.2 Windverdrängung und Winddruckverteilung

Das windbedingte Strömungsfeld und somit auch das Winddruckfeld an einem Gebäude werden durch dessen Verdrängungswirkung bestimmt. Sie ist abhängig von der Größe und Form des Gebäudes. Bild II 4.5.2-1 zeigt schematisch das Strömungsfeld für ein scheibenförmiges Hochhaus, das parallel bzw. senkrecht zur Hauptachse angeströmt wird, sowie für ein turmartiges Hochhaus. Der Überdruck auf der dem Wind zugewandten Luvseite ergibt sich durch den Aufstaueffekt des Windes. Das dortige Druckfeld wird nur wenig von den relativen Gebäudeabmessungen beeinflusst. Der Nachlauf und der hierdurch bedingte Unterdruck auf der im Sog liegenden Leeseite werden dagegen wesentlich durch die Verdrängungswirkung des Hauses beeinflusst. Eine große Verdrängungswirkung (quer angeströmtes scheibenartiges Hochhaus) ergibt einen ausgeprägten und ausgedehnten Nachlauf mit großem Unterdruck, stromab von parallel angeströmten Scheibenhochhäusern schließt sich der Nachlauf dagegen sehr rasch (geringer Unterdruck). Wegen der eher zweidimensionalen Umströmung von turmartigen Hochhäusern schließt sich der Strömungsnachlauf im Leebereich hier in einem ebenfalls vergleichsweise geringen Abstand. Stromab des geschlossenen Nachlaufs ist die Störung des Windes durch das umströmte Hochhaus weitgehend abgeklungen.

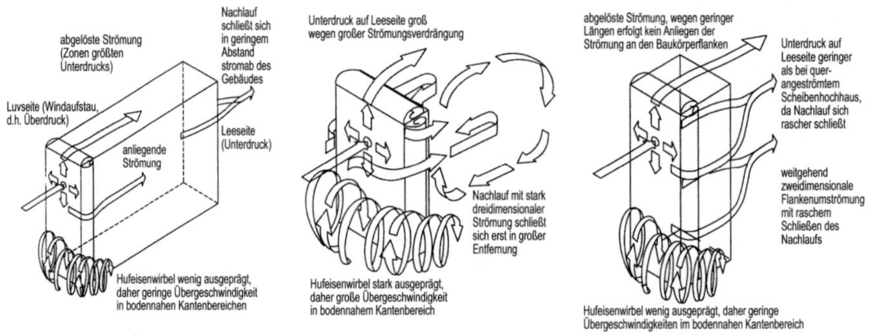

Scheibenhochbau, Windströmung parallel zur Längsachse (geringe Luvseitenbreite führt zu geringer Luftverdrängung)

Scheibenhochbau, Windströmung senkrecht zur Längsachse (große Luvseitenbreite führt zu großer Luftverdrängung)

Turmhochhaus

Bild II 4.5.2-1: Schematische Darstellung der Umströmung von Hochhäusern

Die in Bild II 4.5.2-1 dargestellten Strömungsverläufe sind in ähnlicher Art auch bei der Umströmung niedriger Gebäude zu erwarten. Dagegen ergibt sich ein völlig anderes Strömungsfeld bei der Übereck-Anströmung von quaderförmigen Baukörpern, insbesondere, wenn deren Höhe die gleiche Größenordnung besitzt wie deren laterale Erstreckung. Hier ergibt sich auf der Dachfläche ein Strömungsfeld, das ähnlich der Strömung auf der Oberseite eines Deltaflügels ist (siehe Bild II 4.5.2-2). Sowohl auf dem Flachdach als auch auf der Oberseite eines Deltaflügels ergeben sich Wirbelkegel, die von der Anströmecke ausgehen und zu großen Geschwindigkeitserhöhungen und somit zu großen Unterdrücken führen. Flachdächer sind folglich die Bauwerksaußenflächen, auf denen großflächig der höchste Windsog einwirkt.

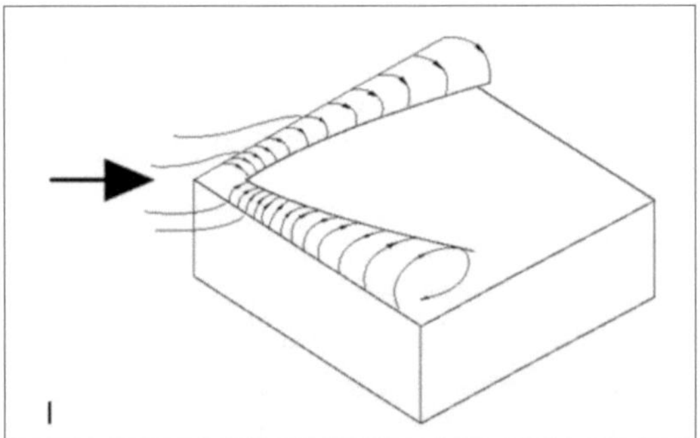

Bild II 4.5.2-2: Schematische Darstellung der Deltaflügel-Wirbel auf einem Flachdach bei Übereck-Anströmung

Bei **M**aschinellen **R**auch- und **W**ärmeabzugs**a**nlagen (MRWA) wird in der einschlägigen Normenreihe DIN 18232 und DIN EN 12101 der Windeinfluss nicht und bei **N**atürlichen **R**auch- und **W**ärmeabzugs**a**nlagen (NRWA) nur bei der Geräteprüfung berücksichtigt. Für **N**atürliche **R**auch- und **W**ärmeabzugs**g**eräte (NRWG) wird nach DIN EN 12101-2 die aerodynamische Wirksamkeit ohne und mit Seitenwindeinfluss bestimmt. Dies gilt jedoch nur für NRWG, die in Dachflächen - Neigungswinkel der Gebäudefläche zur Horizontalen mindestens 60° - eingebaut werden sollen. Für Seitenwand-NRWG ist die Prüfung mit Seitenwind nicht vorgeschrieben, obwohl es auch hier bei Überströmen der NRWG durch Wind durchaus zu einer negativen Wirksamkeit, d. h. zum Eintritt von Außenluft in die Rauchgasschicht, kommen kann. Ferner sehen die Regelwerke keine Überprüfung vor, ob durch Windwirkung die Zuluftgeschwindigkeiten soweit erhöht werden, dass sich eine intensive Raumströmung im Gebäudeinnern einstellt, die die Raucharmheit der Flucht- und Rettungswege gefährdet. Für Sonderbauten sollte der Windeinfluss **immer** überprüft werden.

4.6 Druckbelüftungen von Sicherheitstreppenräumen und Vorräumen von Feuerwehraufzügen

4.6.1 Anforderungen in Regelwerken

Für innen liegende Treppenräume von Hochhäusern werden nach der Hochhausrichtlinie Druckbelüftungsanlagen gefordert, damit diese im Bandfall sicher benutzt werden können. Neu sind solche Anlagen nicht. Sie wurden auch bereits in den 1970er- und 1980er-Jahren eingesetzt. Die Anforderungen an sie wurden in den vergangenen Jahren sehr kontrovers diskutiert. Diese Diskussion hat sich weitgehend beruhigt, ist jedoch nicht zum Erliegen gekommen. In Fachkreisen wurde erwähnt, dass mit der Veröffentlichung und Einführung der EN 12101-6:2005-03 nun endgültig Klarheit herrschen würde und eine Grundlage bestünde, Anlagen eindeutig zu beschreiben und detailliert auslegen zu können. Durch eine CE-Kennzeichnung sollten die Anlagen europaweite Anerkennung finden. Leider hat diese harmonisierte Norm nicht die Erwartungen erfüllen können. Trotzdem ist sie in weiterführende Normen und Richtlinien europäischer Staaten eingeflossen.

In **EN 12101-6:2005-09 »Festlegungen für Differenzdrucksysteme - Bausätze«** werden Druckbelüftungs- und Druckentlüftungssysteme für beliebige Gebäude behandelt. Es werden Systemklassen für unterschiedliche Druckbelüftungsanlagen genannt, die für alle Gebäudearten gelten (Anmerkung des Autors: also auch Gebäude großer Höhe). Die physikalischen Besonderheiten einiger Einflussfaktoren werden im Einleitungsteil der Norm informativ behandelt. So wird darauf hingewiesen, dass »der Rauch im Brandfall einem Strömungsmuster folgt, das sich aus den folgenden Hauptantriebskräften bildet«:

- Auftrieb durch heiße Gase im Brandgeschoss
- thermische Ausdehnung von heißen Gasen im Brandbereich
- Schornsteinwirkung im gesamten Gebäude
- Winddruckkräfte und
- Druckkräfte, bedingt durch Lüftungs- und Klimaanlagen.

Diese »Hauptantriebskräfte« werden ansatzweise erläutert, jedoch im gesamten weiteren Normenwerk unberücksichtigt gelassen. Druckverteilungen werden nur innerhalb horizontaler Ebenen behandelt, deren Vorgaben und Berechnungsverfahren jedoch die vertikalen Druckunterschiede über die Gebäudehöhe vollständig vernachlässigen. Drücke in Treppenräumen und Fahrschächten werden über der Höhe als konstant angesehen und durchströmungsbedingte Druckverluste bleiben vollkommen unberücksichtigt.

Es wird in sechs Systemklassen mit den angegebenen Randbedingungen unterschieden:

System A: Mindestens 50 Pa zwischen Treppenraum und Brandgeschoss bei geschlossenen Türen; 0,75 m/s Strömungsgeschwindigkeit in das Brandgeschoss

System B: Mindestens 50 Pa zwischen Treppenraum und Brandgeschoss bei geschlossenen Türen; 2 m/s Strömungsgeschwindigkeit in das Brandgeschoss bei offener Ausgangstür

System C: Mindestens 50 Pa zwischen Treppenraum und Brandgeschoss bei geschlossenen Türen; 0,75 m/s Strömungsgeschwindigkeit in das Brandgeschoss; mindestens 10 Pa an der Treppenraumtür zum Brandgeschoss bei offener Ausgangstür

System D: Mindestens 50 Pa zwischen Treppenraum und Brandgeschoss bei geschlossenen Türen; 0,75 m/s Strömungsgeschwindigkeit in das Brandgeschoss bei offener Ausgangstür; 10 Pa an der Treppenraumtür zum Brandgeschoss bei offener Ausgangstür und einer offenen Treppenraumtür in ein angrenzendes Geschoss

System E: Mindestens 50 Pa zwischen Treppenraum und Brandgeschoss bei geschlossenen Türen; 0,75 m/s Strömungsgeschwindigkeit in das Brandgeschoss bei offener Ausgangstür und einer weiteren offenen Treppenraumtür; 10 Pa an der Treppenraumtür zum Brandgeschoss bei offener Ausgangstür und einer weiteren offenen Treppenraumtür in ein angrenzendes Geschoss

System F: Mindestens 50 Pa zwischen Treppenraum und Brandgeschoss bei geschlossenen Türen sowie zwischen Feuerwehraufzug und Brandgeschoss; 45 Pa zwischen Vorraum und Brandgeschoss; 2 m/s Strömungsgeschwindigkeit in das Brandgeschoss bei offener Ausgangstür und einer weiteren offenen Treppenraumtür in ein angrenzendes Geschoss; 1 m/s vom Treppenvorraum in das Brandgeschoss bei geschlossener Tür zum Treppenraum

Für alle Systeme ist die Türbetätigungskraft, gemessen an der Türklinke, auf 100 N begrenzt und es wird gefordert, dass 90 % des Auslagevolumenstroms durch die Tür innerhalb von 3 s nach Öffnen oder Schließen einer Tür erreicht wird.

Ausführungsbestimmungen für die Errichtung von Gebäuden werden für den Bereich der Bundesrepublik Deutschland in **bauaufsichtlichen Regelungen** gegeben. Diese Angaben in den Landesbauordnungen bzw. Hochhausverordnungen der einzelnen Bundesländer unterscheiden sich nur geringfügig. Nach der neuen **M**uster**h**och**h**ausrichtlinie (MHHR), die bisher erst in einigen Länderbauordnungen umgesetzt wurde, sind so genannte »Spülluftanlagen«, bei denen lediglich eine Anforderung an den durch den Treppenraum zu führenden Frischluftvolumenstrom gegeben wird, nur noch für Treppenräume in Gebäuden geringer Höhe (unterhalb der Hochhausgrenze) einsetzbar. Demgegenüber dürfen die notwendigen Treppenräume in Hochhäusern nur noch als druckbelüftete Sicherheitstreppenräume mit Schleusen in allen Geschossen ausgeführt werden. In allen bauaufsichtlichen Regelungen wird für die Sicherheitstreppenräume gefordert, dass

.... ihre Benutzung durch Raucheintritt nicht gefährdet werden darf.

Für die Auslegung aller Treppenräume von Hochhäusern nach der MHHR gilt die generelle Anforderung nach einer Einströmgeschwindigkeit von der dem Sicherheitstreppenraum vorgelagerten Schleuse in den brandbetroffenen Bereich von $v_{Tür} = 2\,m/s$. Für die Vorräume der Feuerwehraufzüge wird eine Mindestströmungsgeschwindigkeit von $v_{Tür} = 0{,}75\,m/s$ gefordert. Als maximale Türbetätigungskraft gilt generell F = 100 N, gemessen an der Türklinke, während eine Mindestdruckvorgabe nicht mehr angegeben wird. Anforderungen an eine Abströmung der zugeführten Luft aus dem Geschoss im Zusammenhang mit der Druckbelüftungsanlage werden nicht gegeben. Jedoch wird die generelle Forderung erhoben, dass es möglich sein muss, jedes Geschoss entrauchen zu können. Es wird daher stillschweigend vorausgesetzt, dass die notwendigen Öffnungen auch zur Druckentlastung herangezogen werden.

Die neue Musterhochhausrichtlinie besagt, dass Druckbelüftungsanlagen so bemessen und beschaffen sein müssen, dass die Luft bei geöffneten Türen zu dem vom Brand betroffenen Geschoss auch unter **ungünstigen klimatischen Bedingungen** entgegen der Fluchtrichtung strömen muss. Was darunter zu verstehen ist, wird in der MHHR nicht erläutert. Hinsichtlich der Windgeschwindigkeit muss unter »ungünstigen klimatischen Bedingungen« sicherlich eine merklich höhere als die mittlere Jahreswindgeschwindigkeit verstanden werden.

4.6.2 Physikalische Zusammenhänge

Die für die Sicherheitstreppenräume relevanten physikalischen Zusammenhänge sind in diesem Kapitel nochmals zusammengefasst. Die hier verwendeten Gleichungen entsprechen den bereits in Kapitel 1.3 genannten Gleichungen. Alle hier genannten physikalischen Einflussgrößen treten gleichzeitig auf, was die genaue Berechnung der Druckverhältnisse innerhalb der Treppenräume stark erschwert.

Aerostatische Druckverteilung

Die Lufttemperatur im Treppenraum nimmt nach oben geringfügig zu. Die dortige Luftsäule steht über Leckagen zwischen Treppenraum und Fassade unmittelbar oder mittelbar mit der Atmosphäre, deren Temperatur im Allgemeinen nicht gleich der Lufttemperatur im Treppenraum ist, in Verbindung. Infolge der unterschiedlichen Temperaturen kommt es wegen des Dichteunterschiedes der Luft im Inneren gegenüber der Atmosphäre zu einer statischen Druckdifferenz, die mittels der aerostatischen Grundgleichung berechnet werden kann:

$$\Delta p_{therm} = (\rho_{TR} - \rho_0) \cdot g \cdot h_{TR} \qquad \text{(II4.6.2-1)}$$

mit ρ_0 = Dichte der Atmosphärenluft, ρ_{TR} = Dichte der Treppenraumluft, g = Erdbeschleunigung und h_{TR} = Höhe des - nicht horizontal unterteilten - Treppenraumes. Bild II 4.6.2-1 zeigt beispielhaft die thermisch bedingte aerostatische Druckverteilung in einem 100 m und einem 20 m hohen Treppenraum für eine extreme Wintersituation - Außentemperatur - 12 °C - und einen extremen Sommerfall - Atmosphärentemperatur + 35 °C - bei einer angenommenen Lufttemperatur im Treppenraum von + 24 °C.

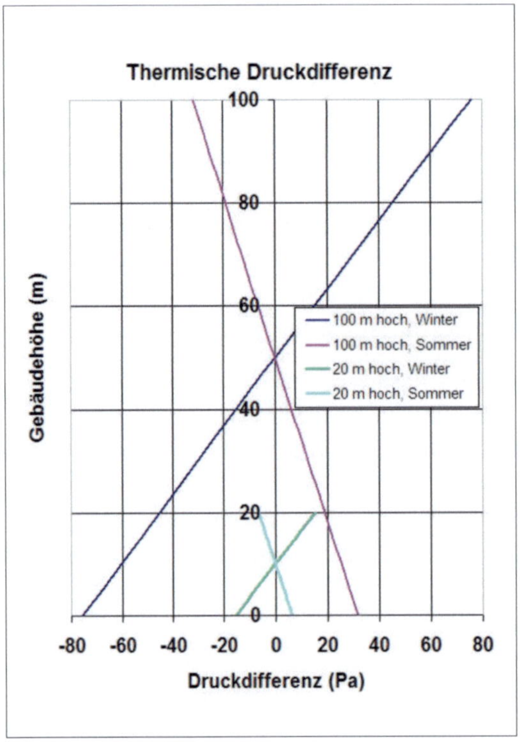

Bild II 4.6.2-1: Thermische Druckdifferenz in einem 100 m hohen und einem 20 m hohen Treppenraum (t_i = + 24 °C) im Winter (t_a = - 12 °C) und Sommer (t_a = + 35 °C) gegenüber Atmosphäre bei gleichverteilter Leckage

Nimmt man an, dass die geringen Undichtigkeiten des Gebäudes über die gesamte Gebäudehöhe gleich verteilt sind, ergibt sich der Nulldurchgang des Druckes in halber Gebäudehöhe. Nach Gleichung (II 4.6.2-1) beträgt die maximale Druckdifferenz (außen/innen) Δp_{therm} = 150 Pa (Winterfall) bzw. -62 Pa (Sommerfall) zwischen Gebäudekopf und Gebäudefuß. Im Winter wirkt der Druck in den unteren Geschossen von außen nach innen (es findet also ein Kaltlufteintritt im Erdgeschoss statt), im Sommer von innen nach außen (kalte Luft strömt ab).

Der theoretisch zu erwartende aerostatische Druckverlauf in Treppenräumen von Hochhäusern wurde unter anderem an einem 38-geschossigen, noch nicht in Betrieb befindlichen Gebäude überprüft. Mittels eines hochpräzisen Barometers wurden der

Außendruck und der Treppenraumdruck in jedem 7. Geschoss gemessen. Ferner wurden die Außentemperatur und die Treppenraumtemperatur bestimmt. Bild II 4.6.2-2 zeigt die Messergebnisse und die mit Gleichung (II 4.6.2-1) bestimmte aerostatische Druckdifferenz zwischen Treppenraum und Atmosphäre. Die Abweichung zwischen theoretischen und gemessenen Werten im Dachbereich ist auf eine windbedingte Druckabsenkung am Gebäudedach zurückzuführen.

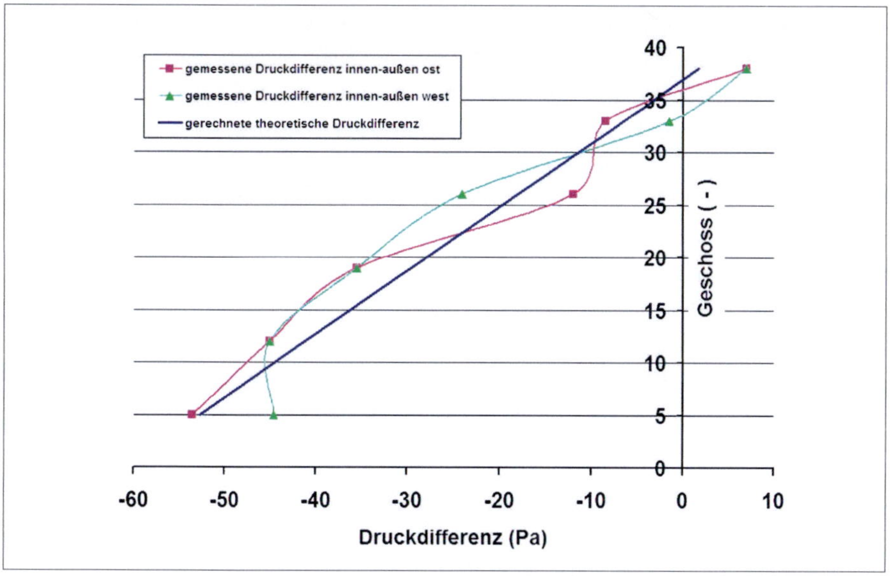

Bild II 4.6.2-2: Gemessene und mittels Gleichung (II 4.6.2-1)) berechnete Druckdifferenz zwischen Treppenraum und Atmosphäre für ein 38-geschossiges Gebäude (Außentemperatur im Dachbereich $\vartheta = 8\,°C$) – die Abweichung im Dachbereich resultiert aus einer windbedingten Druckabsenkung am Dachanschluss

Die Ebene des Druck-Nulldurchganges ($\Delta p = 0$) hängt von der Verteilung der Durchlässigkeiten der äußeren Gebäudewände und der inneren Unterteilungen ab. Sie stellt sich nicht automatisch in halber Gebäudehöhe ein, wie Bild II 4.6.2-1 vermuten lässt. Wird z. B. in einem Geschoss durch Öffnen von Fenstern und Zwischentüren eine direkte Verbindung zwischen Treppenraum und Atmosphäre ohne große Strömungswiderstände geschaffen, so verschiebt sich die neutrale Ebene zu diesem Geschoss hin. Aufgrund der tatsächlichen, zum Zeitpunkt der Betrachtung vorliegenden, Verbindungen zur Atmosphäre verschiebt sich die Kurve an einem realen Gebäude ständig und es kann die volle Druckdifferenz auch an einer Tür wirksam werden.

Windbedingte Gebäudeumströmung

Bei den bisherigen Überlegungen – sowie in manchen älteren Literaturstellen – werden keine weiteren Einflüsse, z. B. durch Windwirkung, berücksichtigt. Diese Betrachtung wäre richtig, wenn die gesamte Gebäudehülle, d. h. alle Außenwände und Dachflächen, luftundurchlässig wären und der Treppenraum weder durch eine Ausgangstür noch durch eine Druckentlastungsklappe mit der Atmosphäre verbunden wäre. Nur für diesen Idealfall, der jedoch ohne baupraktischen Belang ist, ergibt sich nämlich im Innern des Gebäudes eine nur aerostatisch bedingte Druckverteilung entsprechend dem über die Höhe gemittelten Atmosphärendruck. Ist jedoch die äußere Druckverteilung an den Gebäudeaußenwänden infolge barometrischer Druckänderung und infolge Winddruckwirkung an den Innenraum »angekoppelt«, so ist der vertikalen Änderung der Druckdifferenz zwischen Treppenraum und den benachbarten Gebäudebereichen die horizontale Druckänderung, z. B. zwischen Luv- und Leeseite infolge Windeinwirkung, zu überlagern. Dies führt zu äußerst komplexen Druckfeldern im Innern des Gebäudes, die außer von der Thermikwirkung von der Form des Gebäudes, der Durchlässigkeit der Fassade und Türen, der Kombination offener bzw. geschlossener Türen und den Windverhältnissen abhängen. Für eine mittlere Windgeschwindigkeit von 10 m/s entsprechend 5 Beaufort, die in weiten Bereichen Deutschlands nur noch an weniger als ca. 2 % des Jahreszeitraumes überschritten wird, ist in Bild II 4.6.2-3 eine äußere Druckverteilung für ein 100 m (und 20 m) hohes Gebäude auf Basis der Angaben in DIN 1055-4:2005-03 und EN 1991-1-4 dargestellt.

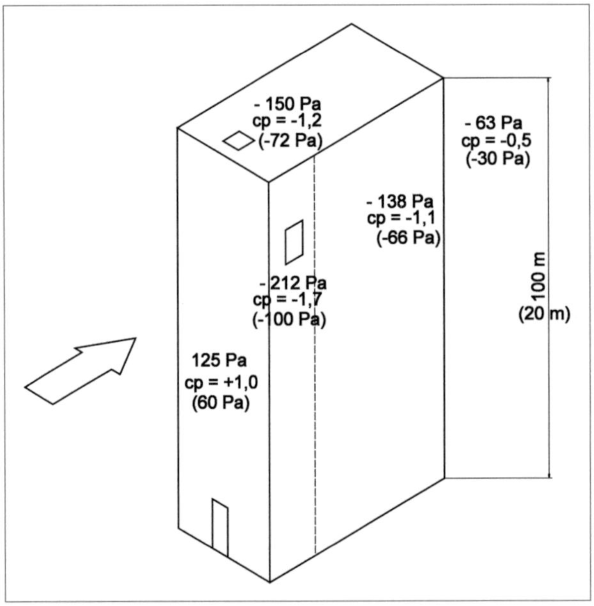

Bild II 4.6.2-3: Typische, windbedingte Druckverteilung an einem 100 m (und einem 20 m hohen) Gebäude – nach Regelprofil Binnenland

Die Windgeschwindigkeit ist dabei über 10 min gemittelt. Mittels des üblichen Potenzgesetzes und einem Windprofilexponenten $\alpha_p = 0{,}16$ für diese Höhe ergibt sich daraus für den Mittelwert der 10-min-Windgeschwindigkeit in 100 m Höhe

$$\bar{u}_{M,100} = \bar{u}_{M,10} \cdot (100/10)^{\alpha_p} = 14{,}5 \text{ m/s}. \qquad \text{(II4.6.2-2)}$$

Dies entspricht einem Windstaudruck q = 125 Pa. Angegeben sind die nach DIN 1055-4:2005-03 und EN 1991-1-4 bestimmten dimensionslosen Druckbeiwerte c_p und die statischen Drücke, bezogen auf den statischen Druck der ungestörten Anströmung. Bereits ohne Druckbelüftungsanlage beträgt die windbedingte Druckdifferenz demnach zwischen einer dem Wind zugewandten Ausgangstür und einer auf dem Dach liegenden Druckentlastungsklappe Δ_{pWind} = 275 Pa und bei einem 20 m hohen Gebäude immer noch Δ_{pWind} = 132 Pa!!! Ist bei einem Brandfall ein in $^3/_4$ Gebäudehöhe im Randbereich der Seitenwand liegendes Fenster, z. B. das des Brandraumes, geöffnet, so wird in diesem Raum die windbedingte Druckdifferenz - bezogen auf den Atmosphärendruck in dieser Höhe - Δ_{pWind} = −212 Pa aufgeprägt. Sind die Eingangstür und die Druckentlastungsklappe offen (eine selbsttätig regelnde Klappe öffnet automatisch, da die Druckdifferenz zwischen Treppenraum und Gebäudekopf > 50 Pa ist), so beträgt die Druckdifferenz zwischen dem Treppenraum und dem brandbetroffenen Raum Δ_{pWind} = 130 Pa. Für ein Gebäude mit gleichem Grundriss, jedoch einer Höhe von nur 20 m, sind die Druckwerte in Klammern angegeben. Die windbedingte Druckdifferenz ist mit der thermischen und barometrischen Druckänderung mit der Höhe zu überlagern. Für den oben dargestellten Winterfall (Überdruck im Treppenraum) werden bei luvseitiger Anbindung des Treppenraumes an die Atmosphäre die Überdrücke im Treppenraum also noch deutlich vergrößert. Bereits bei der hier dargestellten Windgeschwindigkeit in Höhe des 30. Geschosses $\bar{u}_{100}$ = 14,5 m/s, entsprechend einer Windgeschwindigkeit in 10 m Höhe $\bar{u}_{10}$ = 10 m/s, ist der windbedingte Überdruck etwa gleich dem Überdruck infolge Thermikwirkung und barometrischer Druckänderung. Man erkennt, dass die Auslegung von Maßnahmen zur Einschränkung der Druckdifferenzen zwischen Treppenraum und Atmosphäre allein unter Berücksichtigung der Thermikwirkung nicht ausreichend ist.

Die obigen Betrachtungen können als obere und untere Einhüllende der tatsächlichen Windwirkung aufgefasst werden. Sie gelten für den Fall, dass die Gebäudewände, mit Ausnahme des einzelnen, betrachteten Fensters, winddicht sind. Werden an mehr als einer Gebäudewand Fenster geöffnet, so ergeben sich im betrachteten Geschoss Druckverteilungen, welche von der Öffnung der Büro- und Flurtüren zwischen den geöffneten Fenstern abhängen.

Druckverteilung im Treppenraum bei Durchströmung

Die Druckverteilung im Treppenraum wird außer durch die aerostatischen Druckdifferenzen auch durch die Druckverluste beim Durchströmen des Treppenraumes beeinflusst. Im Rahmen einer Grundsatzstudie wurden für zwei typische Treppenraumformen von ausgeführten Hochhäusern mit Treppenraumauge und Wandscheibe, bei denen die Breiten des Auges und der Wandscheibe variiert wurden, die Druckverluste experimentell an Modellen (Maßstab M = 1:10) bestimmt. Wesentlich für die Druckverluste sind die Strömungsablösungen an den Kanten der Treppenläufe im Bereich des Treppenauges. Hier handelt es sich um ablösebedingte Druckverluste, die nicht oder nur geringfügig von der Reynolds-Zahl abhängig sind. Für die beiden Treppenräume ergaben sich, abhängig von der Breite des Auges bzw. der Dicke der Wandscheibe, die folgenden Druckverlustbeiwerte:

- Treppenraum 1: ζ = 25–95
- Treppenraum 2: ζ = 56–150

Die Druckverlustbeiwerte wurden dabei auf die Grundfläche des Treppenraumes und den durchgesetzten Volumenstrom bezogen:

$$\zeta = \frac{\Delta p_v}{\frac{\rho}{2} \cdot \overline{v}^2} = \frac{\Delta p_v}{\frac{\rho}{2} \cdot \frac{\dot{V}^2}{A_{TR}^2}} \qquad \text{(II4.6.2-3)}$$

Der große Unterschied in den Messwerten der beiden Treppenräume ist auf die unterschiedliche Durchströmung im Bereich des Treppenraumauges zurückzuführen. Der Druckverlauf im Treppenraum ergibt sich aus einer Überlagerung der aerostatischen Druckverteilung, dem Druckverlust aufgrund der Durchströmung und der Leckagen zu den angeschlossenen Geschossen. Weiterhin hängt er davon ab, in welchem Geschoss die Schleuse zum Treppenraum zur Entfluchtung des Geschosses geöffnet ist, ob Eingangstür und/oder Druckregelklappe offen sind und welcher Volumenstrom vom Treppenraum in das Brandgeschoss abströmt.

Druckdifferenz in der Rauchschicht

Um zu verhindern, dass Rauchgase von einem an einen zu schützenden Bereich angrenzenden verrauchten Bereich in den zu schützenden Bereich einströmen, muss Frischluft von diesem zu schützenden Raum in den verrauchten Bereich einströmen. Der Einströmvorgang ist vergleichbar mit der Durchströmung einer Engstelle in einem Kanalnetz, z. B. einer Blende. Der Volumenstrom ist abhängig von der Druckdifferenz Δp über dieser Engstelle, der Öffnungsfläche A, der Dichte des durchströmenden Fluides ρ und den geometrischen Randbedingungen. Diese werden im Allgemeinen durch den Durchflussbeiwert α, im angelsächsischen Sprachraum auch oft als c_D bezeichnet, erfasst:

$$\dot{V} = \alpha \cdot A \cdot \sqrt{\frac{2 \cdot \Delta p}{\rho_{Tr}}} \qquad \text{(II4.6.2-4)}$$

Im vorliegenden Fall ist die Druckdifferenz thermisch-, d. h. temperaturbedingt und entsteht durch die Dichtedifferenz zwischen der Rauchschicht auf der verrauchten Seite und der Frischluft auf z. B. der Treppenraumseite einer Tür zum Brandbereich. Geht man näherungsweise von einem konstanten statischen Druck über die gesamte Raumhöhe auf der Treppenraumseite aus, so beträgt die thermisch bedingte Druckdifferenz

$$\Delta p_{therm} = \rho_{Tr} \cdot g \cdot \left(1 - \frac{T_{Tr}}{T_{RG}}\right) \cdot h \qquad \text{(II4.6.2-5)}$$

mit T_{RG} = Rauchgastemperatur, g = Erdbeschleunigung und h = Türhöhe.

Setzt man Gleichung (II 4.6.2-5) in Gleichung (II 4.6.2-4) ein, so erhält man bei einer über die Türhöhe h linear ansteigenden Druckdifferenz mit der Türbreite b den Volumenstrom, der erforderlich ist, die Rauchgasschicht gerade nicht in den Treppenraum eintreten zu lassen:

$$\dot{V} = \alpha \cdot \frac{2}{3} b \cdot h^{3/2} \cdot \sqrt{2g\left(1 - \frac{T_{Tr}}{T_{RG}}\right)}. \qquad \text{(II4.6.2-6)}$$

Bei Standardtürabmessungen von b = 1 m und h = 2 m sowie einer Rauchgastemperatur von 120 °C, was etwa der Rauchgastemperatur eines gesprinklerten Brandes entspricht, ist eine Einströmgeschwindigkeit von v_{ein} = 2,10 m/s in der Türmitte erforderlich, um eine über der gesamten Raumhöhe vorhandene Rauchgasschicht an der Ausströmung durch die offene Tür zu hindern. Bild II 4.6.2-4 zeigt die sich in der Türebene einstellenden Strömungsverhältnisse ohne und mit Druckbelüftung bei einer Temperatur im verrauchten Raum von 120 °C. Abhängig von der Größe der Strömungsablösungen im Türquerschnitt, gekennzeichnet durch den Durchflussbeiwert α, ermöglicht eine mittlere Einströmgeschwindigkeit von v_{ein} = 0,75 m/s das Zurückdrängen einer Rauchgasschicht mit einer Temperatur über der gesamten Türhöhe von nur ca. 35 °C!!

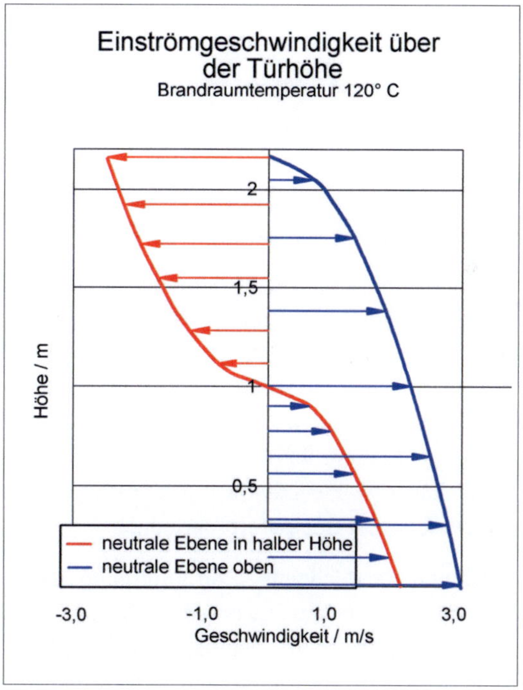

Bild II 4.6.2-4: Strömung ohne Druckbelüftung (rote Kurve) und mit Druckbelüftung (blaue Kurve) an einer Tür bei einer Brandraumtemperatur 100 °C

Kräfte aus Türdruckdifferenzen

Beim Öffnungsvorgang der Fluchttüren sind nicht nur die auf die Tür einwirkenden Kräfte aus der Druckdifferenz multipliziert mit der Türfläche zu überwinden, sondern auch die nahezu alle im Fluchtweg liegenden türeigenen Schließkräfte der selbsttätigen Türschließer. Dabei ist zu berücksichtigen, dass die Kräfte der Türschließer mit zunehmender Masse der Türen ebenfalls zunehmen. Die Betätigungskräfte an der

Türklinke F können aus der Druckdifferenz Δp, den Türabmessungen B und H, dem Abstand der Türklinke a und dem Türschließermoment nach Gleichung (II 4.6.2-7) berechnet werden. Die Zusammenhänge sind Bild II 4.6.2-5 dargestellt.

$$F = \frac{\Delta p \cdot \frac{B^2 \cdot H}{2} + M_{Türschließer}}{B - a} \qquad \text{(II4.6.2-7)}$$

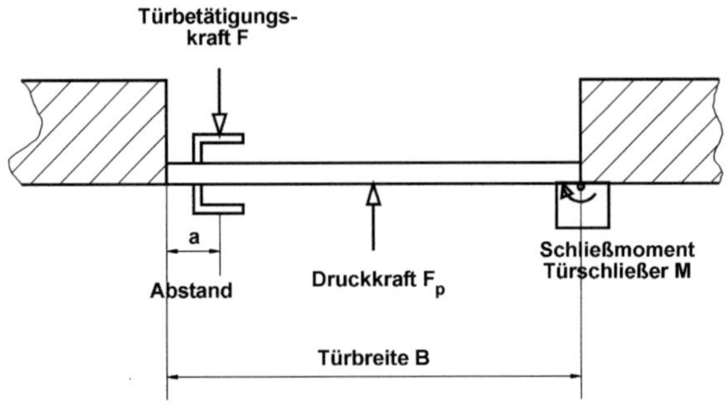

Bild II 4.6.2-5: Kräfte und Momente an einer Fluchttür

4.7 Möglichkeiten der Druckberechnungen

Die sehr komplexen Drucksituationen in hohen Gebäuden, die nicht nur geprägt werden durch die Durchströmverluste in den druckbelüfteten Treppenräumen und die Thermik im Treppenraum, sondern ebenfalls beeinflusst werden durch die äußere Druckverteilung am Gebäude, den verschiedenen Leckagen zwischen Treppenraum und Fassade und den Auswirkungen der anderen vertikalen Schachtverbindungen, können nicht mehr von Hand oder mit einfachen Excel-Modellen berechnet werden. Für diesen Zweck eignen sich am besten speziell für diesen Anwendungsfall entwickelte Vielzonen-Computerprogramme.

Die Simulationsrechnungen zur Ermittlung der globalen wind- und thermikinduzierten Gebäudedurchströmung werden am besten und umfassendsten mit Zonen-/Knoten-Modellen durchgeführt. Hierbei wird das Gebäude idealisiert als ein Netzwerk von Knoten (Zonen) und den zugehörigen Knotenverbindungen abgebildet. Ein Knoten (im Gebäudeinnern) repräsentiert ein Volumen (z. B. ein Raum oder mehrere, hinsichtlich der Luftströmung gleichartige Räume), dem eine bestimmte Temperatur, ein bestimmter Druck etc. zugeordnet werden kann. Die Knotenverbindungen (auch Verbindungen zur Gebäudeaußenseite) charakterisieren die Strömungsdurchlässe zwischen den einzelnen Knoten, z. B. Spalten, Ritzen, Fugen, Fenstern, Türen, Brandschutzklappen oder Ventilatoren. Die strömungsmechanischen Eigenschaften dieser Knotenverbindungen werden durch mathematische Gleichungen (z. B. Bernoulli-Gleichung) beschrieben. Dabei werden auch die strömungstechnischen Kennlinien der

Strömungselemente (Ventilatoren, Brandschutzklappen etc.) berücksichtigt. Die äußeren Winddruckverteilungen sowie die Lufttemperaturen werden im vorliegenden Fall als Eingangsgrößen vorgegeben.

Durch die oben skizzierte Vorgehensweise erhält man nichtlineare, gekoppelte Gleichungssysteme, die numerisch unter Berücksichtigung diverser Nebenbedingungen, z. B. Kontinuitätsgleichung (Massenerhaltung) und Energieerhaltungssatz, iterativ gelöst werden. Diese Vorgehensweise wird z. B. mit dem »Multizonen-Luftströmungsmodell« COMIS oder dem Programm CONTAM verarbeitet. Als Ergebnis der numerischen Simulationen erhält man quantitative Informationen über die zu erwartenden Luftströmungen zwischen den einzelnen Gebäudezonen und über die Druckverhältnisse in den einzelnen Zonen bzw. über die Druckdifferenzen zwischen den einzelnen Zonen. Dabei werden in der Regel einige Räume zusammengefasst, die sich strömungstechnisch weitgehend identisch verhalten. So abgebildete Gebäudemodelle können aus mehreren Hundert Zonen und über 1 000 Knoten bestehen. Diese Multizonen-Strömungsmodelle sind nicht vergleichbar mit den Zonenmodellen des Brandschutzingenieurwesens, die zur Berechnung von Rauchschichten verwendet werden.

4.8 Ausführungs- und Planungshinweise

4.8.1 Bemessungsgrundlagen

Als wichtigste Bemessungsgrundlagen sind die lichte Breite und Höhe der Fluchtwegtüren zu berücksichtigen. Dabei gilt nach deutschem Baurecht die Tür zwischen Schleuse und notwendigem Flur bzw. Nutzungseinheit als zu schützende Ebene, an der die Strömungsgeschwindigkeit oder der Volumenstrom nachzuweisen ist. Die Forderung der maximalen Türbetätigungskraft ist an allen Türen zwischen Nutzeinheit und Treppenraumausgang umzusetzen. Große, im architektonischen Sinne hochwertige Türen stellen dabei in doppeltem Maße eine Herausforderung oder gar ein Problem dar, da einerseits der Luftbedarf bei großen Türen stark ansteigt und andererseits der zulässige Überdruck aufgrund der Beschränkung der Türöffnungskraft deutlich reduziert wird. Zudem sind große Türen in der Regel schwer und die automatischen Türschließer benötigen größere Schließkräfte, die wegen der in Fluchtrichtung öffnenden Türen zusätzlich überwunden werden müssen. Dabei führt z. B. eine 1,3 m breite und 2,75 m hohe Tür zu einer maximal zulässigen Druckdifferenz von nur ca. Δp = 26 bis 28 Pa. Bei 1,5-flügeligen oder 2-flügeligen Türen wird dabei in der Regel nur der Gangflügel berücksichtigt. Bei Sicherheitsschleusen mit mehreren Zugängen werden in der Regel die Anforderungen nicht zeitgleich an beide Türen angewendet. Dies muss in der Regel jedoch mit der Genehmigungsbehörde oder/und dem abnehmenden Sachverständigen bereits im Vorfeld abgestimmt werden.

4.8.2 Systemauswahl

Bei Hochhäusern bis zu einer Höhe von 50 m können bereits aerostatische Druckdifferenzen im Winter von über 70 Pa entstehen. Da diese bereits abhängig von Winter-

oder Sommereinsatz die Druckverhältnisse maßgeblich dominieren, ist hier bereits eine aktive Kontrolle der Drücke erforderlich. Das windbedingte Gebäudedruckfeld spielt hinsichtlich der Anlagengestaltung (Ventilatorkennlinie, Lage der Zu- und Abströmöffnungen) und Art der Druckreglung mit zunehmender Gebäudehöhe ebenfalls eine zunehmende Rolle.

Bei Hochhäusern mit Höhen über 60 m hängt die sich im Gebäude einstellende Druckverteilung bereits deutlich vom Gebäudekonzept ab. Die Drucksituation im Gebäude wird neben den physikalischen Effekten im und um den Treppenraum deutlich vom Gebäudeaufbau und dem Gebäudekonzept geprägt. So muss bei der Konzeption der Druckbelüftungsanlage neben der Auslegung des Volumenstromes nach Formel (1) bereits mitbetrachtet werden,

- wo sich wie viele Aufzugschächte befinden
- ob diese, wie z. B. der Feuerwehraufzug oder dessen Vorraum, druckbelüftet werden
- welche Schutzziele für die Druckbelüftungen formuliert sind
- welche Leckagen die Türen, Fenster usw. aufweisen
- wie welche Fenster angesteuert werden
- etc.

Diese Eingangsgrößen (und einige mehr) bestimmen den technischen Umfang der Druckbelüftungsanlagen, damit diese die beiden grundlegenden Schutzziele

- Verhinderung von Raucheintritt in die Treppenräume und
- ungehinderten Zugang zu den Treppenräumen

erfüllen können. Es ist daher häufig erforderlich, den Volumenstrom und den Druck bzw. die Abströmung am Treppenraumkopf aktiv zu regeln. Zusätzlich können Systeme zum Druckausgleich zwischen Schleusen und Nutzungseinheiten oder zwischen Feuerwehraufzugvorraum und Nutzungseinheiten erforderlich sein. Es kann ferner notwendig sein, Zuströmöffnungen von der Lage des Brandgeschosses oder/und von geöffneten Türen abhängig zu machen.

4.8.3 Art der Abströmung

Die durch die Tür der Schleuse in den angrenzenden Flur einströmende Luft muss wieder aus dem Flur abströmen können, damit die Anforderung der Einströmgeschwindigkeit eingehalten werden kann. Die Abströmung kann grundsätzlich über die Fassade oder einen vertikalen Schacht erfolgen. Sofern die Abströmung passiv erfolgt, also ohne zusätzliche Unterstützung durch Ventilatoren, ist eine besonders druckverlustarme Ausführung erforderlich. Der notwendige Druckverlust zur Abströmung sollte mindestens 15 Pa kleiner sein, als der zulässige Maximaldruck zur Unterschreitung der zulässigen Türbetätigungskraft.

Ein Rechenbeispiel dazu:

Türabmessungen		1,2 m x 2,1 m
Minimale Schließkraft des Türschließers		35 N
Einströmgeschwindigkeit		2 m/s
Erforderlicher Volumenstrom		18 200 m^3/h
Maximale Druckdifferenz im Treppenraum	nach (II 4.6.2-7)	47 Pa
Maximaler Druckverlust der Abströmung		32 Pa
Druckverlust der Einströmung vom Treppenraum in den Flur		ca. 5 Pa
Für die Abströmung aus dem Flur stehen dann noch zur Verfügung		27 Pa

Nach Bernoulli beträgt dann die erforderliche aerodynamisch wirksame Abströmfläche

$$A_{ab\ aero} = \frac{\dot{V}}{\sqrt{\frac{2\Delta p}{\rho}}} = \frac{5{,}04}{\sqrt{\frac{2 \cdot 27}{1{,}2}}} = 0{,}75\ m^2. \qquad (II4.8.3\text{-}1)$$

Berücksichtigt man einen Durchflussbeiwert an der Fensteröffnung von $c_V = 0{,}6$, dann ist mindestens eine lichte Fensteröffnungsfläche erforderlich von

$$A_{ab\ geo} = \frac{A_{ab\ aero}}{c_V} = \frac{0{,}75}{0{,}6} = 1{,}25\ m^2. \qquad (II4.8.3\text{-}2)$$

Diese Abströmfläche sollte nach Möglichkeit auf mehrere Fassaden verteilt sein, damit sie nicht ausschließlich auf der Luvseite (der Überdruckseite) oder ausschließlich auf der Leeseite (der Unterdruckseite) des Gebäudes liegt. Dies ist bei einem Großraumbüro relativ einfach möglich. Liegen zwischen dem Flur und der Fassade jedoch Zellenbüros, so muss auch der Druckverlust der Einströmung aus dem Flur in die Büros mit berücksichtigt werden, und die erforderliche freie Fläche verdoppelt sich nahezu, die sowohl zwischen Flur und Büros und von den Büros an der Fassade geschaffen werden muss.

Es ist zu berücksichtigen, dass die Abströmungen automatisch mit Start der Druckbelüftungsanlagen geschaffen werden müssen, da sonst die Anforderung der Strömungsgeschwindigkeit in der Schleusentür nicht eingehalten werden kann.

Die Abströmung kann ebenfalls über einen vertikalen Schacht erfolgen, der innerhalb des Gebäudes zum Dach verläuft. Der Schacht selbst und seine Zuströmöffnungen (von denen nur die im Brandgeschoss geöffnet wird) müssen über eine Brandschutzqualität verfügen. Die erforderlichen Schachtquerschnitte und die Ein- und Ausströmquerschnitte werden bei passiver Abströmung wegen des mit den Querschnitten verbundenen Druckverlustes umso größer, je höher das Gebäude ist. Die Grenze der passiven Abströmung liegt etwa bei einer Gebäudehöhe von 50 m. Die Schachtmindestquerschnitte betragen dabei ca. 1,7 m^2 bis 2 m^2.

Hinweis:

Werden Entrauchungsklappen zur Schachteinströmung verwendet, müssen diese optisch verkleidet werden. Kann die Verkleidung nicht weggeklappt oder seitlich verfahren werden, muss diese permanent durchströmt werden, was einen zusätzlichen Druckverlust bedeutet.

Stehen die Querschnitte nicht in hinreichender Größe für die Schachtabströmung zur Verfügung, kann der Schacht mit einem Saugventilator versehen werden. Dieser muss jedoch zwingend auf Basis von Druckmessungen im Schacht oder besser in den einzelnen Nutzebenen geregelt werden.

4.8.4 Anzahl und Lage der Einblasstellen

Die Zuluftführung in den Treppenraum kann entweder direkt mit einem Ventilator an einer Stelle in den Treppenraum erfolgen oder über einen Zuluftschacht, von dem an mehreren Stellen die Zuluft in den Treppenraum verteilt eingebracht wird. Die DIN EN 12101-6 sieht ohne weitere Bewertung vor, die Zuluft durch einen Schacht in jedem 3. Geschoss in den Treppenraum zu führen. Bei Treppenräumen geringer Höhe (etwa bis 12 Geschosse) oder mit großen Querschnitten ist dies weder erforderlich noch hilfreich. Bei hohen Gebäuden (ab ca. 100 m) kann eine vermehrte Einströmung im unteren oder oberen Treppenraumbereich gerade wegen des zusätzlichen Durchströmdruckverlustes dazu beitragen, die thermikbedingte Drucksituation positiv zu beeinflussen. Dann ist es jedoch erforderlich, die Zuströmung vom Zuströmschacht in den Treppenraum mit ansteuerbaren Klappen auszustatten. Bei sehr hohen Gebäuden (ab ca. 150 m) kann es erforderlich werden, die Zuströmung in den Treppenraum immer in der Nähe des Brandgeschosses zu führen, um die Durchströmdruckverluste zu reduzieren.

Die Zuführung der Luft in den druckbelüfteten Feuerwehraufzugschacht kann in der Regel an einer Stelle erfolgen, da der verbleibende Restquerschnitt außerhalb der Kabine für die Durchströmung meist ausreichend ist. Wird der Vorraum des Feuerwehraufzuges über den Aufzugschacht mit Zuluft versorgt, ist zu berücksichtigen, dass zusätzlich zur Leckage der Aufzugtür eine verhältnismäßig große Überströmöffnung in den Vorraum geschaffen werden muss, die nur im Brandgeschoss öffnet. Als lichter Klappenquerschnitt sind hier ca. 0,5 m² oder mehr erforderlich.

4.8.5 Besondere Anforderungen an die Steuerungen und Regelungen

Aufgrund von an 90% des Jahreszeitraumes vorherrschenden Windbedingungen und die auf alle Gebäude zu jeder Zeit einwirkende Thermik kann die Druckregelung der Druckbelüftungsanlagen für Sicherheitstreppenräume bereits für Gebäude ab mittlerer Höhe (ca. 50 m) häufig nicht mehr zuverlässig und für Gebäude großer Höhe (ab ca. 100 m) in der Regel überhaupt nicht mehr durch barometrisch wirkende Klappen an den Treppenräumen durchgeführt werden. Teilweise können Konzepte umgesetzt werden, bei denen selbsttätige Regelklappen mit temperatur- und/oder brandlagenabhängigen Steuerungen kombiniert werden. Bei sehr hohen Gebäuden oder Gebäuden, bei denen die Anforderungen in den einzelnen Geschossen unterschiedlich sind, sind aktive Druckregelungsanlagen erforderlich, bei denen Drucksignale ausgewertet und in Klappenbetätigungen und bei höheren Gebäuden auch gegebenenfalls zusätzlich in Volumenstromregelungen umgesetzt werden müssen. Dass hier sehr komplexe Zusammenhänge in intelligente Regelungskonzepte umgesetzt werden müssen, kann den Erläuterungen der vorangegangenen Abschnitte entnommen werden. Zudem ist es erforderlich, die Regelungsvorgänge sehr rasch durchzuführen, damit nach dem Anstieg des Druckes im Treppenraum durch das Schließen der Brandgeschosstüren die Fluchttüren innerhalb einer sehr kurzen Zeit wieder ohne erhöhten Kraftaufwand betätigt werden können. In der aktuellen Fassung der DIN EN 12101-6 werden Regelzeiten von 3 s gefordert. Im Allgemeinen werden Regelzeiten zugelassen, die bis zu 5 s betragen.

Selbsttätig regelnde Klappen mit Feder-Masse-Systemen erreichen diese Zeiten ohne weiteres Zutun. Aktiv geregelte Systeme müssen über sehr schnelle Klappen verfügen. Die derzeit schnellsten Regelklappen schaffen eine beliebige 0- bis 100-%-Einstellung in ca. 1,2 s. Die Klappenbetätigungsgeschwindigkeit ist nicht mit der Regelzeit gleichzusetzen, da die Drücke gemessen, ausgewertet und die Klappen entsprechend eingestellt werden müssen und das möglicherweise in mehreren Zyklen, um den neuen Zielwert zu erreichen.

Die Art der Regelung muss auf das jeweilige Druckbelüftungskonzept und das Druckbelüftungssystem abgestimmt sein, abhängig davon, ob ein konstanter Volumenstrom in den druckbelüfteten Raum (Treppenraum oder Feuerwehraufzugschacht) eingebracht wird oder die Zuluftmenge infolge der Türbetätigungen bereits verändert wird. Im ersten Fall schließt eine Druckentlastungsklappe, die den Treppenraum mit der Atmosphäre verbindet, wenn die Türen zur Brandetage geöffnet werden und sie öffnet zur Reduzierung des Überdruckes wieder, wenn die Türen schließen. Im zweiten Fall kann mit einer Bypassklappe oder einer Klappe im Luftstrom der Volumenstrom geregelt werden. Ein Frequenzumrichter am Ventilator reicht in der Regel alleine nicht aus, wenn eine große Volumenstromänderung zur Regelung des Druckes herbeigeführt werden muss. Dies gilt auch für die Regelung der Drücke in den Abströmschächten.

5 Brandrauch

5.1 Brandverhalten brennbarer Stoffe – Brandfolgeprodukt Brandrauch

5.1.1 Einführung

Brandrauch ist eines der gefährlichsten Brandfolgeprodukte. Die meisten Brandtoten sind durch die Einwirkung von Brandrauch auf Personen zu beklagen. Die Inhaltsstoffe des Brandrauches als Folgeprodukte der Verbrennung lassen sich in Hauptprodukte, Nebenprodukte und Spurenstoffe, je nach ihrem prozentualen Gehalt unterteilen. Die Zusammensetzung des Brandrauches ändert sich stark mit der Art der brennbaren Stoffe und den vorliegenden Brandbedingungen, besonders der Sauerstoffzufuhr und der Brandtemperatur.

Umgangssprachlich wird dichter, undurchsichtiger und gegebenenfalls dunkler Rauch als **Qualm** bezeichnet. Rauch/Abgas aus Bränden nennt man auch **Brandgas**. Rauch/Abgas aus technischen Verbrennungsanlagen wird auch als **Rauchgas** bezeichnet (hierzu siehe: Abgas).

Rauch ist in der Regel ein Schadstoff für Mensch und Umwelt. Im Gegensatz zu einem unkontrollierten Feuer (Brand) findet kontrollierte Verbrennung daher normalerweise in geschlossenen Behältern (wie Maschinen, Öfen und Lampen) statt und die Rauchgase werden durch eine entsprechende Öffnung (Auspuff, Schornstein, Saugzug) kontrolliert abgeleitet.

5.1.2 Begriffe

Die **Pyrolyse** bzw. pyrolytische Zersetzung (von griechisch: pyr = Feuer, lysis = Auflösung) ist eine thermochemische Spaltung organischer Verbindungen, wobei durch hohe Temperaturen (500–900 °C) ein Bindungsbruch innerhalb großer Moleküle in kleinere erzwungen wird. Im Gegensatz zur Vergasung und zur Verbrennung geschieht dies ausschließlich unter der Einwirkung von Wärme und ohne zusätzlich zugeführten Sauerstoff, das Verbrennungsluftverhältnis ist $\lambda = 0$. Ältere Bezeichnungen für die Pyrolyse sind »Brenzen, trockene Destillation oder Entgasung«. Beim Brandverhalten von Holz bezeichnet man als Pyrolyse auch den Zeitpunkt, an dem die oberste Holzschicht langsam verkohlt und somit für den Restquerschnitt eine wärmedämmende Schutzschicht bildet. Im so genannten Temperaturbrandzeit-Kurvendiagramm geschieht die Pyrolyse in Phase 1 (Zündung) bei Temperaturen zwischen 100 und 200 °C.

Brandrauch ist nach DIN 50060 definiert als sichtbare Suspension fester oder flüssiger Partikel in Luft (Aerosol), die durch Verbrennung oder Pyrolyse entsteht.

Eine weiter gefasste Definition ist: Gemisch aus Verbrennungsgasen und Luft mit festen und flüssigen Bestandteilen

Asche ist der nicht brennbare Rückstand des Brandgutes. Asche ist durch folgende Eigenschaften gekennzeichnet:

- die großen Oberflächen in den porösen Aschen besitzen absorptive Eigenschaften
- an ihnen können sich viele Stoffe (Aromaten, Chloraromaten, Kondensationsprodukte) ablagern
- absorbierte Verbindungen bleiben über längere Zeiträume gebunden und sind daher nur in begrenztem Maß bioverfügbar
- Aschen sind teilweise löslich in Wasser.

Schlacken sind geschmolzene und nachträglich erstarrte nicht brennbare Anteile. Sie können Einschlüsse unverbrannter und zersetzter Produkte enthalten. Dabei können nahezu alle denkbaren Verbindungen, einschließlich Gase oder leichtflüchtige Produkte, eingeschlossen werden.

5.1.3 Brennbare Stoffe

Brennbare Stoffe lassen sich nach verschiedenen Kriterien unterteilen.

Die zwei wichtigsten Unterteilungsmöglichkeiten sind:

- organische Stoffe
- anorganische Stoffe.

Diese Unterteilung ist historisch bedingt (Berzelius 1806, Wöhler 1824). Wöhler erkannte, dass anorganische und organische Stoffe den gleichen Gesetzmäßigkeiten unterliegen und sich lediglich in ihrer Zusammensetzung unterscheiden:

- alle Verbindungen, die Kohlenstoff enthalten, gehören zur organischen Chemie
- alle anderen Verbindungen, die keinen Kohlenstoff enthalten, werden der anorganischen Chemie zugerechnet.

Brennbare organische Stoffe

Kohlenwasserstoffe treten in unterschiedlichen Verbindungsformen auf. **Ringkohlenwasserstoff**-Verbindungen enthalten im Namen die Vorsilbe **Cyclo.**

Beispiele:

- Cyclopentan (C_2H_{10})
- Cyclohexan (C_6H_{12})
- Cyclooctan (C_8H_{16}).

Ein Beispiel für **Kettenkohlenwasserstoffe** sind Alkane. Sie unterhalten nur Einfachbindungen.

Beispiele:

- Methan (CH_4)
- Ethan (C_2H_6)

- Propan (C_3H_8)
- Hexan (C_6H_{14}).

Alkene sind Kettenkohlenwasserstoffe, die Doppelbindungen unterhalten.

Beispiele:

- Ethen (C_2H_4)
- Propen (C_3H_8)
- Hexen (C_6H_{12}).

Alkine sind Kettenkohlenwasserstoffe, die Dreifachbindungen unterhalten.

Beispiele:

- Ethin (Acetylen) (C_2H_2)
- Propin (C_3H_4)
- Hexin (C_6H_{10}).

Die Bezeichnung **aromatische Kohlenwasserstoffe** oder Aromaten ist historisch bedingt (aromatische Geruch-Aromastoffe). Die Gleichverteilung von drei Doppelbindungen macht den aromatischen Charakter aus und bedingt das besondere chemische Verhalten der Aromaten. Der bekannteste Vertreter ist das Benzol.

Bei der thermischen Zersetzung (Aufbereitung) entstehen u.a. niedermolekulare kondensierte Systeme, wie das 3,4-Benzypren, die die krebserzeugende Wirkung des Brandrauches mit verursachen und neben anderen Stoffen auch für die Schädlichkeit des Tabakrauches verantwortlich sind.

Fast alle anderen organischen Verbindungen lassen sich von den Kohlenwasserstoffen ableiten, indem andere Atome oder Atomgruppen in das Molekül eingebaut werden. Diese ersetzen (substituieren) eine ihrer Wertigkeit entsprechende Anzahl von H-Atomen des Kohlenwasserstoffes. Sie werden als **substituierte Kohlenwasserstoffe** bezeichnet.

Beispiele:

- Alkohole, z. B. Ethanol, Methanol
- Aldehyde oder Ketone, z. B. Aceton, Acrolein
- Nitroverbindungen, z. B. TNT, Nitroglycerin
- Halogene, z. B. Halone.

Brennbare anorganische Stoffe

Kohlenstoffmonoxid (CO) entsteht bei der Verbrennung kohlenstoffhaltiger Stoffe unter Sauerstoffmangel (unvollständige Verbrennung). CO ist sowohl als Brenngas wie auch als Synthesegas von Bedeutung. Es ist stark giftig, da es aufgrund seiner komplexbildenden Eigenschaften den Sauerstoffträger des Blutes (Hämoglobin) blockiert.

CO verbrennt mit blauer Flamme

$$2\,CO + O_2 \Rightarrow 2\,CO_2.$$

Verbrennungsprodukt ist das weniger giftige CO_2.

Ersetzt man im Kohlenstoffdioxid den Sauerstoff durch Schwefel, so kommt man zum Kohlenstoffdisulfid, dem **Schwefelkohlenstoff CS_2**. CS_2 ist technisch als sehr gutes Lösemittel für Schwefelphosphor, Fette und Kunststoffe von Bedeutung. Die Dämpfe des CS_2 sind besonders gefährlich, da sie sich bereits an Oberflächen mit einer Temperatur von 102 °C entzünden.

$$CS_2 + 3\,O_2 \Rightarrow CO_2 + 2\,SO_2$$

Verbrennungsprodukte sind Kohlenstoffdioxid und Schwefeldioxid.

Schwefelwasserstoff H_2S ist ein Gas und kommt in großen Mengen in der Natur als Bestandteil der Erdgase vor; es wird auch industriell hergestellt. Charakteristisch ist sein Geruch »nach faulen Eiern«.

$$2\,H_2S + 3\,O_2 \Rightarrow 3\,H_2O + 2\,SO_2$$

Verbrennungsprodukte sind Wasser und Schwefeldioxid.

Phosphorwasserstoff PH_3 ist ein charakteristisch riechendes (knoblauch- und karbidartiger Geruch), farbloses Gas und hat einige Bedeutung als Ausgangsprodukt für chem. Synthesen. Besonders gefährlich sind PH_3/Luftgemische, da sie sich bereits von Oberflächen mit einer Temperatur unter 100 °C entzünden lassen.

$$2\,PH_3 + 4\,O_2 \Rightarrow 3\,H_2O + P_2O_5$$

Verbrennungsprodukte sind Wasser und Phosphorpentoxid, die sich zur Phosphorsäure verbinden.

$$P_2O_5 + 3\,H_2O \Rightarrow 2\,H_3PO_4$$

Cyanwasserstoff HCN ist eine charakteristisch riechende (Bittermandelgeruch), farblose Flüssigkeit mit einem Siedepunkt von 25,7 °C. Er löst sich sehr gut in Wasser. Die wässrige Lösung wird Blausäure genannt. Aus der Blausäure lässt sich HCN leicht wieder austreiben, sodass sich sowohl über dem flüssigen HCN als auch über der Säure mehr oder weniger hochprozentige HCN/Luftgemische bilden. Es brennt mit bläulicher Flamme. Verbrennungsprodukte sind Wasser, Kohlenstoffdioxid und Stickstoff.

$$4\,HCN + 5\,O_2 \Rightarrow 2\,H_2O + 4\,CO_2 + 2\,N_2$$

Der **Schwefel S** verbrennt mit kleiner bläulicher Flamme.

$$S + O_2 \Rightarrow SO_2$$

Verbrennungsprodukt ist das Schwefeldioxid. SO_2 ist ein farbloses, stechend riechendes Gas, das mit der Feuchtigkeit der Luft weiße Nebel bildet. SO_2 löst sich in Wasser und bildet dabei schwefelige Säure.

$$SO_2 + H_2O \Rightarrow H_2SO_3$$

Phosphor kommt in drei unterschiedlichen Erscheinungsformen vor: weißer Phosphor, roter Phosphor, schwarzer Phosphor. Der weiße Phosphor stellt die reaktionsfreudigste Erscheinungsform dar. Er ist selbstentzündlich und verbrennt mit leuchtend gelber Flamme unter Bildung von weißem Nebel.

$$4\ P + 5\ O_2 \Rightarrow 2\ P_2O_5$$

Verbrennungsprodukt ist das Phosphorpentoxid. P_2O_5 ist ein weißer Feststoff, der sich begierig unter Wärmeentwicklung in Wasser auflöst und dabei Phosphorsäure bildet.

Kunststoffe

Der Oberbegriff **»Kunststoffe«** umfasst eine Gruppe von mehr als 50 verschiedenen Produktfamilien. In der Regel wird ihr »Familienname« aus den chemischen Bezeichnungen der zur Herstellung der Kunststoffe verwendeten Monomerbausteine abgeleitet und »Poly« vorangestellt.

Beispiele:

- Polypropylen (PP)
- Polyvinylchlorid (PVC)
- Polycarbonat (PC)
- Polyamid (PA).

Kunststoffe bestehen überwiegend aus Kohlenstoff, Wasserstoff, Stickstoff und Sauerstoff und sind **brennbar**.

Durch gezielte Veränderungen am chemischen Aufbau und Variation der Produktionsbedingungen lassen sich Kunststoffe mit auf den Anwendungsfall zugeschnittenen brandtechnologischen Materialeigenschaften herstellen.

Polystyrol (PS) ist ein glasklares oder eingefärbtes transparentes Material, das als Spritzgussartikel oder Schaumstoff Verwendung findet. Es wird unter den Handelsnamen Luran, Styropor und Styroflex vertrieben. Die Brandgase haben einen süßlichen Geruch, es brennt unter starker Rußbildung mit leuchtend gelber Flamme. Es ergeben sich Verbrennungsprodukte wie bei Polyolefinen (siehe unten), allerdings tritt in erhöhtem Maße Styrol auf.

Polyolefine (PE; PP) sind **Polyethylen** und **Polypropylen**. Sie werden unter den Handelsnamen Hostalen, Lupolen und Hostalen PPH vertrieben. Die Brandgase brennen unter starker Rauchbildung mit heller Flamme. Verbrennungsprodukte sind CO, CO_2 und H_2O, bei nicht vollständiger Verbrennung sind auch Olefine, Paraffin und cyclische Kohlenwasserstoffe im Rauch vorhanden.

Polyvinylchlorid (PVC) ist der am häufigsten verwendete Kunststoff. Durch Zusätze können seine Eigenschaften wesentlich verändert werden. PVC wird unter den Handelsnamen Hostalit, Mipolam, Vinidur und Vinoflex vertrieben. Hart-PVC brennt unter Verkohlung mit grün gesäumter Flamme, Weich-PVC brennt je nach Art und Menge des Weichmachers mit stark rußender Flamme. Bei der Zersetzung von PVC, beginnend bei Temperaturen von ca. 200 °C bis 300 °C, wird in großen Mengen Salzsäure abgespalten. Unter bestimmten thermischen Voraussetzungen ist auch die Bildung des sehr giftigen Phosgens möglich.

Polytetrafluorethylen (PTFE) zersetzt nur bei sehr hoher Temperatur im Bereich der Rotglut, wobei ein stechender Geruch (Flusssäure) auftritt. Es wird unter dem Handelsnamen Teflon vertrieben. Bei hohen Temperaturen zersetzt sich PTFE zu Perfluorethylen und Carbonylfluorid, welches mit Luftfeuchtigkeit zur Flusssäure hydrolisiert werden kann, ohne brennbar zu sein.

Polyamide (PA) brennen mit bräunlich gelb geränderter Flamme, blasig aufschäumend und fadenziehend verkohlend. Hierbei entsteht ein Geruch nach verbranntem Horn. Handelsnamen sind Nylon, Grilon, Perlon und Risan. Als Verbrennungsprodukte treten Ammoniak, Amine sowie unter Umständen auch die besonders giftige Blausäure auf.

Die Brennbarkeit von **Polyacrylnitril** entspricht in etwa den Polyamiden. Die Gefahr der Blausäurebildung ist jedoch größer als bei diesen. Handelsnamen sind Orlon und Dralon.

Polycarbonat (PC) brennt mit sprühender dunkelgelber Flamme unter starker Rußbildung und treibt dabei blasig auf. Hierbei entsteht ein phenolartiger Geruch. Handelsnamen sind Makrolon und Lexan. Als Verbrennungsprodukte treten Aldehyde, Phenole, Ketone, CO und CO_2 auf.

5.1.4 Beurteilung der Schadstoffe bei Bränden

Die in einem Brandgeschehen entstehenden Stoffe hängen vom Brandmaterial und der Verbrennungstemperatur ab. Letztere ändert sich bei einem Brand. Man unterscheidet in drei Brandphasen (siehe Bild II 5.1.4-1).

Brandphasen

Je nach Brandgeschehen tritt unvollständige oder vollständige Verbrennung auf. Ursachen für die **unvollständige Verbrennung** können die Variation der Verbrennungstemperaturen und Verbrennungsbedingungen in weiten Bereichen und der Rückgang des für die Verbrennung notwendigen Sauerstoffs von 21 Vol.-% zu Brandbeginn an exponierten Brandorten bis auf weniger als 10 Vol.-% unter Glimmbrandbedingungen sein.

Durch unvollständige Verbrennung können, abhängig vom Brandgut, aus Zwischenprodukten eine Vielzahl organischer Verbindungen und mit steigender Zersetzungstemperatur kleinere Molekülfragmente entstehen. Dabei kann die hohe Toxizität der freigesetzten Produkte hoch sein, wobei diese jedoch langsam freigesetzt werden.

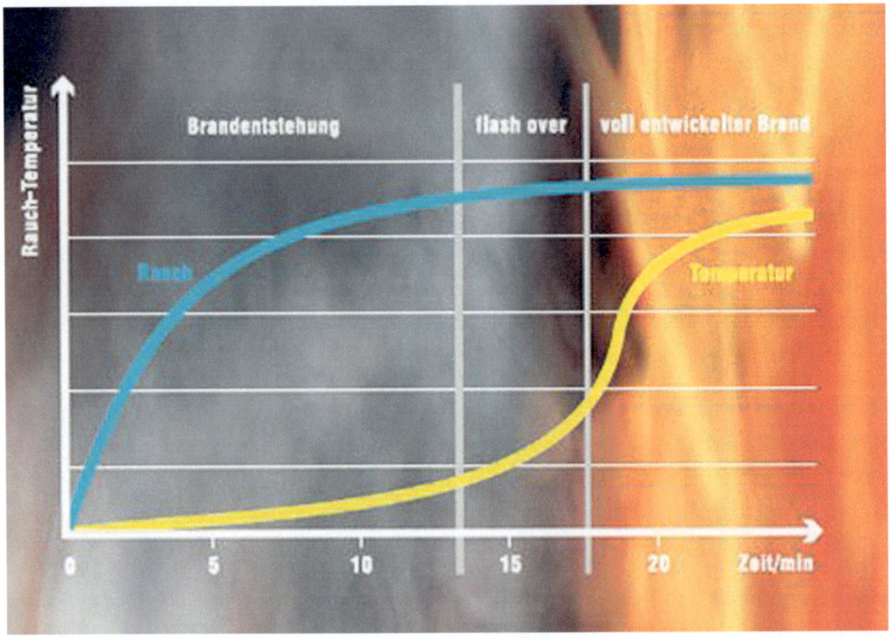

Bild II 5.1.4-1: Entwicklung von Rauchgastemperatur und -volumen bei einem Brand

Höhere Zersetzungstemperaturen ergeben kleinere Molekülfragmente, eine nahezu vollständige Oxidation zu Kohlendioxid und Wasser und einen geringen Anteil organischer Komponenten. Bei Fehlen von Heteroatomen ist die Hauptgefährdung das Kohlenmonoxid (CO). Mit Heteroatomen bilden sich in Verbindung mit Stickstoff Cyanwasserstoff und Stickoxide sowie in Verbindung mit Chlor Chlorwasserstoff.

Nach dem Flash-Over stellt sich der voll entwickelte Brand mit **vollständiger Verbrennung** ein. Die Temperatur und Abbrandrate ist deutlich erhöht. Da keine ausreichende Sauerstoffversorgung gegeben ist, nimmt die CO-Konzentration zu. Die organischen Brandprodukte haben keinen direkten Zusammenhang zur Brandstoffstruktur. Die Rekombinationsprozesse kleiner Molekülfragmente ergeben aromatische Verbindungen.

Zersetzungsprozesse ohne Flamme sind Schwelen, oxidative Zersetzung und Pyrolyse. Hier bilden sich in Abhängigkeit von der Brandstoffstruktur relativ große Anteile organischer Produkte. So treten mit Sauerstoff teiloxidierte Produkte, wie z. B. Aldehyde und ohne Sauerstoff Kohlenwasserstoffe, wie z. B. Alkane, Alkene und Alkine, auf.

5.1.5 Verbrennungsprodukte

Brennstoffe existieren in allen Aggregatzuständen und die meisten bestehen vorwiegend aus Verbindungen der Elemente Kohlenstoff und Wasserstoff, die so genannten **Kohlenwasserstoffverbindungen** (C_nH_m). Daneben können Brennstoffe noch andere Elemente beinhalten, wie z. B. Sauerstoff, Stickstoff, Schwefel, Wasser, Asche. Brennstoffe können »einfach« aufgebaut sein, z. B. gasförmige Kohlenwasserstoffe bis hin zu Feststoffen mit hohem Molekulargewicht und großer chemischer Komplexität. Einige, z. B. Zellulose, sind »natürlich«, andere, die Kunststoffe, werden künstlich hergestellt. Zumindest bei den natürlichen Brennstoffen ist die elementare Zusammensetzung exakt oft nicht bekannt und variiert auch, z. B. mit der Herkunft.

Substanzen sind brennbar, wenn sie mit einem Oxidationsmittel (meist Sauerstoff der Luft) unter den herrschenden Umgebungsbedingungen zu einer sich selbst aufrecht erhaltenden exothermen Reaktion fähig sind. Bei Bränden und Explosionen werden die brennbaren Stoffe in der Regel mit Luft unter Freiwerden von Wärme umgewandelt und es entstehen neue, feste und gasförmige Verbrennungsprodukte. Die Endprodukte sind immer energieärmer als die Ausgangsprodukte.

Die unterschiedlichen Verbrennungsprozesse - Verbrennung, Verschwelung (bei Sauerstoffunterschuss), Zersetzung und Pyrolyse (bei Abwesenheit von Sauerstoff) - eines Schadenfeuers liefern unterschiedliche Reaktionsprodukte. Die Palette dieser Reaktionsprodukte umfasst viele gesundheitsgefährdende Stoffe, die in den Rauchgasen, in Ruß, Aschen und den Verbrennungsrückständen enthalten sein können.

Feste Verbrennungsprodukte

Feste Verbrennungsprodukte sind überwiegend anorganische Anteile (Asche) bzw. nicht verbrannte Kohlenstoffe (Ruß).

Gasförmige Verbrennungsprodukte

Als **gasförmige Verbrennungsprodukte** (Rauchgase) können neben Wasserdampf (H_2O) und reizend und erstickend wirkendem Kohlendioxyd (CO_2) auch weitere toxische Komponenten wie Kohlenmonoxid (CO), Chlorwasserstoff (HCL), Nitrose Gase (NO, NO_2), Phosgen ($COCl_2$) und Cyanwasserstoff (HCN) entstehen.

Nebenprodukte

Bei Bränden ist stets mit der Bildung einer Vielzahl **organischer Verbindungen als Nebenprodukten** zu rechnen. Besonders hervorzuheben aus der Vielzahl der möglicherweise entstehenden Stoffe während des Brandes sind flüchtige Aromaten und Chloraromaten, polycyclische aromatische Kohlenwasserstoffe **(PAK),** polychlorierte bzw. polybromierte Dibenzo-p-dioxine und Dibenzofurane **(PCDD/PCDF bzw. PBrDD/PBrDF)** sowie aliphatische Aldehyde.

Eine Reihe **weiterer organischer Produkte** können sich bei höheren Temperaturen in ihre Ausgangsprodukte oder toxischen Abbauprodukte zersetzen:

- Pflanzenschutzmittel (Isocyanate, Aromaten, Chlorverbindungen)
- Kunststoffe (Amine, Nitrile, Cyanwasserstoff, Chlorwasserstoff und verschiedene Monomere)
- Naturprodukte (Cyanwasserstoff aus Haaren, Federn, Wolle und Eiweiß)
- Stickstoffverbindungen (Amine und Nitrile sowie Cyanwasserstoff).

Polycyclische aromatische Kohlenwasserstoffe (PAK) sind in höheren Konzentrationen als Dioxine und Furane ebenfalls im Brandrauch enthalten. Sie entstehen bei fast allen Bränden mit Rußbildung, gelten als stark krebserregend und sind nur schwer wieder auszuscheiden.

Eine wichtige Gruppe der Kunststoffe sind die Polyolefine. Zu ihnen zählen:

- Polyethylen (PE)
- Polypropylen (PP)
- Polybuten-1 (PB, PBT)
- Polyisobutylen (PIB)
- Poly-4-methylpenten (PMP).

Polyolefine brennen auch außerhalb der Zündflamme weiter. Bei der Verbrennung können neben den Hauptprodukten auch:

- Alkane
- Alkene
- Alkohole (z. B. Methanol)
- Aldehyde (insbesondere Formaldehyd H_2, Acrolein $H_2C = CHCH = O$)
- Ketone
- Carbonsäurederivate (Ameisensäure, Essigsäure etc.)
- aromatische Kohlenwasserstoffe (Benzol, Toluol)

entstehen.

Tabelle II 5.1.5-1: Zuordnung der Verbrennungs- und Zersetzungsprodukte zu Brandphasen und Brandstoffen

	Brandphase:			
Brennbarer Stoff	**Entstehungsbrand**	**Vollbrand**	**Brandbekämpfung**	**Nachlösch- und Abkühlungsphase**
aliph. KW	CO_2, CO, H_2O	CO_2, CO, H_2O, gesättigte und ungesättigte KW, Alkohole, Aldehyde, Carbonsäuren	CO_2, CO, H_2O, Aromaten, PAK, gesättigte und ungesättigte KW, Alkohole, Aldehyde, Carbonsäuren	Aromaten, PAK, gesättigte und ungesättigte KW, Alkohole, Aldehyde, Carbonsäuren
aliph. CKW	CO_2, CO, H_2O, HCl, CKW	CO_2, CO, H_2O, HCl, $COCl_2$, Aromaten, Chlor(Brom)-aromaten, PCDD/PCDF, gesättigte und ungesättigte KW, z. T. CKW, Vinylchlorid, PBrDD/PBrDF	CO_2, CO, H_2O, HCl, Aromaten, Chlor(Brom)-aromaten, PCDD/PCDF, gesättigte und ungesättigte KW, z. T. CKW, Vinylchlorid, PBrDD/PBrDF	HCl, Aromaten, Chlor(Brom)-aromaten, PCDD/PCDF, gesättigte und ungesättigte KW, z. T. CKW, Vinylchlorid, PBrDD/PBrDF
Polymer mit CH	CO_2, CO, H_2O, KW	CO_2, CO, H_2O, NO_x, Aromaten, PAK, gesättigte und ungesättigte KW, Alkohole, Aldehyde, Carbonsäuren	CO_2, CO, H_2O, NO_x, Aromaten, PAK, gesättigte und ungesättigte KW, Alkohole, Aldehyde, Carbonsäuren	Aromaten, PAK, Aldehyde
Polymer mit Aromaten	CO_2, CO, H_2O, Aromaten, PAK	CO_2, CO, H_2O, Aromaten, PAK, Alkene, Aldehyde	CO_2, CO, H_2O, Aromaten, PAK, Alkene, Aldehyde	Aromaten, PAK, Alkene, Aldehyde
Polymer mit N	CO_2, CO, H_2O, NO_x, Amine	CO_2, CO, H_2O, HCN, NO_x, Ammoniak, Aromaten, PAK, Amine, KW, Aldehyde, Carbonsäuren, Isocyanate	CO_2, CO, H_2O, HCN, NO_x, Ammoniak, Aromaten, PAK, Amine, KW, Aldehyde, Carbonsäuren, Isocyanate	Aromaten, PAK, Amine, Aldehyde
Polymer mit Halogenen	CO_2, CO, H_2O, HCl, CKW, Chloraromaten	CO_2, CO, H_2O, HCl, $COCl_2$, CKW, Chloraromaten, PCDD/DF, Aromaten, gesättigte und ungesättigte KW, PBrDD/PBrDF	CO_2, CO, H_2O, HCl, $COCl_2$, CKW, Chloraromaten, PCDD/DF, Aromaten, gesättigte und ungesättigte KW, PBrDD/PBrDF	CKW, Chloraromaten, PCDD/DF, Aromaten, gesättigte und ungesättigte KW, PBrDD/PBrDF
Aromaten	CO_2, CO, H_2O, Aromaten, PAK	CO_2, CO, H_2O, NO_x, Aromaten, PAK Alkene, Aldehyde	CO_2, CO, H_2O, Aromaten, PAK, Alkene, Aldehyde	Aromaten, PAK, Aldehyde
Chloraromaten	CO_2, CO, HCL, Chloraromaten	CO_2, CO, H_2O, HCl, $COCl_2$, Chloraromaten, PCDD/PCDF, gesättigte und ungesättigte KW, CKW, PBrDD/PBrDF	CO_2, CO, H_2O, HCl, $COCl_2$, Chloraromaten, PCDD/PCDF, gesättigte und ungesättigte KW, CKW, PBrDD/PBrDF	Chloraromaten, PCDD/PCDF, gesättigte und ungesättigte KW, CKW, PBrDD/PBrDF

5.1.6 Brandrauch

Bild II 5.1.6-1: Rauchentwicklung bei einem Großbrand

Gefahren durch Brandrauch

Gefahren durch Brandrauch entstehen durch:

- Sichtbehinderung
- Rauchgasvergiftung
- Verätzung
- Korrosion von Bauteilen
- Gebäudekontamination
- Umweltgefährdung.

Bestandteile des Brandrauchs

Oxidierte bzw. teiloxidierte Brand- und Zersetzungsprodukte können flüssige Brandrauchbestandteile, z. B. kondensierte Zersetzungsprodukte und Wasser oder feste Brandrauchbestandteile, z. B. Asche (inerte Anteile), Ruß und sublimierte Zersetzungsprodukte sein.

Die **Qualität** und **Quantität** dieser Bestandteile ist abhängig von der Art des brennbaren Materials, der Frischluftzufuhr und der sich im Brandraum einstellenden Temperatur.

Heiße Brandgase enthalten: Stickstoff der Luft, Mineralisierungsprodukte, Dämpfe, Ruß und Flugaschen. Die Schadwirkung resultiert aus:

- Oxidationsprodukten (CO_2, HCl, SO_2)
- Nebenprodukten (CO, HCN, $COCl_2$, organische Oxidationsprodukte)
- Pyrolyseprodukten.

Kalte Brandgase enthalten kaum noch Dämpfe oder kondensierte flüssige Schadstoffe. Diese lagern sich überwiegend an Ruß und Flugaschen an. In kalten Brandgasen besitzen vor allem die gasförmigen Verbindungen CO, HCN, $COCl_2$, NO_X, SO_2, Cl_2 und Halogenwasserstoffe schädigende Wirkungen.

An den **Ruß** ist die Mehrzahl der teerartigen Verbindungen, kondensierten Aromaten, vernetzten Verbindungen PCDD/-PCDF (PBrDD/PBrDF) und flüchtigen Kondensaten gebunden. Besonders hohe Anteile flüchtiger Aromaten wie Benzol, Chlorbenzole, Phenole und andere leichtflüchtige Verbindungen mit nicht zu unterschätzender Toxizität sind vor allem unmittelbar nach dem Brand an den Rußoberflächen adsorbiert bzw. kondensiert.

Schwerflüchtige Verbindungen bleiben über lange Zeiträume an Ruß gebunden und sind daher nur in begrenztem Maße bioverfügbar. Bei **brennbaren Flüssigkeiten** und einer großen Anzahl **nieder-molekularer Feststoffe** (z. B. Naphthalin, Teer, Wachse und Fette) können sich leicht organische Dämpfe bilden, die insbesondere an den Rußanteilen angelagert werden. Es ist abzuschätzen, ob die im Brandfall anfallenden Stoffe oder Stoffgruppen eine erhöhte Gefährdung hervorrufen können. Hierzu zählen aromatische Verbindungen (Benzole, Phenole, Diphenylether, Biphenyle), Teer und Bitumen sowie Halogenverbindungen.

Rauch- und Brandgasmenge

Abhängig von der Art des Brandgutes und der Verbrennungstemperatur ergeben sich unterschiedliche Rauchgasmengen je Masseneinheit (kg). Ausgehend von z. B. Birkenholz mit einer relativ niedrigen Brandgasmenge (8.000 m^3/ 10 kg) ist bei Stoffen gleicher Masse mit folgenden relativen Zunahmen der Rauchentwicklung zu rechnen:

- Birkenholz 1,00
- Hartfaserplatte 1,05
- Zellulose-Papier 1,25
- Petroleum 2,25
- Weich-Schaumstoff 2,75
- Schaumgummi 3,10

Aus nur 10 kg Papier oder Pappe werden etwa 8 000 m^3 bis 10 000 m^3 Rauchgas freigesetzt. Ein Papierkorbbrand füllt also einen 3 m hohen Büroraum von 3 000 m^2 Größe schnell mit Rauch aus, von Wand zu Wand, von der Decke bis zum Boden. Aus nur 10 kg Schaumgummi werden 20 000 m^3 Rauchgas freigesetzt. Ein brennender PKW setzt etwa 100 000 m^3 Rauchgas pro Stunde frei, aus einem brennenden Kühlschrank werden pro Sekunde fast 2 m^3 Rauchgas freigesetzt. Weitere Angaben siehe Bild II 5.1.6-2.

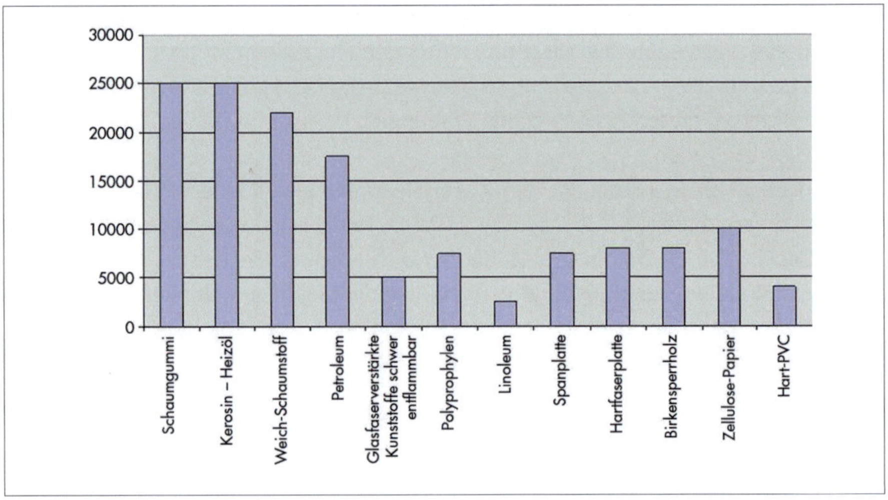

Bild II 5.1.6-2: Rauch- und Brandgasmenge in m^3/h bei der Verbrennung von jeweils 10 kg Material

Der **Massenstrom** des Rauches ergibt sich zunächst durch den zeitabhängigen Masseverlust des Brandgutes und wird ergänzt durch die in die Rauchgassäule (Plume) eintretende Umgebungsluft.

5.1.7 MAK-Werte

Der MAK-Wert (**m**aximale **A**rbeitsplatz**k**onzentration) gibt die maximale Arbeitsplatzkonzentration gesundheitsschädlicher Stoffe an. Unter MAK-Wert versteht man die Giftmenge als Anteil der Atemluft, die bei täglicher 8-stündiger Arbeit (40-stündiger Woche) eingeatmet werden kann, ohne gesundheitliche Schäden hervorzurufen.

Die MAK-Werte dienen dem Schutz der Gesundheit am **Arbeitsplatz**. Sie geben für die Beurteilung der Bedenklichkeit oder Unbedenklichkeit der am Arbeitsplatz vorhandenen Konzentration eine Urteilsgrundlage ab.

5.1.8 Einsatztoleranzwerte (ETW)

vfdb 10/01 (Entwurf) gibt Einsatztoleranzwerte (ETW) als Entscheidungshilfe für das Verhalten bei Einsätzen mit Freisetzungen von gefährlichen Stoffen und der Entwicklung von Schadstoffwolken. Bei Überschreitung der ETW-Werte können Einsatzkräfte nur mit Atemschutz tätig werden. Bis zum ETW-Wert können Einsatzkräfte bis 4 Stunden ohne Atemschutz arbeiten. Gesunden Personen aus der Bevölkerung macht in der Regel die Einhaltung des ETW-Wertes keine Probleme. Dies gilt unter Umständen nicht bei älteren und kranken Menschen, bei Kleinkindern und Allergikern.

5.2 Rauchgas aus Sicht der Feuerwehr - Gefahren und Bekämpfung

Lange Zeit betrachteten die Feuerwehren bei der Beurteilung von Gefahren, die von Brandrauch ausgehen, ausschließlich das Merkmal Giftigkeit. Die Brennbarkeit von Brandgasen spielte zunächst in der Ausbildung sowie bei der Gefahrenbeurteilung keine wesentliche Rolle. Erst als die Bedeutung der Brennbarkeit mehr in den Fokus der Betrachtung rückte, kam man in Bezug auf den Brandrauch zu einer veränderten Gefahrenbeurteilung. Man erkannte nun klar die Gefahr, dass der Brandrauch neben seiner Giftigkeit ebenfalls wesentlich zur Ausbreitung eines Feuers beitragen kann. In der Fachwelt unterscheidet man heute 2 Phänomene der Rauchdurchzündung, nämlich den Flash-Over und den Backdraft.

Der so genannte Flash-Over ist bei einem sauerstoffgesteuerten Brand (offene Tür und/oder offenes Fenster) zu erwarten. Ein Feuer benötigt für eine optimale Verbrennung einen brennbaren Stoff in ausreichender Menge, Sauerstoff sowie die Zündtemperatur zum Entzünden des Feuers und die Verbrennungstemperatur, damit das Feuer weiterbrennen kann. Alle drei Voraussetzungen müssen dazu im richtigen Mengenverhältnis vorhanden sein, um eine optimale Verbrennung zu erreichen (siehe Bild II 5.2-1 und auch Kapitel II 2.4.2). Die bei dieser Verbrennung entstehende Wärmestrahlung sorgt für die Ausgasung von unverbrannten Pyrolyseprodukten der im Brandraum befindlichen Materialien. Erreichen die so entstehenden Brandgase die Zündtemperatur, kommt es zur plötzlichen Durchzündung und der Raum steht komplett in Flammen und brennt aus.

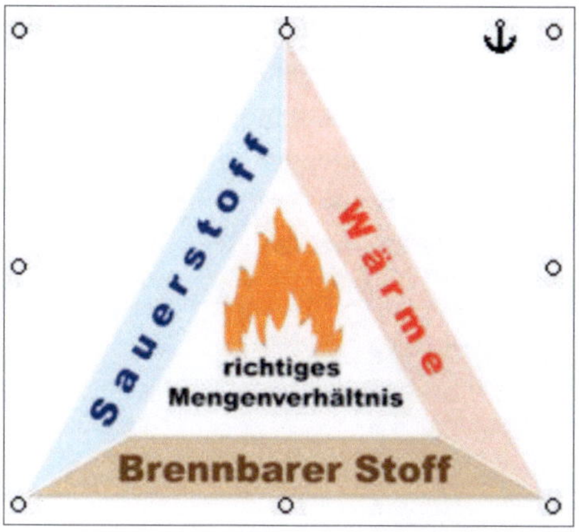

Bild II 5.2-1: Verbrennungsdreieck - schematische Darstellung der Brandentstehung

Eine eingeschränkte Belüftung eines Brandraumes kann zu einem Brand führen, bei dem große Mengen an Verbrennungsprodukten und unverbrannten Pyrolyseprodukten entstehen. Wenn diese in ausreichender Menge vorhanden sind, kann das Schaffen einer Zugangsöffnung zu einer plötzlichen Durchzündung führen. Diese Durchzündung, die sich durch den Brandraum bewegt und aus der Öffnung herausschlagen kann, nennt man Backdraft. Hierbei erfolgt nach der Durchzündung ein Weiterbrennen von leicht entzündlichen Materialien im und/oder außerhalb des Brandraumes.

Bei beiden Szenarien entsteht eine Rauchgas-Atmosphäre die sich in drei Zonen unterteilt und verschiedene Temperaturen und Sichtverhältnisse bietet (siehe Bild II 5.2-2). In der »Überdruck-Zone« findet die Feuerwehr den Brandrauch mit hohen Temperaturen und wenig bis gar keiner Sicht. Die Thermik drückt den Brandrauch vom Feuer weg. In der »Unterdruck-Zone« wird kühle und sauerstoffreiche Luft zum Feuer transportiert. Hier sind die Sichtverhältnisse meist gut. Die »Neutrale Zone« bildet die Grenzschicht zwischen der »Über- und Unterdruck-Zone«. Das so entstandene »Rauchbild« zeigt der Feuerwehr, wie die thermischen Vorgänge im Brandraum sind.

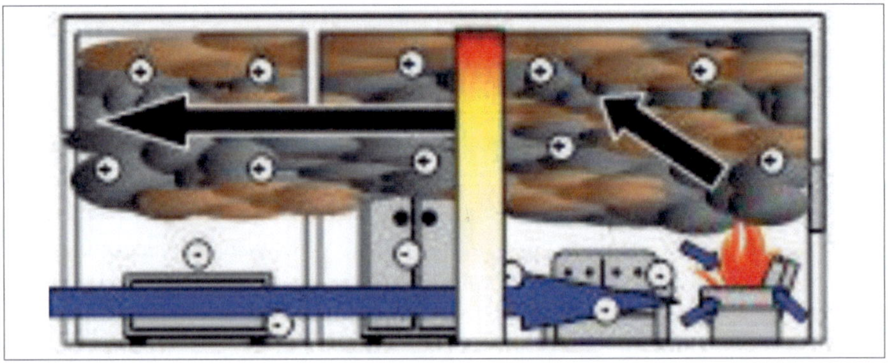

Bild II 5.2-2: Thermisches Gleichgewicht und Druck- und Temperaturverteilung

Um einem Flash-Over und einem Backdraft entgegenwirken zu können, ist es erforderlich, dass die Feuerwehreinsatzkräfte die Gefahren einer Brandrauchdurchzündung erkennen und durch geeignete Maßnahmen verhindern können. Dies geschieht bei der Feuerwehr Aachen durch das »Hot-Fire-Training«. Im so genannten »Brandhaus« (siehe Bild II 5.2-3), werden die Feuerwehrleute an die Teamarbeit, das Vorgehen im verrauchten Bereich bei »Null-Sicht« und an die Wärme eines brandbeaufschlagten Raumes gewöhnt. Diese Anlage hat gasbefeuerte Brandstellen und eine Verrauchungsanlage, die durch einen Hot-Fire-Trainer gesteuert werden.

Bild II 5.2-3: Brandhaus der Feuerwehr Aachen

In einem umgebauten Überseecontainer (siehe Bild II 5.2-4), wird der so genannte Flash-Over bei einem Realbrand dargestellt. Im Brandraum des Containers wird Holz entzündet, das in etwa der Menge eines größeren Wandschrankes entspricht (siehe hinten links in Bild II 5.2-5). Die Feuerwehrleute sehen dann die Entstehung und den Verlauf eines Brandes in seinen verschiedenen Phasen sowie die Rauchgasentwicklung des Brandes unter minimaler und optimaler Sauerstoffatmosphäre.

Bild II 5.2-4: Container zur Simulation eines Flash-Over (Ansicht von außen)

Bild II 5.2-5: Container zur Simulation eines Flash-Over (Ansicht von innen)

Die Feuerwehrleute können das »Lesen« der einzelnen Brandphasen und des Brandrauches erlernen und weiterhin können hier die erworbenen theoretischen Kenntnisse zum Verhalten in mit Brandrauch beaufschlagten Räumen praktisch geübt werden. Ein Nebeneffekt ist das Kennenlernen der Auswirkung von Wasserdampf bei Löschwasserabgabe auf die Feuerschutzbekleidung und den Körper des Feuerwehrmannes/der Feuerwehrfrau.

Eine weitere Aufgabe der Feuerwehr ist das Freihalten der Fluchtwege von Brandrauch. Hierzu werden mit Hochleistungslüftern die Fluchtwege (zumeist Flure und Treppenräume) unter minimalen Überdruck gesetzt, bevor die rauchbeaufschlagte Wohnung geöffnet wird. Durch den Überdruck im Treppenraum wird der Brandrauch in der betroffenen Wohnung gehalten und das Gebäude kann über den Fluchtweg relativ gefahrlos evakuiert werden (siehe hierzu auch Kapitel II 4.6). Auf ähnlichem Weg wird eine Wohnung oder ein Gebäude entraucht. Zuerst werden die Hochleistungslüfter vor dem Eingang des Gebäudes in Stellung gebracht. Danach muss im Innenbereich des Gebäudes eine Abluftöffnung (zumeist ein Fenster) gesucht werden, die kleiner sein muss als die Zugangsöffnung (zumeist eine Tür). Erst wenn die Abluftöffnung geöffnet ist, werden die Lüfter in Betrieb genommen und so kann das Gebäude Raum für Raum entraucht werden (siehe Bild II 5.2-6).

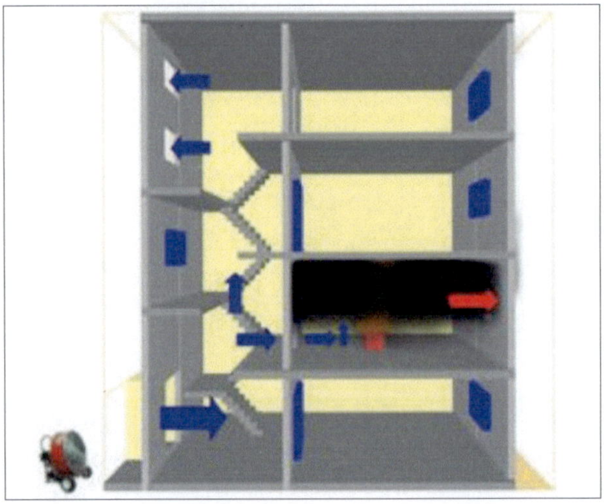

Bild II 5.2-6: Schematische Darstellung zur Druckbelüftung

Vom Brandrauch gehen nicht nur Gefahren als Atemgift aus; er trägt auch wegen seiner Brennbarkeit wesentlich zur Brandausbreitung bis hin zum Flash-Over oder Backdraft bei. Deshalb werden bei den Feuerwehren geeignete Methoden zum Erkennen und zur Bekämpfung dieser Gefahren gelehrt. Ein weiterer wesentlicher Ausbildungsschwerpunkt im Zusammenhang mit Brandrauch ist das Lernen von Methoden zur Verdrängung bzw. zum Abzug von Rauch, z. B. mithilfe von Hochleistungslüftern.

Literaturverzeichnis:

Verbrennungsdreieck
Datum: 27. Mai 2006
URL: http://de.wikipedia.org/wiki/Datei:Verbrennungsdreieck-gross.png
Urheber: Felix König
Genehmigung: CC-BY

Thermisches Gleichgewicht und Druck- und Temperaturverteilung
Datum: 2006
URL: http://www.feuerwehr-marburg.de/download/con%20Atemschutz/Handout%20Flash-Over06.pdf
Urheber: Holger Spuck, Feuerwehr Marburg

Teil III: ANWENDUNGEN UND ENTRAUCHUNGSKONZEPTE

1 Fallbeispiele für Entrauchungskonzepte

Fallbeispiel 1: Entrauchung einer Industriehalle nach ihrer Umnutzung

Projektbeschreibung

In einer bestehenden Industriehalle werden insgesamt 8 Räume geschaffen, in denen Teile unter Reinraumbedingungen gefertigt werden. Die Reinraumgrundfläche beträgt je Raum 14 m x 14 m. Die Reinräume werden als separate Einheit in dem großen Hallenraum ausgeführt. Die Halle besitzt ein Shed-Dach mit einer Firsthöhe von ca. 8,5 m und einer Traufhöhe von ca. 6,5 m. Zur oberen Abtrennung der Reinräume wurde in ca. 3,2 m eine Zwischendecke eingezogen. Bild III 1 zeigt eine Schnittzeichnung.

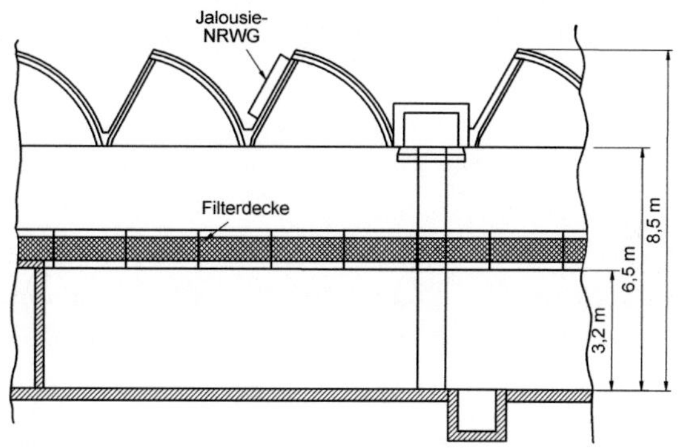

Bild III 1: Schnittzeichnung der Industriehalle

Die Lüftung der Reinräume erfolgt mit einem 360-fachen Luftwechsel pro Stunde über die Zwischendecke. Die Luftaustrittsgeschwindigkeit aus der Decke in den Reinraum beträgt 0,3 m/s. Um die erforderliche Reinraumqualität sicherzustellen, ist die Zwischendecke als Filterdecke ausgeführt. Die Zuluft strömt dem Reinraum also gleichmäßig über den gesamten Deckenbereich zu. Die Abluft erfolgt über diskrete Öffnungen im Bodenbereich. Der größte Teil der Lüftung erfolgt im Umluftbetrieb.

Es soll ein Konzept für die Entrauchung der Reinräume im Brandfall erarbeitet werden.

Schutzziel und Bemessungsbrand

In Reinräumen sind folgende Schutzziele wesentlich:

- Personenschutz, d. h. im Wesentlichen die Eigenrettung
- der Schutz des Reinraumes vor einer erheblichen Kontamination durch die Brandprodukte.

In Reinräumen arbeiten nur wenige Personen, die **immer** in die örtlichen Gegebenheiten und insbesondere in die Fluchtwegsituation eingewiesen werden. Man kann also von einer vollständigen Entfluchtung für kurze Zeit nach einer Brandentstehung ausgehen, zumal die Fluchtweglängen extrem kurz sind. Eine wesentliche Kontamination des Reinraumes kann verhindert werden, wenn der Brand in der sehr frühen Entstehungsphase erkannt und gelöscht wird.

In den betrachteten Reinräumen sind Brandlasten im Wesentlichen nur durch Chemikalien vorhanden, die in kleinen Mengen gelagert und genutzt werden. Dies sind im Wesentlichen Propanol und Aceton, die in Flaschen von maximal 2,5 l Inhalt aufbewahrt werden. Für die Entstehungsphase eines Brandes wurde daher von einer Brandlast entsprechend 100 kW/m^2 ausgegangen. Bei einer mittleren Brandausbreitungsgeschwindigkeit und einer maximalen Brandentwicklungsdauer von 2 Minuten, entsprechend einer sehr auf der sicheren Seite liegenden Entfluchtungszeit, führt dies zu einer maximalen Wärmefreisetzung $\dot{Q} = 175$ kW.

Entrauchungskonzept

Für größere Brände steht grundsätzlich die **N**atürliche **R**auch- und **W**ärmeabzugs**an**lage (NRWA) der Halle, in welche die Reinräume eingebaut sind, zur Verfügung. Um diese nutzen zu können, sind entsprechende Entrauchungsklappen in der Reinraumdecke vorzusehen. Ein Löscheinsatz für größere Brände führt jedoch zwangsläufig zu einer erheblichen Kontaminierung des betroffenen Reinraumes. Es wurde daher zusätzlich ein kleines Brandgeschehen betrachtet. Für ein solches Brandgeschehen kann die Umluftanlage des Reinraumes den Rauch und die Wärme des Brandgeschehens abführen. Die Brandprodukte werden dann durch die vorhandene Filteranlage dem Luftstrom entnommen.

Bei einem kleinen Brand erfolgt die Entrauchung des Brandraumes über die Entlüftungsanlage. Die Entrauchungsklappen in der Decke des betroffenen Reinraumes bleiben also geschlossen. Kleine Brände sind folgendermaßen definiert:

- die Temperatur im Deckenbereich beträgt maximal $\vartheta_{Decke} = 55\ °C$
- die zulässige CO_2-Konzentration im Deckenbereich wird nicht überschritten.

Die entsprechenden Messfühler wurden in die Ansaugkanäle der Umluftgeräte eingebaut. Wegen der großen Luftwechselzahlen ist sichergestellt, dass dort die durch einen Brand bedingte Temperaturerhöhung und/oder die Erhöhung der CO_2-Konzentration innerhalb sehr kurzer Zeit registriert werden kann.

Die in der Umluftführung der Reinräume eingebauten Wärmetauscher können eine Temperaturabsenkung um $\Delta T = 8$ K realisieren. Dies entspricht bei voller Umluftleistung einem abgeleiteten Wärmestrom von ca. 100 kW. Während der Entfluchtungszeit der Reinräume kann also in ihnen die Temperatur näherungsweise konstant gehalten und in den Filtern das Brandgas gereinigt werden.

Wird in der Entstehungsphase des Brandes dieser nicht gelöscht, kann es unter Umständen zu einer größeren Brandentwicklung kommen. Sind die oben definierten

Grenzen des kleinen Brandgeschehens überschritten, so wird die NRWA aktiviert. Diese besteht aus Entrauchungsklappen in der Reinraumdecke, den NRWG im Gebäudedach und den Zuluftflächen zur Halle.

Nachweise

a) Kleine Brände

Wie erwähnt, können im Wärmetauscher eines jeden Reinraumes ca. 100 kW Wärmeleistung abgeführt werden. Die für den Betrieb der Wärmetauscher kritische Temperatur wird bei dem kleinen Bemessungsbrand erst nach mehr als 2 Minuten erreicht. Dies bedeutet, dass eine gesicherte Entrauchung und Wärmeabfuhr in der für die Entfluchtung des Reinraumes erforderlichen Zeitspanne zur Verfügung steht.

b) Große Brände

Die bestehende Industriehalle war mit einer NRWA ausgerüstet. Die Auslegung der NRWA erfolgte nach der damals gültigen DIN 18232-2:1989-11. Für die Bemessungsgruppe BMG 4 betrug die erforderliche, aerodynamisch wirksame Öffnungsfläche 1,3 % der Grundfläche ($A_{w,\,erf} = 10{,}2\ m^2$). Die DIN-Angaben gelten für eingeschossige Hallen. Die Strömung des Brandgas/Luft-Gemisches durch die NRWG in den Dachflächen eingeschossiger Hallen ist bedingt durch die aerostatische Druckdifferenz zwischen heißem Gas und kalter Außenluft. Die aerostatische Druckdifferenz muss also das Rauchgas auf die Gasgeschwindigkeit im Austrittsquerschnitt beschleunigen und die Druckverluste beim Durchströmen der Rauchabzugsflächen kompensieren:

$$\Delta p_{therm} = (\rho_L - \rho_{RG}) \cdot g \cdot d = \frac{\rho_{RG}}{2} v_{NRWG}^2 + \Delta p_{v,\,NRWG} \qquad \text{(III 1)}$$

mit

d	= Dicke des Rauchgaspolsters
ρ_L	= Luftdichte
ρ_{RG}	= Dichte des Rauchgases
v_{NRWG}	= Ausströmgeschwindigkeit im NRWG

Hinweis:

Die Zuluft zur Halle erfolgt mit sehr kleiner Geschwindigkeit. Die Druckverluste der Zuluftströmung können daher vernachlässigt werden.

Im vorliegenden Fall der eingebauten Reinräume sind zusätzlich der Druckverlust beim Durchströmen der Reinraumdecke und der Staudruck der Durchströmung der Klappen in diesen Decken zu berücksichtigen. Als Gesamtdruckverlust ergibt sich somit:

$$\Delta p_{v,\,ges} = \frac{\rho_{RG}}{2} \cdot v_{ZD}^2 + \Delta p_{v,\,ZD} + \frac{\rho_{RG}}{2} v_{NRWG}^2 + \Delta p_{v,\,NRWG} \qquad \text{(III 2)}$$

mit

Index ZD = Zwischendecke.

Bezieht man die Druckverluste auf den Staudruck der durch die NRWG ausströmenden Rauchgase ($q_{NRWG} = (\rho_{RG}/2) \times v_{NRWG}^2$) und berücksichtigt die Kontinuitätsgleichung

$$v_{ZD} = v_{NRWG} \times (A_{NRWG}/A_{ZD}) \tag{III3}$$

so erhält man:

$$\zeta_{ges} = \frac{\Delta p_{v,\,ges}}{q_{NRWG}} = 1 + \zeta_{NRWG} + \left(\frac{A_{NRWG}}{A_{ZD}}\right)^2 (1 + \zeta_{ZD}) \tag{III4}$$

Dabei bedeuten die ζ-Werte die auf den Staudruck der Ausströmgeschwindigkeit v_{NRWG} bezogenen Druckverlustbeiwerte. Nach DIN EN 18232-3:2005-09 wird die aerodynamische Qualität von NRWG bzw. Rauchklappen nicht durch Druckverlustbeiwerte, sondern durch Ausflussbeiwerte (c_v-Werte) charakterisiert. Für eine überschlägige Abschätzung kann folgende Beziehung zwischen ζ- und c_{v0}-Werten, d. h. den Ausflussbeiwerten ohne Seitenwindeinfluss, angesetzt werden:

$$1 + \zeta = \frac{1}{c_{v0}^2} \tag{III5}$$

$$\zeta_{ges} = \frac{1}{c_{v0,\,äquiv.}^2} \tag{III6}$$

Der Ausflussbeiwert c_{v0} berücksichtigt sowohl den zur Beschleunigung des ausströmenden Fluids erforderlichen Druck als auch den eigentlichen Druckverlust, charakterisiert durch den ζ-Wert, welcher sich beim Durchströmen des Ausflussquerschnittes ergibt. Um aus dem Gesamtdruckverlustbeiwert ζ_{ges} den äquivalenten Ausflussbeiwert für das NRWG-System – NRWG im Dach und Klappen in der Zwischendecke – zu bestimmen, werden die Staudruckanteile nicht mehr berücksichtigt (siehe Gleichung (III 6)), da sie bereits im Gesamtdruckverlustbeiwert (siehe Gleichung (III 4)) berücksichtigt wurden.

Die im Dach der Halle installierten NRWG und die Entrauchungsklappen in der Filterdecke (= Zwischendecke) haben die folgenden c_{v0}- bzw. ζ-Werte:

Dach:	$c_{v0} = 0{,}75$;	$\zeta_{NRWG} = 0{,}778$
Zwischendecke:	$c_{v0} = 0{,}67$;	$\zeta_{ZD} = 1{,}228$

In der Zwischendecke können Entrauchungsklappen mit einer maximalen aerodynamisch wirksamen Öffnungsfläche $A_{w,\,ZD} = 23{,}5\,m^2$ eingebaut werden. Im Hallendach sind $A_w = 10{,}2\,m^2$ installiert. Mit diesen Angaben ergibt sich mit den Gleichungen (III 5) und (III 6) ein äquivalenter Ausflussbeiwert nach der Umnutzung $c_{v0,\,äquiv.} = 0{,}6$, also eine deutliche Einschränkung der Entrauchungswirksamkeit der ursprünglichen Hallennutzung ($c_{v0} = 0{,}75$). Zur Verbesserung der Rauchableitung wurden zusätzliche NRWG im Hallendach eingebaut, sodass sich dort eine aerodynamisch wirksame

Öffnungsfläche von A_w = 15,7 m^2 ergab. Der Gesamtdruckverlustbeiwert ist dann $\zeta_{ges,\,neu}$ = 2,72 bzw. bezogen auf die ursprüngliche A_w-Fläche im Dach

$$\zeta_{ges,\,alt} = \zeta_{ges,\,neu} \cdot (10{,}2/15{,}7)^2 = 1{,}15.$$

Dies entspricht einem äquivalenten Ausflussbeiwert, wiederum bezogen auf die ursprüngliche Austrittsfläche, $c_{v0,\,äquiv.,\,neu}$ = 0,93. Die Entrauchungswirksamkeit der Gesamtanordnung ist somit besser als diejenige der ursprünglichen Auslegung.

Fallbeispiel 2: Brandschutztechnische Ertüchtigung einer Laborhalle

Projektbeschreibung

In einer seit 30 Jahren bestehenden Laborhalle soll der Brandschutz verbessert werden. Teil dieser Brandschutzsanierung ist der Einbau einer Entrauchungsanlage. Die Laborhalle steht auf einem zu Forschungszwecken genutzten Teil des Werksgeländes einer großen Firma, die über eine eigene Betriebsfeuerwehr verfügt. In der Laborhalle (siehe Bild III 2) werden sowohl in der großen Freifläche über mehrere Ebenen reichende Versuchsaufbauten errichtet, als auch kleinere Anlagen in den einzelnen Ebenen auf und unterhalb der Galerien. Die aus Lichtgittern bestehenden Galerieebenen sind über Treppen miteinander verbunden. Auf allen Ebenen befinden sich Arbeitsplätze für die Laboranten. Die beiden vorhandenen Jalousieklappen in den Außenwänden dienen der natürlichen Be- und Entlüftung der Halle.

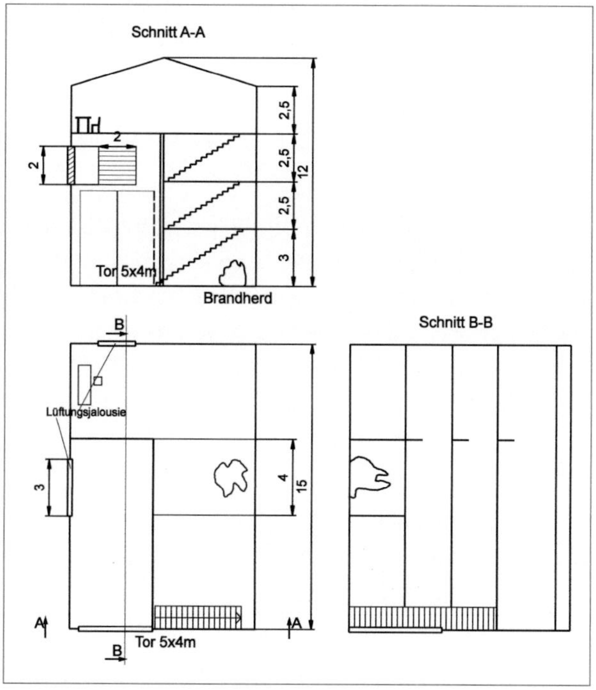

Bild III 2: Schnitte der Laborhalle

Schutzziel und Bemessungsbrand

Das Schutzziel ist die Evakuierung der sich in der Laborhalle aufhaltenden Personen. Die anwesenden Personen sind ortskundig und werden nur durch vereinzelte Gäste begleitet. Die Betriebsfeuerwehr nimmt spätestens 3,5 Minuten nach Brandbeginn voll ausgerüstet die Erkundung vor, daher soll zu diesem Zeitpunkt noch eine raucharme Schicht von 2,0 m vorliegen.

Eine Analyse der Brandmaterialien nach DIN 18230 hat eine mittlere spezifische Brandlast von q_f = 150 kW/m² ergeben. Bei einer mittleren Brandausbreitungsgeschwindigkeit von c_f = 0,25 m/min ergibt sich zum Bemessungszeitpunkt eine Brandlast von

$$\dot{Q} = (c_f \cdot t)^2 \cdot \pi \cdot q_f = (0{,}25 \cdot 3{,}5)^2 \cdot \pi \cdot 150 = 361\,\text{kW} \qquad \text{(III7)}$$

Der Strahlungsverlust am Brandherd soll mit Bezugnahme auf DIN 18232-2 mit einem Betrag von $f_{r,\,pl}$ = 20 % berücksichtigt werden. Für die Entrauchungsbetrachtung wird daher von einer konvektiven Wärmefreisetzung

$$\dot{Q}_{kon} = 0{,}8 \cdot 361 = 289\,\text{kW} \qquad \text{(III8)}$$

ausgegangen.

Entrauchungskonzept

Das Schutzziel kann bei einer natürlichen Entrauchung in der Laborhalle, die einen zusammenhängenden Brand- und Rauchabschnitt bildet, nicht sichergestellt werden. Der unterhalb der untersten Galerieebene anzusetzende Bemessungsbrand mit einer Wärmefreisetzungsrate von nur Q_{kon} = 289 kW, verbunden mit der großen Aufstiegshöhe, führt zu einer vergleichsweise geringen Thermikwirkung der Rauchgase. Die dann verfügbare aerostatische Druckdifferenz bei der maximal nur 1 m dicken Rauchschicht ist für eine natürliche Entrauchung nicht ausreichend (siehe Abschätzung unter »Nachweise«).

Der abzuleitende Brandgas/Luft-Volumenstrom ist hier besonders groß, da die unterhalb der Galerie in den Mittenraum eintretenden Rauchgase bei der Kantenumströmung einen langen und schlanken Rauchgasstrom bilden, der eine größere Frischluftmenge einmischt. Zur Berechnung wird daher der »Balcony Spill Plume« nach NFPA angesetzt (siehe auch Kapitel II 4.2.2). Zur Nachströmung von Zuluft sollen die bereits vorhandenen Jalousieöffnungen und das Zufahrtstor verwendet werden.

Nachweise

Mit der in Kapitel II 4.2.2 beschriebenen Formel des »Balcony Spill Plume« mit $W = b_F + b_B$ = Breite des in den Luftraum eintretenden Plumes

$$\dot{m} = 0{,}36 \cdot (\dot{Q} \cdot W^2)^{1/3} \cdot (z_B + 0{,}25 \cdot h_B) \qquad \text{(III9)}$$

ergibt sich ein abzuführender Rauchgasmassenstrom 2 m oberhalb der obersten Ebene von

$$\dot{m}_{RG} = 0{,}36 \cdot \left(289 \cdot 4^2\right)^{1/3} \cdot \left(7 + 0{,}25 \cdot 3\right) = 46{,}5\ \text{kg/s}. \qquad \text{(III 10)}$$

Bei einer mittleren Rauchgastemperatur von

$$\vartheta_{RG} = \vartheta_u + \frac{\dot{Q}}{\dot{m}_{RG} \cdot c_p} = 20 + \frac{289}{46{,}5 \cdot 1{,}005} = 26{,}2\,°\text{C}$$

ergibt sich eine Rauchgasdichte von

$$\rho_{RG} = \rho_L \cdot \left(\frac{T_L}{T_{RG}}\right) = 1{,}2 \cdot \left(\frac{293{,}2}{299{,}3}\right) = 1{,}18\ \text{kg/m}^3.$$

Damit beträgt der abzuführende Rauchgasvolumenstrom

$$\dot{V}_{RG} = \frac{\dot{m}_{RG}}{\rho_{RG}} = \frac{46{,}5}{1{,}18} = 39{,}4\ \text{m}^3\text{/s}.$$

Wollte man diesen Volumenstrom bei einer zulässigen Rauchschichthöhe von 1,5 m durch eine **N**atürliche **R**auch- und **W**ärmeabzugs**a**nlage abführen, stünde nur eine treibende Druckdifferenz von

$$\Delta p = \Delta\rho \cdot g \cdot h_{RG} = 0{,}02 \cdot 9{,}81 \cdot 1{,}5 = 0{,}29\ \text{Pa}$$

zur Verfügung. Nur die Hälfte dieser äußerst geringen Druckdifferenz stünde je zur Ein- und zur Ausströmung zu Verfügung. Die Ausströmgeschwindigkeit betrüge somit

$$v_{aus} = \sqrt{\frac{2 \cdot \Delta p}{\rho}} = \sqrt{\frac{2 \cdot 0{,}145}{1{,}18}} = 0{,}49\text{m/s}.$$

Die sich daraus ergebende erforderliche aerodynamisch wirksame und die geometrische ($c_v \approx 0{,}65$) Ausströmfläche betrügen

$$A_w = \frac{\dot{V}}{v_{aus}} = \frac{39{,}4}{0{,}49} = 80{,}4\ \text{m}^2 \text{ bzw. } A_g = 80{,}4/0{,}65 = 123{,}7\,\text{m}^2.$$

Die geometrisch erforderliche Ausströmfläche wäre damit fast so groß wie die gesamte Dachfläche. Die erforderliche Entrauchung kann also nur über eine **M**aschinelle **R**auch- und **W**ärmeabzugs**a**nlage (MRWA) erfolgen.

Zur Nachströmung des abgeführten Rauchgasmassenstromes muss eine hinreichend große Nachströmfläche zur Verfügung stehen. Werden alle zur Verfügung stehenden Öffnungen zur Nachströmung genutzt, ergibt sich folgende aerodynamisch wirksame Nachströmfläche

$$A_{zu\,w} = \left(A_{Tor} + A_{Jalousie}\right) \cdot c_{v0} = \left(20 + 10\right) \cdot 0{,}6 = 18\ \text{m}^2.$$

Damit beträgt die Nachströmgeschwindigkeit

$$v_{zu} = \frac{\dot{m}}{\rho_\infty \cdot A_{zu\,w}} = \frac{46{,}5}{1{,}2 \cdot 18} = 2{,}15\ \text{m/s}.$$

Obwohl die in DIN 18232-5 angegebene zulässige Nachströmgeschwindigkeit von 3 m/s damit unterschritten ist, sollte die Nachströmfläche weiter vergrößert werden, um die aufsteigenden Rauchgase nicht vollständig zu verwirbeln. Als Nachströmgeschwindigkeit sollte im Allgemeinen eine Strömungsgeschwindigkeit von v_{zu} = 1 m/s angestrebt werden.

Die erforderliche geometrische Nachströmfläche beträgt damit ca.

$$A_{zu\,geo} = \frac{\dot{m}_{RG}}{\rho_\infty \cdot v_{zu}} = \frac{46{,}5}{1{,}2 \cdot 1} = 38{,}75\ \text{m}^2.$$

Es müssen also weitere 18,5 m² Nachströmfläche geschaffen werden.

Die Temperaturfestigkeit der einzusetzenden Entrauchungsventilatoren muss nach einem Brandgeschehen auf der obersten Galerieebene bemessen werden. Für den oben genannten Bemessungsbrand ergibt sich damit folgende Temperaturerhöhung in der Rauchgasschicht

$$\Delta T = 5{,}0 \left(\frac{T_\infty}{g\, c_p^{\,2}\, \rho_\infty^{\,2}} \right)^{1/3} \cdot \dot{Q}^{\,2/3} \cdot z^{-5/3} =$$

$$5 \left(\frac{293}{9{,}81 \cdot 1{,}005^2 \cdot 1{,}2^2} \right)^{1/3} \cdot 289^{\frac{2}{3}} \cdot 2^{-\frac{5}{3}} = 189\ \text{K}. \qquad \text{(III 11)}$$

Die Ventilatoren müssen also für eine Temperatur von mindestens 209 °C ausgelegt werden.

Fallbeispiel 3: Ertüchtigung einer maschinellen Rauch- und Wärmeabzugsanlage (MRWA) eines Hörsaals

Projektbeschreibung

Die maschinelle Entrauchungsanlage eines Hörsaals soll im Rahmen seiner Sanierung ertüchtigt werden. Das halbrunde, ansteigende Auditorium mit einer Fläche von ca. 527 m² hat 2 Zugänge im vorderen Bereich auf der Grundebene U1, einen Fluchtweg aus dem rückwärtigen Bereich des Auditoriums ins Freie auf Höhe der obersten Sitzreihe (h = 2,5 m) sowie 2 Ausgänge auf Ebene EG (h = 3,4 m), die vom obersten Gang des Auditoriums zugänglich sind. Bild III 3 zeigt den Hörsaal im Querschnitt, die ansteigende, gestrichelte Linie zeigt den Höhenverlauf der seitlichen Ausgangswege zum EG. Der Deckenspiegel steigt über die Raumtiefe von 6,8 m auf 7,3 m an. Im hinteren Teil des Hörsaals ist unterhalb der Decke ein abgeschlossener Technikraum angeordnet.

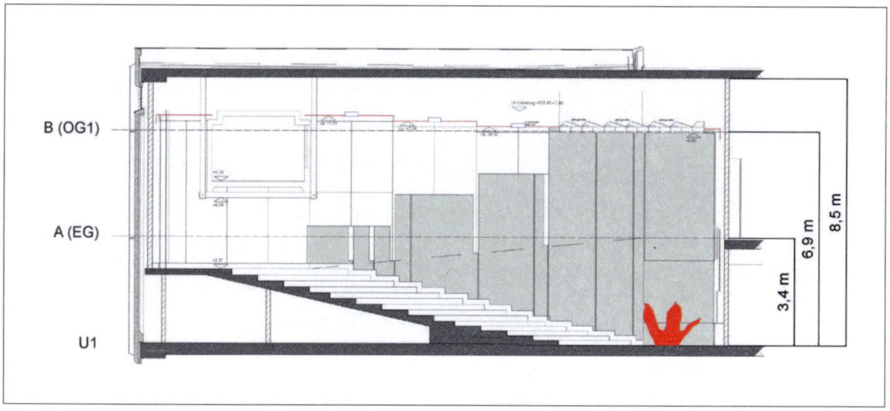

Bild III 3: Querschnitt des Hörsaals mit Lage des Brandherds

Schutzziel und Bemessungsbrand

Im vorliegenden Fall sind bei der Festlegung der Schutzziele 2 Szenarien zu betrachten. Im ersten Szenario wurde von der Nutzung des Hörsaals mit einer Personenmenge von 300 Personen ausgegangen. Hierbei steht die Entfluchtung, also die Eigenrettung der anwesenden Personen, im Vordergrund. Positiv zu bewerten ist hierbei, dass die Branderkennung durch die anwesenden Personen vor der automatischen Branderkennung erfolgen wird und damit eine frühe Entfluchtung und durch die manuelle Brandmeldung ein schnelles Anlaufen der Brandbekämpfungs- und Entrauchungsmaßnahmen berücksichtigt werden kann. Der organisatorische Brandschutz sieht bei Alarmierung eine erste Brandbekämpfung durch geschultes Personal vor, wodurch die Gesamtwärmefreisetzung gering bleibt. Die Lage der Rettungswege und Ausgänge auf verschiedenen Höhen führt hierbei zu einer zeitabhängigen Betrachtung der Schutzziele und damit der Rauchgasschichtentwicklung.

Im zweiten Szenario wird ein Brand im Hörsaal während der vorlesungsfreien Zeit betrachtet, sodass die organisatorischen Brandschutzmaßnahmen hier nicht unbedingt greifen und von einer automatischen Branderkennung ausgegangen werden muss. Hierdurch ist auch von einem größeren Brandszenario zu Beginn der Brandbekämpfungsmaßnahmen auszugehen. Um der Feuerwehr den Brandangriff sinnvoll zu ermöglichen, ist hierbei eine raucharme Schicht über Ebene E0 bis zum Eintreffen der Feuerwehr zu gewährleisten.

Der Brandherd wird für beide Szenarien im Bereich des Rednerpults angenommen, da durch die große Aufstiegshöhe hier die Rauchgasmenge maximal ist und, zumindest für das zweite Szenario, hier auch die wahrscheinlichsten Brandquellen (Technik) angesiedelt sind. Unter Berücksichtigung dieser Überlegungen werden die Schutzziele nach Tabelle III 1 definiert.

Tabelle III 1: Schutzziele

Fluchtweg	Schutzziel
2 Fluchtwege aus U1 bis 2,2 m ab Boden (Interventionspunkt der Feuerwehr)	10 min Entfluchtung raucharm
	20 min für Intervention raucharm (10 m Sichtweite)
2 Fluchtwege aus EG zum Foyer 1 Fluchtweg aus h = 2,5 m zur Außentreppe	5 min für Entfluchtung raucharm
	10 min für Intervention raucharm (10 m Sichtweite)

Der Bemessungsbrand wird in Anlehnung an Szenario 2 auf 2 MW begrenzt. Unter Ansatz einer schnellen Brandausbreitungsgeschwindigkeit nach VDI 6019 ergibt sich eine Wärmefreisetzung

$$\dot{Q} = \alpha \cdot t^2 = 0{,}047\,\mathrm{kW/s}^2 \cdot (206\,\mathrm{s})^2 = 2\ \mathrm{MW}. \qquad \text{(III 12)}$$

Als flächenbezogener Massenstrom werden 300 kW/m² festgesetzt, wodurch sich eine Brandfläche

$$A = \dot{Q}/\dot{q} = 2\ \mathrm{MW} / 300\ \mathrm{kW/m^2} = 6{,}67\ \mathrm{m^2} \qquad \text{(III 13)}$$

ergibt.

Für die Rauchgasströmung ist lediglich der konvektive Anteil dieser Gesamtwärmefreisetzung ausschlaggebend, der mit 70 % der gesamten Wärmefreisetzung angesetzt wird. Für die Entrauchungsbetrachtung wird daher von einer konvektiven Wärmefreisetzung

$$\dot{Q}_{kon} = 0{,}7 \cdot 2 = 1{,}4\ \mathrm{MW} \qquad \text{(III 14)}$$

ausgegangen. Wichtig für das Einhalten der Schutzziele ist eine schnelle Branderkennung mit einer maximalen Branderkennungszeit von 2 min, die als Forderung im Brandschutzgutachten abgebildet wird und durch einen Realbrandversuch nachgewiesen werden muss. Hier wird eine erhöhte Rauchmelderdichte im Bereich des Podiums empfohlen.

Um genügend thermische Energie im Plume zu erhalten, ist eine Sprinkleranlage nicht vorgesehen. Daher müssen an die Rauchgasventilatoren erhöhte Anforderungen bezüglich der Temperaturfestigkeit gestellt werden.

Entrauchungskonzept

Eine natürliche Entrauchung ist aufgrund der Überbauung nicht möglich. Wesentlich für die Sicherstellung des o. a. Schutzzieles ist

- die Ableitung eines ausreichenden Brandgas/Luft-Volumenstromes
- die Nachführung des dem Entrauchungsmassenstroms entsprechenden Zuluft-Massenstromes bei möglichst geringem Zuströmimpuls.

Der abzuleitende Brandgas/Luft-Volumenstrom ergibt sich durch den Brandgas-Volumenstrom des Bemessungsbrandes zuzüglich der diesem bis zur Grenze der Rauchgasschicht beigemischten Raumluft.

Die Zuluftnachführung wird als gemischte maschinelle und natürliche Zuluft aufgebaut. Der maschinelle Anteil der Zuluft in der Größenordnung von 27.500 m^3/h wird aus der RLT-Anlage des Hörsaals bezogen, sie läuft also im Brandfall weiter, während die Abluft abgeschaltet wird, um die Verrauchung weiterer Bereiche auszuschließen. Die Zuluftöffnungen befinden sich in den Stufen des Auditoriums und sind ähnlich wie eine Quelllüftung (niedrige Zuströmgeschwindigkeiten!) zu betrachten. Zusätzlich besteht die Möglichkeit, auf Ebene UG die Zugangstüren zum Saal sowie weitere Türen und Fenster bis ins Freie zu öffnen, sodass eine natürliche Nachströmung auf diesem Weg erfolgen kann. Bild III 4 zeigt die Anordnung und Lage der Zu- und Abluftflächen.

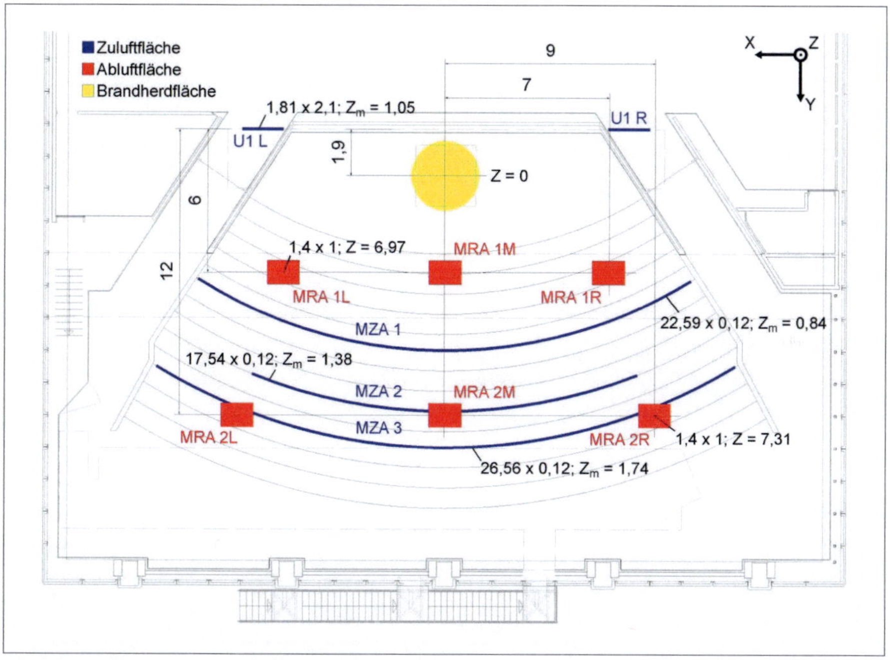

Bild III 4: Grundriss des Hörsaals mit Lage des Brandherds sowie der Zu- und Abluftöffnungen

Nachweise

Zum Nachweis der einzelnen Schutzzielforderungen bei gleichzeitiger Optimierung der Entrauchung sind verschiedene Untersuchungen erforderlich. Der Nachweis in Anlehnung an DIN 18232-5 würde hier sehr stark auf der sicheren Seite liegen, da die Entwicklung der Rauchgasschicht nicht berücksichtigt wird. Ein Nachweis mittels Feldmodellberechnung wäre möglich, würde aber relativ viel Zeit in Anspruch nehmen. Gleichzeitig ist im vorliegenden Fall aufgrund der Zuluftsituation mit einer ruhigen, d. h. impulsarmen Raumströmung zu rechnen. Eine Grundvoraussetzung hierfür und gleichzeitig ein Kontrollkriterium der späteren Auslegung ist somit eine niedrige Zuluftgeschwindigkeit in der Größenordnung $v_{zu} \leq 1\,m/s$.

Der Nachweis wurde als zeitlich diskretisierte Berechnung der Rauchgasschichtentwicklung in einem Tabellenberechnungsprogramm durchgeführt. Hierbei wurde hauptsächlich Wert auf die Einhaltung der Kontinuitätsbedingung gelegt. Die Plumeberechnung erfolgte in Anlehnung an DIN 18232-2 mit dem höhenabhängigen, interpolierten Ansatz nach Zukoski und Thomas-Hinkley. Die Berechnung der mittleren Plumetemperatur am Übergang zur Rauchgasschicht erfolgte unter Nutzung der Wärmekapazitätsgleichung. Ein Verlustwärmestrom an die Bauteile wurde nicht berücksichtigt, sodass keine Reduzierung des Rauchgasvolumens aufgrund der Abkühlung in die Berechnung einfloss. Dieses Verfahren ist angelehnt an die Auslegung maschineller Entrauchungsanlagen nach DIN 18232-5, in der ähnlich vorgegangen wird.

Aufgrund der Berechnungen wurde ein maschineller Abluftvolumenstrom von 48.000 m^3/h festgelegt. Die Zuluftgeschwindigkeit an den Türen im U1 erfüllt hierbei die Bedingung nach einer Zuluftgeschwindigkeit kleiner 1 m/s. Die Zeitschritte wurden mit $\Delta t = 5$ s angesetzt. Bild III 5 zeigt die berechnete Rauchgasschichtentwicklung unter den oben genannten Bedingungen, wobei alle Schutzziele erfüllt werden.

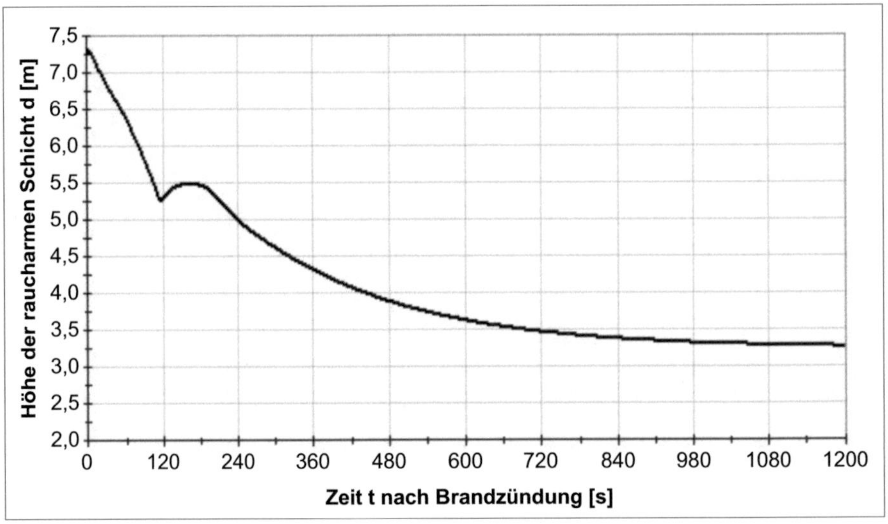

Bild III 5: Entwicklung der Rauchgasschicht

Erkennbar ist der Einsatz der Entrauchungsanlage nach 2 Minuten, wodurch die raucharme Schicht kurzzeitig wieder ansteigt.

Hinweis:

Im Rahmen einer Diplomarbeit wurde der Einfluss verschiedener Plumeformeln und verschiedener Temperaturberechnungsansätze mit Ergebnissen aus Zonen- und Feldmodellberechnungen sowie einer physikalischen Modellstudie verglichen. Die Ergebnisse wurden im Rahmen der Braunschweiger Brandschutztage 2010 vorgestellt und können bei Interesse im zugehörigen Tagungsband nachgelesen werden. (B. Konrath und W. Mertens: Entrauchung eines Vortragssaals - Vergleich zwischen verschiedenen Ingenieurmethoden des Brandschutzes, in: D. Hosser (Hrsg.), Tagungsband der Braunschweiger Brandschutz-Tage 2010, ISSN 0934-2419)

Fallbeispiel 4: Entrauchung einer Messehalle

Projektbeschreibung

Eine 120 m x 250 m große und 12 m hohe Messehalle ist in ein Umfeld gleich hoher Gebäude eingebettet. In der Halle sollen beliebige Arten von Messen abgehalten werden können, bei denen Messestände zugelassen werden mit Höhen von bis zu 8 m. Die in Gebäudelängsrichtung alle 25 m angeordneten 3 m hohen, das Dach tragenden Binder bilden natürliche Rauchschürzen, die die Rauchabschnitte seitlich begrenzen. Das Gebäude besitzt in jedem Rauchabschnitt an den Längsseiten zweiflügelige Zugangstore mit Flügelabmessungen von 1,3 m x 2,7 m Höhe. Unterhalb des Hallenbodens sind 3 m breite und 2,5 m hohe Fluchttunnel angeordnet mit Türen der Breite B = 1,25 m und Höhe H = 2,1 m. Eine Übersicht über die Messehalle gibt Bild III 6.

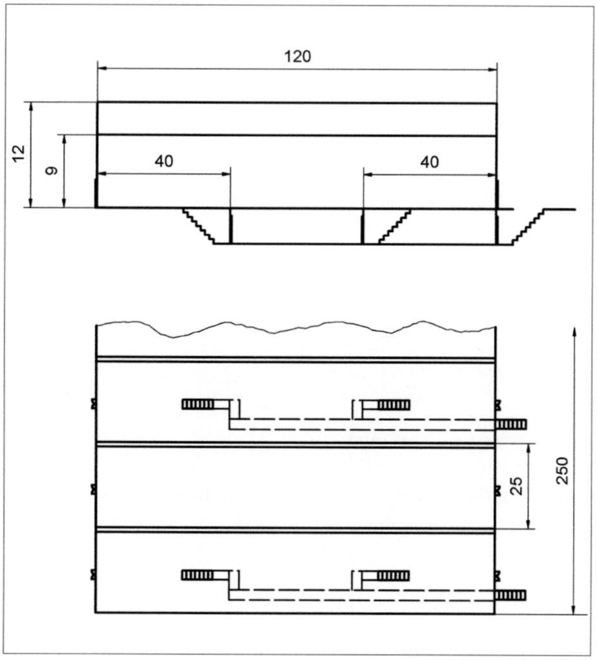

Bild III 6: Messehalle

Schutzziel und Bemessungsbrand

Das Schutzziel ist die Evakuierung der sich in der Messehalle aufhaltenden Personen. Es muss mit einer sehr großen Anzahl von ortsunkundigen Personen gerechnet werden, die aufgrund der optischen und akustischen Beeinflussung durch die Aussteller keine Alarmierungsaufmerksamkeit besitzen. Aufgrund dessen muss mit einer langen Reaktionszeit der betroffenen Personen gerechnet werden.

Aufgrund der unbeschränkten Messevorgaben können sehr große Brandlasten in der Halle bei gleichzeitig zahlreichen Zündquellen (zahlreiche und energiereiche Beleuchtung) vorhanden sein. Ebenso muss von einer raschen Brandausbreitung ausgegangen werden.

Die Beschreibung des Brandverlaufs erfolgt mit

$$\dot{Q} = \alpha \, t^2 \text{ (kW)}$$

mit α nach VDS 2827 oder NFPA (siehe Tabelle III 2).

Tabelle III 2: Brandentwicklungsfaktoren

α	**Ausbreitung**
0,0029 kW/s^2	langsam
0,0120 kW/s^2	mittel
0,0470 kW/s^2	schnell
0,1880 kW/s^2	sehr schnell

Damit beträgt die Brandentwicklung bis zum Eintreffen der Feuerwehr nach 10 Minuten

$$\dot{Q} = a \cdot t^2 = 0{,}047 \cdot 600^2 = 16.920 \text{ kW}. \quad \text{(III 15)}$$

Der Strahlungsverlust am Brandherd soll mit Bezugnahme auf DIN 18232-2 mit einem Betrag von $f_{r,\,pl}$ = 20 % berücksichtigt werden. Für die Entrauchungsbetrachtung wird daher von einer konvektiven Wärmefreisetzung von

$$\dot{Q}_{600} = 13.536 \text{ kW} \quad \text{(III 16)}$$

ausgegangen.

Entrauchungskonzept

Aufgrund der großen Energiefreisetzung und einer zu erwartenden Rauchschichthöhe von 3 m ist vorgesehen, die Messehalle natürlich zu entrauchen. Dazu sollen in allen Rauchabschnitten Rauch- und Wärmeabzüge im Dach eingebaut werden. Die Nachströmung erfolgt durch die in allen Rauchabschnitten vorhandenen Zugangstore; die Tore im betroffenen Rauchabschnitt bleiben geschlossen.

Nachweise

Der Nachweis der Wirksamkeit der Entrauchung soll exemplarisch für den Zeitpunkt des Eintreffens der Feuerwehr, 10 Minuten nach Ausbruch des Brandes, erfolgen.

Der Rauchgasmassenstrom ergibt sich für den Bemessungszeitpunkt nach der Plumegleichung aus Kapitel II 1.4.2 (siehe Gleichung (III 17)),

$$\dot{m} = 0{,}20 \left(\frac{\rho_\infty^{\,2} \cdot g}{c_p \cdot T_\infty} \right)^{1/3} \cdot \dot{Q}^{\,1/3} \cdot z^{5/3}, \qquad \text{(III 17)}$$

für den Bemessungswärmestrom $\dot{Q}_{600}$ = 13 536 kW zu

$$\dot{m}_{600} = 0{,}07 \times 23{,}8 \times 38{,}9 = 64{,}9 \text{ kg/s}.$$

Die Rauchgastemperatur und Rauchgasdichte zum Bemessungszeitpunkt betragen

$$\Delta T_{600} = 5{,}0 \left(\frac{T_\infty}{g\, c_p^{\,2}\, \rho_\infty^{\,2}} \right)^{1/3} \cdot \dot{Q}^{\,2/3} \cdot z^{-5/3} = 13{,}6 \cdot 585 \cdot 0{,}026 = 204 \text{ K} \qquad \text{(III 18)}$$

$$\rho_{RG} = \rho_0 \cdot \frac{T_0}{T_{RG}} = 0{,}737 \text{ kg/m}^3.$$

Aus der zwischen den Dachbindern sich einstellenden Rauchgasschicht (Dicke h = 3 m) und der mittleren Rauchgastemperatur kann die treibende Druckdifferenz in der Rauchschicht berechnet werden:

$$\Delta p_{RG} = \Delta\rho \cdot g \cdot h = \rho_0 \cdot g \cdot \left(1 - \frac{T_0}{T_{RG}} \right) h = 1{,}2 \cdot 9{,}81 \left(1 - \frac{293}{477} \right) 3 = 13{,}6 \text{ Pa}. \qquad \text{(III 19)}$$

Geht man von einer Nachströmgeschwindigkeit von v_{ein} = 1 m/s (q_{ein} = 0,6 Pa) aus, ergibt sich eine Druckdifferenz an den RWA von

$$\Delta p_{aus} = \Delta p_{RG} - \Delta p_{ein} = 13{,}6 - 0{,}6 = 13 \text{ Pa} \qquad \text{(III 20)}$$

und eine Ausströmgeschwindigkeit von

$$v_{aus} = \sqrt{\frac{2\,\Delta p}{\rho_{RG}}} = \sqrt{\frac{2 \cdot 13}{0{,}74}} = 5{,}9 \text{ m/s}. \qquad \text{(III 21)}$$

Unter Vernachlässigung des Massenstroms des verbrennenden Brandgutes ergibt sich eine erforderliche aerodynamisch wirksame Abströmfläche von

$$A_{w,\,NRWG} = \frac{\dot{V}_{RG}}{v_{aus\,RG}} = \frac{\dot{m}_{RG}}{\rho_{RG} \cdot v_{aus\,RG}} = \frac{64{,}9}{0{,}737 \cdot 5{,}9} = 14{,}9 \text{ m}^2. \qquad \text{(III 22)}$$

Mit einem zunächst geschätzten Ausströmbeiwert der Rauch- und Wärmeabzugsgeräte NRWG von cv_0 = 0,6 beträgt die mindestens erforderliche geometrische NRWG-Fläche

$$A_{g,\,NRWG} = \frac{14{,}9}{0{,}6} \cong 24{,}9 \text{ m}^2. \qquad \text{(III 23)}$$

Nach dem Konzept soll die Nachströmung natürlich über die Zugangstore der nicht betroffenen Rauchabschnitte erfolgen. Aus dem abgeführten Rauchgasmassenstrom und der Dichte der Umgebungsluft ergibt sich der Nachströmvolumenstrom ($\dot{m}_{zu}$ = $\dot{m}_{RG}$) zu

$$\dot{V}_{zu} = \frac{\dot{m}_{RG}}{\rho_0} = \frac{64,9}{1,2} = 54,1\ m^3/s. \qquad (III24)$$

Mit der zuvor festgelegten Nachströmgeschwindigkeit von $v_{ein} \leq 1\ m/s$ kann die aerodynamisch wirksame Nachströmfläche berechnet werden

$$A_{w,\ zu,\ erf} \geq 54\ m^2. \qquad (III25)$$

Die geometrische Nachströmfläche beträgt damit mindestens

$$A_{g,\ zu,\ erf} = \frac{A_{w,\ zu}}{c_{v0}} = \frac{54}{0,6} = 90\ m^2. \qquad (III26)$$

In jedem Rauchabschnitt steht eine geometrische Zuströmfläche von

$$A_{g,\ zu,\ RA} = 4 \times 1,3\,m \times 2,7\,m = 14\ m^2$$

zur Verfügung.

Bei 10 Rauchabschnitten beträgt damit die gesamte zur Verfügung stehende Nachströmfläche $A_{g,\ zu} = 140\,m^2$.

Mit der erforderlichen Mindestnachströmfläche von $A_{g,\ zu} = 90\ m^2$ können also in 3 Rauchabschnitten die Türen geschlossen bleiben.

Fallbeispiel 5: Entrauchung eines Parkhauses

Projektbeschreibung

Im Folgenden soll ein großes Parkhaus betrachtet werden, das einige Besonderheiten aufweist. Das Parkhaus ist ein quaderförmiger Baukörper der Abmessungen Länge/Breite/Höhe ≈ 85 m/70,4 m/10 m. Bild III 7 zeigt den Lageplan. Die Längsseite ist etwa E/W- und die Schmalseite etwa N/S-ausgerichtet. Die Fassaden des 4-geschossigen Parkhauses sollen größtenteils als Stahlgewebe ausgeführt werden. Die geometrische Durchlässigkeit dieser Fassade beträgt ca. 80%. Im unteren Fassadenbereich eines jeden Geschosses befindet sich ein Anprallgitter mit ebenfalls großer Durchlässigkeit. Die mittlere, geometrisch freie Fläche der Wandbekleidung unter Berücksichtigung des Anprallgitters kann mit ca. 80%, der Ausflussbeiwert mit $c_{v0} = 0,8$, angesetzt werden. Die aerodynamisch wirksame Öffnungsfläche der Fassaden ergibt sich somit zu 0,8 × 80% = 64% der Gebäudeaußenwand.

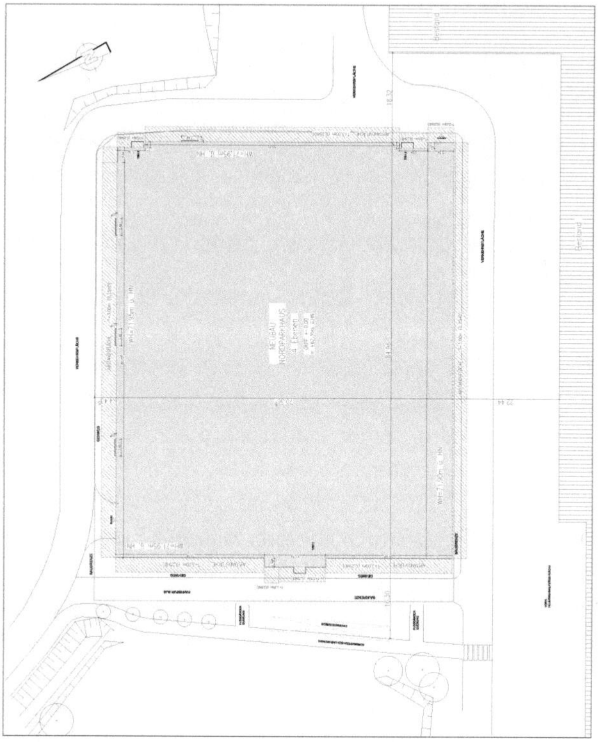

Bild III 7: Lageplan

Aus Lärmschutzgründen müssen die Nordseite und der nördliche Teil der Ostseite der Fassade des Parkhauses geschlossen ausgeführt werden (siehe Bild III 8). Dies macht eine Querlüftung in N/S-Richtung unmöglich und schränkt eine Querlüftung in E/W-Richtung weitgehend ein.

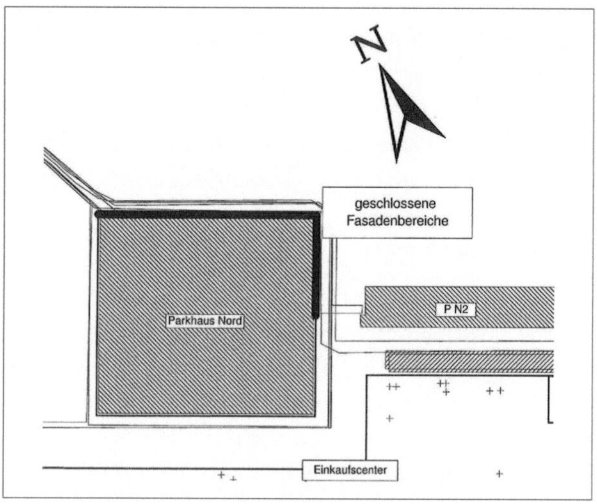

Bild III 8: Geschlossene Fassadenbereiche des Parkhauses

Schutzziel und Bemessungsbrand

Die anzuwendende Garagen- und Stellplatzverordnung (GStV) gibt folgende Definition für offene Garagen:

> *Offene Garagen sind Garagen, die unmittelbar ins Freie führende unverschließbare Öffnungen in gegenüberliegenden Wänden in einer Größe von insgesamt mindestens einem Drittel der Gesamtfläche der Umfassungswände haben. Stellplätze mit Schutzdächern und ohne Wände (Carports) sind offene Garagen.*

Wesentlich bei dieser Definition ist zum Einen die Angabe der Mindestflächen, die für eine Lüftung und/oder Entrauchung offen sein müssen und zum Anderen der Hinweis, dass derartige Öffnungen in gegenüberliegenden Wänden vorhanden sein müssen. Der Gesetzgeber geht davon aus, dass, wenn beide Bedingungen erfüllt sind, eine Querlüftung sichergestellt ist, die zum Einen zum Abtransport der Fahrzeugemissionen, insbesondere von Kohlenstoffmonoxid (CO), und zum Anderen für eine Entrauchung im Brandfall ausreichend ist. Der »Antrieb« für die Querlüftung ist dabei die windbedingte Druckdifferenz zwischen zwei gegenüberliegenden Seiten. Kritisch im Hinblick auf die CO- bzw. Rauchableitung sind somit windstille Wetterlagen. Hier ergibt sich eine Lüftungseffektivität ausschließlich durch die Fahrzeugbewegung und im Brandfall eine Entrauchungsströmung durch die Thermik des Brandgeschehens. Es sei darauf hingewiesen, dass Windstille selten auftritt. Die Ereignisse mit Windgeschwindigkeiten < 1 m/s – gemessen in 10 m Höhe – treten im deutschen Binnenland nur an ca. 6 % des Jahreszeitraumes auf.

Die GStV führt nicht weiter aus, ob die „unverschließbaren Öffnungen“ als geometrische oder aerodynamisch wirksame Öffnungsflächen aufgefasst werden sollen. Allerdings herrscht in Fachkreisen Konsens, dass es sich hier um geometrische Flächen handelt. Üblicherweise werden die offenen Flächen durch scharfkantige Öffnungen in den Umfassungswänden hergestellt. In aerodynamischer Hinsicht handelt es sich hier um scharfkantige Öffnungen eines Raumes. Entscheidend für die Lüftungs- und Entrauchungseffektivität ist jedoch die aerodynamisch wirksame Öffnungsfläche. Diese ergibt sich durch Multiplikation der geometrischen Öffnungsfläche mit dem Ausflussbeiwert c_V. Für scharfkantige Öffnungen ist $c_V \approx 0{,}6$. Die Forderung, dass ein Drittel der Umfassungswände geometrisch offen sein muss, entspricht also der Forderung nach einer aerodynamisch wirksamen Öffnungsfläche entsprechend dem $0{,}33 \times 0{,}6 = 0{,}2$-fachen der Gesamtfläche der Umfassungswände.

Entrauchungskonzept

Die Schallschutzwand an der Nordseite unterbindet in großen Bereichen des Parkhauses eine Querlüftung bei nördlichen und südlichen Winden. Die Schallschutzwand im nördlichen Bereich der Ostfassade führt zu einer Einschränkung der Querlüftung im nördlichen Bereich der Parkgeschosse. Rückt man jedoch die Lärmschutzwand von der Parkhauswand ab, so ergibt sich ein Spalt, über welchen Rauch bzw. Luft nach oben abströmen kann. Für diese Situation lassen sich die Druckverluste, z. B.

bei einer Querlüftung in S/N-Richtung, abschätzen. Das Entrauchungskonzept sieht daher die Rauchableitung über den Spalt zwischen Parkhauswand - mit Stahlgewebebekleidung - und Lärmschutzwand vor. Dabei muss die Spaltbreite so gewählt werden, dass sich für diese Anordnung bei der Rauchableitung ein Strömungswiderstand ergibt, der nur gleich groß oder - besser - geringer ist als bei einer Anordnung nach GStV.

Nachweise

Die Strömungswiderstände bei einer Querlüftung ergeben sich im Wesentlichen durch die Ein- und Ausströmwiderstände. Vereinfachend lassen sich diese unterteilen in den Druckverlust bei der Durchströmung der »Engstelle« in der Wand und den Strömungsstaudruck. Im Folgenden soll der zu erwartende Druckverlust für eine Umfassungswand entsprechend der GStV und einer Umfassungswand entsprechend der Planung gegenübergestellt werden.

a) Druckverlust entsprechend der GStV

Der Gesamtdruckverlust lässt sich nach folgender Gleichung berechnen:

$$\Delta p_{v,\,ges} = (1+\zeta_{Luv}) \cdot q_{Luv} + (1+\zeta_{Lee}) \cdot q_{Lee}. \tag{III27}$$

Nimmt man an, dass die Außenwände eines Parkhauses allseitig gleich sind, vereinfacht sich Gleichung (III 27):

$$\Delta p_{v,ges} = 2 \cdot (1+\zeta) \cdot q, \tag{III28}$$

$$\zeta_{ges} = \frac{\Delta p_{v,\,ges}}{q} = 2 \cdot (1+\zeta). \tag{III29}$$

In guter Näherung entspricht der Druckverlustbeiwert (ζ-Wert) dem Kehrwert des quadrierten Ausflussbeiwertes. Es ergibt sich $\zeta = 1/c_v^2$. Bezogen auf die Querschnittsfläche, gebildet mit der Geschosshöhe, ergibt sich $\zeta = 1/0{,}2^2 = 25$. Für die Situation nach GStV ergibt sich somit ein zulässiger Gesamtdruckverlustbeiwert nach Gleichung (III 29):

$$\zeta_{ges,\,zul} = 2 \times (1 + 25) = 52.$$

b) Druckverlust entsprechend dem Planzustand

Für den Planzustand ohne Schallschutzwand wäre der Strömungswiderstand wegen der sehr viel größeren Durchlässigkeit der Fassaden erheblich geringer. Der Druckverlustbeiwert bei der Durchströmung des Stahlgewebes beträgt lediglich $\zeta = 1/0{,}64^2 = 2{,}44$. Somit ist der Druckverlustbeiwert für die offene Garage im Planzustand nach Gleichung (III 29):

$$\zeta_{ges,\,zul} = 2 \cdot (1 + 2{,}44) = 6{,}9.$$

Die Berechnung des Druckverlusts bei Durchströmung des Parkhauses mit Schallschutzwänden in Anlehnung an Gleichung (III 27) ist nicht ohne genaue Kenntnis der Druckverläufe an allen Flächen möglich, die hier nur durch einen Windkanalversuch genau bestimmt werden könnten. Der Druckverlustbeiwert ist aber in jedem Fall höher anzusetzen, als die Betrachtung nach GStV zulässt, da z.B. bei Nordwind an allen offenen Flächen Sog auftritt und somit die für die Lüftung als treibende Größe anzusetzende Druckdifferenz zwischen den offenen Flächen auf jeden Fall kleiner ist als im Fall einer allseitig offenen Großgarage. Der Planzustand ist also trotz geringer Strömungsverluste der vorgesehenen Fassadenausführung im Hinblick auf die Lüftungs- und Entrauchungseffektivität erheblich ungünstiger als der Sollzustand.

c) Druckverlust mit abgerückter Schallschutzwand

Zusätzlich zu den Durchströmungswiderständen der Stahlgewebe ergibt sich nach dem Einströmen in den Spalt auf der Nordseite ein Umlenkverlust (ζ_{Umlenk}) und ein Reibungsverlust beim Durchströmen des Spaltes. Gleichung (III 27) kann entsprechend erweitert werden:

$$\Delta p_{v,\,ges} = \left(1+\zeta_{Luv}\right)\cdot q_{Luv} + \zeta_{Lee}\cdot q_{Lee} + \lambda\frac{h}{2\cdot\Delta s}\cdot q_{Sp} + q_{Sp}. \tag{III30}$$

Dabei bedeuten λ = Rohrreibungsbeiwert, Δs = Spaltweite, h = Spalthöhe = Höhe des Parkhauses. Die Geschwindigkeit im Spalt v_{Sp} und somit der Staudruck im Spalt q_{Sp} sind mit der Geschwindigkeit bzw. dem Staudruck der Anströmung (v bzw. q) über die Kontinuitätsgleichung miteinander verknüpft. Berücksichtigt man diese Abhängigkeit, so lässt sich der Gesamtdruckverlustbeiwert bestimmen:

$$\zeta_{ges} = 1+2\cdot\zeta+\zeta_{Umlenk}+\left(1+\lambda\frac{h}{2\cdot\Delta s}\right)\cdot\left(\frac{h_{GS}}{\Delta s}\right)^2. \tag{III31}$$

mit h_{GS} = Geschosshöhe.

Gleichung (III 31) gibt eine Möglichkeit, die Spaltbreite Δs abzuschätzen, welche mindestens gegeben sein muss, wenn der Druckverlust für die Planung nicht größer als derjenige entsprechend dem Sollzustand werden soll. Im vorliegenden Fall kann näherungsweise der Rohrreibungsbeiwert λ = 0,04 gesetzt werden. Für eine Spaltbreite Δs = 0,4 m ergibt sich näherungsweise der gleiche Druckverlustbeiwert wie für den Sollzustand, nämlich

$$\zeta_{ges} = 1+2\cdot 2{,}44+2+\left(1+0{,}04\cdot\frac{10}{2}\cdot\Delta s\right)\cdot\left(\frac{2{,}5}{0{,}4}\right)^2 = 66$$

Für die Spaltbreite Δs = 0,5 ergibt sich entsprechend ζ_{ges} = 43. Für die Ausführung wurde das Spaltmaß Δs = 0,5 empfohlen und durch einen Modellversuch die Richtigkeit nachgewiesen.

Fallbeispiel 6: Änderung der Vorgabe des vorbeugenden Brandschutzes zur Sicherstellung des Schutzzieles

Projektbeschreibung

Die Planung eines Bürohochhauses mit einer Gesamthöhe von 63 m sieht ein innen liegendes Atrium über die volle Höhe des Gebäudes vor. Bild III 9 zeigt den Grundriss des Atriums. Die Büros (in Bild III 9 nicht dargestellt) sind um das Atrium angeordnet, der erste und zweite Rettungsweg verlaufen auf offenen Galerien um das Atrium. Quer durch das Atrium verlaufen Brücken, die die Galerien der gegenüberliegenden Seiten eines Geschosses miteinander verbinden. Die oberste Ebene des Atriums wird nicht als Büroetage genutzt. Im Erdgeschoss sind an das Atrium angrenzend die Bereiche Anlieferung, Konferenzräume, Post, Empfang und Kantine angeordnet, die Innenfläche soll nach Wunsch des Bauherrn als Versammlungsstätte und Ausstellungsfläche genutzt werden. Der Grundriss des Gebäudes ist länglich, was sich auf das Atrium überträgt. Die Fläche unterhalb des freien Luftraums im Atrium beträgt ca. 500 m².

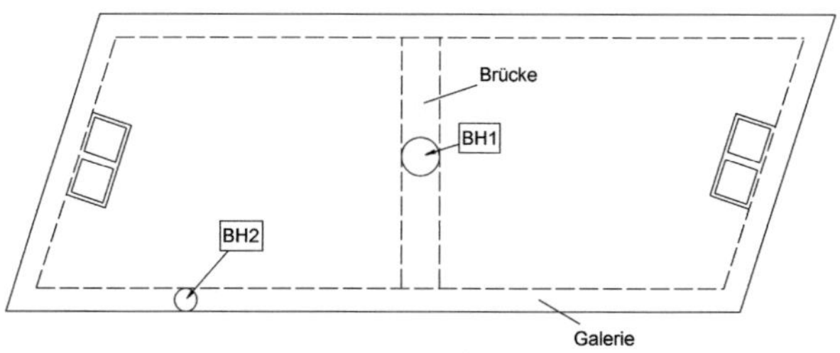

Bild III 9: Grundriss des Atriums mit Lage der betrachteten Brandherde

Schutzziel und Bemessungsbrand

Das Schutzziel wurde durch die Behörden mit einer raucharmen Schicht in allen Fluchtwegen über einen Zeitraum von 30 Minuten angegeben.

Der Wunsch des Bauherrn nach einer Nutzung als Ausstellungs- und Versammlungsort führte zu einer Festlegung des Bemessungsbrandes mit einer Gesamtwärmefreisetzung von 5 MW. Brandherdpositionen mittig unterhalb der Brücken und seitlich unterhalb der Galerien des 1. OG wurden als kritisch angesehen. Durch die Überbauung an beiden Brandherdpositionen wird hier mit einer maximalen Einmischung von Umgebungsluft in den Plume und damit einer Vergrößerung des Rauchgasmassenstroms gerechnet. Die Brandentwicklung wurde nach VDI 6019 mit $\alpha = 0{,}012\,kW/s^2$, der flächenbezogene Wärmestrom mit $300\,kW/m^2$ angenommen. Daraus ergeben sich die Zeit t bis zum Erreichen der maximalen Wärmefreisetzung und die zugehörige Brandherdfläche A:

$$t = \sqrt{\frac{\dot{Q}}{\alpha}} = \sqrt{\frac{5000\,kW}{0{,}012\,kW/s^2}} = 645\,s, \qquad \text{(III32)}$$

$$A = \dot{Q}/\dot{q} = 5\,MW/300\,kW/m^2 = 16{,}67\,m^2. \qquad \text{(III33)}$$

Für die Rauchgasströmung ist lediglich der konvektive Anteil der Gesamtwärmefreisetzung ausschlaggebend, der mit 70% der gesamten Wärmefreisetzung angesetzt wird. Für die Entrauchungsbetrachtung wird daher von einer konvektiven Wärmefreisetzung

$$\dot{Q}_{kon} = 0{,}7 \cdot 5\,MW = 3{,}5\,MW \qquad \text{(III34)}$$

ausgegangen.

Wichtig für das Einhalten der Schutzziele ist eine schnelle Branderkennung mit einer maximalen Branderkennungszeit von 2 Minuten, die als Forderung im Brandschutzgutachten abgebildet wird und durch einen Realbrandversuch nachgewiesen werden muss. Die Branderkennung erfolgt mittels Linienmeldern. Eine Sprinkleranlage ist aufgrund der Höhe des Atriums nicht vorgesehen.

Entrauchungskonzept

Die Abführung der Rauchgase erfolgt maschinell. Hierzu sollen Rauchgasventilatoren im Kopfbereich des Atriums angebunden werden. Die oberste Ebene des Atriums kann als Rauchgasreservoir genutzt werden, da sich dort keine Büros und somit keine Fluchtwege befinden. Der statische Druck in der Rauchgasschicht erhöht die Wirkung der Rauchgasventilatoren. Ferner stellt die Rauchgasschicht sicher, dass von den Rauchgasventilatoren ausschließlich Rauchgase – und keine Raumluft – abgeleitet werden. Die Höhe der raucharmen Schicht muss bis zur Decke des obersten genutzten Geschosses reichen ($h = 59\,m$), um auch hier die Raucharmut auf den Rettungswegen zu gewährleisten. Aufgrund der begrenzten Platzverhältnisse auf dem Dach kann dort nur eine maximale Absaugleistung von $100.000\,m^3/h$ installiert werden.

Die Frischluftzufuhr erfolgt natürlich aus den an das Atrium angrenzenden Bereichen. Hierzu müssen ausreichende Verbindungen über die Räume bis zu den Fassaden vorgesehen werden, die im Entrauchungsfall automatisch zu öffnen sind. Gleichzeitig sind diese Öffnungen windrichtungsabhängig anzusteuern. Die notwendige Öffnungsfläche wird unter der Randbedingung, dass die maximale Zuluftgeschwindigkeit von $1\,m/s$ nicht überschritten wird, festgelegt. Eine Öffnungsmatrix, die diese Forderungen abbildet, ist in der Brandfallmatrix zu hinterlegen. Neben der Kenntnis der Übertragungsfunktionen von Windrichtung und -geschwindigkeit zwischen GLT und Windmessmast ist auch die Kenntnis der windrichtungsbedingten Druck- und Sogzonen im Zuluftbereich eine Voraussetzung zur Erstellung einer solchen Matrix.

Nachweise

Die folgenden theoretischen Betrachtungen zeigen die Unlösbarkeit des Problems.

- Der Rauchgasvolumenstrom, der in einer Höhe von 59 m in die Rauchgasschicht eingetragen wird, beträgt nach der Plumeformel von Zukoski (siehe Kapitel II 4.2.2):

$$\dot{V} = \frac{0{,}076}{1{,}19\ \text{kg/m}^3} \cdot (59\ \text{m})^{5/3} \cdot 3500\ \text{kW}^{1/3} = 4{,}5 \cdot 10^6\ \text{m}^3/\text{h}. \qquad \text{(III35)}$$

- Die Betrachtung der Aufweitung eines Plumes mit einem Gesamtwinkel von 30° zeigt, dass bei einer Breite von 13 m des Atriums der Plume nach 24 m Lauflänge an die Seiten des Atriums stößt, ohne hier die zusätzliche Aufweitung des Strahls durch die Brücken als Strömungshindernis zu berücksichtigen.
- Das Einrollen von Rauchgasen an übereinanderliegenden Brüstungen aus einem Balcony Spill Plume, wie es bei dem Brandherd unterhalb der Galerien gegeben ist, kann nicht verhindert werden, was hier direkt zu einem Verrauchen aller oberhalb des Brandherds liegenden Galeriebereiche führt.

Der Nachweis hierzu wurde an einem physikalischen Modell mittels Tracergasmethode geführt.

Unter der oben aufgezeigten Betrachtung veränderte sich das Untersuchungsziel zur Frage, welche maximale Brandlast zulässig ist, um das Schutzziel einzuhalten. Gleichzeitig muss die Grundkonzentration der Rauchgase auf Flammenspitzenhöhe so niedrig sein, dass die Konzentration der Schadstoffe durch die Einmischung von Frischluft bei Erreichen der Galerien durch die Aufweitung des Plumes ausreichend herabgesetzt ist. Dies führt zur Forderung nach einer Minimierung des Bemessungsbrands. Um dies zu erreichen, wurden zusätzliche Maßnahmen ergriffen:

- Der Bereich unterhalb der Galerien wurde als brandlastfrei definiert, um einen Balcony Spill Plume zu verhindern. Der Brandherd wird daher im Folgenden im gelb dargestellten Bereich angenommen (siehe Bild III 10).
- Unterhalb der Galerien und der Brücken wurde eine Sprühflutanlage mit Weitwurfdüsen vorgesehen, die die weitere Ausbreitung eines Brandes verhindern kann. Der durch die Sprühflutanlage abgedeckte Bereich ist in Bild III 10 grau hinterlegt dargestellt.
- Die Pförtnerloge ist 24 Stunden besetzt. Das Personal wird geschult und muss nach Branddetektion kontrollieren, ob ein Brand im Atrium vorliegt oder ein Fehlalarm ausgelöst wurde. Die Auslösung der Sprühflutanlage kann innerhalb einer Minute manuell verhindert werden, um Wasserschäden durch Fehlalarme zu verhindern.
- Die Brandlast wird durch den Einsatz der Sprühflutanlage begrenzt. In den durch die Anlage nicht abgedeckten Gebieten (in Bild III 10 gelb dargestellt) wird die maximale Brandlast vorgegeben.

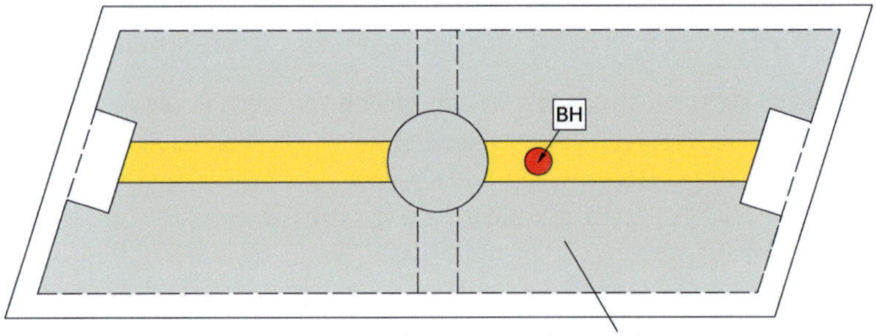

Bild III 10: Weitergehende Anforderungen des vorbeugenden Brandschutzes im Atrium zur Erreichung des Schutzzieles

Die maximale Brandlast wurde durch eine Reihenuntersuchung am physikalischen Modell unter Berücksichtigung des oben definierten Schutzzieles festgelegt. Hierzu wurden acht Messpunkte umlaufend auf den Galerien und Brücken auf jeder zweiten Ebene verteilt. Daraus ergaben sich folgende Vorgaben für die Möblierung des Atriums:

- maximale flächenbezogene Wärmefreisetzung 250 kW/m^2
- maximaler Ausbreitungskoeffizient 0,012 kW/s^2.

Daraus ergibt sich eine maximale Wärmefreisetzung von 400 kW nach 3 Minuten bei einer maximalen Brandfläche von 1,6 m^2. Die Zeit von 3 Minuten ergibt sich aus der Forderung nach einer maximalen Branddetektionszeit von 2 Minuten und der Auslösezeit der Sprühflutanlage von einer Minute.

Fallbeispiel 7: Natürliche Entrauchung einer Shopping Mall bzw. der zahlreichen, angrenzenden Ladengeschäfte

Projektbeschreibung

Die Planung einer Shopping Mall erfolgt in der frühen Phase nur über die äußere und innere Architektur der eigentlichen Mall sowie der Zugänge zu den Parkbereichen. Die eigentlichen Shopbereiche sind meist noch bis in späte Ausführungsphasen stetigem Wandel je nach Vermietungsstand und Mieterwünschen unterworfen. Es ist daher von besonderer Wichtigkeit, ein universelles Entrauchungskonzept zu verwenden und nachzuweisen, dass dieses in der Regel nicht an einzelne Verkaufsflächen besonders angepasst werden muss (siehe hierzu auch Kapitel III 4.3.2, in dem eine maschinelle Entrauchung eines Einkaufscenters betrachtet wird). Bild III 11 zeigt den typischen Grundriss einer lang gestreckten Mall mit allseitig mehrgeschossig angrenzenden Ladenbereichen. Die Aufweitungen der Ladenstraße (Mall) dienen als optische Fixpunkte. Hier sind meist die Food Courts sowie die zentralen Rolltreppengruppen und Aufzüge für den Übergang in die Parkgeschosse angeordnet. Auch die Ladenfläche einer solchen Shopping Mall wird in Brandabschnitte aufgeteilt, die Ladenstraße selbst darf aber bei Einhaltung der Brandüberschlagswege durchgängig offen bleiben. Der erste und zweite Rettungsweg verläuft dann in der Ladenstraße bzw. für die oberen Geschosse auf den eingestellten offenen Galerien. In der Regel ist mittig über der Ladenstraße der Luftraum etwas höher gezogen, um die Belichtung zu erleichtern und einen Rauchpuffer zu erhalten. Je nach äußeren Bedingungen (Windexposition, Temperaturbereich im Winter) kann die eigentliche Entrauchung über Dach durch freie Abströmung oder maschinelle Absaugung erfolgen. Die Breite einer solchen Ladenstraße beträgt mindestens 5 m aus Gründen des Brandüberschlags, in der Regel aber mehr, um mittig noch Aktionsflächen und Einbauten wie Infopavillons oder Rolltreppen problemlos unterbringen zu können. Bei Höhen von ca. 5 m pro Geschoss und Längen von hundert Metern aufwärts kommen so Raumvolumina in der Größenordnung jenseits 10.000 m^3 bis zu 50.000 m^3 zustande, die entrauchungstechnisch dann in entsprechende Abschnitte unterteilt werden müssen.

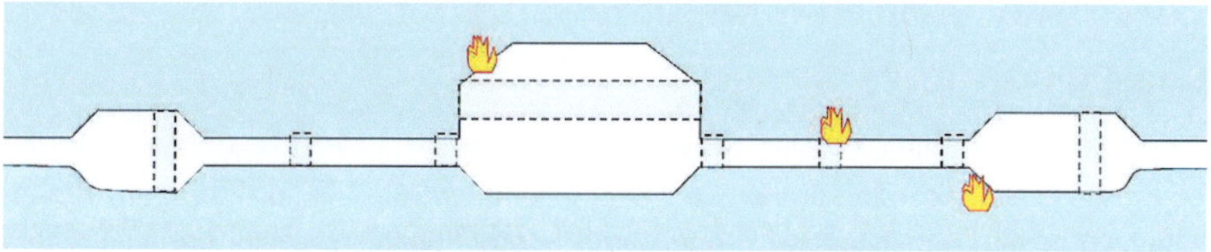

Bild III 11: Grundriss einer Shopping Mall mit Lage der Brandherde

Schutzziel und Bemessungsbrand

Das Schutzziel wurde durch die Behörden mit einer raucharmen Schicht von 2,5 m Höhe in allen Fluchtwegen über einen Zeitraum von 10 Minuten angegeben. Durch den horizontalen Verlauf der Fluchtwege auf den Galerien liegen die kritischen Brandszenarien damit fast immer unter den Galerien im EG bzw. - falls vorhanden - im UG.

Der Bemessungsbrand in den Ladengeschäften kann nach prEN 12101-5 (die aktuell als Technical Document weitergeführt wird) bei vorhandener Sprinklerung aller Verkaufsbereiche auf 2,5 MW beschränkt angesetzt werden. Allerdings muss auch die damit einhergehende Begrenzung der Rauchgastemperaturen in der Auslegung berücksichtigt werden, da heißerer Rauch zu stabilerem Auftrieb und stabilerer Schichtung führt. Die Brandherdpositionen in den Läden sind am kritischsten, wenn der dort in die Ladenstraße austretende Rauch mittig unterhalb der oft die Galerien verbindenden Brücken oder im Bereich des Food Courts mit seinen Sitzgruppen austritt. Durch den fast horizontalen Austritt aus der Fassade des Ladengeschäfts unter einer Galerie und ggf. anschließender Brücke weisen solche Brandherdpositionen eine maximale Einmischung von Umgebungsluft in den Plume und damit eine wesentliche Vergrößerung des Rauchgasmassenstroms (vergleiche die Abschätzung eines Balcony Spill Plumes in Kapitel II 4.2.2) auf. Gleichzeitig sinkt die Rauchgastemperatur hierdurch noch weiter ab. In Realbrandversuchen mit einer thermischen

Wärmefreisetzung von 1 MW wurden Übertemperaturen des Rauches vor der Galerie im Bereich von lediglich 10–20 K gemessen.

Die Brandentwicklung wurde nach VDI 6019-1 mit a = 0,012 kW/s², der flächenbezogene Wärmestrom mit 350 kW/m² angenommen. Daraus ergeben sich die Zeit t bis zum Erreichen der maximalen Wärmefreisetzung und die zugehörige Brandherdfläche A:

$$t = \sqrt{\frac{\dot{Q}}{\alpha}} = \sqrt{\frac{2\,500 \text{ kW}}{0{,}012 \text{ kW/s}^2}} = 456 \text{ s}, \qquad \text{(III36)}$$

$$A = \dot{Q}/\dot{q} = 2{,}5 \text{ MW}/350 \text{ kW/m}^2 = 7{,}15 \text{ m}^2. \qquad \text{(III37)}$$

Für die Rauchgasströmung ist lediglich der konvektive Anteil der Gesamtwärmefreisetzung ausschlaggebend, der mit 75 % angesetzt wird. Für die Entrauchungsbetrachtung wird daher von einer konvektiven Wärmefreisetzung

$$\dot{Q}_{kon} = 0{,}75 \cdot 2{,}5 \text{ MW} = 1{,}87 \text{ MW} \qquad \text{(III38)}$$

ausgegangen.

Wichtig für das Einhalten der Schutzziele ist eine schnelle Branderkennung mit einer maximalen Branderkennungszeit von 2 Minuten, die als Forderung im Brandschutzgutachten abgebildet wird und durch Interaktionstests sowie optional einem Realbrandversuch nachgewiesen werden muss. Die Branderkennung erfolgt mittels Punktrauchmeldern unter der Galerie der Ladenstraße sowie nach Bedarf mithilfe von ergänzenden **R**auch-**A**nsaug-**S**ystemen (RAS) unter hoch liegenden Glasdachbereichen. Die Sprinkleranlage in den Shops liefert ebenfalls bei Auslösung einen Brandalarm. Im Atrium kann im Bereich unter den Galerien ebenfalls noch gesprinklert werden. Unter den Glasdächern ist aufgrund ihrer Höhe eine Sprinklerung in der Regel nicht mehr sinnvoll möglich, aber auch nicht notwendig.

Entrauchungskonzept

Die Abführung der Rauchgase erfolgt je nach Windschutz für die Malldächer, vorhandener Überhöhung zur obersten Galerie und klimatischen Bedingungen entweder frei oder maschinell. Im vorliegenden Fall waren die klimatischen Bedingungen durch einen benachbarten großen Fluss günstig (milde Winter). Ein architektonisch vorgegebenes Flugdach über den Parkdecks sicherte den Windschutz für die freie Entrauchung, was in einem Windkanalversuch vorab nachgewiesen werden konnte. Der Bereich zwischen Kopfhöhe über den Galerien (2,5 m nach Anforderung der Behörden) und Unterkante der Dachflächen über der Ladenstraße kann als Rauchgasreservoir genutzt werden, da sich dort keine Aufenthaltsbereiche oder weitere Fluchtwege befinden. Ist die lichte Höhe unterschiedlich über die Decke gestaltet, sammelt sich das Rauchgas automatisch in den höheren Punkten und baut dort den benötigten statischen Druck für die freie Entrauchungswirkung auf. Ferner stellt diese Rauchgasschicht sicher, dass an den **N**atürlichen **R**auch- und **W**ärmeabzugs**g**eräten (NRWG, geprüft nach DIN EN 12101-2) zumindest überwiegend Rauchgas und möglichst wenig Raumluft abgeleitet wird. Dies gelingt allerdings nur, wenn passende Rauchabschnitte mit jeweils separaten Hochpunkten und unabhängiger Auslösung gebildet werden (vergleiche Bild III 12 mit Eintragung der Bereichsgrenzen in Grundriss und Schnitt). Dies wird über entsprechend abschnittsweise Zuordnung der Rauchmelder in der Mall erreicht.

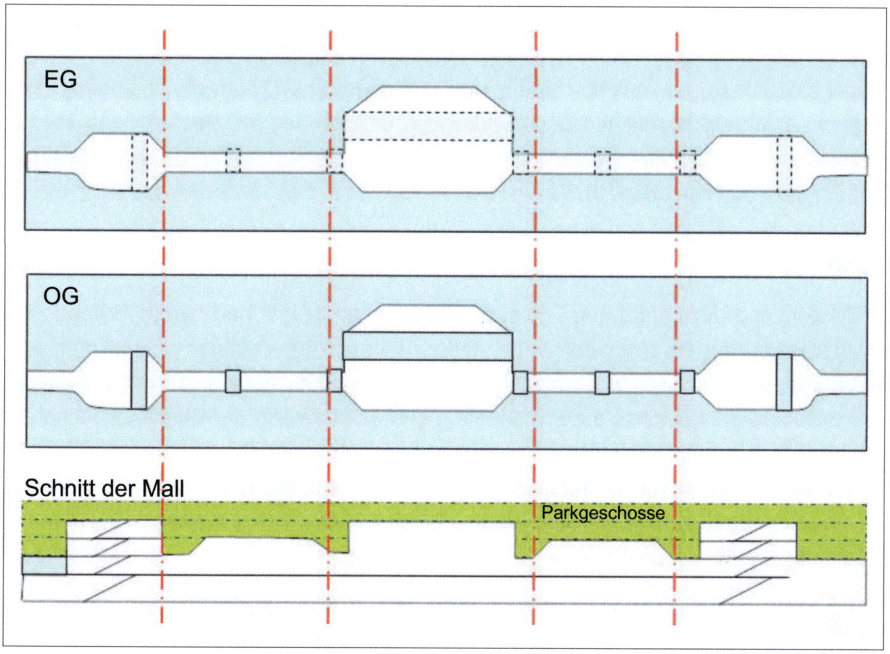

Bild III 12: Grundriss und Schnitt mit Lage der Rauchabschnitte

Die Höhe der raucharmen Schicht muss – außer im Nahbereich des aufsteigenden Plumes – bis mindestens 2,5 m über der obersten Galerieebene mit öffentlichem Zugang reichen, um die geforderte Raucharmut auf den Rettungswegen sicherzustellen. Pro Rauchabschnitt beträgt die (auch anhand DIN 18232-2 vorab ausgelegte) aerodynamisch wirksame Entrauchungsfläche ca. 25 m^2.

Die Frischluftzufuhr erfolgt maschinell aus den angrenzenden Ladengeschäften der jeweils nicht betroffenen Ladenzonen, indem dort die vorhandenen Lüftungsanlagen in der Zuluft weiter betrieben werden, die Abluft jedoch abgeschaltet wird. Da die gegebenenfalls vom Brand betroffenen Ladengeschäfte bzw. Lüftungsanlagen (überwacht durch Kanalrauchschalter) hieran nicht beteiligt sind, bewirkt das Abschalten der Abluft in jenen Geschäften auch keine Gefahr der Rauchübertragung zwischen Läden oder das Eindringen von Rauch aus der Mall. Vielmehr schützt die nun vollständig in die Ladenstraße überströmende Versorgungsluftmenge die angeschlossenen Läden vor Raucheintritt und baut sehr gleichmäßig in der Mall eine Längsströmung zum jeweils vom Brand betroffenen Abschnitt auf.

Hier sind im Einzelfall allerdings steuerungstechnische Abgleiche erforderlich, damit bei kurz vor den Enden gelegenen Rauchabschnitten nicht eine zu große einseitige Luftzufuhr eine störende Querströmung erzeugt und den Rauch gegebenfalls in andere Abschnitte vertreiben könnte. Ansonsten wird die zuvor genannte, für die Mall letzten Endes überschüssige Luftmenge durch die freien Entrauchungsöffnungen (NRWG) nach außen abgeführt, was den natürlichen Auftrieb der Rauchgase unterstützt und einen Mindestluftdurchsatz der Entrauchung garantiert. Werden Austrittsflächen und zur Verfügung stehende Zuluft passend aufeinander abgestimmt, kann der raumseitige Druckaufbau sogar einen gewissen Windeinfluss übertreffen. Dies erleichtert im Gegensatz zur früher üblichen freien Nachströmung über Türen die Unabhängigkeit gegenüber unterschiedlichen Druckwirkungen des Windes auf Dächern und an den Fassaden sehr und spart oft die sonst nach DIN 18232-2 zu fordernde windrichtungsabhängige Steuerung der NRWG ein.

Nachweise

Die Auslegung der benötigten Entrauchungsvolumenströme und damit verbundenen Zuluftkapazitäten kann für den vorgestellten Fall bereits in einem sehr frühen Stadium der Planung gutachterlich festgelegt werden. Dies basiert auf der Auslegung pro Brandereignis, sodass die Entrauchung gerade nicht von der Geschossfläche der Läden oder auch der Ladenstraße abhängig ist. Wesentliche Planungsarbeit erfordert hier vielmehr die sinnvolle Aufteilung der Rauchabschnitte und damit verbundenen Meldeabschnitte, welche mit dem Brandschützer sowie der haustechnischen Planung frühzeitig abgestimmt werden.

Hinsichtlich des Nachweises der Rauchfreihaltung muss dieser für die Ladenstraße erbracht werden. Dies kann prinzipiell durch Modellversuche oder Computersimulationen erfolgen. Größere Ladenstraßen ausreichend genau aufzulösen (vergleiche Kapitel II-4.4), führt bei Computersimulationen derzeit aber noch zu sehr großen (instationär zu berechnenden) Zellenzahlen und ist daher auch im Hinblick auf die oft erforderlichen späteren Anpassungen in vielen Fällen nur die zweitbeste Lösung.

Auch in der hier zugrundeliegenden Situation wurde daher der Nachweis mit einem physikalischen Modell, quantifiziert über Tracergasmessungen, geführt (siehe hierzu auch Kapitel II 4.3). Dies hat den bei Behörden gern gesehenen zusätzlichen Effekt, dass die Visualisierung der Brandereignisse in einem Ortstermin im Untersuchungslabor auch von der Feuerwehr und den Spezialisten des vorbeugenden Brandschutzes selbst in Augenschein genommen werden können. Dies erleichtert die Beurteilung und Diskussion gegebenenfalls noch offener Grenzfälle in der Rauchfreihaltung in der Regel deutlich.

Die Messung der Tracergaskonzentrationen im Modellbrandherd sowie an auf den Fluchtwegen verteilten Immissionspunkten (jeweils in Kopfhöhe) erlaubt die direkte Quantifizierung der Verdünnungsfaktoren der Brandgase. Somit kann für jeden denkbaren Brand anhand seiner Emissionsparameter auf die lokale Immission zurückgerechnet werden, was eine Bewertung der eventuellen Toxizität, Rauchgastemperaturen sowie vor allem noch vorhandener Sichtweiten szenarienabhängig ermöglicht. Oft wird aber unter Rückgriff auf eine Worst-Case-Betrachtung von Siegfried und Will (vfdb 2002) auch pauschal abgeschätzt, dass eine Verdünnung von 1:200 (gegenüber stöchiometrischen Brandprodukten) für die Sichtbarkeit und 1:60 für die Toxizität und Temperatur ausreichend auf der sicheren Seite liegt. Für die Messung im Modell müssen diese Faktoren auf die Konzentration im Modellbrandherd, die dem Zustand in Flammenspitzenhöhe entspricht, umgerechnet werden.

Autorenverzeichnis

Dipl.-Ing. Dirk Engels
BFSB Bundesvereinigung Fachplaner und
Sachverständige für den vorbeugenden Brandschutz e.V
Herrn Dipl.-Ing. Dirk Engels
Bahnstraße 31
47661 Issum
Teil II, Kap. 2

Dr. jur. utr. Heinz-Jörg Engels
Rechtsanwalt
Brüggersweg 5
47546 Kalkar
Teil II, Kap. 3

Prof. Dr.-Ing. Hans-Joachim Gerhardt
I.F.I. Institut für Industrieaerodynamik GmbH
Welkenrather Straße 120
52074 Aachen
Teil I; Teil II, Kap. 1.1 – 1.7, 4.1, 4.3, 4.5; Teil III, Fallbeispiele 1, 5

Prof. Dr.-Ing. Reinhard Grundmann
I.F.I. Institut für Industrieaerodynamik GmbH
Welkenrather Straße 120
52074 Aachen
Teil II, Kap. 1.8

Brand-Ass. Peter Hilgers
BFSB Bundesvereinigung Fachplaner und
Sachverständige für den vorbeugenden Brandschutz e.V
Bahnstraße 31
47661 Issum
Teil II, Kap. 5.1

Dipl.-Ing. Bernd Konrath
I.F.I. Institut für Industrieaerodynamik GmbH
Welkenrather Straße 120
52074 Aachen
Teil II, Kap. 4.6 – 4.8; Teil III, Fallbeispiele 2, 4

Dipl.-Ing. Rolf-Dieter Lieb
I.F.I. Institut für Industrieaerodynamik GmbH
Welkenrather Straße 120
52074 Aachen
Teil II, Kap. 1.9, 4.4, Teil III, Fallbeispiel 7

Dipl.-Ing. M. Sc. Wilfried Mertens
I.F.I. Institut für Industrieaerodynamik GmbH
Welkenrather Straße 120
52074 Aachen
Teil II, Kap. 4.2, Teil III, Fallbeispiele 3, 6

Hauptbrandmeister Thomas Sieprath
Feuerwehr Aachen
Stolberger Straße 155
52068 Aachen
Teil II, Kap. 5.2